S. Schmitz

Der Experimentator: Zellkultur

In dieser Reihe sind bisher erschienen:

Müller et al: Microarrays
Mülhardt: Molekularbiologie/Genomics, 5. Auflage
Luttmann: Immunologie, 2. Auflage
Rehm: Proteinbiochemie/Proteomic, 5. Auflage

Sabine Schmitz

Der Experimentator: Zellkultur

Zuschriften und Kritik an:
Elsevier GmbH, Spektrum Akademischer Verlag, Dr. Ulrich G. Moltmann, Slevogtstraße 3–5,
69126 Heidelberg

Bibliografische Information der Deutschen Nationalbibliothek
Die Deutsche Nationalbibliothek verzeichnet diese Publikation in der Deutschen Nationalbibliografie; detaillierte bibliografische Daten sind im Internet über http://dnb.d-nb.de abrufbar.

1. Auflage 2007

Spektrum Akademischer Verlag ist ein Imprint der Elsevier GmbH.

07 08 09 10 11 5 4 3 2 1

Planung und Lektorat: Dr. Ulrich G. Moltmann, Bettina Saglio
Herstellung: Elke Littmann-Bähr
Umschlaggestaltung: wsp design Werbeagentur GmbH, Heidelberg
Titelbild: „Neugier“ (80 × 80 cm), November 2005 von Prof. Dr. Diethard Gemsa ©.
Im Köhlersgrund 10, 35041 Marburg. E-Mail: gemsa@staff.uni-marburg.de
Layout/Gestaltung: TypoDesign Hecker, Leimen
Satz: Mitterweger & Partner, Plankstadt
Druck und Bindung: LegoPrint S.p.A., Lavis

Gedruckt auf: 90g Tauro Offset, chlorfrei gebleicht

Printed in Italy

ISBN 978-3-8274-1564-6

Aktuelle Informationen finden Sie im Internet unter www.elsevier.de und www.elsevier.com

Für André und Philip

Vorwort zur 1. Auflage

Bücher über Zellkultur gibt es wie Sand am Meer. Wozu also ein weiteres Buch über dieses Thema, wenn es auf dem Markt bereits das eine oder andere Standardwerk gibt, das man getrost als „Bibel für die Zellkultur“ bezeichnen könnte? Nun, dieses Buch ist kein Buch über Zellkultur im herkömmlichen Sinne. Wer Bücher aus der Reihe *Der Experimentator* bereits kennt, der weiß, dass alle Autoren dieser Reihe die jeweilige Materie aus eigener Erfahrung genau kennen und daher auch wissen, wo gerade für den Einsteiger Informationsbedarf besteht und wo im methodischen Bereich der Teufel im Detail steckt. Rezepturen nach dem „Man nehme“-Schema treten dabei zugunsten von Informationen, Hinweisen, Tipps und Tricks, die jeder Zellkultur-Experimentator im Laboralltag gut gebrauchen kann, in den Hintergrund.

Für jeden Einsteiger ist es schwierig, sich einen Überblick über zellbiologische Grundlagen, Zelltypen und Zelllinien, sowie über Medien, Supplemente und benötigte Geräte zu verschaffen und auch zu behalten. Erst recht will sich niemand mit den ebenfalls wichtigen Richtlinien, Grundsätzen und DIN Normen herumschlagen. Da ist es viel praktischer, wenn man den Extrakt aus ihnen bequem in verkürzter Form nachlesen kann. Aus diesem Grund war es mir ein Anliegen den „Experimentator Zellkultur“ so anwenderorientiert wie möglich und vor allem leicht verständlich zu schreiben. Die wichtigsten Themen werden eingehend behandelt und für praxisrelevante Probleme wie z. B. Kontaminationen in der Zellkultur Lösungsvorschläge angeboten. Gerade am Anfang dieses Buches findet der Interessierte aber auch Informationen, die in dieser Art wohl bisher in keinem anderen Zellkulturbuch zu finden sind. Mir hat das Schreiben des „Experimentators Zellkultur“ Spaß gemacht und so hoffe ich, dass auch der Leser beim Schmökern seine Freude daran hat.

Hüttenberg, im Februar 2007
Sabine Schmitz

Danksagungen

Ich dank Euch innig: In diesem Plan ist Leben.
Aus: Ein Wintermärchen

Dieses Buch entstand zwischen Wickeltisch und Schreibtisch. Daher sind es nicht nur die üblichen Verdächtigen, denen ich Dank schulde, sondern auch zahlreichen Babysittern. Katja Schmidt war etwa ein Jahr lang im Dauereinsatz, in dieser Zeit ist das Gros des Textes für dieses Buch entstanden. Zudem danke ich Sonja Schlewitz und ihrer Tochter Friederike, sowie meiner Dagmar Janssen für die Bespaßung des Nachwuchses.

Am Herstellungsprozess des „Experimentators Zellkultur“ waren direkt oder indirekt viele engagierte Kolleginnen und Kollegen beteiligt. So ist es meinem Mann André zu verdanken, dass ich das Projekt „Experimentator Zellkultur“ überhaupt begonnen habe. Er war es, der mich entgegen all meiner Bedenken dazu ermutigt und mit mir über das eine oder andere Thema diskutiert hat. Einen ganz entscheidenden Beitrag zur fachlichen Qualität dieses Buches haben Carola Müller und Susanne Jursch geleistet. Sie haben gemeinsam die undankbare Aufgabe der fachlichen Redaktion übernommen und mit großem Interesse und Engagement redigiert, korrigiert und kommentiert. Von der stets konstruktiven Kritik, die in den vielen Anregungen, Vorschlägen, Ideen und Diskussionspunkten steckte, hat der Experimentator Zellkultur enorm profitiert und merklich an Profil gewonnen. Außerdem verdanke ich Carolas Expertise auf dem Gebiet der Apoptose, dass ich am Kapitel 2 nicht gescheitert bin. Ohne den gewinnbringenden Austausch mit diesen Beiden wäre das Buch nicht so geworden wie es ist. Mein Dank aber nicht nur für die Kritik am Text, sondern auch für die motivierenden Worte, die mich haben durchhalten lassen.

In der Schlussphase sind noch Irma Börscök und Ulrike Gamerdinger dazu gekommen. Beide haben mich von ihrem umfangreichen Erfahrungsschatz profitieren lassen und beim Methodenkapitel unterstützt. Mit Leslie Webb konnte ich einen ausgewiesenen Experten in Sachen Regelwerke dazu überreden das Kapitel 4 zu redigieren. Ihm ist es zu verdanken, dass ich mich nicht hoffnungslos im Paragrafendschungel verirrt habe und dieses Kapitel, trotz der trockenen Materie, nicht nur informativ, sondern auch sehr anwenderorientiert geraten ist.

Simone Mörtl hat mir die Textvorlage und die Abbildungen für das Kapitel 14 zur Verfügung gestellt. Ihre Vorlage war bereits in der Rohfassung so gut, dass ich das Ganze nur noch „Experimentator-gerecht“ ausarbeiten musste.

Werner Müller-Esterl hat mir freundlicherweise einige Abbildungen aus seinem wunderbaren Buch *Biochemie* (Elsevier/Spektrum Akademischer Verlag, 2004) zur Verfügung gestellt.

Des Weiteren gibt es noch einige Kolleginnen, die sich Sporen bei der Recherche bzw. der Literaturbeschaffung verdient haben. Daher gilt mein Dank auch Birgit Jarosch, Irene Richert und Martina Froning. Deren Unterstützung hat mir wertvolle Zeit gespart, die ich in die Textarbeit investieren konnte.

Last but not least danke ich dem Lektorat von Elsevier/Spektrum Akademischer Verlag, dass sie mich so hervorragend bei der Herstellung des Buches unterstützt haben. Ulrich Moltmann danke ich dafür, dass er mich als Autorin für sein Wunschprojekt „Experimentator Zellkultur" ausgeguckt hat, selbst wenn er es bestimmt immer dann bereut hat, wenn sich gerade mal wieder der Veröffentlichungstermin verschoben hat. Bettina Saglio hat den Experimentator lektoratstechnisch betreut und mir dabei geholfen, die Perspektive zu bewahren. Im Endspurt hat mich Frauke Bahle unterstützt, die als Fachredakteurin letzte Schwächen ausgebügelt hat. Euch allen vielen Dank!

Inhaltsverzeichnis

1 Die Geschichte der Zellkultur

Merkt nun den Anfang.
Aus: König Heinrich VIII.

Die ersten Versuche, Gewebe bzw. Organe aus Spenderorganismen *in vitro* zu kultivieren, liegen schon sehr lange zurück. Die Anfänge der angewandten Gewebe- und Organkultur lassen sich etwa auf den Beginn des zwanzigsten Jahrhunderts zurückdatieren. Mit der heute schon fast hochtechnisierten Art Zellen zu kultivieren, haben diese ersten Gehversuche nichts gemein. Damals beschäftigten sich nur einige wenige Wissenschaftler mit solchen Dingen und dies machte sie zu Exoten unter ihren Kollegen. Diese Pioniere kämpften unerbittlich gegen die zahlreichen Kontaminationen, die nicht beherrschbar waren, an. Damals gab es weder Sicherheitswerkbänke, wie wir sie heute kennen, noch hatte man Antibiotika und Antimykotika zur Verfügung, die man zur Vermeidung von Infektionen mit Bakterien und Pilzen ins Nährmedium geben konnte. Erst mit der Entdeckung des Penicillins Ende der 1920er-Jahre und der Entwicklung wirksamer Antimykotika war es möglich geworden, die Zellkulturplagen in den Griff zu bekommen. Auch die Standardmedien, wie sie heute in jedem Zellkulturlabor benutzt werden, wurden erst später entwickelt.

Aus diesem Grund wurden die ersten Organ- und Gewebeexplantate zunächst in Ringerlösung kultiviert. Durch diese Entdeckungen und die Entwicklung zelltypspezifischer Medien trat die Zellkulturtechnik Mitte des letzten Jahrhunderts ihren weltweiten Siegeszug an, der bis heute ungebrochen andauert. Die Zellkulturtechnik hat sich im Laufe der Jahrzehnte nicht nur zu einer der am weitesten verbreiteten Ersatztechniken für Tierversuche entwickelt, sie hat sich darüber hinaus zu einem vielseitigen und unverzichtbaren Werkzeug für die zell- und biotechnologische Forschung gemausert. Heute gibt es kaum noch ein Labor, in dem nicht auf die eine oder andere Art Zellkultur betrieben wird. Gerade deshalb ist es aus heutiger Sicht interessant, einen Blick zurück auf die Anfänge der Zell- und Gewebekultur zu werfen. Machen wir eine kleine Zeitreise zurück in die Geschichte und erfahren, wie alles begann …

Meilensteine in der Zellkultur

- 1881 – Der deutsche Biologe August Weismann vermutete, dass der Tod (des Organismus) deshalb stattfindet, weil ein „abgenutztes" Gewebe sich nicht für immer selbst erneuern kann und weil die Fähigkeit zur Vermehrung durch Zellteilung nicht ewig, sondern begrenzt ist. „Weismanns Ideen waren neuartig und bedeutend, aber sie stifteten auch Verwirrung, weil er sich metaphysisch ausdrückte", sagte der britische Kollege Cyril Dean Darlington in *Gesetze des Lebens* über ihn. Weismanns Konzept wurde später von Alexis Carrel über Bord geworfen und war zu der Zeit, als Leonard Hayflick (siehe unten) mit seinen Arbeiten begann, fast vollkommen in Vergessenheit geraten. Rückblickend betrachtet ist es erstaunlich, wie nahe Weismanns damalige Überlegungen an der heute allgemein akzeptierten Meinung waren, dass zelluläres Altern im Zusammenhang mit Alterungsprozessen und dem Tod des Organismus stehen.

August Weismann

- 1907 – Ross Granville Harrison gelang es als Erstem, eine einfache Methode zu etablieren, explantierte tierische Gewebestücke außerhalb des Körpers wachsen zu lassen. Er experimentierte mit embryonalen Nervenfasern von Fröschen, die er in Froschlymphe wachsen ließ. Mit seinen Versuchen konnte er beweisen, dass Nervenfasern sich von einer bestimmten Zelle des Gehirns, des Rückenmarks oder eines außerhalb liegenden Ganglions entwickeln.
- 1910 – Warren Harmon Lewis kultivierte zunächst Knochenmarkzellen von Meerschweinchenembryos im Plasma bereits älterer Embryos des Meerschweinchens. Später kultivierte er dann Stückchen embryonalen Hühnchengewebes und schließlich gelang ihm sogar das Wachstum und die Zellvermehrung von Zellen vieler Organe des Huhns. Er erkannte, dass die meisten, wenn nicht alle kultivierbaren Zellen von Zelltypen stammten, die in jedem der untersuchten Gewebe vorkamen: Bindegewebszellen und Endothelzellen der Blutgefäße.
- 1908–1912 Der französische Chirurg Alexis Carrel demonstrierte bereits 1908 die ersten Ergebnisse zur Organtransplantation. 1912 erhielt er dafür sowie für seine Arbeiten auf dem Gebiet der Gefäßnaht den Nobelpreis für Medizin. Carrel gilt als der „Vater“ der Gewebekultur, denn auf seinen Arbeiten beruhte das Dogma der damaligen zellbiologischen Forschung,

Alexis Carrel

dass **Zellen in Kultur unbegrenzt teilungsfähig** sind. Diese Schlussfolgerung zog Carrel aufgrund des folgenden legendären Versuchs: Er kultivierte einen Gewebeschnitt aus dem Herzmuskel eines Hühnerembryos in Kulturmedium. Die Fibroblasten aus diesem Primärgewebe sollen 34 Jahre (!) lang kontinuierlich gewachsen sein und sogar rhythmisch geschlagen haben. Das führte zu der allgemeinen Annahme, dass sich alle Säugerzellen in der Zellkultur unbegrenzt teilen können. Allerdings überrascht es aus heutiger Sicht nicht, dass Carrels Ergebnisse bisher von keinem anderen Wissenschaftler reproduziert werden konnten. Der Grund: Carrel machte einen experimentellen Fehler, von dem er vermutlich wusste, den er jedoch nie eingestand. Er „fütterte“ die Fibroblasten täglich mit einem Extrakt aus Hühnerembryogewebe. Dieses wurde unter Bedingungen extrahiert, die es erlaubten, dass die Fibroblastenkultur bei der täglichen Gabe des Extraktes mit frischen lebenden Zellen versorgt wurde. Deshalb konnte die primäre Fibroblastenkultur so lange überdauern. Das Dogma der unbegrenzten Teilungsfähigkeit von Zellen *in vitro* war etwa 40 Jahre lang die herrschende Meinung der Zellbiologen, bis es von Leonard Hayflick und Paul Moorhead widerlegt wurde.

- 1928 – Die **Entdeckung des Penicillins** durch Sir Alexander Fleming ist aus heutiger Sicht ein Segen für die Zellkultur, da mit dieser Substanz die häufigste Zellkulturplage, nämlich die Kontamination mit Bakterien, endlich beherrschbar wurde. Bei seiner Entdeckung kam Fleming der Zufall zu Hilfe. Er arbeitete als Bakteriologe in einer Klinik, als ihm eine Panne bei seiner Bakterienkultur passierte: In einer von Flemings Bakterienkulturen hatte sich ein

Sir Alexander Fleming

Schimmelpilz eingenistet. Das war damals nichts Ungewöhnliches und schon vielen anderen Bakteriologen passiert. Während diese jedoch die „verdorbene" Kultur verwarfen, bemerkte Fleming, dass rund um den Pilz *Penicillium notatum* der Bakterienrasen verschwunden war. Mit einer verdünnten Lösung der bakterientötenden Substanz behandelte Flemming später Wunden und Augeninfektionen. Trotz der Veröffentlichung seiner Ergebnisse blieb diese sensationelle Entdeckung lange Zeit unbeachtet. Einzig der Entdeckung des ersten Sulfonamids durch die Bayer AG wenige Jahre später schenkte man Beachtung. Das änderte sich erst, als 1939 das Penicillin biochemisch isoliert und 1940 seine Heilwirkung erfolgreich an Mäusen bewiesen wurde. Mit der Entdeckung des Penicillins war zwar der Weg für eine weltweite Verbreitung der Zellkulturtechnik frei, es dauerte dennoch etwa weitere 20 Jahre, bis die Zellkultur in großem Maßstab Einzug in die Labors hielt.

- 1938 – Die beiden Genetiker Hermann Muller und Barbara McClintock belegten die **Bedeutung der Telomere für die Stabilität der Chromosomen**. Sie konnten zeigen, dass die Telomere verhindern, dass Chromosomenenden miteinander fusionieren. Über die Funktion der Telomere bei der Zellteilung war damals noch nichts bekannt.

Barbara McClintock

Hermann J. Muller

- Späte 1940er-Jahre – Die Pionierarbeiten von Earle, Hanks, Eagle, Dulbecco und Ham führten zur **Entwicklung definierter Zellkulturmedien**, die bis heute die Standardmedien für die Kultivierung von Primärkulturen sowie etablierter Zelllinien darstellen.
- 1950 – Die Entdeckung des ersten spezifischen Antimykotikums **Nystatin**, gefolgt von der Entdeckung von **Amphotericin B** im Jahre 1957, verhalf nicht nur der Mykologie, sondern auch der Zellkulturtechnik zu einem Aufschwung.
- 1951 – Die **Entdeckung des Zellzyklus** durch Alma Howard und Stephen Pelc war bahnbrechend, da sie als Erste zeigen konnten, dass es einen Zeitrahmen für zelluläres Leben gibt. Sie postulierten die Existenz von vier Zellzyklusphasen und bestimmten mittels Autoradiographie deren Länge. Auf ihre Publikation geht die Bezeichnung der Zellzyklusphasen, wie wir sie heute kennen, zurück.
- 1952 – **HeLa** war die erste epithelähnliche Zelllinie, die von menschlichem Gewebe stammte und durch eine permanente *in-vitro*-Kultur bis heute aufrechterhalten wird. HeLa wurde von George Otto Gey und seinen Kollegen aus dem Biopsiematerial des Zervixkarzinoms (Gebärmutterhalskrebs) einer 31-jährigen Schwarzen aus Baltimore isoliert. Die Patientin, **He**nrietta **La**cks, war unfreiwillige Spenderin und Namensgeberin dieser Zelllinie, denn sie wusste sie zu ihren Lebzeiten nicht, dass ihre Tumorzellen zu Gey's Labor geschickt und dort in Rollerflaschen kultiviert wurden. Aus dieser Kultur wurde die erste immortale Zelllinie etabliert, die man erst Henrietta und später HeLa nannte. Seither ist sie eine der weltweit am meisten untersuchten Zelllinien und ihre bis heute durch Zellvermehrung propagierte Gesamtmasse übersteigt die ursprüngliche Körpermasse von Henrietta Lacks um ein Vielfaches. Leider ist ihre Beliebtheit sogar schon zu einem Problem geworden, denn die Kreuzkontamination von Originalkulturen anderer Zelllinien mit HeLa-Zellen ist inzwischen legendär.
- 1953–1956 publizierten Wilton Earle und seine Kollegen Studien über **proteinfreie chemisch definierte Medien** für die Kultur von subkutanen Bindegewebszellen der Maus (L Stamm).
- 1961 – Leonard Hayflick und Paul Moorhead widerlegen das auf Carrels Arbeiten beruhende Dogma der unbegrenzten Replikationsfähigkeit von Zellen *in vitro*. Sie entdeckten, dass Zellen nicht unbegrenzt teilungsfähig sind, sondern nach etwa 50 Zellverdopplungen absterben. Hayflick selbst nannte diese Beobachtung das „**Phase-III-Phänomen**" und postulierte, dass es für das replikative Limit von Zellen eine Art Uhr oder Zeitmechanismus geben muss, der die mutmaßliche Anzahl molekularer Ereignisse „zählt". Mit diesen Ereignissen war nicht etwa die Zahl der Subkulturen gemeint, sondern die DNA-Replikationsrunden , die von dem so genannten „**Replikometer**" gezählt werden.
- 1962 – Hayflick entwickelt den ersten menschlichen diploiden **Zellstamm WI-38** aus dem Lungengewebe eines drei Monate alten weiblichen Embryos. Diese Zellen werden bis heute in der Herstellung von Impfstoffen eingesetzt. Hayflick führte einen sechs Jahre andauernden Streit mit den nationalen Gesundheitsbehörden um die Rechte an der daraus entwickelten Zelllinie – und gewann. Seither dürfen amerikanische Forscher die Verwertungsrechte für ihre Entdeckungen behalten, auch wenn deren Forschung durch nationale Mittel finanziert wurde.

Leonard Hayflick 1988.
(Mit freundlicher Genehmigung von Leonard Hayflick)

- 1964 – Littlefield führt das **HAT-Medium** (Hypoxanthin-Aminopterin-Thymidin-Medium) ein, wodurch erstmals die Anzucht somatischer Zellhybride möglich wurde.
- 1965 – Richard Ham führt ein definiertes, **serumfreies Anzuchtmedium** (Ham's F12) ein.
- 1974 – MacFarlane Burnet prägt den Begriff **Hayflick-Limit**, um Hayflicks Beobachtung der begrenzten Teilungsfähigkeit von normalen Zellen zu beschreiben und diese gegen Krebszellen abzugrenzen, die gewöhnlich unsterblich werden.

McFarlane Burnet

- 1975 – Kohler und Milstein beschreiben erstmals die Dauerkultur fusionierter Zellhybride, die als **erste Hybridoma-Zelllinie** für die Antikörper-Produktion eingesetzt wurde.
- 1975 – Woodring Wright, damals als Doktorand in Hayflicks Labor, konnte zeigen, dass das so genannte **„Replikometer" im Zellkern** lokalisiert ist.
- 1978 – Elizabeth Blackburn entdeckt die **Sequenz der Telomere** des Ciliaten *Tetrahymena thermophilus*.
- 1981 – Hayflick und seine Kollegen transformieren eine normale humane Zellpopulation in eine **unsterbliche (immortalisierte) Zelllinie** mittels eines chemischen Karzinogens und Strahlung.
- 1985 – Carol Greider entdeckt die **Telomerase**.
- 1990 – Calvin Harley kann zeigen, dass sich die Telomere normaler humaner Zellen in der Zellkultur verkürzen, wenn sie sich dem Hayflick-Limit nähern.
- 1994 – Jerry Shay und Wissenschaftler der Biopharmafirma Geron beweisen, dass das Enzym Telomerase in allen von Tumoren abstammenden Zelllinien und in 90% von humanen Primärtumoren vorhanden ist.
- 1998 – Woodring Wright und Geron führen den Nachweis, dass die ektopische Expression (ektopisch bedeutet nicht am physiologischen Ort befindlich; an einer untypischen Stelle) von Telomerase in normalen Fibroblasten und epithelialen Zellen zur Umgehung des Hayflick-Limits führt. Sie konnten damit beweisen, dass die Telomere, die natürlichen Enden der Chromosomen, das von Hayflick postulierte „Replikometer" sind.
- 2000 – Jerry Shay und Woodring Wright zeigen anhand des Tiermodells der Scid-Maus wie **hTERT-immortalisierte Zellen** bei der Entwicklung von Techniken zum **Gewebeersatz** (*tissue engineering*) eingesetzt werden können.

Diese Entdeckungen waren echte Highlights in der Geschichte der Zellkultur. Viele waren zu jener Zeit bahnbrechend und legten den Grundstein für die moderne zellbiologische Forschung. Außer diesen Meilensteinen hat sich aber noch vieles mehr auf dem Gebiet der Zellkultur getan, von dem der ganz normale Zellkultur-Experimentator im Laboralltag profitiert. So gibt es unzählige kleine Fortschritte und Weiterentwicklungen, die alle dazu beitragen, die Zellkulturtechnik zu verbessern und die Bequemlichkeit und die Sicherheit für den Anwender zu erhöhen. Außerdem hat sich das Bewusstsein für den Umgang mit Kontaminationen in der Zellkultur geändert und zu einem breiten Angebot an Produkten geführt, mit denen man seine Kulturen testen und gegebenenfalls behandeln kann.

Literatur:

Blackburn EH, Gall JG (1978) A tandemly repeated sequence at the termini of the extrachromosomal ribosomal RNA genes in *Tetrahymena*. J Mol Biol 120: 33–53

Bodnar AG et al. (1998) Extension of life span by introduction of telomerase into normal human cells. Science 279: 349–352

Carrel A, Ebeling AH (1921) Age and multiplication of fibroblasts. J Exp Med 34: 599–606

Carrel A (1912) On the permanent life of tissue outside the organism. J Exp Med 15: 516–528

DeLange T et al. (1990) Structure and variability of human chromosome ends. Mol Cell Biol: 10: 518–527

Dimri GP et al. (1995) A biomarker that identifies senescent human cells in culture and in ageing skin *in vivo*. Proc Natl Acad Sci 92: 9363–9367

Evans VJ et al (1952) A quantitative study of th effect of certain chemically defined media on the proliferation *in vitro* of strain L cells from the mouse. J Natl Cancer Inst 13: 773–783

Evans VJ et al. (1956) Studies of nutrient media for tissue cells *in vitro*. I. A protein-free chemically defined medium for cultivation of strain L cells. Cancer Res 16: 77–86

Evans VJ et al. (1956) Studies of nutrient media for tissue cells in vitro. II An improved, protein-free chemically defined medium for long-term culture of strain L-929 cells. Cancer Res 16: 87–94

Feng F et al. (1995) The RNA component of human telomerase. Science 269: 1236–1241

Greider CW, Blackburn EH (1985) Identification of a specific telomere terminal transferase enzyme with two kinds of primer specificity. Cell 51: 405–413

Ham RG (1965) Clonal growth of mammalian cells in a chemically defined, synthetic medium. Proc Natl Acad Sci 53: 288–293

Hanks JH (1957) The future of tissue culture in cancer research. J Natl Cancer Inst 19 (4): 827–832

Hanks JH (1957) The future of tissue culture in cancer research: Discussion. J Natl Cancer Inst 19 (4): 833–843

Harley CB et al. (1990) Telomeres shorten during ageing of human fibroblasts. Nature 345: 458–460

Hastie ND et al. (1990) Telomere reduction in human colorectal carcinoma and with ageing. Nature 346: 866–868

Hayflick L, Moorhead P (1961) The serial cultivation of human diploid cell strains. Exp Cell Res 25: 585–621

Hayflick L (1965) The limited *in vitro* lifetime of human diploid cell strains. Exp Cell Res 37: 614–636

Hayflick L (1973) The biology of human aging. Am J Med Sci 265: 433–445

Hayflick L (1984) The coming of age of WI-38. Adv Cell Cult 3: 303–316

Hayflick L (1998) How and why we age. Exp Gerontol 33: 639–653

Hayflick L (1999) A brief overview of the discovery of cell mortality and immortality and of its influence on concepts about ageing and cancer. Pathol Biol 47: 1094–1104

Hayflick L et al. (1962) Preparation of poliovirus vaccines in a human fetal diploid cell strain. Am J Hyg 75: 240–258

Hayflick L et al. (1963) Choice of a cell system for vaccine production. Science 140: 760–763

Herbert B-S et al. (1999) Inhibition of telomerase leads to eroded telomeres, reduced proliferation, and apoptosis. Proc Natl Acad Sci 96: 14276–14281

Howard A, Pelc SR (1951) Synthesis of nucleoprotein in bean root cells. Nature 167(4250): 599–600

Kim N-W et al. (1994) Specific association of human telomerase activity with immortal cells and cancer. Science 266: 2011–2015

Kohler G, Milstein C (1975) Continuous cultures of fused cells secreting antibody of predefined specificity. Nature 256(5517): 495–497

Lindsey J et al. (1991) *In vivo* loss of telomere repeats with age in humans. Mutat Res 256: 45–48

Littlefield JW (1964) Selection for hybrids from matings of fibroblasts *in vitro* and their presumed recombinants. Science 145: 709–710

McClintock B (1941) The stability of broken ends of chromosomes in *Zea mays*. Genetics 26: 234–282

Morin GB (1989) The human telomere terminal transferase enzyme is a ribonucleoprotein that synthesizes TTAGGG repeats. Cell 59: 521–529

Moyzis RK et al. (1988) A highly conserved repetitive DNA sequence (TTAGGG)n, present at the telomeres of human chromosomes. Proc Natl Acad Sci 85: 6622–6626

Olovnikov AM (1996) Telomeres, telomerase and aging: Origin of the theory. Exp Gerontol 31: 443–448

Rubin H (1998) Telomerase and cellular lifespan: ending the debate? Nature Biotechnol 16: 396–397

Shay JW, Gazdar AF (1997) Telomerase in the early detection of cancer. J Clin Path 50: 106–109

Shay JW, Wright WE (2000) Hayflick, his limit, and cellular ageing. Nature Mol Cell Biol 1: 72–76

Shay JW, Wright WE (2000) The use of telomerized cells for tissue engineering. Nature Biotechnol 18: 22–23

Witkowski JA (1980) Dr. Carrel's immortal cells. Med Hist 24: 129–142

Witkowski JA (1985) The myth of cell immortality. Trends Biochem Sci 10: 258–260

Wright WE, Hayflick L (1975) Nuclear control of cellular ageing demonstrated by hybridization of anucleate and whole cultured normal human fibroblasts. Exp Cell Res 96: 113–121

Wright WE, Shay JW (2000) Telomere dynamics in cancer progression and prevention: Fundamental differences in human and mouse telomere biology. Nature Med 6: 849–851

2 Zellbiologische Grundlagen

Der Narr hält sich für weise,
aber der Weise weiß, dass er ein Narr ist!
Aus: Wie es Euch gefällt

Jeder, der mit Zellkulturen arbeitet, sollte auf den Gebieten, die in der angewandten Zellkultur von Bedeutung sind, über grundlegendes Wissen verfügen. Das erleichtert das experimentelle Arbeiten mit Zellkulturen, da man viele Zusammenhänge besser durchschauen und nachvollziehen kann. Darüber hinaus können auf einer soliden Wissensbasis leichter praxisrelevante Entscheidungen getroffen werden. Diese Erkenntnisse sind nicht nur für die Interpretation der mit Zellkulturen gewonnen Ergebnisse von großer Bedeutung, sondern gerade dann, wenn es mal nicht so gut läuft und der Experimentator gezwungen ist, eine Fehleranalyse zu machen. Dieser Experimentator soll bei Problemen helfen, mit denen sich der Anwender häufig herumschlagen muss. Um diese Probleme lösen zu können, muss er zunächst etwas über die Grundlagen und den aktuellen Wissensstand auf den jeweiligen Gebieten erfahren.

Das folgende Kapitel gibt einen Überblick, ohne mit zu viel Details zu langweilen. Wer tiefer in die Materie einsteigen will, dem empfehle ich die aufgeführten Fachbücher und Originalarbeiten in der Literaturliste am Ende des Kapitels. Dort werden die molekularen Grundlagen des Zellzyklus und der Apoptose eingehend behandelt.

2.1 Die Entdeckung des Hayflick-Limits

Leonard Hayflick (Jahrgang 1928) prägte schon in jungen Jahren durch seine Beobachtungen an Primärkulturen die Geschichte der Zellkultur entscheidend, denn bereits Anfang der 1960er Jahre warf er ein Dogma der damaligen zellbiologischen Forschung über den Haufen. Zu Beginn des letzten Jahrhunderts glaubte man, dass sich Zellen unter Kulturbedingungen unbegrenzt teilen. Hayflick widerlegte dies durch seine Entdeckung, dass kultivierte menschliche und tierische Zellen genau das eben nicht tun, sondern lediglich über eine begrenzte Fähigkeit zur Reproduktion verfügen. Die entscheidende Arbeit zu diesem Thema veröffentlichte er zusammen mit seinem Kollegen Paul Moorhead 1961. Aus einer Reihe von Experimenten, die Hayflick und Moorhead an embryonalem Gewebe machten, zogen sie den Schluss, dass jede Zelle in einer Population das gleiche Verdopplungspotenzial besitzt. Dieses Potenzial ist limitiert auf 50 ± 10 Verdopplungen. Es beruht darauf, dass der Zeitpunkt, an dem menschliche diploide Zellen ihre Teilungsaktivität *in vitro* einstellen, keine Funktion der Anzahl der Subkultivierungen (Summe der Passagen), sondern vielmehr eine Funktion der potenziellen Zellverdopplungen ist. Aufgrund ihrer Beobachtungen an adhärenten Fibroblastenkulturen teilten die Wissenschaftler die Stadien der Zellkultur in drei Phasen ein: Phase I (*lag*-Phase) repräsentiert die Primärkultur, Phase II (logarithmische Phase) repräsentiert eine Periode, in der die Zellen in der Kultur höchst teilungsfreudig sind, in der abschließenden Phase III durchlaufen die Zellen eine Krise und stellen die Zellteilung vollständig ein.

Phase I: Die Zellen stammen direkt vom Ursprungsgewebe und werden **Primärkultur** oder auch Kurzzeitkultur genannt. Laut Hayflick werden sie aber nur so lange als solche betrachtet, bis sie das erste Mal passagiert werden. Danach bezeichnet man die Zellen als **Subkultur**. Die Phase I ist nach dem Auswachsen der Zellen aus dem Explantat (Gewebe des Spenderorganismus) durch Zellvermehrung geprägt. Diese dauert so lange an, bis die Zellen dicht an dicht wie Ölsardinen nebeneinander liegen und kein Platz mehr für die Anheftung an die Unterlage zu Verfügung steht. Mit dem Erreichen der Konfluenz hören die Zellen auf, sich zu teilen. Dieser Wachstumsstopp beruht auf dem Phänomen der Kontakthemmung. Aufgrund dieses Verhaltens wachsen normale Zellen nicht in mehreren Ebenen (dreidimensional), sondern in einer konfluenten einlagigen Schicht, die man auch **Monolayer** nennt.

Phase II: Diese Phase ist durch üppiges Zellwachstum gekennzeichnet, daher ist alle paar Tage eine Subkultivierung notwendig. Die Zellen nennt man **Primärkolonien**, wenn sich von einer einzelnen Zelle ausgehend isolierte Kolonien (Cluster) bilden. Zelllinien entstehen dann, wenn man die Zellen verschiedener Kolonien nicht mehr voneinander unterscheiden kann. Im Verlauf der Phase II treten irgendwann Zellveränderungen ein, die eine notwendige Begleiterscheinung oder sogar der Grund für die Entwicklung von normalen Zellen *in vitro* hin zu einer **Zelllinie** darstellen. Gemeint ist die Heterodiploidie, bei der es sich um Abweichungen vom diploiden Chromosomensatz handelt. Das Leben solcher Zelllinien ist potenziell unbegrenzt. Nach einer geraumen Zeitspanne jedoch beginnen die Phase-II-Zellen sich langsamer zu teilen. Das ist der Beginn der Phase III.

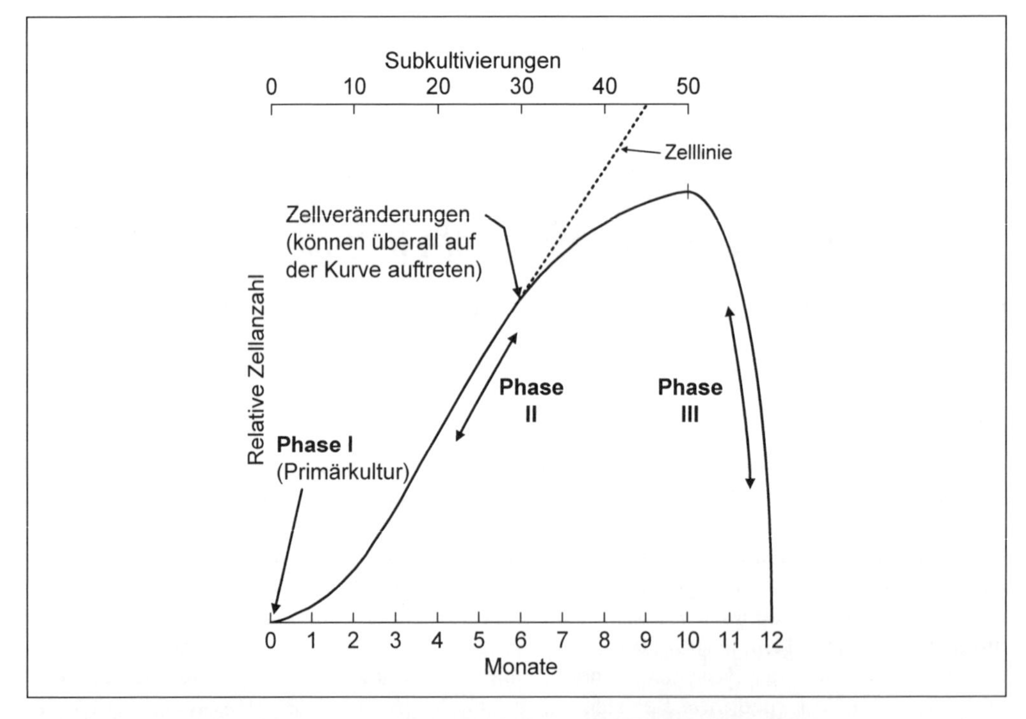

Abb. 2-1: Verlauf der Entwicklung von primären Zellen unter *in vitro-Bedingungen*.
Phase I: Primärkultur, die mit der Bildung der ersten konfluenten Schicht beendet ist.
Phase II: Üppiges Zellwachstum, wodurch viele Subkultivierungen nötig sind. Die Zellen in dieser Phase nennt man Primärkolonien, wenn sie sich von einer Zelle ausgehend vermehren und isolierte Kolonien bilden. Während der Phase II treten irgendwann auf der Kurve Zellveränderungen ein, die zur Entwicklung von Zelllinien führen können. Sie entstehen in dem Moment, in dem man die Zellen verschiedener Kolonien nicht mehr voneinander unterscheiden kann. Das Leben solcher Zelllinien ist potenziell unbegrenzt.
Phase III: Die Zellen durchlaufen am Ende der Phase III eine Krise und gehen nach einer gewissen Zeitspanne zugrunde.

Phase III: Die Zellteilungsrate nimmt weiter ab, bis die Zellen am Ende dieser Phase die Teilung völlig einstellen. Das beruht darauf, dass die Kultur zu diesem Zeitpunkt die bereits erwähnten 50 ± 10 Populationsverdopplungen durchlaufen hat und das Zellteilungspotenzial erschöpft ist. An diesem Punkt sterben die meisten Zellen ab. Einige wenige Zellen können die **Krise** überleben, wobei dies meist mit nummerischen und/oder strukturellen Veränderungen der Chromosomen verbunden ist.

Dieses charakteristische Verhalten von *in vitro* kultivierten Zellen wurde nach seinem Namensgeber **Hayflick-Limit** genannt. Synonym werden auch Namen wie Phase-III-Phänomen oder replikative Seneszenz verwendet. Hayflicks Beobachtungen sind in Abbildung 2-1 graphisch dargestellt.

Die Terminologie in der Zellkultur ist gerade für den Einsteiger auf den ersten Blick verwirrend. Doch bereits 1967 hat sich der Terminologie-Ausschuss der *Cell Culture Association* Gedanken zu diesem Thema gemacht und folgende Definitionen vorgeschlagen:

Primärkultur: Das ist eine Kultur, die von Zellen, Geweben oder Organen angelegt wird, die direkt einem Organismus entnommen wurden. Darunter fallen jedoch nicht Kulturen, die von Tumorexplantaten stammen, die durch Überimpfung gezüchteter Zellen in Tieren entwickelt wurden. Solche Kulturen werden nur bis zu dem Zeitpunkt als Primärkulturen betrachtet, bis zum ersten Mal eine Subkultur angelegt wird. Sie wird dann zur Zelllinie.

Zelllinie: Eine Zelllinie entsteht aus einer Primärkultur zum Zeitpunkt der ersten Subkultur. Der Ausdruck bedeutet, dass davon angelegte Kulturen aus zahlreichen Zellstämmen bestehen, die ursprünglich in der Primärkultur vorhanden waren.

Zellstamm: Ein Zellstamm kann entweder von einer Primärkultur oder einer Zelllinie durch Selektion oder Klonen von Zellen hergeleitet werden. Entscheidend ist, dass der Zellstamm durch spezifische Eigenschaften oder Identifizierungsfaktoren (Marker) charakterisiert ist, die während der nachfolgenden Züchtung fortbestehen. Bei der Beschreibung eines Zellstamms sollte seine spezifische Eigenschaft definiert werden. Einige Beispiele:

- ein bestimmtes Marker-Chromosom,
- Resistenz gegen ein bestimmtes Virus,
- ein spezifisches Antigen (Oberflächenmarker),
- die Produktion eines bestimmten Cytokins usw.

Zu den von Hayflick geprägten Begriffen, die den Verlauf einer primären Kultur beschreiben, ist anzumerken, dass die Hayflick'sche Definition einer Primärkultur im heutigen Laborjargon anders gebraucht wird. Mit Primärkultur meint man ganz allgemein eine Zellkultur aus primärem Gewebe, unabhängig davon, wie oft sie subkultiviert wurde. Insofern umfasst der Begriff alle Phasen des Kulturverlaufs einer Primärkultur. Er wird auch als begriffliche Abgrenzung gegen die permanente Zellkultur mit Tumorzellen bzw. transformierten Zelllinien verwendet. Das zeigt, dass die Begriffsdefinitionen von früher und heute nicht mehr übereinstimmen. Wichtig im Umgang mit der Terminologie ist, dass man sich laborintern darüber verständigt, was mit dem jeweiligen Begriff gemeint ist, auch wenn er streng genommen nicht der ursprünglichen Definition entspricht.

2.2 Zelluläre Seneszenz *in vitro*

Die Existenz des Hayflick-Limits wirft die Frage auf, warum Zellen nur eine begrenzte Zahl von Zellteilungen durchlaufen können. Der Grund für das eingeschränkte Zellteilungspotenzial sind zelluläre Seneszenzprozesse. Damit sind Alterungsvorgänge gemeint, an deren Ende die Degeneration der Zelle steht. Hayflick und Moorhead machten ihre Beobachtungen an Fibroblasten, einem Zelltyp im Bindegewebe, jedoch wurde zelluläre Seneszenz auch in anderen Zelltypen wie Keratinocyten, Endothelzellen, Lymphocyten, Lungenzellen, Chondrocyten usw. beobachtet. Zudem konnte Seneszenz nicht nur in adulten Geweben jeglichen Alters, sondern auch in embryonalen Geweben sowie in verschiedenen Spezies nachgewiesen werden. Interessant in diesem Zusammenhang ist die Beobachtung, dass es offenbar eine Verknüpfung zwischen dem Zellteilungspotenzial *in vitro* und der Langlebigkeit der dazu untersuchten Spezies gibt: An Zellen von Galapagos-Schildkröten, die bekanntlich weit mehr als 100 Jahre alt werden können, sind über 110 Zellteilungen beobachtet worden, während sich Mauszellen gerade 15-mal teilen, bevor sie die (Hayflick-)Krise kriegen.

Zellen von Patienten, die an einem Progerie-Syndrom (lat. *pro* = vor, griech. *geras* = Alter, Krankheit, die mit vorzeitigem Altern einhergeht) wie z. B. dem Werner-Syndrom leiden, vollziehen dagegen weit weniger Populationsverdopplungen als normale Zellen. Werner-Syndrom-Patienten altern viel früher als normale Menschen und entwickeln schon ab dem zweiten Lebensjahrzehnt eine zunehmende Vergreisung, da ihr Körper im Zeitraffer altert. Diese Menschen werden selten älter als 50 Jahre und stehen daher im Mittelpunkt eines Teilgebiets der Alternsforschung (Gerontologie). Unbestritten ist, dass auch die Körperzellen von gesunden Personen mit fortschreitendem „natürlichen" Alter nach und nach die Fähigkeit einbüßen, sich zu teilen. Das wirft die Frage auf, welcher biologische Taktgeber für die Seneszenz verantwortlich ist und wie genau diese „Altersuhr" funktioniert. Das führt uns wieder zurück zur zellulären Alternsforschung. In den letzten Jahrzehnten hat man verschiedene Faktoren, die an der zellulären Seneszenz beteiligt sind, identifiziert. Das hat zur Entwicklung einer Vielzahl von Theorien geführt, von denen hier einige kurz vorgestellt werden sollen:

- Freie Radikale: Diese Theorie beruht darauf, dass freie Radikale (kurzlebige, reaktionsfreudige Moleküle, die über freie Elektronen verfügen) ein Nebenprodukt der Zellatmung sind und andere Moleküle, wie z. B. Lipide oder die DNA, oxidieren und damit zerstören. Dadurch werden entscheidende Prozesse in der Zelle gestört und es kommt zur Anhäufung von Schäden. Unterstützung erhält diese Theorie durch den Nachweis, dass bei Mäusen durch die Gabe von Radikalfängern und Antioxidantien eine Lebenszeitverlängerung von 25–40% erreicht werden konnte. 1969 entdeckten Joseph McCord und Irwin Fridovich das Enzym Superoxiddismutase (SOD). Die einzige Aufgabe dieses Enzyms ist die Zerstörung von Superoxidradikalen, die während der Zellatmung entstehen. Inzwischen wurde die Superoxiddismutase in verschiedenen Organismen, vom Bakterium bis zum Menschen, nachgewiesen. Experimentelle Beobachtungen legen einen Zusammenhang zwischen der Präsenz von SOD und dem Überleben nahe: Bakterien und Hefen ohne SOD sterben in sauerstoffhaltiger Umgebung. Taufliegen dagegen, die durch eine genetische Veränderung mehr SOD bilden können, wiesen eine um 40% verlängerte Lebenszeit im Vergleich zu normalen Fliegen auf. Aber trotz nachweislich zerstörender Wirkung der Radikale ist ihre Bedeutung im Alterungsprozess umstritten.
- Defekte DNA-Reparaturmechanismen: Diese Theorie beruht auf der Annahme, dass sich durch die Anhäufung von Mutationen Fehler bei der DNA-Replikation einschleichen können. Da es aber Reparaturenzyme gibt, die diese Fehler korrigieren, geht man davon aus, dass diese Enzyme in Abhängigkeit vom Alter an Effektivität verlieren, da sie selbst mit Fehlern syn-

thetisiert werden. Dadurch soll es zu eingeschränkten Stoffwechselleistungen kommen, was die Alterung der Zellen nach sich zieht.

- Genetische Faktoren: Die Beteiligung von Genen am Alterungsprozess ist eine der am meisten favorisierten Theorien. Man geht inzwischen davon aus, dass es eine Vielzahl von Genen gibt, die am Alterungsprozess beteiligt sind. Diese Einschätzung beruht auf Studien an Progerie-Patienten, die von kalifornischen Wissenschaftlern durchgeführt wurden. Sie fanden heraus, dass über 60 Gene mit ganz unterschiedlichen Funktionen zu Alterungsprozessen führen. Damit steht fest, dass die Analyse dieser Gene der wahrscheinlich vielversprechendste Ansatzpunkt für die Gerontologen ist.
- Verkürzung der Chromosomenenden (Telomere): Diese Theorie stellt einen Zusammenhang zwischen dem Altern von Zellen und dem Verlust bestimmter DNA-Sequenzen, den Telomeren, her. Diese Sequenzen sind evolutionär konserviert und haben beim Menschen und anderen Spezies, wie z. B. der Maus, die Abfolge (TTAGGG)n. Sie tragen keine genetische Information, sondern dienen als natürlicher Schutz der Chromosomenenden vor Degradierung. Dieser Schutz ist aber nicht von unbegrenzter Dauer, denn die Telomere werden aufgrund eines Problems bei der Replikation der Chromosomenenden bei jeder zellulären Replikationsrunde verkürzt. Ist bei einem Chromosom eine kritische Telomerlänge erreicht, ist die Information auf dem jeweiligen Chromosom gefährdet und es kommt zu einem Stoppsignal an die Gene, die die Mitose steuern. Das betroffene Chromosom fragmentiert und verursacht das Altern der Zelle. Infolge dessen tritt der Zelltod ein.

Die amerikanischen Nobelpreisträger Barbara McClintock und Hermann Joseph Muller waren die Ersten, die erkannten, welche fundamentale Bedeutung die Telomere für die Stabilität der Chromosomenenden haben. Der Begriff Telomer (griech. *telos* = Ende, *meros* = Stück oder Teil) wurde von Muller geprägt. Es lohnt sich einen genaueren Blick auf die Telomere zu werfen, da die Telomere nicht nur an der zellulären Seneszenz beteiligt sind, sondern auch bei anderen Prozessen wie etwa der Immortalisierung (Erwerb der Unsterblichkeit) von Zellen und der Krebsentstehung eine Schlüsselrolle spielen. Auf letztere wird am Ende dieses Kapitels noch eingegangen.

Gegen die Verkürzung der Telomere gibt es eine molekulare Waffe, die Telomerase. Dieses Enzym wirkt der fortschreitenden Telomerverkürzung entgegen, indem es die verloren gegangenen Sequenzen wieder an die Chromosomenenden anheftet. Das Telomerasegen ist zwar prinzipiell in jeder Zelle vorhanden, jedoch wird die Telomerase in somatischen Zellen nicht exprimiert. Es gibt aber Zellen, in denen die Telomerase ständig aktiv ist: in den Stammzellen der Keimbahn (Ei- und Samenzellen) und in Krebszellen. Dort sorgt die permanente Aktivität des Enzyms dafür, dass diese Zellen der replikativen Seneszenz entkommen. Aus dem Grund sind diese Zellen auch potenziell unsterblich, was der Telomerase den Namen **Unsterblichkeitsenzym** eingetragen hat.

Hayflick machte außer dem Hayflick-Limit noch eine weitere wichtige Entdeckung. Er war der Erste, der aufgrund seiner Beobachtungen feststellte, dass es sterbliche und unsterbliche Zellen gibt. Diese Unterscheidung ist eine der Grundlagen der modernen Krebsforschung. Außer den Stamm- und Krebszellen gibt es nämlich auch normale Zellen, die die Krise am Ende der Phase III überleben. Ein bekanntes Beispiel für eine solche Zelllinie ist HaCaT (engl. = *Human adult low Calcium high Temperature*). Diese humanen Keratinocyten sind während der Langzeitkultur spontan immortalisiert, d. h. sie wurden unsterblich. Die spontane Immortalisierung ist in humanen Zellen ein äußerst seltenes Ereignis. Im Namen der HaCaT-Zelllinie finden sich die ursprünglichen Kulturbedingungen wieder, nämlich eine geringe Kalziumkonzentration (0,2 mM) sowie eine erhöhte Temperatur (38,5 °C). Allerdings werden die HaCaT-Zellen ab der zehnten Passage gänzlich unempfindlich gegenüber stark veränderten Kulturbedingungen und tolerieren sowohl eine Erhöhung der Kalziumkonzentration auf 1,4 mM als auch eine Temperatursenkung auf 37 °C.

HaCaT-Zellen entstammen dem Hautpräparat eines 62-jährigen Mannes, dem sie bei einer aus Sicherheitsgründen durchgeführten Operation nach der Entfernung eines Melanoms entnommen wurden. Diese Hautbiopsie wies weder mikro- noch makroskopische Veränderungen auf. Während der *in vitro*-Kultur kam es dann zur spontanen Immortalisierung. In der Regel ist der Erwerb der Unsterblichkeit in den Prozess der Transformation eingebunden und geht mit chromosomalen Veränderungen einher. So auch in diesem Fall: Die Zelllinie ist aneuploid. Bei Aneuploidien ist die Zahl der Chromosomen entweder vermehrt oder vermindert. In einer HaCaT-Zelle befinden sich weniger als die für diploide Zellen typischen 46 Chromosomen. Sind bei einer Zelllinie wie bei den HaCaT-Zellen weniger als 40 Chromosomen im Kern enthalten, so ist sie hypodiploid. Trotz der im Vergleich zu normalen Keratinocyten veränderten Morphologie zeigen HaCaT-Zellen ein beinahe normales Differenzierungsmuster und haben die Fähigkeit zur Apoptose behalten. Zudem zeigte sich, dass sie im Tierversuch nicht tumorauslösend sind. Mittlerweile wurden die HaCaT-Zellen bereits viele Male subkultiviert. In der Zahl der Subkultivierungen liegt aber offenbar doch der Hase im Pfeffer. Denn jenseits von etwa 300 Passagen ließ die Differenzierungsfähigkeit deutlich nach und es wurden auch gutartige Tumoren nach der Injektion von HaCaT-Zellen in Nacktmäuse beobachtet.

In der Literatur werden zahlreiche weitere Mechanismen beschrieben, die mit der Immortalisierung von normalen Zellen in Zusammenhang stehen. Auf einige Mechanismen zur Immortalisierung wird am Ende des Kapitels näher eingegangen.

2.3 Der Zellzyklus

Jeder, der mit Zellkulturen experimentiert, muss sich früher oder später mit dem Lebenszyklus der Eukaryotenzelle auseinandersetzen. Unter dem Begriff Zellzyklus versteht man den sich wiederholenden Ablauf von Ereignissen zwischen zwei Zellteilungen. Im Rahmen der zellbiologischen Grundlagen, die essenziell für das erfolgreiche Experimentieren mit Primärkulturen und permanenten Zelllinien sind, ist die Kenntnis des Zellzyklus von besonderer Bedeutung. Zum einen deshalb, weil Parameter, wie z. B. die Länge der einzelnen Zellzyklusphasen, Aufschluss über charakteristische Merkmale der zu untersuchenden Zellen geben, zum anderen weil das Wissen über die Regulationsmechanismen des Zellzyklus von großer Bedeutung für das Verständnis der Krebsentstehung ist.

2.3.1 Die Phasen des Zellzyklus

Die Bezeichnung der Zellzyklusphasen geht auf eine Veröffentlichung von Alma Howard und Stephen R. Pelc aus dem Jahr 1951 zurück. Die beiden Wissenschaftler führten autoradiographische Untersuchungen an Wurzeln der Sau- oder Ackerbohne *Vicia faba* durch. Dabei entdeckten und charakterisierten sie die Zellzyklusphasen. Ihre gemeinsame Publikation bildet die Grundlage für die Definition der Zellzyklusphasen wie wir sie heute kennen. Der Zellzyklus setzt sich aus der Interphase (Zwischenphase, Phase zwischen zwei Zellteilungen) und der M-Phase (Mitose, Zellteilung) zusammen, wobei die Interphase der M-Phase gegenübergestellt wird. Während die Interphase durch Zellwachstum und Stoffwechselaktivität geprägt ist, werden in der M-Phase die Chromosomen verdoppelt und auf die Zellkerne der Tochterzellen verteilt. Anschließend findet sowohl die Kernteilung (Karyokinese) als auch die Zellteilung (Cytokinese) statt. Betrachtet man die Gesamtdauer des Zellzyklus, die zwischen 20 und 24 Stunden dauern kann (Tab. 2-1), entspricht die zeitliche Verteilung von Interphase zu Mitose einem Verhältnis von 9:1. Sowohl Interphase als auch Mitose setzen sich ihrerseits wieder aus weiteren Phasen zusammen. Die einzelnen Zellzyklusphasen werden im folgenden kurz vorgestellt.

G_1-Phase: Da sich diese Phase der Mitose anschließt, wird sie auch postmitotische Phase genannt. Das G steht für *gap* (engl. = Lücke, Abstand). Nach einer Mitose befinden sich die Zellen in der G_1-Phase, die hauptsächlich durch Zellwachstum und durch die Ergänzung der nach der Zellteilung noch fehlenden Kompartimente wie Cytoplasma und Zellorganellen gekennzeichnet ist. Diese Phase wird außerdem dazu benutzt, die für die bevorstehende Synthesephase benötigten Enzyme und Proteine zu produzieren. Das sind z. B. Replikationsenzyme wie DNA-Polymerasen, Ligasen usw. Für die Proteinsynthese muss außerdem die benötigte mRNA synthetisiert werden. Dem steigenden Energiebedarf wird durch die Produktion energiereicher Verbindungen wie Desoxyribonukleosid-Triphosphate (z. B. ATP) Rechnung getragen. Damit keine fehlerhafte DNA auf die Tochterzellen verteilt wird, werden notwendige DNA-Reparaturen durchgeführt. Der Chromosomensatz ist diploid (n = 46), wobei jedes Chromosom aus einem Chromatid besteht. Die G_1-Phase kann sehr unterschiedlich lang sein. *In vivo* dauert sie durchschnittlich drei Stunden, *in vitro* ergibt sich, je nach Zelltyp und betrachteter Spezies, eine breite Spanne von ein bis zwölf Stunden. In dieser Phase befindet sich auch ein wichtiger Kontrollpunkt *(checkpoint)* des Zellzyklus, der **Restriktionspunkt**. An diesem Punkt wird entschieden, ob die Zelle den Zellzyklus weiter durchläuft oder in die G_0-Phase eintritt und differenziert. Details zum Restriktionspunkt werden ausführlicher in Abschnitt 2.3.2 behandelt.

S-Phase: Das S steht für Synthese, womit die DNA-Synthese gemeint ist. Die Erbsubstanz muss vor der nächsten Zellteilung verdoppelt werden, daher findet in dieser Phase die Replikation der DNA statt. Nach diesem Vorgang besteht jedes Chromosom aus zwei Chromatiden. Diese Phase dauert im Schnitt zehn bis 14 Stunden.

G_2-Phase: Diese Phase wird auch postsynthetische oder prämitotische Phase genannt. Die Zellen bereiten sich auf die bevorstehende Zellteilung vor. Dazu gehört, dass die in der G_1-Phase produzierten Proteine und Enzyme noch prozessiert (geschnitten) bzw. modifiziert werden, damit sie ihre volle Funktion ausüben können. Außerdem lösen sich im zellulären Gewebeverband die Zell-Zell-Kontakte zu den Nachbarzellen und die Zellen schwellen durch Flüssigkeitsaufnahme an. Die bevorstehende Mitose wird durch die Produktion zellteilungsspezifischer Proteine vorbereitet. Die G_2-Phase dauert durchschnittlich zwischen einer und drei Stunden. Hier befindet sich ein weiterer Kontrollpunkt, an dem überprüft wird, ob die Zelle groß genug ist und die gesamte DNA repliziert wurde (Abschnitt 2.3.2.).

Die M-Phase: Das M steht für Mitose. Die Mitose ist ihrerseits wieder in die folgenden Phasen unterteilt: Prophase, Prometaphase, Metaphase, Anaphase und schließlich die Telophase. All diese Phasen werden in einem relativ kurzen Zeitraum durchlaufen. Das ganze Spektakel der Zellteilung ist innerhalb etwa einer Stunde abgeschlossen. Die eigentliche Zellteilung (Telophase) benötigt dabei nur ca. 20 Minuten.

Ein Schema des Zellzyklus mit seinen Kontrollpunkten ist in Abbildung 2-2 wiedergegeben.

Außer den Phasen des Zellzyklus gibt es noch eine weitere, die für den Zellkultur-Experimentator von Bedeutung ist: Die **G_0-Phase**. Eigentlich handelt es sich bei dieser Phase um eine Sonderform der G_1-Phase, denn Zellen in der G_0-Phase befinden sich nicht mehr im Zellzyklus. Die G_0-Phase ist eine Ruhephase, in die differenzierende Zellen von der G_1-Phase ausgehend eintreten. Das ist charakteristisch für bestimmte Zelltypen, die vollkommen ausgereift sind und keine weiteren Differenzierungsschritte mehr durchlaufen. Beispiele für solche Zelltypen sind Nerven-, Leber- und Muskelzellen oder auch Zellen des hämatopoetischen Systems wie Ery-

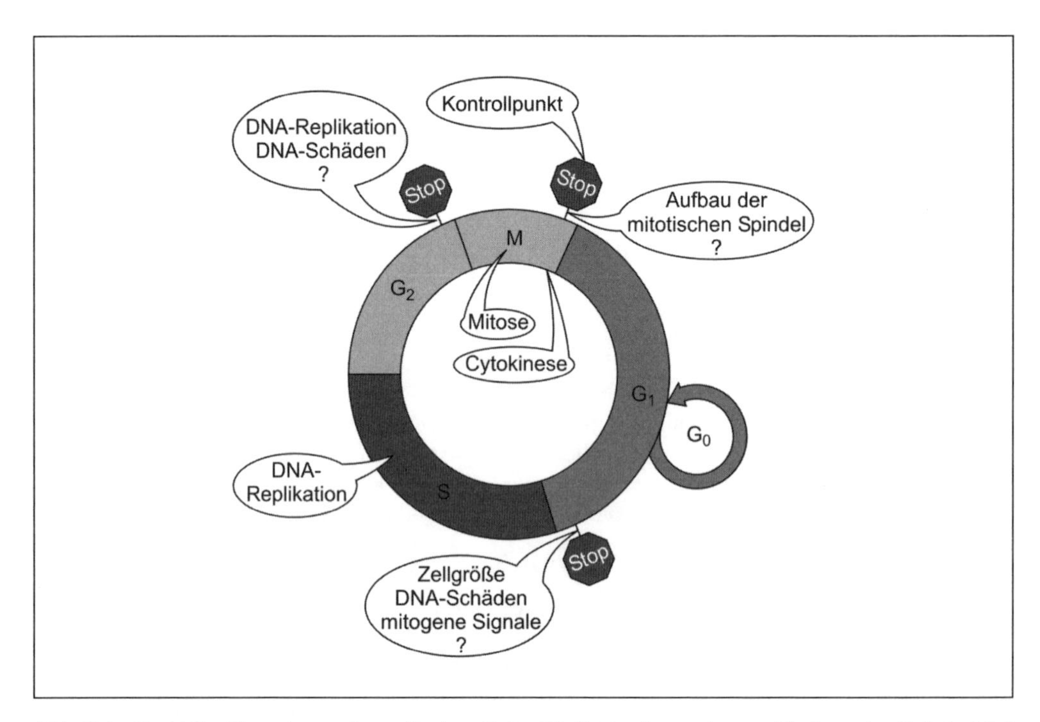

Abb. 2-2: Der Zellzyklus einer eukaryotischen Zelle. Die Zyklusdauer einer proliferierenden Zelle beträgt ca. 24 Stunden, wobei eine Stunde auf die Mitose und 23 Stunden auf die übrigen Phasen – summarisch als Interphase bezeichnet – entfallen. Zur Interphase zählen G_1 (2–20 h), S (6–10 h) und G_2 (2–4 h). G_0 ist die Ruhephase. An den *checkpoints*, hier durch Stoppschilder symbolisiert, kontrolliert die Zelle ihren Zyklus. (Mit freundlicher Genehmigung von Herrn Prof. Dr. Müller-Esterl)

throcyten und Lymphocyten. Diese Zelltypen können für Wochen oder Monate in der G_0-Phase bleiben und verrichten in dieser Zeit ihre Aufgaben im Organismus. Der Eintritt in die G_0-Phase ist jedoch kein endgültiger Zustand, sondern er ist reversibel. So können beispielsweise Leberzellen nach Wochen und Monaten wieder in die G_1-Phase eintreten, wenn ein entsprechender Stimulus vorliegt. Ein anderes bekanntes Beispiel aus der angewandten Zellkultur sind aus Vollblut isolierte periphere Lymphocyten. Für die Herstellung einer Primärkultur werden sie durch Punktion der Vene eines Probanden gewonnen und befinden sich zu diesem Zeitpunkt in der G_0-Phase. Sollen sie in Kultur zur Teilung angeregt werden, müssen sie erst durch Zugabe eines pflanzlichen Lektins, wie z. B. Phytohämagglutinin (PHA) oder Concanavalin A (Con A), ins Medium dazu „überredet" werden, sich zu teilen. Mit diesem methodischen Trick kann man sie nach einer Transformationszeit von etwa zwölf Stunden dazu bringen, wieder in den Zellzyklus einzutreten und sich zu teilen. Wie lange der Zellzyklus insgesamt dauert, ist vom Zelltyp und auch vom betrachteten Organismus abhängig. Bei kultivierten Säugerzellen schwanken die Angaben zwischen zwölf und 24 Stunden. Eine Übersicht über die Zellzykluslängen verschiedener Spezies bietet Tabelle 2-1.

Es gibt allerdings auch regelrechte „Raser" unter den Zellen. Sie durchlaufen den Zellzyklus im übertragenen Sinne auf der Überholspur. Frühe embryonale Zellen mit verkürzter M- und -Phase durchlaufen den Zellzyklus sage und schreibe in nur acht bis 60 Minuten.

Tab. 2-1: Zellzykluslänge verschiedener Spezies.

Spezies/Zelltyp	G_1-Phase (h)	S-Phase (h)	G_2-Phase (h)	M-Phase (h)	Gesamtlänge des Zellzyklus (h)
Homo sapiens: menschliche Tumorzellen in Kultur	8	6	4,5	1	19,5
Homo sapiens: rasch proliferierende menschliche Zellen	9	10	4,5	0,5	24
Mus musculus: Tumorzellen der Hausmaus in Kultur	10	9	4	1	24
Vicia faba: Wurzelspitzenmeristem der Saubohne	4	9	3,2	2	18,5

2.3.2 Die Regulation des Zellzyklus

Externe und interne Kontrollmechanismen

Der Zellzyklus wird durch das komplexe Zusammenspiel verschiedener Faktoren reguliert, die entscheidenden Einfluss auf die Kontrollmechanismen haben. Zu den **externen Faktoren** werden hauptsächlich physiologische Parameter gezählt. Dazu gehören mitogene und antimitogene Signale, die entweder zur Progression durch den Zellzyklus oder aber zum Stillstand führen bzw. den Eintritt in die G_0-Phase induzieren. Hier einige Beispiele:

- Die Anzahl der Nachbarzellen ist ein für die Praxis bedeutsamer Faktor. Befinden sich zu viele Zellen in unmittelbarer Nachbarschaft, wird die Zellteilung bei normalen Zellen durch die Kontakthemmung inhibiert.
- Eine Schädigung der DNA kann als externes wie auch als zellinternes Signal zu einem Zellzyklusarrest sowohl in der G_1- als auch in der G_2-Phase führen.
- Ein ausreichendes Nährstoffangebot stellt einen mitogenen Stimulus dar, der essenziell für die Progression der Zellen durch den Zellzyklus ist.

Da der letzte Punkt in der angewandten Zellkultur von besonderer Bedeutung ist, soll an dieser Stelle näher darauf eingegangen werden. Die Versorgung mit Wachstumsfaktoren ist ein wichtiger Parameter, der darüber entscheidet, ob die Zellen den Zellzyklus durchlaufen oder ob es zu einer Unterbrechung (Zellzyklusarrest) kommt. Diese Entscheidung wird am Restriktionspunkt getroffen. Dem Restriktionspunkt kommt daher die Bedeutung eines Kontrollpunktes in der G_1-Phase des Zellzyklus zu. Unter normalen Bedingungen wird eine Zelle diesen Punkt nur dann überschreiten, wenn genügend Wachstumsfaktoren vorhanden sind. Das lässt sich an einem einfachen Praxisbeispiel erläutern.

Ein experimentell herbeigeführter Serumhunger (induzierter Mangel an Wachstumsfaktoren) führt dazu, dass die Zellen bereits nach einer kurzzeitigen Hungerphase in die G_0-Phase eintreten. Nach einer entsprechend langen Hungerperiode befinden sich schließlich alle Zellen in der G_0-Phase, denn ohne Serum und damit ohne Wachstumsfaktoren reduzieren die Zellen ihren Stoffwechsel auf ein absolutes Minimum und verharren am G_1-Restriktionspunkt. Der Entzug von Wachstumsfaktoren durch Serumhunger ist eine bekannte Methode, um Zellen im Zellzyklus zu synchronisieren. Aus dieser experimentell herbeigeführten Ruhephase entkommen die Zellen selbst nach nur kurzzeitigem Entzug der lebenswichtigen Nährstoffe erst nach Stunden.

Dies beruht zum einen auf dem Konkurrenzkampf der Zellen um das vorhandene Nährstoffangebot. Eine Zelle entzieht der anderen die Wachstumsfaktoren, indem sie mit ihren Rezeptoren an diese bindet. Zum anderen werden in der G_0-Phase die meisten G_1-Cycline und Proteinkinasen nicht nur inaktiviert, sondern sogar vollständig abgebaut. Auf die Rolle der Cycline und deren Interaktion mit ihren spezifischen Proteinkinasen wird im weiteren Verlauf des Kapitels noch eingegangen.

Der Zellzyklus wird auch durch **interne Faktoren** gesteuert. Diese Parameter werden routinemäßig von der Zelle überprüft, ohne dass es eines besonderen Ereignisses bedarf:

- Es gibt eine kritische Zellgröße, unterhalb der sich Zellen nicht teilen. Eine zu geringe Zellgröße ist das Signal, sich so lange nicht zu teilen, bis die Zelle groß genug ist, um zwei lebensfähige Tochterzellen hervorzubringen.
- Ist die DNA intakt? Werden DNA-Schäden festgestellt, kommt es zum Zellzyklusarrest zwecks Schadensreparatur.
- Ist die DNA-Replikation vollständig? Das wird in der G_2-Phase überprüft, bevor die Zellen in die Mitose gehen. Nur vollständig replizierte DNA soll auf die Tochterzellen verteilt werden.

Externe und interne Faktoren wirken auf eine Reihe so genannter **Kontrollpunkte** (*checkpoints*), die für die Regulation des Zellzyklus eine Schlüsselrolle spielen. Die Dauer und die Abfolge der Zellzyklusphasen wird durch diese Steuerungsmechanismen kontrolliert (Abb. 2-2). Die Kontrollpunkte gewährleisten, dass alles hübsch der Reihe nach geht und erst dann der nächste Schritt des Zellzyklus erfolgt, wenn der vorhergehende abgeschlossen ist. An solchen *checkpoints* besteht die Möglichkeit einer Arretierung des Zellzyklus. Diese Option ist für die Integrität der Zellen unerlässlich, z. B. wenn bei einer Zelle ein DNA-Schaden aufgetreten ist. Hierbei spielt der Tumorsuppressor p53 eine entscheidende Rolle (Abschnitt 2.5.2). Die Zelle registriert ihren Schaden und nutzt die selbst verordnete Zwangspause dazu, die notwendige DNA-Reparatur durchzuführen. Gelingt die Beseitigung des Schadens, marschiert die Zelle im Zellzyklus weiter. Misslingt dagegen die Reparatur, weil der Schaden zu hoch oder die Art des Schadens zu komplex ist, bleibt der Zelle als letzter Ausweg aus dem Dilemma nur noch die Einleitung des genetisch gesteuerten Zelltodes, der Apoptose (Kap. 2.4). Diese Maßnahme allein kann noch verhindern, dass die Zelle ihren Schaden an die Tochterzellen weiter gibt.

Die Kontrollpunkte lassen sich in zwei Kategorien einteilen.

1. Kontrollpunkte für DNA-Schäden (G_1- und G_2-Kontrollpunkt): Der G_1-Kontrollpunkt ist im übertragenen Sinne der TÜV für den Übergang von der G_1- zur S-Phase. Er wird aktiviert, wenn z. B. die für die DNA-Synthese benötigten Bausteine, die Nukleotide, fehlen. Das gleiche trifft zu, wenn der DNA-Stoffwechsel durch andere Faktoren gestört oder die DNA wie im Beispiel oben durch Strahlen oder chemische Stoffe (Mutagene) geschädigt ist. Ebenso führt ein Mangel an Nährstoffen dazu, dass die Zellen nicht in die S-Phase gehen. Nur wenn das Nährstoffangebot stimmt, werden energieverbrauchende Prozesse wie die Verdopplung der DNA durchgeführt. Der G_2-Kontrollpunkt ist der TÜV für den Übergang von der G_2- zur M-Phase. Die bevorstehende Mitose macht es erforderlich, zuvor die Unversehrtheit des genetischen Materials zu überprüfen und bei Bedarf notwendige Reparaturen auszuführen. Ist ein Schaden an der DNA registriert worden, wird der Zellzyklus in der G_2-Phase angehalten und die Reparaturgene werden aktiviert. Nur einwandfreie DNA soll repliziert und an die Nachkommen weitergegeben werden. In diesem Sinne ist dieser Checkpoint ein genetischer Kontrollmechanismus für die Replikation.
2. Kontrollpunkt der Spindelbildung (Metaphase-Kontrollpunkt): Für diesen Kontrollpunkt spielen bestimmte Vorgänge während der Mitose eine Schlüsselrolle. Der ausschlaggebende Faktor ist die Trennung der Chromatiden in der Anaphase der Mitose. Die Chromatiden werden erst dann getrennt, wenn alle Transportfasern des Spindelapparates mit dem Kinetochor,

dem Ansatzpunkt für die Spindelfasern am Centromer, verbunden und die Chromosomen in der Äquatorialplatte angeordnet sind. Dadurch wird verhindert, dass Chromatiden verloren gehen und es zu Fehlverteilungen des genetischen Materials während der Mitose kommt.

Molekulare Kontrollmechanismen

Die Aufklärung der Zellzyklusregulation war und ist immer noch ein stetig expandierendes Forschungsfeld und von großer Bedeutung für die Grundlagenforschung. Die Entdeckung der molekularen Kontrollmechanismen bescherte dem Amerikaner Leland Hartwell und den Engländern Timothy Hunt und Paul Nurse 2001 die Verleihung des Nobelpreises für Medizin. Was ist die treibende Kraft, die für den geordneten Ablauf der Ereignisse im Zellzyklus verantwortlich ist? Der Motor der Zellzyklusmaschinerie besteht aus dem Zusammenspiel bestimmter zellzyklusassoziierter Proteine. Dazu gehören Cycline, Cyclin-abhängige Kinasen, Kinasen und Phosphatasen, die an der Regulation des Zellzyklus beteiligt sind und somit das Karussell der zellulären Proliferation drehen.

Cycline und ihre Cyclin-abhängigen Kinasen

Spezielle Proteine, die Cycline genannt werden, interagieren mit bestimmten zellulären Proteinkinasen, den CDKs (engl. = *cycline dependent kinases*). Die Cycline bilden mit ihren spezifischen Kinasen einen Komplex. Dieser steuert dann den Eintritt in die verschiedenen Phasen des Zellzyklus. Zu bestimmten Zeitpunkten im Zyklus werden die Cycline verstärkt exprimiert, bis deren Konzentration ein Maximum erreicht. Dieses Konzentrationsmaximum stellt den Kontrollpunkt dar. Ist er erreicht, werden die Cycline rasch degradiert und die Zelle schreitet in ihrem Lebenszyklus weiter voran. Synthese und Degradierung der Cycline sowie die Aktivierung und Deaktivierung der Cyclin-Kinase-Komplexe stehen unter strikter Kontrolle und werden unter anderem durch Wachstumsfaktoren und Protoonkogene, wie z. B. Ras, gesteuert. Abbildung 2-3 bietet einen Überblick über die Aktivität der Cyclin-CDK-Komplexe in den jeweiligen Zellzyklusphasen.

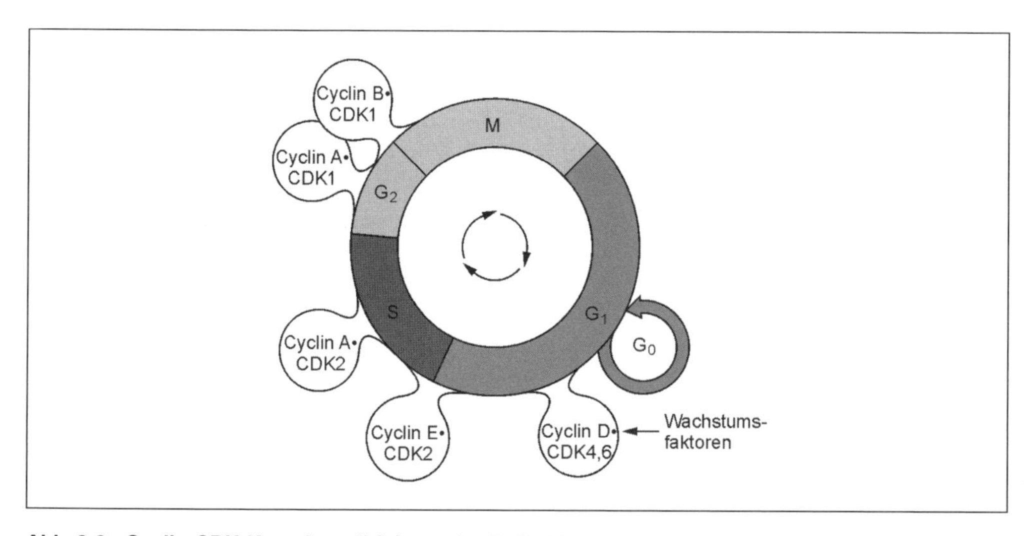

Abb. 2-3: Cyclin-CDK-Komplexe dirigieren den Zellzyklus. Zum Passieren des Restriktionspunkts in der späten G_1-Phase benötigen Zellen Wachstumsfaktoren wie den EGF, der über Ras die Synthese von Cyclin D antreibt. Beim Fehlen von Wachstumsfaktoren gehen Zellen in die teilungsinaktive G_0-Ruhephase über; ein Überangebot an Wachstumsfaktoren lässt den Zellzyklus fortlaufend rotieren – mit dem Risiko einer malignen Entartung. (Mit freundlicher Genehmigung von Herrn Prof. Dr. Werner Müller-Esterl)

Zur besseren Übersicht sollen die Cycline und die CDKs entsprechend ihres Auftretens im Zellzyklus besprochen werden.

- **G_1-Phase:** In dieser Phase spielen die D-Cycline und das Cyclin E die Hauptrolle. Die D-Cycline bestehen aus einer Gruppe, die die Cycline D1 bis D3 umfasst. Gemeinsam mit ihren spezifischen Proteinkinasen CDK 2 ,4 und 6 bilden sie jeweils einen Komplex, der SPF (engl. = *S-phase promoting factor*) genannt wird. Dagegen komplexiert Cyclin E spezifisch mit CDK2.
  - Mittlere G_1-Phase: Die D-Cycline werden bereits in der frühen und mittleren G_1-Phase gebildet, da sie für das Durchlaufen dieser Phase von Bedeutung sind.
  - Späte G_1-Phase: Der Cyclin-E-CDK2-Komplex wird für den Übergang in die S-Phase benötigt.
- **Übergang G_1- zu S-Phase:** Neben den D-Cyclinen und Cyclin E kommt hier noch das Cyclin A ins Spiel. Cyclin E und A aktivieren nacheinander die Proteinkinase CDK2 kurz vor der S-Phase. Diese Aktivierung ist vermutlich das Signal für die DNA-Replikation.
- **S-Phase:** Cyclin A bleibt während der gesamten Dauer der S-Phase und während der G_2-Phase mit CDK2 komplexiert und steuert die DNA-Synthese.
  - Späte S-Phase: Das Cyclin B wird in der späten S-Phase und während der G_2-Phase synthetisiert. Es assoziiert mit einer inaktiven Proteinkinase, der CDK1 (synonym CDC2). Durch die Bindung von Cyclin B als Untereinheit an die Kinase wird die Phosphorylierung von CDK1 an den Aminosäureresten Threonin 14 und Tyrosin 15 erleichtert. Der Komplex aus Cyclin B und CDK1 wird auch MPF (engl. = *mitosis promoting factor*) genannt.
- **G_2-Phase:** Durch die Phosphorylierung wird der inaktive Zustand von CDK1 bis zum Ende der G_2-Phase aufrecht erhalten.
- **Übergang G_2- zu M-Phase:** Die Proteinphosphatase CDC25 vermittelt die Dephosphorylierung von CDK1 am Übergang von G_2 nach M, was die Aktivierung des Cyclin-B-CDK1-Komplexes zur Folge hat.
- **M-Phase:** Der Cyclin-B-CDK1-Komplex bleibt nun so lange aktiv, bis das Cyclin B am Übergang von der Metaphase zur Anaphase während der Mitose degradiert wird.

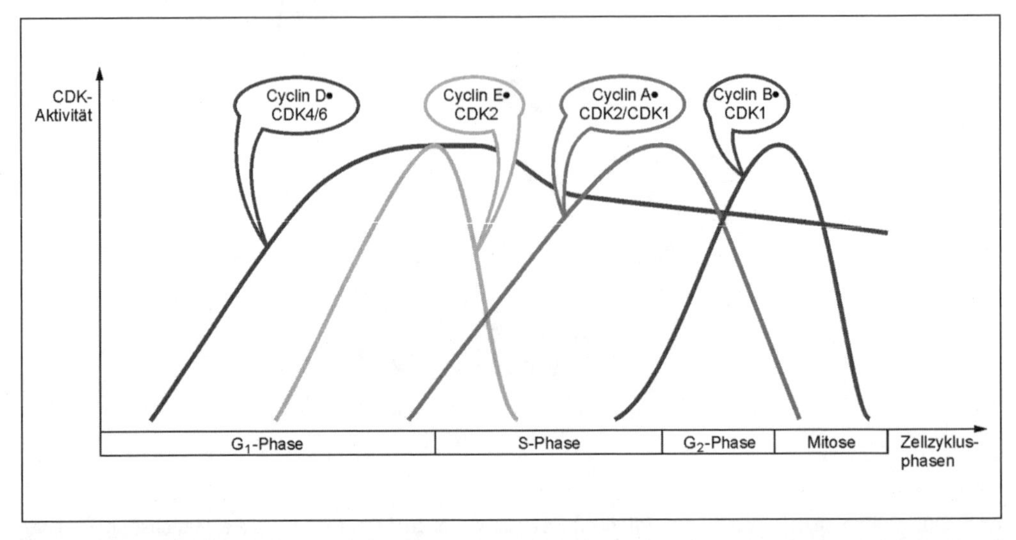

Abb. 2-4: Zellzyklusabhängige Aktivitäten der CDK-Komplexe. Cycline vom Typ D fluktuieren in ihrer Aktivität nicht so ausgeprägt wie andere Regulatoren des Zellzyklus. (Mit freundlicher Genehmigung von Herrn Prof. Dr. Werner Müller-Esterl)

Zellzyklusinhibitoren

Der Zellzyklus wird auch negativ reguliert, und zwar durch eine ganze Reihe von Inhibitoren. Diese Inhibitoren lassen sich in zwei Gruppen einteilen. Die eine wird CIP (engl. = *CDK inhibitory proteins*) genannt und hemmt alle Cyclin-Kinase-Komplexe, wodurch der Übergang von der G_1- zur S-Phase verhindert wird. Die andere Gruppe der Inhibitoren nennt man Ink4 (engl. = *Inhibitor of kinase 4*). Hierbei handelt es sich um Inhibitoren der CDK4-Cyclin-D- und CDK6-Cyclin-D–Komplexe, die lediglich das Vorrücken der Zellen in der G_1-Phase hemmen. Zu dieser Gruppe gehören die Proteine p15, p16, p18 und p19.

Die Rolle der Inhibitoren im Zellzyklus soll an dieser Stelle nur kurz am Beispiel des Proteins p27 dargestellt werden. P27 gehört zu den CIP-Proteinen, die eine ganze Proteinfamilie umfasst (u. a. p21 und p57). P27 kontrolliert den Übergang von G_0 nach G_1. Wird p27 vermehrt exprimiert, verhindert dies den Eintritt in die G_1-Phase. Diese Hemmung läuft z. B. bei einer Virusinfektion ab, wenn infizierte Zellen über die Bildung des Gewebshormons TGFβ (engl. = *transforming growth factor β*) die Expression von p27 fördern. Das macht aus zellulärer Sicht Sinn, denn Viren benötigen proliferierende Wirtszellen für ihre eigene Vermehrung. Nur wenn sich die Wirtszellen im Zellzyklus befinden, kann während der S-Phase auch das virale Genom repliziert werden. Durch p27 wird jedoch verhindert, dass infizierte ruhende Zellen in den Zellzyklus eintreten. Aber nicht nur bei Virusinfektionen entfaltet p27 seine inhibitorische Wirkung. Ein praktisches Beispiel in der angewandten Zellkultur ist die p27-vermittelte Kontakthemmung bei adhärenten Zelltypen.

Zellzyklusregulation durch Tumorsuppressorgene und Protoonkogene

Die Regulation des Zellzyklus ist eine hochkomplexe Angelegenheit und wird neben den schon erwähnten Kontrollinstanzen zusätzlich durch weitere Regulatoren gesteuert. Dazu gehören Tumorsuppressorgene und Protoonkogene. Der Angriffspunkt für diese Regulatoren ist stets der Übergang von der G_1- zur S-Phase.

Die Expression der **D-Cycline** wird unter normalen Bedingungen durch die Anwesenheit von Mitogenen (Mitose auslösende Faktoren) und Wachstumsfaktoren in der G_1-Phase induziert. Ist deren Konzentration hoch genug, passieren die Zellen den Restriktionspunkt und treten in die S-Phase ein. Wird den Zellen jedoch vor dem Überschreiten des Restriktionspunkts das Mitogen entzogen, kommt es zur Akkumulation der Zellzyklusinhibitoren p27 und p16. Diese binden an die Cyclin-D-abhängige Kinase und hemmen dadurch deren Aktivität. Infolge dessen kommt es zum Zellzyklusarrest in der G_1-Phase. Die D-Cycline sind selbst Protoonkogene, die bei der Krebsentstehung eine Rolle spielen. Im Falle einer Überexpression von Cyclin D werden sie zu einem Onkogen. Dazu am Ende dieses Kapitels mehr.

Die Mitglieder der **Retinoblastom-Proteinfamilie** (Rb) spielen ebenfalls eine Schlüsselrolle. Bei der Zellzyklusregulation durch Rb ist die Phosphorylierung von entscheidender Bedeutung. Das Protein ist zu Beginn der G_1-Phase nicht phosphoryliert, wodurch Rb den Zellzyklus arretiert. Das beruht darauf, dass Rb im unphosphorylierten Zustand eine Familie von Transkriptionsfaktoren, die E2F genannt werden, schalenartig umschließt. Die Bindung von Rb an E2F hemmt jedoch die Transkription E2F-abhängiger Gene, von denen eine ganze Reihe, etwa die DNA-Polymerase, für die DNA-Synthese zwingend benötigt werden. Aus diesem Grund ist E2F ein wichtiger Transkriptionsfaktor, der für die Einleitung der S-Phase essenziell ist. Im Verlauf der G_1-Phase wird die Phosphorylierung des Rb-Proteins zunächst durch aktive Cyclin-D-CDK4/6-Komplexe in Gang gesetzt und schließlich durch den Cyclin-E-CDK2-Komplex zu Ende geführt. Erst durch diese Phosphorylierungsschritte öffnet sich nach und nach die Umklammerung von E2F durch Rb und E2F wird freigesetzt. Dadurch steht der Expression der

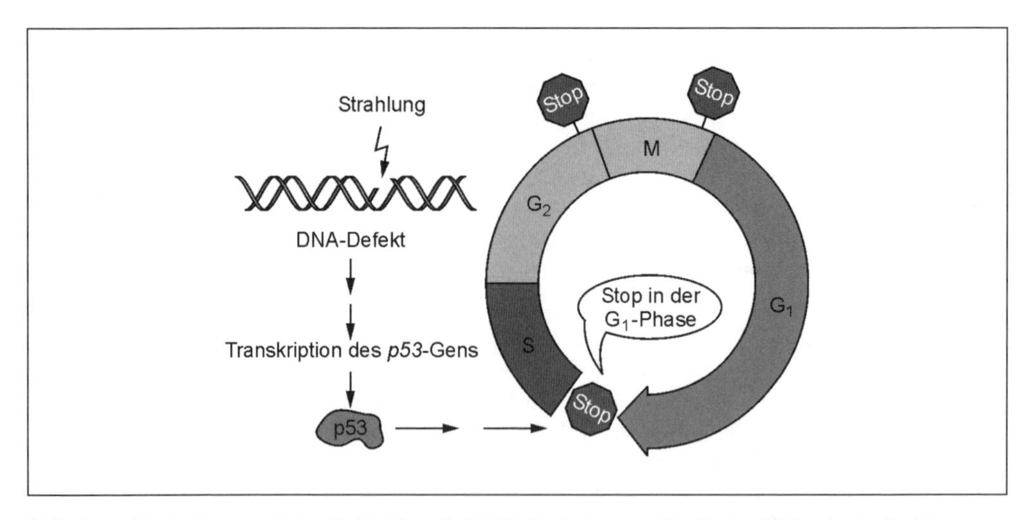

Abb. 2-5: Die Rolle von p53 im Zellzyklus. Bei DNA-Schädigung hält p53 den Zyklus in der G_1-Phase an, um noch vor Beginn der S-Phase DNA-Reparaturarbeiten zu ermöglichen. Bei unvollständig replizierter DNA oder fehlerhafter Chromosomenanordnung sorgen zwei weitere Kontrollpunkte in der G_2- bzw. M-Phase für eine „Auszeit". Assistiert wird p53 vom CDK-Inhibitor p21, der Cyclin-E-CDK2 am G_1/S-Übergang hemmt. (Mit freundlicher Genehmigung von Herrn Prof. Dr. Werner Müller-Esterl)

für die DNA-Replikation benötigten Gene nichts mehr im Wege und die Progression durch die S-Phase schreitet voran. Erst in der M-Phase wird Rb wieder dephosphoryliert. Das Rb-Protein hat den Charakter eines Tumorsupressors, sein Verlust führt zur Fehlregulation der Zellteilung und begünstigt die Tumorentstehung.

P53, ein anderes Tumorsupressorgen, spielt ebenfalls eine entscheidende Rolle bei der Regulation des Zellzyklus. Das p53-Protein vermittelt allerdings auch die Einleitung des Zelltodes, weshalb es beim Thema Apoptose noch detaillierter besprochen wird.

Nach einer Schädigung der DNA durch ionisierende Strahlen oder chemische Agenzien wird p53 aktiviert und induziert dann die Expression des Zellzyklusinhibitors p21. P21 hemmt genau diejenigen Kinasen, die mit Cyclin D und E komplexieren und für die Phosphorylierung von Rb verantwortlich sind. Hieraus ergibt sich die Schnittstelle zur Regulation durch Rb, denn als Konsequenz für das Ausbleiben der Phosphorylierung bleiben die E2F-Transkriptionsfaktoren an Rb gebunden und der Zellzyklus arretiert in der G_1-Phase. Der Arrest dauert so lange, bis die Schäden an der DNA durch das zelluläre Reparatursystem behoben sind.

2.4 Zelltod

2.4.1 Mord oder Selbstmord – das ist hier die Frage

Wenn man sich mit dem Lebenszyklus der Zellen beschäftigt wird klar, dass Zellen auch aus dem Zellzyklus ausscheiden und absterben. Der Zelltod ist ein physiologischer Vorgang, der aus zellbiologischer Sicht unerlässlich ist. Man wusste zwar schon seit Jahrzehnten, dass es Zelltod gibt, jedoch wurde der Begriff **Apoptose** erstmals 1972 von Andrew Wyllie und John Kerr benutzt, um die morphologischen Veränderungen sterbender Zellen zu beschreiben.

Mitte der 1980er Jahre rückte der Fadenwurm *Caenorhabditis elegans* ins Interesse der Apoptoseforscher. Während der Entwicklung des Nematoden stirbt eine genau definierte Anzahl somatischer Zellen ab, was erste Hinweise auf einen geregelten Ablauf und die genetische Kontrolle der Apoptose lieferte.

Man unterscheidet hauptsächlich zwei Arten des Zelltodes, die im folgenden näher erklärt werden sollen: Apoptose und Nekrose. Der programmierte Zelltod wird Apoptose genannt (griech. = *apo* bedeutet ab oder los, *ptosis* = Senkung oder Niedergang). Er ist ein für den vielzelligen Organismus überlebenswichtiger Prozess. Es handelt sich dabei um einen Vorgang, an dem Zellen aktiv an ihrem eigenen Untergang beteiligt sind. Apoptose ist ein genetisch gesteuertes „Programm" von Ereignissen, dass sich durch bestimmte biochemische und morphologische Merkmale von der Nekrose unterscheidet. Zellen, die durch Apoptose aus dem Organismus entfernt werden, haben Schäden akkumuliert oder sind sogar bereits entartet. Durch Apoptose werden auch überflüssig gewordene Zellen aus dem Organismus entfernt, wie weiter unten am Beispiel der Embryogenese erläutert wird. Derart veränderte Zellen erkennen durch Kontrollmechanismen, dass sie irreversibel geschädigt sind, und starten ein genetisch gesteuertes „Selbstmordprogramm", die Apoptose. Durch das Ausbleiben einer Entzündungsreaktion wird gewährleistet, dass bei einem kontrolliert ablaufenden Suizid einzelner Zellen keine gesunden Nachbarzellen geschädigt werden. Die Entzündung wird dadurch vermieden, dass das gesamte intrazelluläre Material in Membranvesikel verpackt wird. Diese so genannten „apoptotischen Körperchen" (engl. = *apoptotic bodies*) werden *in vivo* durch benachbarte Fresszellen (z. B. Makrophagen) phagozytiert und abgebaut, bevor es zur Zelllyse kommt.

Bei der Nekrose hingegen kann keine Rede von einem freiwilligen Ableben der Zellen sein. Es handelt sich um einen passiven Vorgang, der dann abläuft, wenn Zellen durch exogene Noxen so stark geschädigt werden, dass ein kontrolliertes Absterben nicht mehr möglich ist. Meist sind äußere Einflüsse wie eine Verletzung des Gewebes die Ursache für die Entstehung einer Nekrose. Die Zellen gehen aufgrund von Hitzeeinwirkung (Hyperthermie), Vergiftung, Strahlen, mechanischen Verletzungen usw. zugrunde. Ein ganz einfaches Beispiel, dass bestimmt jeder Leser im Laufe seines Lebens schon kennengelernt hat, ist das Abschälen der Haut nach einem Sonnenbrand. Diese Reaktion beruht auf dem Absterben der durch die UV-Strahlung geschädigten oberen Hautzellen. In der Regel führt die Nekrose zu einer Entzündungsreaktion, die im Fall des Sonnenbrands an der Hautrötung und der Wärmeentwicklung im betroffenen Areal erkennbar ist. Das beruht zum einen auf der gesteigerten Durchblutung durch die Erweiterung von Gefäßen und zum anderen auf der Freisetzung von Entzündungsmediatoren durch bestimmte Immunzellen (Monozyten/Makrophagen, dendritische Zellen, Mastzellen usw.). Die Entzündungsreaktion ist zwar ein wichtiges, aber nicht das einzige Unterscheidungskriterium zwischen Apoptose und Nekrose. Einige markante Unterschiede sind in Tabelle 2-2 zusammengefasst.

Apoptose ist ein wichtiger regulatorischer Prozess, der bereits in der Embryonalentwicklung eine wichtige Rolle spielt. So werden z. B. während der Entwicklung der menschlichen Gliedmaßen zunächst Gewebsknospen zwischen den Fingern und den Zehen (Interdigitalhäute) gebildet, die im Laufe der Entwicklung jedoch wieder absterben. Diese Vorgänge werden durch Apoptose gesteuert und Hände und Füße erhalten dadurch ihre endgültige Form. Ein anderes Beispiel ist die Modellierung des Nervensystems. Embryonal werden Nervenzellen zunächst im Überschuss produziert. Diejenigen Zellen, die keinen Kontakt zu ihren Nachbarzellen herstellen konnten, gehen jedoch durch Apoptose wieder zugrunde. Dieses Schicksal ereilt etwa 40–85% der Nervenzellen, denen durch den mangelnden nachbarschaftlichen Kontakt auch Wachstumsfaktoren wie der Nervenwachstumsfaktor (engl. = *nerve growth factor*, NGF) fehlen.

Im Rahmen der Aufrechterhaltung der Gewebehomöostase müssen Zellneubildung und Eliminierung im Gleichgewicht stehen, damit die Integrität des Organismus erhalten bleibt. Gerät

Tab. 2-2: Unterschiede zwischen Apoptose und Nekrose.

Unterscheidungsmerkmale	Apoptose	Nekrose
Mechanismus/Steuerung	– programmiert, unter genetischer Kontrolle	– nicht programmiert, ohne genetische Kontrolle
Energiebedarf	– ATP-abhängig	– energieunabhängig
Entzündungsreaktion	– nein	– durch Freisetzung von Enzymen und Metaboliten induzierte Entzündungsreaktion
morphologische Merkmale:		
Zellvolumen	– verringert sich, Zellschrumpfung	– vergrößert sich
Zellorganellen (Mitochondrien)	– bleiben intakt	– Schwellung der Mitochondrien
Chromatinkondensation	– ja	– Auflockerung des Chromatins
DNA-Fragmentierung	– durch den enzymatischen Verdau der DNA entstehen Fragmente definierter Länge	– DNA Fragmentierung an zufälliger Stelle (Karyolysis), daher entstehen DNA-Fragmente unterschiedlicher Länge
biochemische Merkmale:		
Vesikelbildung	– Abschnürung von apoptotischen Körperchen (*apoptotic bodies*), die intakte Zellorganellen enthalten	– keine Vesikelbildung, völlige Zelllyse
Phagocytose	– Phagocytose durch Nachbarzellen z. B. Leberzellen	– Phagocytose der Zellreste durch Fresszellen (Granulocyten, Makrophagen)
Membranschädigung	– nein, intakte Membran	– ja, Lyse der Plasmamembran

dieses Gleichgewicht, aus welchen Gründen auch immer, außer Kontrolle, kommt es zu krankhaften Veränderungen, wie z. B. zu Autoimmunerkrankungen und Krebs.

Die Apoptose im adulten Organismus ist ebenfalls essenziell und stellt einen Mechanismus dar, um sich selbst zu organisieren und zu erhalten. Sie dient:

- der Kontrolle der Zellzahl und der Gewebsgröße (Gewebehomöostase);
- der Regeneration von Geweben (z. B. Haut, Magen- und Darmepithel, Riechepithel);
- dem Abbau von Immunzellen, die nach verrichteter Arbeit überflüssig geworden sind und aus dem Organismus entfernt werden;
- der Eliminierung entarteter Zellen zum Schutz des Organismus vor Krebs;
- der Selektion von geschädigten Keimzellen: 95% der Keimzellen werden vor Erreichen ihrer Reife eliminiert, um eine Weitergabe genetisch nicht einwandfreien Materials auf die Nachkommen zu verhindern;
- bei stillenden Müttern der Rückbildung der Brust nach dem Abstillen.

Anhand dieser Aufstellung wird deutlich, dass ein geordneter Ablauf der Apoptose von großer Bedeutung ist. Eine Fehlregulation kann in zweierlei Hinsicht fatale Konsequenzen für den Organismus haben: Ein übersteigertes Maß an Apoptose führt zu großen unerwünschten Zellverlusten im Gewebe, was die Entwicklung von degenerativen Erkrankungen nach sich ziehen kann. Die Inhibition der Apoptose dagegen kann zur Dysregulation der Zellproliferation führen und damit zur Entstehung von Krebs beitragen. Wie das zusammenhängt, wird am Ende des Kapitels thematisiert.

2.4.2 Phasenverlauf der Apoptose

Der Startschuss für die Apoptose kann durch verschiedene Faktoren ausgelöst werden, die über unterschiedliche Signaltransduktionswege in der Zelle zur Apoptose führen. Bisher sind zwei Wege zur Auslösung der Apoptose bekannt, über die diverse apoptotische Signale zur Auslösung der Apoptose führen . Man unterscheidet hier den **extrinsischen Signalweg** über so genannte „Todesrezeptoren" wie TNF-R (Tumornekrosefaktor-Rezeptor) oder Fas (CD 95 oder Apo-1) und den **intrinsischen Signalweg**, der über das Mitochondrium verläuft. Der intrinsische Signalweg kann über Todesrezeptor-vermittelte und Todesrezeptor-unabhängige Signalwege erfolgen.

Der Ablauf der apoptotischen Ereignisse ist in Phasen gegliedert. Die Initiatorphase, in der diverse Stimuli auf die Zelle treffen können, wird auch als *private pathway* bezeichnet. Sie ist innerhalb der unterschiedlichen Zellen die variabelste Phase. Ihr folgt die evolutionär konservierte Effektorphase, in der die Signale in regulative Muster umgesetzt werden. Über den weiteren Verlauf und das Schicksal der Zelle entscheidet letztlich die intrazelluläre Balance von pro- und antiapoptotischen Molekülen. Am Ende der Kaskade steht die Exekutions- oder Degradationsphase, in der die proteolytische Spaltung von Proteinen erfolgt. Dies hat den Verlust zellulärer Strukturen und Funktionen zur Folge und führt schließlich zum Zelltod. An dieser Stelle des Geschehens werden die biochemischen und morphologischen Charakteristika der Apoptose deutlich.

2.4.3 Schlüsselmoleküle der Apoptose

Um die Signalwege der Apoptose verstehen zu können, muss man sich zunächst mit den beteiligten regulatorischen Schlüsselmolekülen beschäftigen. Davon gibt es zwar eine ganze Menge, jedoch sollen hier primär die Caspasen und die Mitglieder der Bcl-2-Proteinfamilie etwas näher besprochen werden.

Caspasen

In beiden Signaltransduktionswegen der Apoptose spielen Enzyme, die **Caspasen**, eine entscheidende Rolle. Es handelt sich dabei um eine Proteinfamilie intrazellulärer Proteasen, die selbst cysteinreich sind und ihre jeweiligen Substratproteine selektiv an Aspartatresten spalten. Diese Proteasen gehören zu der Familie der Interleukin-1β-Converting-Enzyme (ICE), die später in Caspasen umbenannt wurden. Beim Menschen sind bisher 14 verschiedene Caspasen identifiziert worden, von denen sieben an der Apoptose beteiligt sind. Caspasen werden als inaktive Vorstufen (Proenzyme) synthetisiert und müssen in apoptotischen Zellen erst durch Eigenproteolyse oder andere Proteine gespalten werden. Diese prozessierte Form weist eine große Untereinheit von ca. 20 kDa und eine kleine Untereinheit von etwa 10 kDa auf. Caspasen können selbst bei der Regulation bzw. Initiation der Apoptose eine Rolle spielen (Initiatorcaspasen). Einmal aktiviert, erfolgt die Signalweiterleitung dadurch, dass sie die Spaltung und Aktivierung einer weiteren, *downstream* gelegenen Verstärkercaspase katalysieren. Deren Aktivierung erfolgt über eine Oligomerisierung. Das Schlusslicht in der apoptotischen Reaktionskaskade sind die Exekutionscaspasen. Sie werden durch eine Initiatorcaspase gespalten und dadurch aktiviert. Die zelltodbringenden Exekutionsproteasen spalten zahlreiche Substrate, zu denen sowohl cytoplasmatische Faktoren (Proteinkinasen, Cytoskelettelemente) als auch nukleäre Proteine (z. B. Poly-ADP-Ribosylpolymerase PARP, Lamin, Bid, XIAP, DNAse-Inhibitoren, DNA-Reparaturproteine u.v.a.) gehören. Die dadurch induzierten Veränderungen münden in die Kennzeichen apoptotischer Zellen.

Die Caspasen lassen sich auf Grund ihrer Position in den Apoptosesignalwegen in vorgeschaltete Initiatorcaspasen und ausführende Effektorcaspasen einteilen. Diese Gliederung spiegelt sich auch in unterschiedlichen Strukturmerkmalen, den Prodomänen wieder. Diese befinden sich am N-Terminus von inaktiven Caspasen, die auch Procaspasen genannt werden. Die Initiatorprocaspasen, wie z. B. die Procaspasen-8 und -9, besitzen lange Prodomänen. An diese können aktivierende Proteine wie beispielsweise FADD (engl. = *Fas associated death domain*) bzw. Apaf-1 (engl. = *apoptic protease activation factor-1*), binden. Zur Gruppe der Initiatorcaspasen gehören außer den schon genannten auch die Caspasen-2 und -10. Im Gegensatz zu den Initiator-Caspasen findet man bei den Effektorprocaspasen kurze Prodomänen. Zu ihnen werden die Caspasen-3, -6 und -7 gezählt. Die Aktivierung der Procaspase zur aktivierten Caspase erfolgt durch die proteolytische Abspaltung dieser Prodomänen. Aktivierte Caspasen können ihre eigene Procaspase (Autokatalyse) und auch andere Procaspasen aktivieren, in dem sie deren Prodomänen abspalten. Dadurch werden proteolytische Kaskaden in Gang gesetzt, die das apoptotische Anfangssignal verstärken.

Bcl-2-Proteinfamilie

Die Caspasen sind nicht die einzigen Schlüsselmoleküle, die das apoptotische Geschehen steuern. Es gibt eine ganze Reihe von weiteren Faktoren, die Einfluss auf das Schicksal der Zellen nehmen. Zu ihnen gehören die Mitglieder der Bcl-2-Proteinfamilie (engl. = *B cell lymphoma*), von denen bisher 20 verschiedene beim Menschen beschrieben wurden. Es handelt sich um kleine regulatorische Proteine, die vermutlich alle an der Regulation der Apoptose beteiligt sind. Innerhalb dieser Proteinfamilie existieren pro- und antiapoptotische Proteine, wobei das relative Verhältnis der jeweiligen Antagonisten für die Empfindlichkeit oder Resistenz von Zellen gegenüber diversen apoptotischen Stimuli verantwortlich ist. Einige Bcl-2-Mitglieder fungieren als Apoptoseinhibitoren (z. B. Bcl-2, Bcl-xL, Bfl-1, Mcl-1, Boo und Bcl-W), während beispielsweise Bax, Bid, Bak, Bok, Bik, Hrk, Bad und einige andere die Apoptose fördern. Auch eine hohe p53-Aktivität stimuliert die Expression proapoptotischer Faktoren. So wird z. B. die Transkription des Bax-Proteins, *in vivo* ein Tumorsuppressor, indirekt durch p53 reguliert.

Die Mitglieder der Bcl-2-Proteinfamilie regulieren die Freisetzung von Cytochrom c aus dem Mitochondrium im intrinsischen Weg. Viele der Bcl-2-Proteine sind konstitutiv in der Mitochondrienmembran lokalisiert, um die Freisetzung apoptogener Faktoren (bekanntestes Beispiel ist das Cytochrom c) zu regulieren. Dabei erleichtern proapoptotische Bcl-2-Proteine wie Bax und Bad die Freisetzung dieser Faktoren, sodass die Apoptose induziert wird, während die antiapoptotischen Mitglieder die Freisetzung von Cytochrom c unterdrücken und die Apoptose inhibieren.

Weitere Apoptoseinhibitoren

Die antiapoptotischen Mitglieder der Bcl-2-Proteinfamilie sind nicht die einzigen Apoptoseinhibitoren. So zählt die Proteinfamilie der IAPs (engl. = *inhibitors of apoptosis*) ebenfalls zu den wichtigsten bisher charakterisierten Apoptosehemmern in menschlichen Zellen. Eine vorübergehende Überexpression von XIAP, cIAP-1, cIAP-2 oder Survivin vermindert die Sensitivität von Zelllinien gegenüber einer Vielzahl von Apoptosestimuli, wie z. B. Cytostatika oder Strahlung.

2.4.4 Signalwege der Apoptose

Es existieren zahlreiche Wege für die Aktivierung der Caspasen, allerdings sind bisher nur zwei im Detail aufgeklärt. Diese beiden sollen hier kurz vorgestellt werden.

Extrinsischer Apoptosesignalweg

Am extrinsischen Signalweg sind der Todesrezeptor und sein Ligand, die Initiatorcaspasen-8 und/oder -10 und die Exekutionscaspasen beteiligt. Todesrezeptoren zeichnen sich durch den

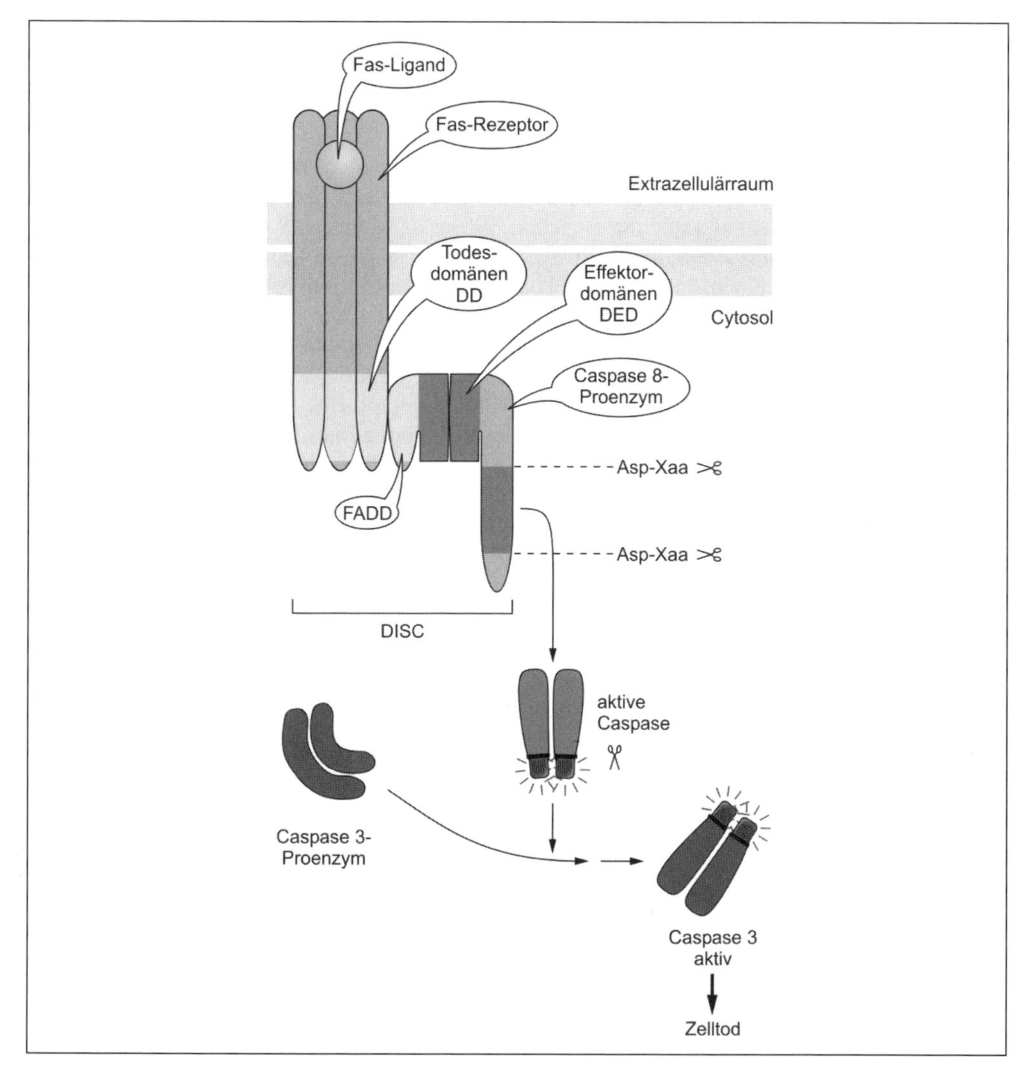

Abb. 2-6: Fas-vermittelte Apoptose. Der Ligand Fas-L induziert die Oligomerisierung von Fas-Rezeptoren, die über ihre cytosolischen DD-Domänen Adapterproteine vom Typ der FADD (Fas-assoziierte DD-Proteine) rekrutieren. FADD besitzt DED-Domänen (engl. = *death effector domain*), die die Caspasen-Kaskade über Procaspase-8 und Procaspase-3 in Gang setzen. Alternativ können auch der TNF-Rezeptor R1 und TRADD (engl. = *TNF-R1-associated protein with death domains*) die Kaskade auslösen (*DISC engl. = death-induced signaling complex*). (Mit freundlicher Genehmigung von Herrn Prof. Dr. Werner Müller-Esterl)

Besitz einer cytoplasmatisch gelegenen Todesdomäne (engl. = *death domain*) aus, die die Apoptose induzieren kann. Die beteiligten Rezeptoren sind Mitglieder der TNF-Rezeptor-Superfamilie (engl. = *tumor necrosis factor*), zu denen z. B. der TNF-Rezeptor und der Fas-Rezeptor als bekannteste Vertreter gehören. Die natürlichen Liganden von TNF-Rezeptoren sind entweder TNF selbst oder andere Cytokine. Der Fas-Rezeptor (synonym CD95, Apo-1) dagegen, bindet nur Fas als spezifischen Liganden. Daneben gibt es noch das TRAIL-Rezeptorsystem (engl. = *tumor necrosis factor related apoptosis inducing ligand*), von dem man weiß, dass es Apoptose in vielen transformierten Zellen, vor allem aber in Tumorzellen, induziert. Todesrezeptoren weisen keine enzymatische Aktivität auf, weshalb sie intrazellulär von so genannten Adaptorproteinen rekrutiert werden. FADD bindet an den Fas-Rezeptor, TRADD (engl. = *tumor necrosis factor alpha receptor 1 associated death domain*) an den TNF-R1 Rezeptor. Nachfolgend kommt es intrazellulär zur Bildung des DISC-Komplexes (engl. = *death inducing signalling complex*). Dies hat die Aktivierung der Initiatorprocaspase-8 zur Folge. Die aktive Caspase-8 aktiviert wiederum die Exekutionscaspase (z. B. Caspase-3), die dann letztendlich zur Apoptose der Zelle führt. Die Procaspase-8 kann sich jedoch auch autokatalytisch durch eine hohe lokale Konzentration seiner inaktiven Form aktivieren. Dadurch kommt es zu einer kaskadenartigen Verstärkung der Reaktion. Außer der Caspase-8 können auch die Procaspase-10 oder cFLIP (engl.= *cellular FLICE inhibitory protein*, ein Proteasominhibitor) an das Adaptorprotein FADD binden. Procaspase-10 bzw. Caspase-10 führt zur Induktion der Apoptose, cFLIP unterbindet die Apoptoseinduktion.

Intrinsischer Apoptosesignalweg

Der intrinsische Signalweg kann sowohl rezeptorunabhängig als auch unter Beteiligung des Todesrezeptors in Gang gesetzt werden. Interne Signale wie Mutationen oder oxidativer Stress bzw. alternativ die Bindung eines Liganden (z. B. TNFα) an den Todesrezeptor bringen das Rad der Apoptose ins Rollen. Der Todesrezeptor-vermittelte Signalweg läuft zunächst parallel zum extrinsischen Signalweg bis zur Aktivierung der Caspase-8 oder -10. Die Caspasen aktivieren dann das Bcl-2 Protein Bid, dessen aktivierte Form wiederum auf das Mitochondrium und dessen Permeabilität wirken. Die Permeabilisierung (Durchlöcherung) der äußeren Mitochondrienmembran führt z. B. zur Freisetzung von Cytochrom c ins Cytoplasma. Cytochrom c bildet mit dem Protein Apaf-1, ATP und der Procaspase-9 einen Komplex, das so genannte **Apoptosom**. Dies führt zur Aktivierung der Initiatorprocaspase-9, infolge dessen es zur Aktivierung der Effektorcaspase-Kaskade kommt.

Die Veränderungen an den Mitochondrien werden durch Mitglieder der Bcl-2-Proteinfamilie reguliert. Verschiedene Stimuli induzieren die Apoptose auch direkt, ohne die Beteiligung der Rezeptoren, über den intrinsischen Signalweg. Ein Beispiel sind Chemotherapeutika, die über p53 auf das Mitochondrium wirken, oder DNA-Schäden.

Das Thema Apoptose ist mindestens genauso interessant wie komplex und zudem ein rasant expandierendes Forschungsgebiet. Das erkennt man allein daran, dass pro Jahr mehrere Tausend Publikationen zu diesem Thema veröffentlicht werden. Für ihre Entdeckungen betreffend der genetischen Regulation der Organentwicklung und des programmierten Zelltods erhielten die beiden Briten Sydney Brenner und John Sulston sowie der Amerikaner Robert Horvitz im Jahre 2002 gemeinsam den Nobelpreis für Medizin.

In jüngster Zeit rücken zunehmend andere, caspaseunabhängige Formen des programmierten Zelltods in den Vordergrund des Interesses. In verschiedenen Zellsystemen wurde beobachtet, dass es evolutionär konservierte Signalwege für den Zelltod gibt, in denen die „modernen" Caspasen gar nicht benötigt werden. Solche Mechanismen wurden *in vivo* bei der Negativselektion von Lymphozyten in der Maus, beim Abbau der embryonalen Interdigitalhäute, beim Zell-

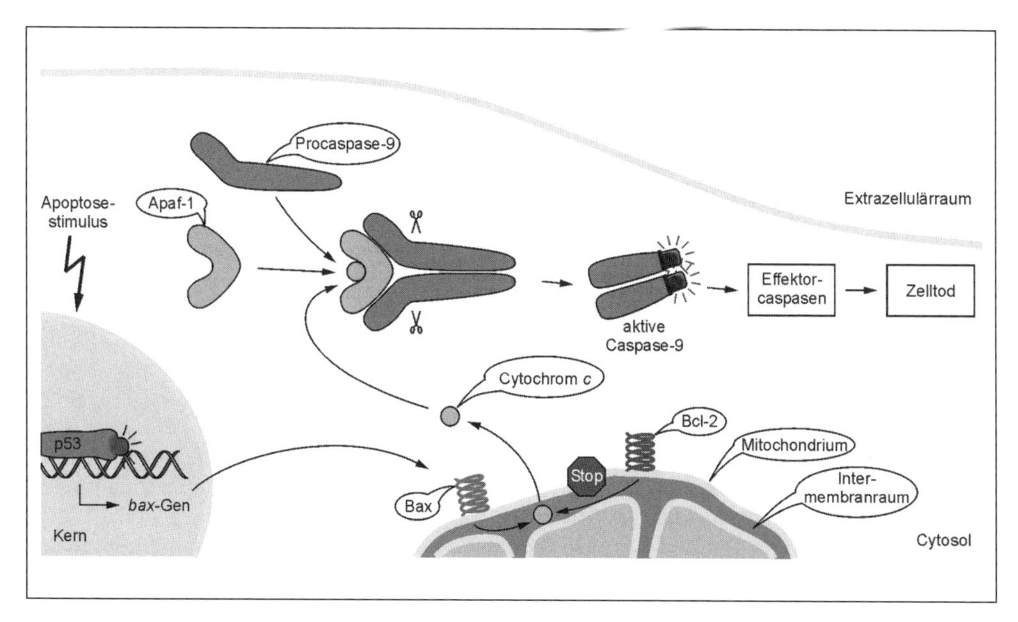

Abb. 2-7: p53-vermittelte Apoptose. DNA-Schädigung, Hitzeschock, Hypoxie oder Einwirkung von Glucocorticoiden schalten über den p53-Signalweg die Expression des bax-Gens an. Ein homodimerer Bax-Kanal reguliert offenbar die Freisetzung von Cytochrom c an der äußeren Mitochondrienmembran; Bcl-2 hemmt diesen Effekt. In Kombination mit Cytochrom c aktiviert Apaf-1 die Effektorcaspase-9 (Apaf-1 = Apoptose-Proteasen aktivierender Faktor; Bcl-2 = *B-cell lymphoma*; Bax = Bcl-2-assoziiertes Protein x). (Mit freundlicher Genehmigung von Herrn Prof. Dr. Werner Müller-Esterl)

tod von Chondrocyten sowie bei der TNF-vermittelten Leberschädigung beobachtet. Nicht zuletzt wurde von mehreren Autoren der caspaseunabhängige Zelltod im Nervensystem beschrieben (siehe Literaturliste am Ende des Kapitels). Alle bisher beobachteten Formen des caspaseunabhängigen Zelltods können aufgrund ihrer morphologischen Charakteristika nicht mehr der klassischen Apoptose zugeordnet werden. Daher unterscheidet man drei Arten des Zelltods:

1. Klassische Apoptose: Die Chromatinkondensation führt zu kompakten geometrischen Formen, die kugelförmig bzw. sichelförmig sind. Typische Merkmale sind der Transfer von Phosphatidylserin an die Außenseite der Plasmamembran, welches das *eat me*-Signal für Makrophagen darstellt, die Schrumpfung des Cytoplasmas und die aktive als „Zeiose“ oder *blebbing* bezeichnete Abschnürung von Membranvesikeln, die primär auf die Beteiligung der Caspase-3 zurückgeführt wird.
2. Apoptoseartiger programmierter Zelltod: Das sind Formen des caspaseunabhängigen Zelltods mit einer weniger stark ausgeprägten Chromatinkondensation. Die Zelle zeigt dennoch apoptotische Merkmale wie etwa die Externalisierung von Phosphatidylserin oder eine Schrumpfung des Cytoplasmas.
3. Nekroseartiger programmierter Zelltod: Es wird keine oder allenthalben eine „fleckige“ Chromatinkondensation ohne geometrische Strukturen beobachtet. Apoptoseartige Merkmale wie die Externalisierung von Phagocytosemarkern (Phosphatidylserin) erscheinen in variablem Umfang. Hierbei muss erwähnt werden, dass einige Formen des nekroseartigen programmierten Zelltods auch als „abgebrochene Apoptose“ bezeichnet werden. Das beruht darauf, dass die klassische Apoptose zwar initiiert, jedoch auf der Ebene der Caspaseaktivierung blockiert wird. Anschließend führen caspaseunabhängige Signalwege zum Zelltod.

2.5 Krebsentstehung

Das Thema Krebsentstehung ist ein weites Feld, daher werden im Folgenden beispielhaft die molekularen Mechanismen erläutert, deren Grundlagen bisher besprochen wurden. Doch bevor wir uns mit den Mechanismen beschäftigen, werfen wir zunächst einen Blick auf die zellulären Merkmale, die bei Krebszellen im Vergleich zu gesunden normalen Zellen verändert sind. Die Kenntnis über diese Unterschiede ist vor allem für die praktische Arbeit mit Zellkulturen von Bedeutung, da die überwiegende Zahl der permanenten Zellkulturen auf Krebszellen basiert. Sie unterscheiden sich von normalen Zellen durch eine ganze Reihe von Charakteristika:

- gesteigerte Proliferation,
- verminderte Apoptose,
- Verlust oder Inaktivierung regulatorischer Proteine,
- genomische Instabilität,
- Immortalisierung,
- Verlust der Kontakthemmung,
- kein Ansprechen auf Wachstumsfaktoren.

Dabei ist häufig ein Merkmal durch das andere bedingt. So beruht z. B. der Verlust der Kontakthemmung unter anderem darauf, dass Krebszellen nur in vermindertem Maße oder sogar vollständig die Fähigkeit zur Apoptose verloren haben. Von der Vielzahl an Prozessen, die maßgeblich zur Krebsentstehung beitragen, sollen die folgenden näher besprochen werden:

1. Die Fehlregulation des Zellzyklus führt zur Autonomie von Tumorzellen; Inhibitionssignale des Wachstums werden ignoriert und führen zum Verlust der Kontakthemmung.
2. Die Fehlregulation der Zelltodmechanismen führt zu unsterblichen Zellen.
3. Die Umgehung zellulärer Seneszenz durch Immortalisierung führt zu einem unbegrenzten Replikationspotenzial.

Alle drei Punkte sind eng miteinander verknüpft und greifen ineinander. Besonders die Punkte zwei und drei lassen eine deutliche Verzahnung miteinander erkennen, wie man im Folgenden sehen wird.

2.5.1 Fehlregulation des Zellzyklus

Der Zellzyklus unterliegt in normalen gesunden Zellen einer präzisen Steuerung. Störungen seiner Regulation können daher bei der Entstehung bösartiger Erkrankungen wie Krebs eine wichtige Rolle spielen. Der Zellzyklus von Krebszellen wird nicht mehr durch den Organismus kontrolliert – sie teilen sich **autonom**. Die Dauer eines Zellzyklus ist gegenüber normalen Zellen verändert, meist verkürzt. Viele Tumorzellen sind durch eine erhöhte Zellteilungsrate gekennzeichnet.

Welche Komponenten im Karussell des Zellzyklus können der Auslöser für eine mögliche maligne Entartung von Zellen sein? Hierbei spielen so genannte **Protoonkogene** eine wichtige Rolle. Bei einem Protoonkogen handelt es sich um die Vorstufe eines Onkogens (Krebsgens), die erst durch schädliche Einflüsse wie Strahlung, chemische Substanzen oder Viren in die krebserzeugende Form umgewandelt wird. Protoonkogene sind normale Gene, die in jeder Zelle vorkommen. Die von den Protoonkogenen kodierten Proteine sind an der Steuerung und Kontrolle von Wachstum, Teilung und Differenzierung einer Zelle beteiligt. Zu ihnen werden unter anderem Wachstumsfaktoren und deren Rezeptoren, G-Proteine, virale Onkogene, Proteinkinasen und Transkriptionsfaktoren gezählt. Auch viele „Aktivatoren“ des Zellzyklus gehören dazu, so

z. B. bestimmte Cycline. Normalerweise ist deren Expression im Zellzyklus streng kontrolliert und durch einen ständigen Wechsel von Expression und Abbau gekennzeichnet. Kommt es hingegen aufgrund einer Genamplifikation oder einer Chromosomentranslokation zu einer übermäßigen Expression dieser Zellzyklusproteine, so ist deren Expression im Zellzyklus plötzlich von externen Signalen unabhängig und dauerhaft erhöht. Dadurch wird der geregelte Ablauf des Zellzyklus gestört und es kann zu ungehemmtem Wachstum von Zellen kommen. Ein Beispiel hierfür ist **Cyclin D1**, welches auch ein Protoonkogen ist. Ein Zusammenhang zwischen einer Überexpression von Cyclin D1 ist bisher für Lymphome und Lungenkarzinome sowie für Hirn- und Brusttumoren gefunden worden.

Die Interaktionspartner der Cycline, die Cyclin-abhängigen Kinasen, sind ebenfalls maßgeblich an der Steuerung des Zellzyklus beteiligt. Mindestens vier verschiedene CDKs steuern die Schlüsselereignisse im Zellzyklus. So ist beispielsweise die **CDK4** (ebenfalls ein Protoonkogen) ein bestimmender Faktor, ob eine Zelle in der G_1-Phase den Restriktionspunkt überwindet und danach unwiderruflich in den Teilungszyklus eintritt. Eine Fehlregulation auf dieser Ebene würde dazu führen, dass Zellen, die normalerweise erst durch eine ausreichend hohe Konzentration von Wachstumsfaktoren den Restriktionspunkt überwinden, dies auch ohne diesen Stimulus tun. Man weiß von vielen Tumorzellen, dass sie nicht mehr auf Wachstumsfaktoren angewiesen sind, weil sie die Fähigkeit erworben haben, diese selbst zu bilden. Hinzu kommt, dass ihre Wachstumsfaktorrezeptoren ständig aktiv sind und daher durch eine steigende Zahl von Tumorzellen auch deren eigene Wachstumsfaktorproduktion steigt, was wiederum die Tumorzellen weiter zur Teilung anregt.

Ein anderes Beispiel für eine mögliche Fehlregulation des Zellzyklus ist die Inaktivierung von Zellzyklus-Bremsen, z. B. durch Genmutationen oder Inaktivierung von Genen. Der Zellzyklus wird durch **Inhibitoren von Cyclin-abhängigen Kinasen** negativ reguliert. Eine Funktionsstörung oder sogar ein vollständiger Ausfall solcher Inhibitoren wie p16 oder p27 kann ebenfalls zur Tumorentstehung beitragen. Diese Zellzyklusinhibitoren sind in menschlichen Tumoren oft inaktiviert. Die Auswirkungen kann man sich am besten anhand der Vorgänge an den Kontrollpunkten des Zellzyklus veranschaulichen. Wie schon erwähnt, kontrolliert der Inhibitor p27 den Übergang von der G_0- zur G_1-Phase. Er übt seine hemmende Wirkung auf die Progression der Zellen durch den Zellzyklus über die Bindung an Cyclin-CDK-Komplexe aus, die dadurch inaktiviert werden. Die p27-vermittelte Inaktivierung des Cyclin-CDK-Komplexes führt zum Verbleiben von Zellen in der Ruhephase des Zellzyklus, die Zellen stellen ihre Proliferation ein. Eine Inaktivierung von p27 hat zur Folge, dass die Zellen nicht in die G_0-Phase eintreten, sondern weiterhin im Zellzyklus bleiben und sich ständig weiter teilen. Hinzu kommt, dass Zellen mit einem funktionslosen oder verloren gegangenen p27 keine p27-vermittelte Kontakthemmung ausführen. Durch die Ignorierung wachstumshemmender Signale, die bei normalen Zellen dafür sorgen, dass mit dem Erreichen der Konfluenz ein Wachstumsstopp einsetzt, kommt es zur unkontrollierten Überproliferation von Zellen. Überdies spielen im Zellzyklus Protoonkogene und eine weitere Art von Genen, die Tumorsuppressorgene, eine wesentliche Rolle:

Zu den **Tumorsuppressorgenen** gehören beispielsweise das **Retinoblastomgen** und das **p53-Gen**. Das am besten untersuchte Antiproliferationsgen ist das Retinoblastomgen (Rb). Der Verlust beider Kopien dieses Gens führt beim Menschen zur übermäßigen Vermehrung unreifer Retinazellen und damit zu dem Krebs, der diesem Gen seinen Namen gegeben hat. Das zugehörige Rb-Protein kommt im Zellkern von Säugetieren sehr häufig vor. Ist es nicht phosphoryliert, bindet es an regulatorische Proteine wie Transkriptionsfaktoren (z. B. c-Myc und E2F) und verhindert dadurch die Proliferation. Seine Phosphorylierung setzt diese Proteine frei und es kommt zur Mitose. Das Rb-Protein ist ein wichtiges Substrat für Cyclin-D-CDK-4, -6 und Cyclin-E-CDK-2-Komplexe der G1- und S-Phase. Während die Menge an Rb im Verlauf des

Zellzyklus konstant bleibt, ändert sich allerdings der Grad der Phosphorylierung, durch den auch die Aktivität des Rb-Proteins gesteuert wird: Während der G_0-Phase und im Zellzyklus bis zur Mitte der G1-Phase ist Rb hypophosphoryliert und bildet einen Komplex mit den schon erwähnten Transkriptionsfaktoren. Im Komplex sind die verschiedenen Transkriptionsfaktoren funktionell blockiert und infolge dessen wird eine Aktivierung derjenigen Gene unterdrückt, die durch den Transkriptionsfaktor reguliert werden. Das heißt, die hypophosphorylierte, aktive Form der Rb-Proteinfamilie blockiert den Eintritt in die S-Phase durch Inhibierung des jeweiligen Transkriptionsprogramms. Bei Mutation oder Abwesenheit von Rb oder infolge einer Überexpression von Cyclin-D-CDK-4 bleibt die Aktivität von z. B. E2F unreguliert und der Übergang in die S-Phase unkontrolliert. In Tumorzellen ist das Gen für das Rb-Protein in über 60% der Fälle mutiert. Die Regulation des Rb-Proteins über seinen Phosphorylierungsmechanismus ist sogar in jeder Tumorzelle in irgendeiner Weise gestört.

2.5.2 Fehlregulation der Zelltodmechanismen

Eins der Schlüsselproteine im Zusammenhang mit der Apoptose ist p53. Das beruht darauf, dass p53 Wächterfunktion am G_1- und G_2-Kontrollpunkt hat. War seine Rolle beim G_1-Kontrollpunkt bereits gut untersucht, wurde eine Beteiligung von p53 beim G_2-Kontrollpunkt erst in den letzten Jahren aufgeklärt. Generell beruht die Tumorsuppressorwirkung von p53 darauf, dass das Protein durch Stressfaktoren wie Strahlung (UV- oder ionisierende Strahlen), Hitze oder auch Sauerstoffmangel in der Zelle aktiviert wird. Der durch diese Faktoren induzierte DNA-Schaden ist das Signal für die Stabilisierung von p53, wodurch ein Zellzyklusarrest induziert wird (Abb. 2-5). Damit steht der Zelle Zeit für die Schadensreparatur zur Verfügung. Ist dagegen die Erbsubstanz einer Zelle so stark geschädigt, dass der Schaden durch die DNA-Reparatur nicht ausreichend behoben werden kann, wird der durch p53 vermittelte Suizid der Zelle eingeleitet. Dahinter steckt eine Schutzfunktion, die verhindert, dass eine geschädigte Zelle überlebt und möglicherweise entartet. Diese Funktion hat p53 den Namen „Wächter des Genoms" eingebracht.

In Zellen, in denen eine Mutation im p53-Gen aufgetreten ist, wird jedoch kein p53-vermittelter Zellzyklusarrest mehr induziert und die Zellen teilen sich trotz des vorhandenen Schadens weiter. Dadurch kommt es zur Vermehrung von Zellen, die Schäden akkumulieren und damit die Entstehung von Tumoren begünstigen. Es ist bekannt, dass das Gen für das p53-Protein in etwa 50% aller Tumoren verändert vorliegt. Es ist in fast jeder Tumorzelle mutiert oder verloren gegangen (deletiert). Warum wirkt sich schon ein einziges Mutationsereignis so fatal auf die Tumorsuppressorwirkung von p53 aus? Die Antwort liegt in der Struktur des Proteins. Die aktive Form des Proteins liegt als Tetramer vor, das aus vier identischen Untereinheiten aufgebaut ist. Tritt nach einer Mutation ein Allelverlust auf, kann das schon zu einem fast vollständigen Funktionsverlust von p53 als Tumorsuppressor führen. Das beruht darauf, dass fast jedes p53-Protein mindestens eine defekte Untereinheit besitzt, die dann nicht mehr als Transkriptionsfaktor wirken kann. Solche onkogenen Mutationen von p53 wirken sich daher „dominant negativ" aus. Liegt ein vollständiger Verlust von p53 vor, so ist damit auch die Fähigkeit zur Apoptose verloren gegangen. Solche Zellen teilen sich auch mit akkumulierten DNA-Schäden unbegrenzt weiter, weil sie unsterblich geworden sind. Allerdings sind derart veränderte Zellen genetisch instabil und akkumulieren Chromosomenaberrationen.

Bei Tumorerkrankungen liegt häufig eine Dysregulation der Apoptose vor, weshalb therapeutische Ansätze, die der Apoptoseresistenz entgegenwirken, immer mehr in den Vordergrund des Forschungsinteresses gelangen. Diese Ansätze zielen auf

- pro- und antiapoptotische Moleküle wie Bax, Bad, Bcl-2 und Bcl-xL,
- Caspasen (Expressionslevel, Mutationen) und
- Rezeptoren (Expression, Mutation, defekte Signalweiterleitung) ab.

Häufig scheint auch durch diese Stimuli eine DNA-Schädigung und nachfolgend zellulärer Stress ausgelöst zu werden. Dieser Stress führt wiederum zur Aktivierung von Signalkaskaden (z. B. MAPK-Kaskaden, Mitogen aktivierte Proteinkinasen) und Transkriptionsfaktoren (z. B. NF-κB), die in die apoptoseinduzierten Signalwege eingreifen. Auch hier liegen häufig Dysfunktionen vor, sodass therapeutische Ansätze auch auf die Inhibition der MAPK oder von NF-κB abzielen.

2.5.3 Immortalisierung

Die Immortalisierung von Zellen führt zu stabilen Zelllinien, die kontinuierlich gezüchtet werden können. Haben Tumor- und transformierte Zellen die „Unsterblichkeit" bereits erworben, so muss diese bei primären Zellen erst experimentell induziert werden. Doch wie erzeugt man immortale Zellen? Bekannte Beispiele hierfür sind die Einwirkung mutagener Agenzien (z. B. alkylierende Substanzen), Strahlung und das Einschleusen von Fremd-DNA in die Wirtszellen. Bei letzterem gibt es grundsätzlich zwei unterschiedliche Methoden, nämlich die Transfektion und die Transformation. Der transformierte Zelltyp, d. h. eine durch Transfektion, virale Infektion, Strahlung usw. veränderte Zelle, weist als ein Merkmal die Immortalisierung auf, aber auch andere Charakteristika. Transformation ist per Definition das Einbringen genetischen Materials in Prokaryonten, in der Zellkultur ist der transformierte Zelltyp der der Tumorzelle. Vireneinsatz ist Infektion, wodurch die Zelle transformiert wird. Das ist vielleicht Haarspalterei, aber sollte so korrekt sein. Viele reden auch von Transfektion mit Viren, was die Schwammigkeit der Begriffe zeigt. Bei der Transformation der Zelle mit Viren handelt es sich um die Einschleusung von viraler Fremd-DNA in die Wirtszellen, wobei diese entweder in das Wirtszellgenom eingebaut oder aber autonom repliziert wird. Durch virale Onkogene wie etwa das große T-Antigen des SV-40 (Simian-Virus 40, ein Affenvirus) können Zellen immortalisiert werden. Das beruht darauf, dass die Wechselwirkung mit verschiedenen zellulären Proteinen dazu führt, dass die Zellen ihre Teilungsfähigkeit auf Dauer behalten. Die Immortalisierung durch das SV-40-T-Antigen geht jedoch stets mit numerischen und/oder strukturellen Chromosomenaberrationen einher. Auch lassen sich B-Lymphocyten nicht mit dem SV-40 transformieren, sondern können nur durch die Infektion mit Ebstein-Barr-Viren immortalisiert werden. Generell ist die Immortalisierung mittels viraler Infektion eine sehr effiziente Methode, gerade bei langsam wachsenden Primärzellen.

Das zweite Verfahren, die Transfektion hingegen beruht auf dem Gentransfer fremder DNA in die Wirtszelle, jedoch ohne virale Transportvehikel (Vektoren). Die gebräuchlichsten Methoden sind hierbei die DNA-Kalziumphosphat-Kopräzipitation, die DEAE-Dextran-Transfektion, die Elektroporation und die lipidvermittelte Transfektion. Bei der Transfektion lassen sich zwei verschiedene Expressionsmuster unterscheiden, nämlich die transiente (vorübergehende) und die stabile Transfektion. Nur bei letzterer erhält man permanente Zellkulturen. Das Prinzip des Gentransfers ist von der Natur abgeschaut und beruht auf den Mechanismen, die zur Krebsentstehung beitragen. Dies soll im Folgenden genauer erläutert werden.

Krebszellen sind unsterblich, was sie von normalen Zellen unterscheidet. Doch auch Krebszellen waren ursprünglich normal und haben die Fähigkeit, sich unbegrenzt teilen zu können, erworben. Immortalisierung bedeutet aber nicht nur unbegrenzte Zellteilungsfähigkeit, sondern sie ist auch eine Möglichkeit, die Seneszenz zu umgehen. So werden bei diesem Prozess z. B.

auch regulatorische Gene des Zellzyklus ausgeschaltet (p53, Rb). Das wirft die Frage auf, aufgrund welcher Ereignisse Zellen unsterblich werden können. Bei Tumorzellen ist der Erwerb der Unsterblichkeit in den Prozess der onkogenen Transformation eingebunden. Es gibt eine Reihe von Mechanismen, die mit der Immortalisierung im Zusammenhang stehen, z. B. virale Onkogene, Aktivierung von Protoonkogenen und schließlich die Aktivierung der Telomerase. Diese Mechanismen sollen nachfolgend erläutert werden.

Virale Onkogene

Man weiß, dass bestimmte Viren, z. B. Hepatitisviren (HBV), Papillomaviren (z. B. HPV 16 und 18), Herpesviren (z. B. Ebstein-Barr-Virus) Tumore erzeugen können. Ein Beispiel: Bei einer Virusinfektion von Zellen kommt es zur Transfektion von viralen Onkogenen des humanen Papillomavirus 16 in das Wirtszellgenom. HPV 16 ist mit einem hohen Risiko für Karzinome des Gebärmutterhalses assoziiert. In den meisten Tumoren wurde beobachtet, dass zwei Tumorsuppressoren, nämlich das Retinoblastomprotein Rb und p53, ausgeschaltet werden. Bei einer Infektion mit HPV 16 wird Rb durch verschiedene Mechanismen inaktiviert. Dabei spielt das virale Protein E7 eine entscheidende Rolle, denn es bindet an Rb, wodurch es zur Freisetzung der zuvor an Rb gebundenen Transkriptionsfaktoren E2F kommt (Kap. 2.3.2). Darüber hinaus kommt es zu einer Verkürzung der Halbwertszeit des Rb-Proteins in der infizierten Zelle. Das ist aber noch nicht alles, denn E7 bindet auch an den Cyclin-Kinase-Inhibitor p21 und verursacht dadurch die Produktion von inaktivem Rb. Dadurch leitet die Zelle den Übergang in die S-Phase ein und es kommt zur Vermehrung virusinfizierter Zellen, die die viralen Proteine in ihrem Genom beherbergen. Ein weiteres Virusprotein, E6, kann mit p53 einen Komplex bilden und dadurch eine dramatische Reduktion der Halbwertszeit dieses Tumorsuppressors bewirken. Durch diese Mechanismen wird die Zellzyklusprogression dauerhaft angeschaltet und die Möglichkeit zur Apoptose unterbunden. Das Resultat sind unsterbliche Zellen.

Aktivierung von Protoonkogenen am Beispiel von c-Myc

Wird das Protoonkogen c-Myc infolge einer Mutation überexprimiert, ist es wesentlich an der Entwicklung von Tumoren beteiligt. Das ist für die Hälfte aller Krebsarten belegt. Da Myc auch die Telomerase aktivieren kann, wird vermutet, dass diese Fähigkeit ebenfalls entscheidend zu seiner Fähigkeit als Promotor der Tumorbildung beiträgt. Das c-Myc-Gen kodiert das im Zellkern lokalisierte Protein Myc, das die Funktion eines Transkriptionsfaktors hat. Normalerweise stimulieren Wachstumsfaktoren die Expression von c-Myc in ruhenden Zellen, da Myc sensitiv auf viele wachstumsfördernden Signale reagiert. Die Expression von c-Myc aktiviert den Zellzyklus und ermöglicht eine von Wachstumsfaktoren unabhängige Zellvermehrung. Im Tierversuch konnte für c-Myc eine onkogene Potenz nachgewiesen werden. Ist das Gen in einem Gewebe dauerhaft aktiviert, kommt es zur Bildung eines gewebsspezifischen Tumors. Das Protoonkogen entfaltet seine onkogenen Eigenschaften über seine Funktion als Transkriptionsfaktor, indem es eine Vielzahl anderer Gene in ihrer Aktivität reguliert. Die onkogene Funktion von c-Myc umfasst die Induktion des Zellwachstums, der Immortalisierung, Transformation und Zellzyklusprogression. So ist bekannt, dass c-Myc antiproliferative Gene, wie z. B. den CDK-Inhibitor p21 unterdrückt.

Neben den Genen, die an der Regulation des Zellzyklus beteiligt sind, induziert es auch Gene der DNA-Reparatur, der Translation und des Abbaus sowie der Faltung von Proteinen, des weiteren auch Gene, die die Glykolyse und die Apoptose regulieren bzw. vermitteln. C-Myc ist eines der wenigen Protoonkogene, die allein ausreichen, um die Immortalisierung von Zellen zu bewirken.

Aktivierung der Telomerase

Telomere befinden sich am Ende von linearen Chromosomen, wo sie eine Schutzfunktion ausüben. Sie sind aus hintereinander geschalteten Wiederholungen einer bestimmten hexameren Sequenz – beim Menschen $(TTAGGG)_n$ – aufgebaut. Zwar enthalten die Telomere selbst keine proteincodierenden Informationen, jedoch werden die dahinterliegenden Gene durch die Telomere geschützt. Das beruht darauf, dass die Telomere wie eine molekulare Schutzkappe fungieren und das natürliche Ende der Chromosomen vor Degradierung bewahren. Außerdem kann die Zelle aufgrund der Telomere zwischen einem Doppelstrangbruch (durch schädigende Einflüsse induziertes, unnatürliches Bruchende) und dem „natürlichen" Ende des Chromosoms unterscheiden. In alternden somatischen Zellen jedoch verkürzen sich die Telomere bei jeder zellulären Replikationsrunde. Der Grund dafür ist ein Problem bei der Replikation der Telomere, das diesem Schutzmechanismus ein zeitliches Limit setzt. Das so genannte Endreplikationsproblem beruht darauf, dass die DNA-Polymerase das 3'-Ende von linearen DNA-Strängen nicht vollständig replizieren kann. Aus diesem Grund kommt es bei jeder Replikation zum Verlust von Telomersequenzen. Die Telomerverkürzung schreitet so lange voran, bis eine kritische Telomerlänge erreicht ist. Tritt dieser Fall ein, wird ein Kontrollpunkt, ähnlich denen die den Zellzyklus steuern, aktiviert und es kommt zur Hayflick-Krise, gefolgt vom Stopp des Zellwachstums. Normale Zellen zeigen am Hayflick-Limit Seneszenzerscheinungen, wie z. B. die Anhäufung chromosomaler Aberrationen (z. B. dizentrische Chromosomen), infolgedessen sie zugrunde gehen. Auch in diesen Vorgang ist p53 involviert. Der Tumorsuppressor p53 ist Bestandteil des Programms der zellulären Seneszenz und wird in gealterten Zellen mit verkürzten Telomeren aktiviert, wodurch Zellen, die auf die Hayflick-Krise zusteuern, schließlich die Apoptose einleiten. So betrachtet ist Seneszenz ein Schutzmechanismus, der verhindert, dass gealterte Zellen mit Chromosomenschäden die Hayflick-Krise überleben und entarten können.

Transformierende Ereignisse wie Mutationen oder die Expression viraler Onkogene führen zu einer Überwindung des Hayflick-Kontrollpunktes, wodurch es nahezu zum vollständigen Verlust der Telomere kommt und fast jede betroffene Zelle Chromosomenaberrationen akkumuliert. Einer der Mechanismen, auf dem die Immortalisierung beruht, ist die Aktivierung der Telomerase in Zellen mit verkürzten Telomeren, die sich nahe an oder in der Hayflick-Krise befinden. Die Telomerase ist das Schlüsselenzym, das die Chromosomenenden durch das Anfügen von Telomersequenzen stabilisiert. Diejenigen Chromosomenaberrationen, die vor, während und nach der Stabilisierung der kritisch verkürzten Telomere aufgetreten sind, verursachen genomische Instabilität und tragen zur Mutationsrate und zur Progression der betroffenen Zellen in den transformierten Zustand bei. Die Stabilisierung der Telomerlänge ist zwingende Voraussetzung für die zelluläre Immortalisierung, die in Krebszellen durch die Expression der katalytischen Untereinheit der Telomerase hTERT bewirkt wird. Die Aktivierung der Telomerase nahe der Krise wurde in transfizierten Zellen beobachtet, jedoch sind diese Ereignisse in Tumoren oder Tumorzelllinien noch nicht gut verstanden.

Neuere experimentelle Studien haben gezeigt, dass hTERT das Zellüberleben und die Proliferationsfähigkeit auch unabhängig von der Telomeraseaktivität erhalten kann. Dies beruht auf antiapoptotischen und anderen Aktivitäten, die das Zellüberleben fördern.

Literatur:

Krauss G (2001) Biochemistry of Signal Transduction and Regulation. 3. Aufl. Wiley-VCH, Weinheim
Lodish H, Berk A, Zipursky SL, Matsudaira P, Baltimore D, Darnell JE (2001) Molekulare Zellbiologie. 4. Aufl. Spektrum Akademischer Verlag, Heidelberg
Müller-Esterl W (2004) Biochemie. 1. Aufl. Spektrum Akademischer Verlag, Heidelberg
Abraham MC, Shaham S (2004) Death without caspases, caspases without death. Trends in Cell Biology 14(4): 184–193
Artandi SE, Attardi LD (2005) Pathways connecting telomeres an p53 in senescence, apoptosis, and cancer. Biochem Biophys Res Comm 331: 881–890
Baden HP et al. (1987) NM1 keratinocyte line is cytogenetically and biologically stable and exhibits a unique structural protein. J Invest Dermatol 89(6): 574–579
Bond JA et al. (1999) Control of replicative life span in human cells: Barriers to clonal expansion intermediate between M1 senescence and M2 crisis. Mol Cell Biol 19(4): 3103–3114
Boukamp P et al. (1998) Normal Keratinization in a Spontaneously Immortalized Aneuploid Human Keratinocyte Cell Line. J Cell Biol 106: 761–771
Chautan M et al. (1999) Interdigital cell death can occur through a necrotic and caspase-independent pathway. Curr Biol 9(17): 967–970
Chin L et al. (1999) p53 deficiency rescues the adverse effects of telomere loss and cooperates with telomere dysfunction to accelerate carcinogenesis. Cell 97: 527–538
Cregan SP et al. (2002) Apoptosis-inducing factor is involved in the regulation of caspase-independent neuronal cell death. J Cell Biol 158(3): 507–517
Desmaze C et al. (2003) Telomere-driven genomic instability in cancer cells. Cancer Letters 194: 173–182
Doerfler P et al. (2000) Caspase enzyme activity is not essential for apoptosis during thymocyte development. J Immunol 164(8): 4071–4079
Ducray C et al. (1999) Telomere dynamics, end-to-end-fusions and telomerase activation during the human fibroblast immortalization process. Oncogene 18: 4211–4223
Dürst M et al. (1987) Molecular and cytogenetic analysis of immortalized human papilloma keratinocytes obtained after transfection with human papillomavirus type 16 DNA. Oncogene 1(3): 251–256
Ellis HM, Horvitz HR (1986) Genetic control of programmed cell death in the nematode C. elegans, Cell 44: 817–829
Fusenig NE et al. (1995) Differentiation and tumor progression. Recent Results Cancer Res 139: 1–19
Harley CB (1991) Telomere loss: mitotic clock or genetic time bomb? Mut Res 256: 271–282
Hemann MT et al. (2001) The Shortest Telomere, Not Average Telomere Length, Is Critical for Cell Viability and Chromosome Stability. Cell 107: 67–77
Itahana K et al. (2001) Regulation of cellular senescence by p53. Eur J Biochem 268: 2784–2791
Jiang XR et al. (1999) Telomerase expression in human somatic cells does not induce changes associated with a transformed phenotype. Nature Genetics 21: 111–114
Junqueira VB (2004) Aging and oxidative stress. Mol Aspects Med 25: 5–16
Kerr JFR et al. (1972) Apoptosis: A basic biological phenomenonwith wide ranging implications in tissue kinetics. Br J Cancer 26: 239–257
Künstle G et al. (1999) Concanavalin A hepatotoxicity in mice: tumor necrosis factor-mediated organ failure independent of caspase-3-like protease activation. Hepatology 30(5): 1241–1251
Lang-Rollin IC et al. (2003) Mechanisms of caspase-independent neuronal death: energy depletion and free radical generation. J Neurosci 23(35): 11015–11025
Leist M, Jäättelä M (2001) Four deaths and a funeral: from caspases to alternative mechanisms. Nature Rev Mol Cell Biol 2: 1–10
Leist M, Jäättelä M (2001) Triggering of apoptosis by cathepsins. Cell Death Differ 8(4): 324–326
Lin Y et al. (2002) The death-promoting activity of p53 can be inhibited by distinct signaling pathways. Blood 100(12): 3990–4000
Morales CP et al. (1999) Absence of cancer-associated changes in human fibroblasts immortalized with telomerase. Nature Genetics 21: 115–118
Nakamura H et al. (2002) Establishment of immortal normal and Ataxia Telangiectasia fibroblast cell lines by introduction of the hTERT gene. J Rad Res 43: 167–174
Pelicci PG (2004) Do tumor-suppressive mechanisms contribute to organism aging by inducing stem cell senescence? J Clin Invest 113(1): 4–7
Peter ME et al. (1997) Advances in apoptosis research. Proc Natl Acad Sci USA 94: 12736–12737
Rambhatla L et al. (2001) Cellular senescence: *ex vivo* p53-dependent asymmetric cell kinetics. J Biomed Biotech 1(1): 28–37
Reed JC (2000) Mechanisms of Apoptosis. Am J Pathol 157: 1415–1430 ARCH ARTICLE
Reed SI (2002) Keeping p27 (Kip1) in the cytoplasm: a second front in cancer's war on p27. Cell Cycle 1(6): 389–390
Roach HI, Clarke NM (2000) Physiological cell death of chondrocytes in vivo is not confined to apoptosis. J Bone Joint Surg Br 82(4): 601–613

Sanford KK, Evans VJ (1982) A quest for the mechanism of „spontaneous" malignant transformation in culture with associated advances in culture technology. J Natl Cancer Inst 68(6): 895–913
Smith T et al. (1996) Apoptosis of T cells and macrophages in the central nervous system of intact and adrenalectomized Lewis rats during experimental allergic encephalomyelitis. J Autoimmun 9(2): 167–174
Vaziri H, Benchimol S (1998) Reconstitution of telomerase activity in normal human cells leads to elongation of telomeres and extended replicative life span. Curr Biol 8(5): 279–282
Wang J et al. (1998) Myc activates telomerase. Genes & Dev 12: 1769–1774
Wright WE, Shay JW (2000) Telomere dynamics in cancer progression and prevention: fundamental differences in human and mouse telomere biology. Nature Med 6(8): 849–851
Wyllie et al. (1980) Cell death: The Significance of Apoptosis. Int Rew Cytology 68: 251–306
Yang J et al. (1999) Human endothelial cell life extension by telomerase expression. J Biol Chemistry 274(37): 26141–26148
Yegorov YE, Zelenin AV (2003) Duration of senescent cell survival *in vitro* as a characteristic of organism longevity, an additional to the proliferative potential of fibroblasts. FEBS Letters 541: 6–10

3 Was braucht man für die Einrichtung eines Zellkulturlabors?

Noch eine Weil' ans Werk: Dann Feiertag!
Aus: König Richard II.

Nicht jeder hat das Glück über ein fertig eingerichtetes Zellkulturlabor zu verfügen. Besteht zudem auch keine Möglichkeit, die eigenen Zellen bei den Kollegen im Nachbarlabor zu bearbeiten und zu kultivieren, liegt der Gedanke nahe, einen oder mehrere vorhandene Räume zu einem Zellkulturlabor umzugestalten. Das wirft die Frage auf, was man alles für ein Zellkulturlabor braucht und welche Anforderungen erfüllt sein müssen, damit man ruhigen Gewissens unter sterilen Bedingungen arbeiten und die Grundsätze der „Guten Zellkulturpraxis" in die Tat umsetzen kann. Tatsächlich kann man, vorausgesetzt die Mindestanforderungen sind erfüllt, aus fast jedem Labor ein Zellkulturlabor machen – man muss nur wissen, wie.

3.1 Räumlichkeiten

Die Räumlichkeiten für ein Zellkulturlabor lassen sich in drei Bereiche gliedern: den Reinigungsbereich, den Vorbereitungs- und schließlich den Sterilbereich, in dem unter aseptischen Bedingungen gearbeitet werden soll. Im Idealfall sollte das Zellkulturlabor von anderen Laborräumen getrennt sein. Herrscht jedoch Platzmangel, können der Reinigungsbereich und der Vorbereitungsbereich zusammen in einem Raum untergebracht werden.

3.1.1 Der Reinigungsbereich

Im Prinzip ist damit nichts anderes als eine Spülküche gemeint. In sehr vielen Labors ist jedoch entweder gar keine Spülküche vorhanden oder es ist eher eine Spülecke, sprich ein Spülbecken in einem ganz normalen Labor. Ist eine Spülküche vorhanden, entspricht sie oft nicht den idealen Vorstellungen. Optimal wäre z. B. ein Raum, der eher Ähnlichkeit mit einer Waschküche hat: die Wände bis unter die Decke gekachelt, ein Abfluss im Boden, der leicht abgesenkt ist und eine gute Raumbelüftung. Diese Punkte sind sehr wichtig, denn wer denkt, dass es gerade in einer Spülküche besonders sauber und hygienisch zugeht, weil dort benutztes Laborglas gereinigt wird, ist schief gewickelt.

Gerade wo keine ausreichende Belüftungsmöglichkeit besteht, wenn sich z. B. der Spülraum im Innern des Gebäudes befindet und fensterlos ist, sind Probleme praktisch vorprogrammiert. Das kommt daher, dass in einer Spülküche meistens ein feucht-warmes Raumklima herrscht. Dort befinden sich in der Regel nicht nur die Spülmaschine für das Laborgeschirr, sondern nach Möglichkeit auch zwei Autoklaven. Warum zwei? Damit Laborgeschirr und Abfälle getrennt voneinander autoklaviert werden können. Meist steht dort auch ein Wärmeschrank, ein Heißluftsterilisator, eine Destille oder andere wärmeproduzierende Laborgeräte. Diese Geräte haben in der Regel nicht nur hohe Betriebstemperaturen, sondern können zudem beim Öffnen heiße Luft bzw. Wasserdampf in den Raum abgeben. Solche Bedingungen bieten ideale Voraussetzungen

zungen, um sich eine Brutstätte für Schimmelpilze und Bakterien heranzuzüchten. Aus diesem Grund ist es von Vorteil, wenn der Raum, der als Spülküche dient, leicht zu reinigen bzw. zu desinfizieren ist.

3.1.2 Der Vorbereitungsbereich

In diesem Bereich werden die vorbereitenden bzw. nachfolgenden Arbeiten mit den Zellen durchgeführt. Im Prinzip handelt es sich um einen ganz normalen Laborraum, in dem die Standardausstattung nicht fehlen darf: Ein Kühlschrank, Gefrierschränke für die Temperaturen –20 °C und –80 °C, ein automatisches Zellzählgerät, pH-Meter, Magnetrührer, Vortexer und ein Osmometer sind sinnvolle Geräte, die hier ihren Platz haben sollten. Wer hat, kann hier auch Lesegeräte für diverse zellbasierte Assays wie etwa ein Luminometer, Fluorometer oder Photometer aufstellen. Der Raum sollte mit reichlich Stromquellen versorgt sein und über ausreichend Gas- und Wasseranschlüsse verfügen. Genügend Stauraum zur Bevorratung von sauberem Laborglas, Plastikwaren und Zellkulturartikeln darf auch nicht fehlen. Als Bodenbelag eignet sich ein säurefestes Kunststoffmaterial am besten. Schließlich kann z. B. beim Einstellen des pH-Wertes auch einmal etwas daneben tropfen. Außerdem sollte reichlich Arbeitsfläche vorhanden sein, denn wenn auf dem Arbeitstisch aus Platzmangel Chaos herrscht, sind keine guten Bedingungen für sauberes und fehlerfreies Arbeiten gegeben.

Vom Vorbereitungslabor sollte es einen Zugang zum Sterilbereich geben. Damit ist nicht gemeint, dass man auf direktem Wege dort hineinstiefeln kann. Im Gegenteil, es sollte zumindest einen Zwischenbereich, etwa einen kleinen Vorraum, geben. Der Idealfall wäre eine Art Schleuse, jedoch sind die Räumlichkeiten meist nicht so konzipiert, dass man einen Schleusenbereich ohne größere bauliche Maßnahmen einrichten könnte. Eine Ausnahme ist in dem Fall gegeben, wenn das Zellkulturlabor im Kontrollbereich liegt. Dann muss auf jeden Fall eine Schleuse vorgeschaltet sein.

Ein Vorraum oder eine Schleuse machen aus steriltechnischen Gründen Sinn. Schließlich ist es nicht besonders hygienisch mit dem alten, schon x-mal getragenen Laborkittel vom Vorbereitungs- in den Sterilbereich zu stürmen – frei nach dem Motto: Zeit ist Geld. Den Laborkittel gegen ein eigens für den Sterilbereich reserviertes Exemplar sowie nach Möglichkeit auch die staubigen Straßenschuhe gegen die Laborlatschen zu tauschen – so viel Zeit muss sein! Den Damen, denen es schwerfällt, auf den Schick der Business-Treter zu verzichten, können sich möglicherweise für die trendy Designer-Birkenstocks von Heidi Klum begeistern.

3.1.3 Der Sterilbereich

Das Heiligtum eines jeden Zellkulturlabors ist der Sterilbereich. Das ist der Raum, in dem nach bestem Wissen und Gewissen steril gearbeitet wird. Dort befinden sich die Sterilbänke, die auch unter diversen anderen Bezeichnungen wie Laminar Air Flow, Flow Box, Bench oder schlicht und ergreifend Sterilbank bekannt sind. Leider ist in manchen Labors dieser Bereich nicht heilig genug. Das ist immer dann der Fall, wenn der Sterilbereich einen ausgesprochen vollgestopften Eindruck macht.

Woran das liegt? Nicht selten wird dieser Raum auch als Lager zur Bevorratung für diverse Zellkulturartikel benutzt. Die Vorratskisten für Zellkulturplastikwaren müssen natürlich auch irgendwo untergebracht werden, jedoch ist es nicht sinnvoll, den ganzen Jahresvorrat an Zellkulturartikeln im Sterilbereich zu horten. Vorräte, die nicht in einem angemessenen Zeitraum verbraucht werden, sind besser im Vorbereitungsbereich aufgehoben, sofern dort genug Stauraum vorhanden ist. Hat man ein Angebot mit einer Mindestabnahmemenge ausgenutzt und sitzt deshalb auf vielen Vorratskisten, ist ein Keller- oder Lagerraum noch besser geeignet. Im Sterilbereich sollten besser nur so viele Vorräte stehen, wie mittelfristig tatsächlich verbraucht werden. Das Gleiche gilt in abgewandelter Form auch für Gerätschaften. Im Sterilbereich sollten nur die wirklich benötigten Geräte stehen, alles andere ist dort überflüssig, nimmt wertvollen Platz weg und erschwert unnötigerweise die Reinhaltung des Raumes. Das führt zu der Frage, welche Geräte im Sterilbereich gebraucht werden und deshalb sinnigerweise dort stehen sollten. Das sind weniger als man denkt: Sterilbank, Brutschrank, Mikroskop, Tischzentrifuge, automatisches Zellzählgerät (wenn es nicht schon im Vorbereitungsraum steht), Kühlschrank und ein Wasserbad.

3.2 Geräte für den Sterilbereich

3.2.1 Mikrobiologische Sicherheitswerkbank und Reinraumwerkbank

Absolut essenziell für ein Zellkulturlabor sind die sterilen Werkbänke. Sterilbank ist jedoch nicht gleich Sterilbank. Allein schon die Bezeichnungen mikrobiologische Sicherheitswerkbank und Reinraumwerkbank werden häufig falsch benutzt. Das ist für jeden, der sich ohne Vorkenntnisse mit der Materie beschäftigt, ziemlich irreführend. Zwar sind beides Sicherheitswerkbänke, jedoch dürfen mikrobiologische Sicherheitswerkbänke nicht mit Reinraumwerkbänken verwechselt werden. Reinraumbänke, auch bekannt als Impfbank oder Sterilwerkbank, dienen ausschließlich dem Produkt- und nicht dem Personenschutz. Daher dürfen sie nicht für Arbeiten, bei denen eine Gefährdung des Mitarbeiters entstehen kann, verwendet werden.

Mikrobiologische Sicherheitswerkbänke dagegen schützen sowohl das Produkt (in unserem Fall die Zellkultur) als auch die Person vor Aerosolen, die bei mikrobiologischen Arbeiten auftreten können. In der Luft befindliche Mikroorganismen werden mit dem Luftstrom fortgeführt und durch einen Hochleistungsschwebstofffilter (HOSCH- oder HEPA-Filter) zurückgehalten.

Sicherheitswerkbänke werden in die Klassen I, II und III eingeteilt, während die Reinraumwerkbank nicht weiter unterteilt ist. Reinraumwerkbänke gibt es entweder mit einem horizontalen oder vertikalen Luftstrom. Sicherheitswerkbänke, die für mikrobiologische Arbeiten verwendet werden, müssen nach der seit November 2000 gültigen neuen Norm DIN EN 12469 (ersetzt die DIN-Norm 12950 Teil 10) zertifiziert sein. Damit ist gemeint, dass sie die in der DIN-Norm geforderten Leistungskriterien und technischen Merkmale aufweisen müssen. Der folgende Überblick soll Licht ins Dunkel der Typen und Bezeichnungen von Sicherheitswerkbänken bringen.

Reinraumwerkbank mit horizontalem Luftstrom

Dieses einfache Modell einer Sterilwerkbank ist kostengünstig in der Anschaffung und daher in vielen Zellkulturlabors zuhause. Der horizontale Luftstrom wird durch einen auf der Rückwand der Werkbank befindlichen Schwebstofffilter gedrückt und bläst dem Anwender während der Arbeit ständig ins Gesicht. Das kann bei empfindlichen Personen Hautirritationen und sogar Bindehautentzündung verursachen. Trotz dieses unangenehmen Nachteils erfreut sich diese Werkbank großer Beliebtheit. Allerdings handelt es sich bei diesem Modell um eine Sterilwerkbank, die im Sinne der DIN EN 12469 nicht für Arbeiten mit Gefährdungspotenzial und daher nicht für „mikrobiologische und biotechnologische Arbeiten“ geeignet ist. Das beruht darauf, dass es bei diesen Modellen keinen Personenschutz gibt. Dadurch ist eine solche Werkbank für den Einsatz in der Zellkulturroutine ungeeignet.

Wofür also kann ein solches Modell laut DIN-Norm eingesetzt werden? Grundsätzlich kann sie für Arbeiten ohne Gefährdungspotenzial verwendet werden. Solche Arbeiten sind z. B. die Sterilfiltration von Medien, Seren, Puffern und anderer unbedenklichen Lösungen, die in der Zellkultur gebraucht werden. Darüber hinaus kann man an einem solchen Gerät unter sterilen Bedingungen Aliquots benötigter Lösungen herstellen. Die großen Vorteile dieses Typs von Werkbank liegen zum einen in den günstigen Anschaffungskosten und zum anderen darin, dass sie ausgesprochen wartungsarm sind. Das spart Folgekosten.

Reinraumwerkbank/Sicherheitswerkbank mit vertikalem Luftstrom

Damit sind ganz allgemein alle Geräte gemeint, bei denen der Luftstrom vertikal verläuft. Es wird zunächst nicht unterschieien, ob der Luftstrom vertikal nach oben oder nach unten geführt wird. Mit Ausnahme der Sicherheitswerkbank der Klasse I, die nicht für den Einsatz in der Zellkultur geeignet ist, entsprechen die mikrobiologischen Sicherheitswerkbänke der Klassen II und III der DIN EN 12469 bzw. DIN 12980.

Mikrobiologische Sicherheitswerkbank Klasse I

Bei Geräten der Klasse I verläuft der Luftstrom vertikal nach oben. Diese Werkbänke sind für die Zellkulturroutine ungeeignet, da die Raumluft nicht durch einen Filter, sondern durch die Arbeitsöffnung über die Arbeitsfläche angesaugt wird. Ein Schutz des Mitarbeiters besteht nur, solange der Luftstrom nicht behindert und ausreichend Luft angesaugt wird, um Aerosole und Partikel abzusaugen. Die Hände und Arme des Beschäftigten sind bei der Arbeit ungeschützt. Zudem besteht kein Produktschutz, da die Gegenstände auf der Arbeitsfläche nicht durch Kontaminationen von außen geschützt sind. Das macht diese Werkbank für den Einsatz in der Zellkultur unbrauchbar, denn mit solchen Geräten kann man nicht steril arbeiten.

Mikrobiologische Sicherheitswerkbank Klasse II

Werkbänke dieses Typs entsprechen der DIN EN 12469 und sind daher für „mikrobiologische und biotechnologische Arbeiten“ geeignet. Der Luftstrom strömt vertikal nach unten, wobei etwa 70% des Luftstroms über den Hauptfilter wieder von oben nach unten in einer vertikalen laminaren Fallströmung bis zu den an den Rändern der Arbeitsfläche befindlichen Absaugöffnungen geführt wird. Die verbleibenden 30% werden über hoch leistungsfähige Schwebstofffilter entweder in den Raum abgegeben oder aber aus diesem abgeführt. Der Personenschutz wird durch einen so genannten „Luftvorhang“ gewährleistet. Der Luftvorhang besteht aus etwa 30% ungefilterter Rohluft aus dem Laborraum, die in die vorderen Absaugöffnungen der Sicherheitswerkbank eingesaugt wird. Der Personenschutz ist bei dieser Konstellation nur gewährleistet, wenn keine Störungen des laminaren Luftstroms auftreten. Kommt es jedoch zu Turbulenzen in der Arbeitszone, können erhebliche Mengen aerosolhaltiger Luft aus dem Arbeitsbereich freigesetzt werden. Diese Aerosole stellen eine Gefährdung des Mitarbeiters dar, der zudem mit ungeschützten Armen und Händen an der Werkbank arbeitet. Dennoch ist der Personenschutz gewährleistet, wenn ausreichend Luft aus der Werkbank abgesaugt wird.

Sicherheitswerkbänke der Klasse II bieten aus den genannten Gründen vorwiegend einen Produktschutz, da die Materialien unter der Werkbank sehr gut vor Kontaminationen geschützt sind. Bei Geräten der Klasse II handelt es sich um die als Laminar Air Flow Box bezeichneten Werkbänke die neben der Reinraumwerkbank mit horizontalem Luftstrom in den Zellkulturlabors am häufigsten zu finden sind.

Mikrobiologische Sicherheitswerkbank Klasse III

Eine Sicherheitswerkbank der Klasse III ist der Mercedes unter den Werkbänken. Die ganze Werkbank ist ein geschlossenes Unterdrucksystem. Der Beschäftigte arbeitet mit Handschuhen, die als fester Bestandteil in die Front der Sicherheitswerkbank eingebaut sind. Die durch den Schwebstofffilter gefilterte Zu- und Abluft ist so reguliert, dass immer ein Unterdruck von mehr als 150 PA herrscht. Das macht die Werkbank der Klasse III zu einem sehr sicheren Arbeitsplatz, denn bei diesen Geräten ist sowohl der Personen- als auch der Produktschutz optimal gewährleistet.

Solche extrem sicheren Arbeitsbedingungen müssen z. B. bei der Herstellung von Zytostatika gegeben sein. Nicht umsonst sind für diese Arbeiten Werkbänke vorgeschrieben, die der DIN 12980 entsprechen müssen. Dieses hohe Maß an Sicherheit hat seinen Preis und geht zu Lasten des Bedienkomforts, denn die benötigten Materialien müssen durch eine Schleuse in die Werkbank eingebracht werden, was für den Anwender ziemlich unbequem ist. Auch das Arbeiten mit den im Vergleich zum normalen Laborhandschuh relativ dickwandigen Werkbankhandschuhen ist recht gewöhnungsbedürftig und stellt hohe Anforderungen an die Feinmotorik des Mitarbeiters.

Prinzipiell müssen in einer Sicherheitswerkbank mindestens ein Strom- und ein Gasanschluss vorhanden sein, denn sonst kann man nicht arbeiten. Es gibt Modelle, die mit einer UV-Lampe im Arbeitsbereich ausgestattet sind. Diese wird nach Beendigung der Arbeiten an der Werkbank angeschaltet, um den Arbeitsbereich steril zu halten. Dabei sollte berücksichtigt werden, dass UV-Strahlung mutagen ist, die Netzhaut des Auges schädigen kann und außerdem Hautverbrennungen verursacht, wenn man nicht aufpasst.

Eine Sicherheitswerkbank allein reicht für das sterile Arbeiten mit Zellkulturen nicht aus. Dazu bedarf es noch einiger zusätzlicher Geräte, die sich im Arbeitsraum der Sicherheitswerkbank befinden sollten. Das soll jedoch nicht als Einladung verstanden werden, sich die Arbeitsfläche mit Geräten so voll zu stellen, dass die Steriltechnik darunter leidet. Wie in Kapitel 10 noch eingehend erläutert wird, erhöht eine vollgestopfte Arbeitsfläche das Kontaminationsrisiko beträchtlich.

Doch zurück zu den wirklich benötigten Gerätschaften. Dazu gehört in jedem Fall eine akkubetriebene **Pipettierhilfe**. Mit einer manuellen Pipettierhilfe wie dem Peleusball bekommt man nach einiger Zeit Krämpfe in den Armen und auf Dauer den berühmten Pipettierdaumen, der bestimmt nicht als Berufskrankheit anerkannt wird. Müssen immer wieder gleiche Mengen von Medium, Puffer oder Trypsin pipettiert werden, sind **autoklavierbare Dispenser** eine gute Alternative, die dem Zellkulturexperimentator das Leben erleichtert. Die kann man auf die Mediumflasche schrauben und dann das gewünschte Volumen einstellen.

Da bei nahezu jedem Arbeitsschritt Pipetten gebraucht werden, ist ein **Pipettenständer** aus Holz oder Kunststoff ideal. Dort stehen die Pipetten nach Größe sortiert jederzeit griffbereit zur Verfügung. Das gilt für Einwegpipetten wie auch für Glaspipetten, die in einer **Pipettendose aus Metall** (entweder Aluminum oder Stahl) sterilisiert werden. Auch die Pipettendosen können in ein solches Gestell geräumt werden, dann kullern z. B. runde Dosen nicht unkontrolliert auf der Arbeitsfläche herum. Für kleinere Mengen wird eine oder mehrere **Mikroliterpipetten** benötigt, sowie **sterile Pipettenspitzen** in den entsprechenden Größen. Zum Absaugen des verbrauchten Kulturmediums ist ein **halbautomatisches Absaugsystem** mit dem entsprechenden Zubehör am komfortabelsten. Zum Absaugen eignen sich lange Glaspasteurpipetten in Pipettendosen aus Metall, die zuvor autoklaviert wurden. In manchen Labors wird der Kulturüberstand in einen Abfallbehälter, z. B ein Becherglas oder eine alte Mediumflasche, gekippt. Das ist eine steriltechnische Sünde, denn es können unbemerkt winzig kleine Tröpfchen verspritzen.

Solche Aerosole stellen eine unberechenbare Kontaminationsquelle dar, da man nicht davon ausgehen kann, dass der Kulturüberstand nicht mit Bakterien, Hefen oder Mycoplasmen kontaminiert war.

In fast allen Sterilbänken befindet sich ein so genannter **Fireboy**. Das ist eine moderne Form des Bunsenbrenners, der mit Gas betrieben und bequem durch ein Fußpedal in Gang gesetzt wird. Er dient zum Abflammen z. B. von Mediumflaschenhälsen, Deckeln usw. Ältere Geräte verfügen meist nicht über das komfortable Fußpedal, sondern müssen durch das Entzünden des Gases mit dem Feuerzeug in Betrieb genommen werden. Die Gaszufuhr muss manuell an einer Wendelschraube reguliert werden. Allerdings ist das Abflammen heute überholt und deshalb nicht mehr notwendig, da ohnehin alle Medium- und sonstigen Flaschen, die in der Zellkultur eingesetzt werden, aus Kunststoff sind.

Ein **wasser- und wischfester Marker**, der auf Glas gut hält, sollte immer griffbereit sein, weil er häufig gebraucht wird. Meistens wird für die Beschriftung von Flaschen ein Eddingstift benutzt. Für kleine Zellkulturgefäße oder Kryoröhrchen ist ein Folienstift mit einer sehr feinen Spitze jedoch besser geeignet. Für unempfindliche Zelllinien kann man zum Resuspendieren des Zellpellets auch einen **Vortexer**, der auf eine niedrige Umdrehungszahl eingestellt ist, benutzten. Last but not least werden zum Arbeiten mit Zellkulturen natürlich **sterile Zellkulturgefäße** benötigt. Davon sollten sich aus Platzgründen nicht gerade Unmengen in der Arbeitszone befinden, sondern nur so viele, wie unmittelbar verbraucht werden. Nützliche Utensilien sind außerdem Ständer für Zentrifugenröhrchen und Reaktionsgefäße (Eppis). Steht kein Zellzählgerät zur Verfügung, muss man die Zellzählung mit der Zählkammer machen. Sie sollte daher in unmittelbarer Nähe der Sterilbank ihren Platz haben.

3.2.2 Der Brutschrank

Säugerzellkulturen stammen ursprünglich aus einem lebenden Organismus. Sie werden in der Regel aus einem Organ oder anderen Geweben gewonnen und sollten unter *in-vitro*-Bedingungen möglichst ähnliche Umgebungsbedingungen vorfinden, wie sie *in vivo*, also im Organismus, vorherrschen. Dazu gehört die Konstanz der Temperatur, des Nähstoffangebotes und natürlich des pH-Wertes. Während das Nährstoffangebot durch ein den Bedürfnissen der Zellen angepasstes Zellkulturmedium gewährleistet wird, müssen die anderen Faktoren über ein Kultivierungssystem aufrechterhalten werden. Nur wenn entscheidende Parameter wie Temperatur, Luftfeuchte und CO_2-Konzentration strikt kontrolliert und konstant gehalten werden, sind optimale Wachstumsbedingungen für die Zellkultur gegeben.

Ein solches System zur Aufrechterhaltung der Wachstumsbedingungen ist der Brutschrank, der auch als Inkubator bezeichnet wird. Er kann bei verschiedenen Temperaturen betrieben werden. Ist für die Säugerzellkultur 37 °C die Standardtemperatur, so werden z. B. Insektenzellen bei 28 °C kultiviert. Auch der CO_2-Bedarf kann unterschiedlich sein, meist werden Zellen entweder bei 5% oder 10% CO_2 kultiviert. Einige Brutschränke verfügen zudem über die Möglichkeit, den O_2-Spiegel zu kontrollieren.

Zellkulturen kann man im offenen und geschlossenen System kultivieren. Im geschlossenen System werden die Kulturflaschen mit der benötigten CO_2-Konzentration (z. B. 5%) begast und dann mit einem gasdichten Deckel fest verschlossen. Der Vorteil dieser Methode liegt auf der Hand. Die Zellen in der Flasche haben immer konstante Kulturbedingungen, die nicht ins Schwanken geraten, sobald der Brutschrank geöffnet wird. Ein unstrittiger Nachteil ist, dass dieses Vorgehen nur für eine geringe Anzahl von Kulturen praktikabel ist. Die absolut überwiegende Zahl der Zellkulturexperimentatoren benutzt das offene System, bei dem die CO_2-Konzentration im Brutschrank über die Gaszufuhr aus einer CO_2-Flasche reguliert wird. Der Sollwert wird am Brutschrank eingestellt und über eine CO_2-Messzelle gemessen. Ist die Konzentration durch häufiges Öffnen der Brutschranktür gesunken, erkennt die Messzelle das und es wird so lange Gas angesaugt, bis der Sollwert wieder erreicht ist. Meist kommt es dabei zu einem anfänglichen Überschießen, sodass für kurze Zeit mehr CO_2 als benötigt angesaugt wurde. Das pendelt sich nach einer Weile auf den erwünschten Sollwert ein.

Die regelmäßige Kontrolle des CO_2-Wertes ist ein ganz wichtiger Punkt und kann über Gedeih und Verderb in der Zellkultur entscheiden. Für die Messung gibt es spezielle CO_2-Messgeräte auf dem Markt. Man sollte etwa alle sechs bis acht Wochen eine Messung vornehmen und das Ergebnis protokollieren. Stellt man über die Zeit fest, dass der gemessene Wert mit dem eingestellten Sollwert nicht übereinstimmt, muss die CO_2-Anzeige neu justiert werden. Gerade bei älteren Geräten lässt sich oft eine Differenz zwischen Soll- und Ist-Wert feststellen. Wenn der gemessene Wert ständig unter dem Soll-Wert liegt, kann das auf eine Alterung der CO_2-Messzelle hinweisen. Das ist vor allem ein Problem von Inkubatoren der älteren Gerätegeneration. Da aber ein Inkubator eine lange Lebensdauer hat, stehen in so manchem Labor Brutschränke, die vor etwa 25 Jahren angeschafft wurden und heute noch ihren Dienst tun. Gegen solche „Schätzchen" ist nichts einzuwenden, jedoch sollte man die Sache mit der CO_2-Messung wirklich ernst nehmen. Sonst kann man böse Überraschungen erleben und von Standardbedingungen in der Zellkultur kann keine Rede mehr sein.

Inzwischen gibt es bei den Brutschränken der neuen Generation entscheidende technische Fortschritte was das CO_2-Messverfahren betrifft. Das ursprüngliche Wärmeleitfähigkeitsprinzip wird sukzessive durch die Infrarot-Absorptionsmessung ersetzt. Das wirkt sich vor allem auf die Konstanz der Kulturbedingungen positiv aus. Die beim Wärmeleitfähigkeitsprinzip bekannte Trägheit bei den Erholungszeiten für CO_2 und Luftfeuchte nach dem Öffnen des Brutschranks kann bei der Infrarotmessung auf ein Minimum begrenzt werden. Das beruht darauf, dass dieses Messverfahren vom Feuchtigkeitsgehalt der Luft unabhängig ist. Das hat ganz entscheidenden Einfluss auf die Erholungszeiten. Liegen diese beim Wärmeleitfähigkeitsverfahren aus messtechnischen Gründen im Bereich von 80 bis sogar 100 Minuten, pendelt sich der CO_2-Sollwert bei der Infrarot-Absorptionsmessung bereits nach wenigen Minuten ein. Das ist gerade bei Anwendungen mit kleinen Volumina (z. B. beim High Throughput Screenig, HTS) und Kulturbedingungen mit ungünstigem Oberflächen/Volumen-Verhältnis von großer Bedeutung. Unabhängig davon, bringt dieses neue CO_2-Messverfahren ganz allgemein Vorteile für die Zellkultur. Bei Brutschränken, die über diese Technik verfügen, ist nicht nur an den Wochenenden die Konstanz der Kulturbedingungen gegeben. Auch unter der Woche, wenn aus arbeitstechnischen Gründen der Brutschrank häufig geöffnet werden muss, werden die Kulturbedingungen weitestgehend stabil gehalten.

Was für das CO_2 gilt, trifft in gleicher Weise für die Kontrolle der Temperatur zu. Säugerzellen brauchen konstante 37 °C Umgebungstemperatur. Wer nicht riskieren will, dass die Zellen entweder einen Hitzeschock oder aber Frostbeulen bekommen, sollte von Zeit zu Zeit mit einem geeigneten Thermometer eine Temperaturmessung durchführen. Gegen Übertemperatur verfügen die Inkubatoren in der Regel über einen Warnmechanismus, der ab einer bestimmten Temperaturdifferenz über dem Sollwert Alarm schlägt. Ist die Temperatur zu gering, sind die Wachstumsbedingungen nicht optimal und die Zellen kümmern vor sich hin. Aus diesem Grund ist der geringe Aufwand der Temperaturkontrolle durchaus gerechtfertigt.

Ein anderer wichtiger Aspekt ist die Aufrechterhaltung der Luftfeuchte im Brutschrank. Je nach den empfohlenen Kulturbedingungen und Ausstattung des Brutschrankmodells liegt sie zwischen 70 und 100%. Sinkt sie auf einen zu niedrigen Wert ab, kommt es durch Austrocknung zu Veränderungen in der Osmolarität des Nährmediums. Bei Kulturen mit einem großen Kulturvolumen, etwa ab 15 ml und mehr, vollzieht sich eine drohende Austrocknung mit einer Verzögerung. Bei einem kleinen Kulturvolumen dagegen kann es rasch zu unerwünschten Austrocknungseffekten kommen. Die Kulturen reagieren äußerst nachtragend auf Veränderungen der Umgebungsbedingungen. Unter Umständen kommt es durch die Veränderung der osmotischen Verhältnisse sogar zum vollständigen Verlust der Zellkulturen. Gerade, wenn die Kulturen in nicht dicht schließenden Kulturgefäßen, z. B. in kleinen Petrischalen oder Multiwell-Platten, kultiviert werden, kann das sehr schnell ins Auge gehen. In den sogenannten Multikammergefäßen kommt es zudem zu Randeffekten, d. h. die Gefäße am Rand weisen zuerst solche Austrocknungseffekte auf.

An dieser Stelle ein paar grundsätzliche Dinge zum Brutschrank. Es gibt die unterschiedlichsten Typen von Inkubatoren. Welcher für die eigenen Kulturen am besten geeignet ist, hängt von verschiedenen Faktoren ab, z. B. von Art und Menge der Kulturen und den empfohlenen Kulturbedingungen. Daher lässt man sich am besten von einem Fachmann beraten und über die Vor- und Nachteile der verschiedenen Ausführungen und Modelle informieren. Ein Preisvergleich ist obligatorisch, denn gerade in Zeiten knapper Geldmittel spielen die Kosten bei Neuanschaffungen eine entscheidende Rolle.

Bei der Auswahl eines Brutschranks sollte man bedenken, dass es zu Kontaminationen mit Pilzen und Bakterien kommen kann. Daher macht es Sinn darüber nachzudenken, ob es sich nicht lohnt, ein Modell mit einem Autosterilitätsprogramm zu nehmen. Die Kulturen müssen vorübergehend ausquartiert und Kunststoffelemente herausgenommen werden, dann kann das Programm gestartet werden. Der Brutschrank erhitzt sich auf etwa 160 °C oder höher, wodurch mikrobielle Kontaminationsherde abgetötet werden. Für das *tissue engineering* (Züchtung von Ersatzgewebe) ist es von besonderer Bedeutung, dass man den Brutschrank gut sterilisieren kann. Hier wird die Erhitzung auf 180 °C empfohlen. Die Modelle der neueren Generation bieten sogar zwei verschiedene Dekontaminationsprogramme (trockene und feuchte Hitze) an.

Über das Thema Kontaminationssicherheit im Brutschrank haben sich die Hersteller in den letzten Jahren viele Gedanken gemacht und so wurden unterschiedliche Lösungsansätze entwickelt. Eine durchaus clevere Lösung stellen Brutschrankmodelle dar, die mit einem Kupfermantel ausgekleidet sind. Das beruht auf verschiedenen Eigenschaften des Kupfers. Neben seiner hohen Resistenz gegen Korrosion besitzt es eine für die Zellkultur nicht unwichtige biologische Eigenschaft: Kupfer ist biostatisch. Das macht Kupferoberflächen zu keinem guten Nährboden für Bakterien.

Erste Hinweise auf eine bakterizide Wirkung von Kupferionen beobachtete man schon im Jahr 2002. Im renommierten niederländischen Institut für Produkt- und Wasserforschung wurden Experimente mit dem Bakterium *Legionella pneumophila* durchgeführt. Dieses Bakterium verursacht die Legionärskrankheit, eine der Lungenentzündung ähnliche Erkrankung. In Wasser, das durch Kupferrohre geleitet wurde, war die Konzentration von Legionellen deutlich reduziert. Im Vergleich dazu war die Konzentration des Erregers in Wasser, das durch Kunststoffrohre geleitet wurde, um den Faktor zehn höher. Eine Studie von Professor Bill Keevil von der Universität Southhampton hat sich mit der Überlebensfähigkeit des gefährlichen Krankenhauskeims *Staphylococcus aureus* auf Metallen befasst. Seine Ergebnisse zeigen, dass viele antibiotikumresistente Bakterien sich auf den meisten Metalloberflächen bis zu 72 Stunden lang tummeln. Auf reinen Kupferoberflächen waren es dagegen nur noch 1,5 Stunden. Keevil zieht daraus den Schluss, dass das Verschleppungsrisiko für den Eitererreger *Staphylococcus aureus* durch den Einsatz von Kupfer bzw. Kupferlegierungen an Türklinken, Armaturen und Arbeitsplatten minimiert werden kann.

Ganz allgemein kann man sagen, dass Kupferionen bakterizide und fungizide Wirkung haben. Nicht nur für Legionellen und Staphylokokken ist die bakterizide Wirkung belegt, sondern auch für Listerien und den Enterokokkenstamm *Escherichia coli H 157*. Selbst Algen können mit kupferhaltigen Giften abgetötet werden. Diese Gegebenheiten lassen sich hervorragend als Maßnahme gegen mikrobielle Kontaminationen im Brutschrank ausnutzen. Das ist besonders für die Wasserbehälter zur Befeuchtung des Innenraums von Bedeutung. Die können rasch verkeimen, wenn der Brutschrank häufig geöffnet wird.

Es gibt allerdings auch gute Argumente gegen Kupfer im Brutschrank. So können manche Zellkulturen empfindlich darauf reagieren und nicht zuletzt leiden in der feuchten Atmosphäre auf Dauer auch die Oberflächen. Diese werden über die Zeit ziemlich unansehnlich, denn Kupfer oxidiert durch die Feuchtigkeit. Allmählich bildet sich eine Oxidschicht, die die Oberfläche überzieht und braun verfärbt. Die Oxidation vollzieht sich an flachen Oberflächen schneller als an steilen oder senkrechten Flächen. Das kann man gut an den Stellflächen des Brutschranks beobachten. Das Ganze ist nicht nur ein ästhetisches Problem, denn raue Oberflächen lassen sich schlecht reinigen. Deshalb sind einige Hersteller auf die Idee gekommen, das Innenleben ihrer Brutschränke mit einer Kupfer-Edelmetalllegierung auszukleiden. Diese Kombination der Metalle vereint die oben beschriebenen Vorteile von Kupfer mit den guten Reinigungseigenschaften rostfreien Edelmetalls und stellt wohl die eleganteste Lösung dar. Wie man das Kontaminationsproblem bekämpft, muss letztlich jeder Experimentator für sich selbst entscheiden. Fest steht jedoch, dass man gerade bei älteren Modellen an einer regelmäßigen Reinigung des Brutschranks nicht vorbei kommt.

3.2.3 Weitere im Sterilbereich benötigte Geräte

Außer dem Brutschrank sind noch andere Geräte für die Arbeit im Zellkulturlabor notwendig. Dazu gehören: Kühlschrank, Zentrifuge, Wasserbad, Mikroskop mit Phasenkontrastausstattung, Inversmikroskop.

Ein **Kühlschrank mit Gefrierfach** (Kühl/Gefrierkombination) ist zwingend erforderlich, denn dort werden nicht nur neue und angebrochene Medium- und Serumflaschen sowie Puffer und Trypsin, sondern auch alle anderen Zellkulturlösungen aufbewahrt, für die eine Lagerung bei 4–8 °C vorgeschrieben ist. Alle anderen Lösungen sollten entsprechend der Herstellerempfehlung bei –20 °C bzw. bei –80°C gelagert werden. Sperriges Tiefkühlgut bzw. größere Mengen gehören sowieso in den –20-°C- oder –80-°C-Eisschrank, kleinere Mengen und Dinge die man täglich braucht, können im Eisfach der Kühl-Gefrier-Kombination untergebacht werden.

Ebenso wie der Kühlschrank ist eine **Zentrifuge** unerlässlich, gerade wenn man adhärente Zellen kultiviert. Eine einfache Tischzentrifuge würde für diesen Zweck ausreichen, jedoch sollte sie mindestens 1 000×g schaffen, denn die meisten Protokolle beinhalten Zentrifugationsschritte, die diese oder eine höhere Beschleunigung erfordern. In Abhängigkeit von den Folgemethoden ist es sinnvoll, eine Kühlzentrifuge zur Verfügung zu haben. Auch ein temperierbares **Wasserbad** gehört zur obligatorischen Ausstattung im Sterilbereich. Gebraucht wird es nicht nur zur Erwärmung der Medien und Puffer für die Subkultur der Zellen, sondern auch zum Auftauen von Serum und von eingefrorenen Zellkulturen. Ein Wasserbad mit einstellbarer Schüttelfunktion ist eine bequeme Variante. Was man gegen die Verkeimung des Wassers mit Pilzen und Bakterien tun kann, wird in Kapitel 11 behandelt.

Ebenfalls unverzichtbar sind Mikroskope. In der Regel ist in jedem Zellkulturlabor ein so genanntes inverses Mikroskop vorhanden. Damit ist ein **Umkehrmikroskop** gemeint, an dem die Zellkulturen betrachtet werden. Was ist an diesem Mikroskop umgekehrt? Das Präparat wird nicht von oben beleuchtet, sondern von unten. Das macht Sinn, denn adhärente Kulturen, die als Monolayer wachsen, können viel besser beurteilt werden, wenn die Lichtquelle die Zellen von unten beleuchtet. Für Suspensionszellen trifft das ebenfalls zu, da sie mit der Zeit auf den Boden absinken.

Für die Arbeit mit Zellkulturen ist eine bestimmte Mikroskopausstattung durchaus sinnvoll. Das nächstliegende ist eine **Phasenkontrasteinrichtung**, die es erlaubt, ungefärbte Zellen und Präparate zu beurteilen. Außerdem gehört zu einer sinnvollen Mikroskopausstattung eine **Kamera**, um z. B. die normale Morphologie der Zellen damit zu dokumentieren. Ein üppigeres Equipment, wie etwa eine computergestützte Bildgebungseinheit mit einer CCD-Kamera (engl. = *charged coupled device*) schadet nicht, damit schafft man den Schritt von der klassischen Filmentwicklung hin zur digitalen Bildanalyse.

Sinnvoll ist auch ein beheizbarer Kreuztisch, damit es die Kulturen während der Begutachtung durch den Zellkulturexperimentator schön mollig haben. Je nach Fragestellung ist eine Klimakammer erforderlich, so z. B. für Langzeituntersuchungen wie etwa der Beobachtung der Zellteilung oder von Differenzierungsprozessen.

In der Zellkultur werden nicht nur Fertigmedien eingesetzt. Viele Anwender verwenden Pulvermedien, die mit reinstem Wasser für die Zellkultur angesetzt werden müssen. Dazu benötigt man eine Reinstwasseranlage. Gemeint ist damit ein Wasseraufbereitungssystem, was meist auf der Basis von Ionenaustauschern das Wasser aufbereitet. Es wird dann als VE-Wasser (voll entsalzt) oder Aqua demineralisata bezeichnet. Sinnvoll ist die Ausstattung eines solchen Systems mit einer Einrichtung zur Entkeimung des Wassers. Meist kommt dabei eine UV-Photooxidationslampe zum Einsatz. Alternativ oder auch zusätzlich ist ein Ultrafiltrationsmodul und auch weiteres Zubehör, wie z. B. ein spezieller Abschlussfilter zur Endotoxinentfernung, sinnvoll.

Eine Übersicht über Geräte, die für die Zellkultur auf dem Markt angeboten werden, finden Sie im Anhang (siehe Anhang: Geräte für die Zellkultur). Diese Produktübersicht umfasst natürlich nicht nur die Standardausstattung, sondern auch weitere nützliche Geräte für die verschiedensten Anwendungen und Fragestellungen.

Produktübersichten werden regelmäßig in Zeitschriften wie dem „Laborjournal" veröffentlicht. Mit einer Verzögerung von etwa einem Monat sind sie im Internet auch online unter www. laborjournal.de verfügbar. Immer wenn man ein Gerät braucht bzw. neu anschaffen muss, sind solche Produktübersichten eine exzellente Orientierungshilfe. Man erfährt nicht nur, wer welches Gerät auf dem Markt anbietet, sondern kann gleichzeitig bereits einen Gerätevergleich vornehmen. Das spart eine Menge wertvolle Arbeitszeit, die man wieder zum Experimentieren nutzen kann.

3.3 Zellkulturgefäße

Für die Kultivierung von Zellen sind die Zellkulturgefäße aus Kunststoff oder Glas das A und O. Man bekommt auf dem Markt alles, was das Herz begehrt, angefangen von Petrischalen, Zellkulturflaschen, Multiwellschalen, Rollerflaschen, Mehrkammergefäße und noch vieles mehr. Das alles gibt es beschichtet und unbeschichtet. Am häufigsten werden im Zellkulturlabor Gefäße aus Plastik, meist aus Polystyrol verwendet. Ihre Oberfläche wurde durch chemische Verfahren hydrophil und adhäsiv gemacht (*tissue culture dishes*). Die unbehandelten, hydrophoben Bakterienkulturschalen können nicht verwendet werden.

Kulturflaschen gibt es als geschlossenes System ohne Belüftungsventil im Deckel. Werden die Zellen in einer CO_2-Atmosphäre kultiviert, so muss der Deckel solcher Zellkulturflaschen um etwa eine Vierteldrehung aufgeschraubt werden, damit das Gas eindringen kann. Komfortabler, aber teurer sind Kulturgefäße mit einer Belüftungsmembran im Deckel. Diese Flaschen werden ordnungsgemäß zugeschraubt, denn das Gas gelangt durch die gasdurchlässige Membran in die Flasche hinein. Zellkulturflaschen gibt es in verschiedenen Ausführungen und Größen. Für die adhärente Zellkultur ist die Größe der zur Verfügung stehenden Substratfläche entscheidend. Es gibt die Flaschen in folgenden Größen: 25 cm^2, 75 cm^2, 150 cm^2, 162 cm^2, 175 cm^2 und 225 cm^2. Entsprechend der Größe der Flaschen vergrößert sich das benötigte Mediumvolumen. Für 25-cm^2-Flaschen ist das Kulturvolumen meist 10 ml, für 175-cm^2-Flaschen etwa 20 ml.

Ähnliches gilt für die Suspensionskultur. Auch für diesen Zweck gibt es optimierte Zellkulturgefäße, die eine Anheftung der Zellen an die Unterlage nach Möglichkeit minimieren bzw. verhindern.

Beschichtete Gefäße sind mit Anheftungsfaktoren wie etwa Gelatine, Kollagen oder Polylysin erhältlich. Diese Faktoren erleichtern die Anheftung von Zellen an das Substrat. Damit ist die Oberfläche des Zellkulturgefäßes gemeint.

Grundsätzlich gibt es eine breite Palette von Zellkulturgefäßen (Pipetten ohnehin) auch aus Glas. Die Verwendung von Glaswaren in der Zellkultur ist auf die Dauer preiswerter und umweltfreundlicher. Man muss sich nur die Müllberge vorstellen, die in der Zellkulturroutine anfallen, dann fällt es leichter zu überlegen, ob man auf Einwegmaterial nicht wenigstens teilweise verzichtet und auf Glas umsteigt. Eine Glaspipette hat sich nach etwa neun- bis zehnmaligem Gebrauch bereits bezahlt gemacht. Natürlich darf nicht verschwiegen werden, dass die Glaswaren mehr Arbeit bedeuten, denn sie müssen gespült, getrocknet und sterilisiert werden. Dafür müssen die Plastikartikel in der Regel vor der Entsorgung autoklaviert werden, was auch Arbeit macht. Langfristig kann man dennoch mit wiederverwendbaren Artikeln Geld sparen und die Müllberge deutlich reduzieren. Entscheidet man sich für Glaswaren, sollten es stets Borosilikatgläser der 1. hydrolytischen Klasse sein.

3.4 Kostenübersicht

Für den Betrieb eines Zellkulturlabors wird eine ganze Reihe von Geräten gebraucht. Das wirft die Frage auf, mit welchen Kosten man für die Anschaffung rechnen muss. Das ist nicht leicht zu beantworten. Die derzeitige Preisentwicklung lässt die Preise innerhalb kurzer Zeit in die Höhe klettern, so dass die Preise von heute morgen schon obsolet sind. Um dennoch eine Orientierungshilfe anzubieten, ist in Tabelle 3-1 eine Übersicht über die Preisspannen für ausgewählte Großgeräte im Zellkulturlabor aufgelistet.

Tab. 3-1: Kostenüberblick für Großgeräte in der Zellkultur.

Produktbezeichnung	Preisspanne pro Stück in €
Sicherheitswerkbank Klasse II nach DIN EN 12469, je nach Ausstattung und Größe	ab 6000–11000
Reinraumwerkbank mit Horizontalluftstrom, ohne Montage	ab 4500–6000
CO_2-Inkubator, je nach Ausführung und Kapazität	ab 3500–9200
Gefrierschrank, –30 °C, 660–1450 l	ab 7000–9000
Gefrierschrank, –85 °C	ab 6000
Ultratiefkühltruhe oder Gefrierschrank, –135 bis –152 °C, 200–300 l	ab 17000
Lagerbehälter für Flüssigstickstoff	ab 1000
Tischzentrifuge, ungekühlt, ohne Rotor	ab 1200–3200
Tischzentrifuge, gekühlt, ohne Rotor, programmierbar	ab 3000–7700
Standzentrifuge, gekühlt, ohne Rotor	ab 20000
Reinstwasseranlage	ab. 3000
Reinstwasseranlage mit UV-Bestrahlungseinrichtung	ab 3500
Inversmikroskop für die Routineanwendung, je nach Ausstattung und Anbieter	ab 2200–4200
Inversmikroskop für die Forschung, je nach Ausstattung und Anbieter	ab 8000–45000
automatisches Zellzählgerät	ca. 25000
Autoklaven	ab 6300
Sterilisatoren	ab 2000–11000
Schüttelwasserbad	ab 1600–3000

Literatur

Freshney RI (2005) Culture of Animal Cells. Wiley-Liss, New York

Freshney RI (1990) Tierische Zellkulturen – Ein Methoden-Handbuch. de Gruyter, Berlin

Lindl T (2002) Zell- und Gewebekultur, 5. Aufl. Spektrum Akademischer Verlag, Heidelberg

Keevil CW (2004) The physico-chemistry of biofilm-mediated pitting corrosion of copper pipe supplying potable water. Water Sci. Technol 49(2): 91–98

Protzer H, Röbbert F „Verhalten von Kupferoberflächen an der Atmosphäre". Broschüre des Deutschen Kupferinstitut e. V. (Hrsg.), kostenloser download unter www.kupferinstitut.de

4 Relevante Regelwerke

Kein Ansehn in Venedig
Vermag ein gültiges Gesetz zu ändern.
Aus: Der Kaufmann von Venedig

Regelwerke wie Sicherheitsvorschriften, DIN-Normen und Grundsätze wie die „Gute Laborpraxis“ (engl. = *good laboratory practice,* GLP) und die „Gute Zellkulturpraxis“ (engl. = *good cell culture practice,* GCCP) sowie die Einhaltung von Standardarbeitsanweisungen (engl. = *standard operating procedures,* SOP) sind für die Zellkulturpraxis wichtig, daher kommt man um sie nicht herum. Besondere Bedeutung gewinnen diese Regelwerke, wenn ein Zellkulturlabor zertifiziert werden soll. Selbst wenn kein so hoher Anspruch an den Betrieb eines Zellkulturlabors gestellt wird, kann man es kaum vermeiden, sich mit dieser zum Teil sehr trockenen Materie zu beschäftigen.

Leider ist es um das Wissen über den Inhalt dieser Vorschriften unter den Zellkulturexperimentatoren meist schlecht bestellt. Wenn überhaupt existiert gerade einmal so etwas wie ein gepflegtes Halbwissen darüber. Doch so unbequem sie im Einzelfall sein mögen, so macht die Einhaltung dieser Regeln Sinn. Würden Sie z. B. ein pharmazeutisches Produkt kaufen, das in dem Produktionslabor einer Firma hergestellt wurde, in dem keine Aufzeichnungen darüber existieren, nach welcher Rezeptur das Präparat zusammengemixt wurde? Wohl kaum. Man würde zu Recht befürchten, dass jedes Produkt dieser Firma im wahrsten Sinne des Wortes ein Zufallsprodukt wäre. Damit sind wir schon bei einem der wichtigsten Gründe angekommen, warum die Einhaltung dieser Regeln so wichtig ist. In den Verordnungen und Gesetzen sind alle relevanten Dinge geregelt, die für den Laborbetrieb von Bedeutung sind. Bemerkenswert ist, dass oftmals die wichtigsten Informationen und Details in den Anhängen zu finden sind. Im Folgenden werden die wichtigsten Extrakte aus diesen Regelwerken zusammengefasst.

4.1 Allgemeine Regelwerke für den Laborbetrieb

In jedem Labor, unabhängig vom Arbeitsschwerpunkt, müssen bestimmte Regeln, Vorschriften und Gesetze befolgt werden. Ein Labor ist ein Arbeitsplatz mit einer potenziellen Gefährdung für den Beschäftigten, daher kommt der Einhaltung von Sicherheitsvorschriften, Unfallverhütungsregeln und Arbeitssicherheitsmaßnahmen besondere Bedeutung zu. Damit das Arbeiten im Laboralltag sicher ist, muss das Wissen um den Umgang mit Risiken beim Laborpersonal vorhanden sein. Das wird in der Regel dadurch gewährleistet, dass ein Laborverantwortlicher jährlich eine Sicherheitsbelehrung für die Beschäftigten durchführt. Diese Belehrung muss arbeitsplatzspezifisch sein und daher alle am jeweiligen Arbeitsplatz auftretenden Risiken berücksichtigen. Der Inhalt der Sicherheitsbelehrung muss protokolliert werden, denn alle Teilnehmer der Belehrung müssen durch Ihre Unterschrift bestätigen, dass sie über die aufgeführten Inhalte belehrt worden sind. Außerdem ist es sinnvoll, einen Sicherheitsbeauftragten zu bestellen, der den Kollegen in Fragen der Arbeitssicherheit beratend zur Seite steht.

Zunächst gelten für jedes Labor die **Unfallverhütungsvorschriften** derjenigen Berufsgenossenschaft, bei der die Beschäftigten des jeweiligen Arbeitgebers versichert sind. Außerdem wurde von der BG Chemie eine ganze Reihe von Merkblättern herausgegeben, von denen die **Merkblätter der Reihe „Sichere Biotechnologie"** für den Laborbetrieb am wichtigsten sind. Einige der Merkblätter sind nicht nur von allgemeiner Bedeutung, sondern befassen sich thematisch auch mit der Arbeit im Zellkulturlabor. Hier einige Beispiele:

- **B 002 –** Ausstattung und organisatorische Maßnahmen: Laboratorien
- **B 003** – Ausstattung und organisatorische Maßnahmen: Betrieb
- **B 004-7** – Eingruppierung biologischer Arbeitsstoffe: Viren, Parasiten, Bakterien, Pilze
- **B 008 –** Einstufung gentechnischer Arbeiten: Gentechnisch veränderte Organismen
- **B 009 –** Eingruppierung biologischer Agenzien: Zellkulturen
- **B 011 –** Sicheres Arbeiten an mikrobiologischen Sicherheitswerkbänken

Darüber hinaus gibt es eine internationale Sektion der IVSS für die Verhütung von Arbeitsunfällen und Berufskrankheiten in der chemischen Industrie. Diese Sektion hat eine dreiteilige Reihe unter dem Titel **„Sicherer Umgang mit biologischen Agenzien"** herausgegeben. Der zweite Teil befasst sich mit Arbeiten im Laboratorium und geht im Anhang auch kurz auf die Gefahren durch Zellkulturen ein.

4.1.1 Biostoffverordnung (BiostoffV)

Genau genommen heißt die Biostoffverordnung „Verordnung über Sicherheit und Gesundheitsschutz bei Tätigkeiten mit biologischen Arbeitsstoffen". Sie hat auch Gültigkeit für Tätigkeiten im Gefahrenbereich biologischer Arbeitsstoffe. Sie gilt dagegen nicht für Tätigkeiten, die dem Gentechnikrecht unterliegen, soweit dort gleichwertige oder strengere Regelungen bestehen. Das wäre auch zu praktisch gewesen, aber auf diese Weise kommt der Experimentator in den Genuss, sich noch ein weiteres Regelwerk zu Gemüte führen zu dürfen. Auf das Gentechnikgesetz wird an anderer Stelle noch eingegangen.

In § 2 der Biostoffverordnung geht es um die Begriffsbestimmungen. Da heißt es „Biologische Arbeitsstoffe sind Mikroorganismen, einschließlich gentechnisch veränderter Mikroorganismen, Zellkulturen und humanpathogene Endoparasiten, die beim Menschen Infektionen, sensibilisierende oder toxische Wirkungen hervorrufen können." Während jedem die Gefährdung durch toxische und infektiöse Biostoffe einleuchten wird, muss die Sache mit der sensibilisierenden Wirkung näher erklärt werden. Gemeint sind damit Biostoffe, die zu einer Sensibilisierung des Beschäftigten und somit z. B. zur Entstehung einer Allergie führen können. Bekannte Beispiele für solche sensibilisierenden Biostoffe sind die Bäckerhefe *Saccharomyces cerevisiae* und Pilzsporen. Sporen von Schimmelpilzarten wie etwa *Aspergillus* können, wenn sie eingeatmet werden, gefährliche Infektionen der Lunge auslösen. Besonders gefährdet sind Menschen mit Bronchialschäden und immungeschwächte Personen.

Laut Definition ist ein Biostoff im Sinne von § 2 Satz 1 jedoch auch „ein mit **transmissibler spongiformer Enzephalopathie** assoziiertes Agens, dass beim Menschen eine Infektion oder eine übertragbare Krankheit verursachen kann". Bei spongiformen Enzephalopathien handelt es sich um Hirnerkrankungen, bei denen es zu einer schwammartigen Veränderung des Hirngewebes kommt. Spätestens jetzt dämmert es jedem und Namen wie BSE und Scrapie wuseln durch die hoffentlich noch nicht durchlöcherten Hirnwindungen. Als Auslöser solcher Krankheiten werden sogenannte **Prionen** (abgeleitet von *proteinaceous infectious particle*) vermutet, die eine Unterklasse von Proteinen darstellen und eine abnorme Faltung aufweisen. Sie werden als infektiöses Agens im Sinne der Biostoffverordnung eingestuft. Das bedeutet, dass alle Experimentatoren, die auf dem Gebiet der Prionenkrankheiten forschen, beim Umgang mit den unheilvollen Biestern gut aufpassen müssen.

Doch wie sieht es für den Zellkultur-Normalo aus? In § 2 Absatz 3 steht: „Zellkulturen sind *in-vitro*-Vermehrungen aus von vielzelligen Organismen isolierten Zellen". Das ist zwar keine neue Erkenntnis, jedoch ist damit klargestellt, dass Zellkulturen ebenfalls Biostoffe sind. Das Gefährdungspotenzial von Zellkulturen ist sicher anders einzuordnen als z. B. die Gefährdung durch Viren oder Prionen. Das leitet zu den Risikogruppen über, in die biologische Arbeitsstoffe eingeteilt werden. Dies ist in § 3 der Biostoffverordnung geregelt:

- **Risikogruppe 1**: Biologische Arbeitsstoffe, die mit hoher Wahrscheinlichkeit keine Krankheit beim Menschen verursachen.
- **Risikogruppe 2**: Biologische Arbeitsstoffe, die eine Krankheit beim Menschen hervorrufen können und daher eine Gefahr für den Beschäftigten darstellen. Eine Verbreitung des Arbeitsstoffs in der Bevölkerung ist dagegen unwahrscheinlich, außerdem sind wirksame Vorbeugungsmaßnahmen oder eine Behandlung der Krankheit möglich.
- **Risikogruppe 3**: Biologische Arbeitsstoffe, die schwere Krankheiten beim Menschen verursachen sowie eine ernste Gefahr für den Beschäftigten darstellen können. Zwar besteht das Risiko der Verbreitung in der Bevölkerung, jedoch ist eine Prophylaxe oder Behandlung möglich.
- **Risikogruppe 4**: Biologische Arbeitsstoffe, die eine schwere Krankheit beim Menschen hervorrufen und eine ernsthafte Gefahr für den Beschäftigten darstellen. Unter Umständen besteht ein großes Risiko für die Verbreitung in der Bevölkerung, wobei keine wirksame Vorbeugung oder Behandlung möglich ist.

Will man herausfinden, in welche Risikogruppe der Arbeitsstoff, mit dem man es selbst zu tun hat, eingestuft wird, muss man zum § 4 der Biostoffverordnung vorstoßen. Ab jetzt wird es kompliziert, denn die Einstufung biologischer Arbeitsstoffe in Risikogruppen ist alles andere als einfach. Für die Einstufung in die Risikogruppen 2 bis 4 muss man sich im Anhang III der Richtlinie 90/679EWG des Rates vom 26.11.1990 schlau machen. Da aber diese Richtlinie schon x-mal (durch andere Richtlinien) geändert wurde, erkundigt man sich am besten, welche Version die derzeit aktuelle ist.

Tipp:
Damit an dieser Stelle der richtliniengeschädigte Leser nicht die Lust verliert, kann man die oben schon erwähnten Merkblätter der BG Chemie B 004–9 zu Hilfe nehmen. In denen findet man ebenfalls die gewünschten Informationen, da dort die Einstufung der meistbekannten Organismen schon vorgenommen wurde.

Damit der Kampf durch den Paragraphendschungel nicht ausufert, nehmen wir an dieser Stelle die Abkürzung und geben den Inhalt der Biostoffverordnung in tabellarischer Übersicht wieder (Tab. 4-1).

Der Kernpunkt der Biostoffverordnung versteckt sich in den Paragraphen 6 und 7 und ist gerade im Laboralltag von großer Bedeutung. In diesen beiden Paragraphen geht es um gezielte und nicht gezielte Tätigkeiten. Was damit gemeint ist, lässt sich am besten an einem Beispiel erklären. Eine gezielte Tätigkeit in der Risikogruppe 2 ist z. B. dann gegeben, wenn ein Beschäftigter in einem mikrobiologischen Labor mit dem Enterobakterium *Escherichia coli* zu tun hat. Um eine nicht gezielte Tätigkeit handelt es sich, wenn der Beschäftigte einer Kläranlage möglicherweise mit *E. coli* zu tun hat, weil sich unter anderem dieses Bakterium im Klärschlamm befindet. In diesem Fall geht keine unmittelbare Gefahr von dem Bakterium aus, dennoch besteht eine potenzielle Gefährdung des Beschäftigten. Ein ganz wesentlicher Unterschied zwischen gezielten und nicht gezielten Tätigkeiten der Risikogruppe 2 besteht hinsichtlich der benötigten Genehmigungen.

Tab. 4-1: Inhalt der Biostoffverordnung.

§§/Anhänge	Inhalt
1	Anwendungsbereich und Zielsetzung
2	Begriffsbestimmungen
3	Risikogruppen für biologische Arbeitsstoffe
4	Einstufung biologischer Arbeitsstoffe in Risikogruppen
5	Informationen für die Gefährdungsbeurteilung
6	Gefährdungsbeurteilung bei gezielten Tätigkeiten
7	Gefährdungsbeurteilung bei nicht gezielten Tätigkeiten
8	Durchführung der Gefährdungsbeurteilung
9	Tätigkeiten mit biologischen Arbeitsstoffen der Risikogruppe 1
10	Schutzmaßnahmen
11	Hygienemaßnahmen, Schutzausrüstungen
12	Unterrichtung der Beschäftigten
13	Anzeige- und Aufzeichnungspflichten
14	Behördliche Ausnahmen
15	Arbeitsmedizinische Vorsorge
15a	Veranlassung und Angebot arbeitsmedizinischer Vorsorgeuntersuchungen
16	Unterrichtung der Behörde
17	Ausschuss für biologische Arbeitsstoffe
18	Ordnungswidrigkeiten und Straftaten
19	Übergangsvorschrift
Anhang I	Symbol für Biogefährdung
Anhang II	Sicherheitsmaßnahmen bei Tätigkeiten mit biologischen Arbeitsstoffen in Laboratorien und laborähnlichen Einrichtungen
Anhang III	Sicherheitsmaßnahmen bei gezielten und nicht gezielten Tätigkeiten, die nicht unter Anhang II fallen
Anhang IV	Verpflichtende arbeitsmedizinische Vorsorgeuntersuchungen nach § 15a Absatz 1

Beschäftigte, die gezielte Tätigkeiten mit humanpathogenen Stämmen von *E. coli* ausüben, brauchen dafür eine Genehmigung für Arbeiten mit pathogenen Mikroorganismen nach dem Infektionsschutzgesetz. Zusätzlich zu der Genehmigung muss die Arbeit gemäß der Biostoffverordnung bei der Arbeitsschutzbehörde angezeigt werden. Dagegen sind die Genehmigung und Anzeige für nicht gezielte Tätigkeiten mit Risikogruppe 2 Organismen in der Regel nicht notwendig. Für alle Tätigkeiten ab der Risikogruppe 3 sind grundsätzlich Genehmigung und Anzeige erforderlich.

Zu beachten ist außerdem, dass für biologische Arbeitsstoffe die in Betracht kommenden Schutzmaßnahmen zu ermitteln sind. Mindestanforderung ist die Festlegung der allgemeinen Hygienevorschriften der Schutzstufe 1 nach Anhang II und III, die in jedem Fall für die Risikogruppe 1 gilt. Wie sieht es bei den anderen Risikogruppen aus? Für die Risikogruppen 3 bis 4 gelten die Sicherheitsmassnahmen, die den jeweiligen Schutzgruppen zugeordnet sind. Diese sind im Anhang II detailliert in tabellarischer Form aufgeschlüsselt. Alles was nicht im Anhang II geregelt ist, wird inhaltlich im Anhang III behandelt.

4.1.2 Gefahrstoffverordnung (GefstoffV)

In einem Labor hat man nicht nur Umgang mit biologischen Agenzien, sondern ebenfalls mit Stoffen, die als Gefahrstoffe klassifiziert und gekennzeichnet wurden. Mit letzterem ist die Kenntlichmachung der Gefahrstoffe mit den Gefahrstoffsymbolen gemeint. So steht z. B. das Symbol X für reizende Stoffe, der Totenkopf für giftige Substanzen.

Was genau sind Gefahrstoffe? Laut Begriffsdefinition handelt es sich um folgende Gruppen:

1. gefährliche Stoffe und Zubereitungen nach § 3a des Chemikaliengesetztes sowie Stoffe und Zubereitungen, die sonstige chronisch schädigende Eigenschaften besitzen;
2. Stoffe, Zubereitungen und Erzeugnisse, die explosionsgefährlich sind;
3. Stoffe, Zubereitungen und Erzeugnisse, aus denen bei der Herstellung oder Verwendung Stoffe oder Zubereitungen nach Nummer 1 und 2 entstehen oder freigesetzt werden können;
4. sonstige gefährliche chemische Arbeitsstoffe im Sinne des Artikels 2b in Verbindung mit der Richtlinie 98/24EG des Rates der Europäischen Gemeinschaften vom 7. April 1998 zum Schutz von Gesundheit und Sicherheit der Arbeitnehmer vor der Gefährdung durch chemische Arbeitsstoffe bei der Arbeit.

Das klingt genau wie ein Gesetzestext immer klingt, nämlich ziemlich trocken und kompliziert. Dennoch kommt man nicht umhin, sich mit derart Reizhusten verursachender Lektüre näher zu befassen, denn die Gefahrstoffverordnung muss im Laboralltag berücksichtigt und umgesetzt werden.

Wozu dient dieses Machwerk? Diese Verordnung regelt „das Inverkehrbringen von Stoffen, Zubereitungen und Erzeugnissen, zum Schutz der Beschäftigten und anderer Personen vor Gefährdungen ihrer Gesundheit und Sicherheit durch Gefahrstoffe und zum Schutz der Umwelt vor stoffbedingten Schädigungen“. So jedenfalls ist es in § 1 der Gefahrstoffverordnung zu lesen.

Ein Überblick über den Inhalt der gesamten Verordnung ist in den Tabellen 4-2 und 4-3 wiedergegeben.

Die Gefahrstoffverordnung wurde erst kürzlich novelliert, da die alte Grundfassung inhaltlich und strukturell veraltet war. Außerdem berücksichtigt die Novelle, die seit dem 01.01.2005 wirksam ist, neue Rechtsgrundlagen. Einer der Hauptgründe für die Novellierung war die Kritik der EG-Kommission, dass in der vorherigen Fassung die EG-Richtlinie 98/24/EG nicht hinreichend umgesetzt worden war. Diese EG-Richtlinie befasst sich mit dem Schutz der Arbeitnehmer vor Gefährdungen durch chemische Arbeitsstoffe bei der Arbeit und ist in der neuen Fassung in vollem Umfang umgesetzt. Weiterhin wurde die EG-Richtlinie 90/394 EWG (Krebs-Richtlinie) auf erbgutverändernde Stoffe erweitert sowie die Richtlinie 83/477 EWG über den Schutz vor Asbest in deutsches Recht umgesetzt.

Ein weiteres Novum ist die Einführung von vier Schutzstufen. Die Schutzstufe

- beschreibt die Schutzmaßnahmen, die bei der Gefährdungsbeurteilung zu berücksichtigen sind;
- berücksichtigt das Gefahrenpotenzial des Gefahrstoffes für die Gesundheit;
- umfasst Ersatzlösungen, Technik, Organisation, Schutzausrüstung und Wirksamkeitsüberprüfung.

Die Schutzstufe ist jedoch kein Maß für die aktuelle Gefährdung durch Einatmen oder Hautkontakt!

Tab. 4-2: Inhalt der Gefahrstoffverordnung: Abschnitte.

Abschnitt	§/Inhalt
1. Anwendungsbereich und Begriffsbestimmungen	1. Anwendungsbereich 2. Bezugnahme auf EG-Richtlinien 3. Begriffsbestimmungen
2. Gefahrstoffinformation	4. Gefährlichkeitsmerkmale 5. Einstufung, Verpackung und Kennzeichnung 6. Sicherheitsdatenblatt
3. Allgemeine Schutzmaßnahmen	7. Informationsermittlung und Gefährdungsbeurteilung 8. Grundsätze für die Verhütung von Gefährdungen; Tätigkeiten mit geringer Gefährdung (Schutzstufe 1) 9. Grundmaßnahmen zum Schutz der Beschäftigten (Schutzstufe 2)
4. Ergänzende Schutzmaßnahmen	10. Ergänzende Schutzmaßnahmen bei Tätigkeiten mit hoher Gefährdung (Schutzstufe 3) 11. Ergänzende Schutzmaßnahmen bei Tätigkeiten mit rebserzeugenden, erbgutverändernden und fruchtbarkeitsgefährdenden Gefahrstoffen (Schutzstufe 3) 12. Ergänzende Schutzmaßnahmen gegen physikalisch chemische Einwirkungen, insbesondere gegen Brand- und Explosionsgefahren 13. Betriebsstörungen, Un- und Notfälle 14. Unterrichtung und Unterweisung der Beschäftigten 15. Arbeitsmedizinische Vorsorge 16. Veranlassung und Angebot arbeitsmedizinischer Vorsorgeuntersuchungen 17. Zusammenarbeit verschiedener Firmen
5. Verbote und Beschränkungen	18. Herstellungs- und Verwendungsverbote
6. Vollzugsregelungen und Schlussvorschriften	19. Unterrichtung der Behörde 20. Behördliche Ausnahmen, Anordnungen und Befugnisse 21. Ausschuss für Gefahrstoffe 22. Übergangsvorschriften
7. Ordnungswidrigkeiten und Straftaten	23. Chemikaliengesetz – Kennzeichnung und Verpackung 24. Chemikaliengesetz – Mitteilung 25. Chemikaliengesetz – Tätigkeiten 26. Chemikaliengesetz – Herstellungs- und Verwendungsverbote

In der novellierten Fassung der Gefahrstoffverordnung spielen nun auch gefährliche Stoffeigenschaften eine Rolle, z. B. heißer Dampf oder tiefgekühlte Flüssigkeiten. Bei letzterem lässt sich ein konkreter Bezug zur praktischen Tätigkeit im Zellkulturlabor herstellen, denn die Kryokonservierung und Langzeitlagerung von Zellen wird meist mit Flüssigstickstoff durchgeführt. Der Umgang mit Flüssigstickstoff ist gefährlich, da bei Kontakt mit der Haut durch die tiefe Temperatur von –196 °C Verletzungen auftreten, die mit Verbrennungen vergleichbar sind.

Ein Hauptanliegen der Gefahrstoffverordnung ist die Erstellung einer Gefährdungsbeurteilung nach § 7 Absatz 1, und zwar vor Aufnahme der Tätigkeiten. Diese wichtige Notwendigkeit sollte eigentlich eine Selbstverständlichkeit sein, wird jedoch in der Praxis kaum durchgeführt.

An dieser Stelle kommt man beim Thema Regelwerke an einen heiklen Punkt. Die praktische Umsetzung von Verordnungen ist in der Tat nicht leicht und oftmals sind Theorie und Praxis

Tab. 4-3: Inhalt der Gefahrstoffverordnung: Anhänge.

Anhang	Nr./Inhalt
I. In Bezug genommene Richtlinien der Europäischen Gemeinschaften	
II. Besondere Vorschriften, Information, Kennzeichnung und Verpackung	1. Grundpflichten 2. Zusätzliche Kennzeichnungs- und Verpackungspflichten
III. Besondere Vorschriften für bestimmte Gefahrstoffe und Tätigkeiten	1 Brand- und Explosionsgefahren 2. Partikelförmige Gefahrstoffe 3. Tätigkeiten in Räumen und Behältern 4. Schädlingsbekämpfung 5. Begasungen 6. Ammoniumnitrat
IV. Herstellungs- und Verwendungsverbote	1. Asbest 2. 2-Naphtylamin, 4-Aminobiphenyl, Benzidin, 4-Nitrobiphenyl 3. Arsen und seine Verbindungen 4. Benzol 5. Hexachlorcyclohexan 6. Bleikarbonate, Bleisulfate 7. Quecksilber und seine Verbindungen 8. Zinnorganische Verbindungen 9. Di-µ-oxo-di-n-butylstanniohydroxyboran 10. Dekorationsgegenstände, die flüssige gefährliche Stoffe oder Zubereitungen enthalten 11. Aliphatische Chlorkohlenwasserstoffe 12. Pentachlorphenol und seine Verbindungen 13. Teeröle 14. Polychlorierte Biphenyle, Terphenyle, Monomethyltetrachlordiphenylmethan, Monomethyldichlordiphenylmethan, Monomehtyldibromdiphenylmethan 15. Vinylchlorid 16. Starke Säure-Verfahren zur Herstellung von Isopropanol 17. Cadmium und seine Verbindungen 18. Kurzkettige Chlorparaffine 19. Kühlschmierstoffe 20. DDT 21. Hexachlorethan 22. Biopersistente Fasern 23. Besonders gefährliche krebserzeugende Stoffe 24. Flammschutzmittel 25. Azofarbstoffe 26. Alkylphenole 27. Chromathaltiger Zement
V. Arbeitsmedizinische Vorsorgeuntersuchungen	1. Liste der Gefahrstoffe 2. Listen der Tätigkeiten 2.1 Tätigkeiten, bei denen Vorsorgeuntersuchungen zu veranlassen sind 2.2 Tätigkeiten, bei denen Vorsorgeuntersuchungen anzubieten sind

kaum unter einen Hut zu bringen. Aus diesem Grund hat der Ausschuss für Gefahrstoffe (AGS) Technische Regeln für Gefahrstoffe (TRGS) aufgestellt. Die sollen dabei helfen, die praktische Umsetzung der Gefahrstoffverordnung im Alltag zu erleichtern. Die wichtigste Technische Regel der Gefahrstoffverordnung ist die **TRGS 526 für Laboratorien**. In diesem Regelwerk wird alles behandelt, was für die praktische Arbeit im Labor wichtig ist. Von A für Augendusche bis Z für Zentrifuge gibt es nichts, was nicht thematisiert wird. Allerdings werden, nachdem die Gefahrstoffverordnung runderneuert wurde, derzeit auch die Technischen Regeln für Gefahrstoffe novelliert. Das bedeutet, dass man momentan keine aktuelle Auskunft über die neuen Inhalte der TRGS bekommen kann, solange dieser Prozess nicht abgeschlossen ist.

4.1.3 Gentechnikgesetz (GenTG)

Das Gentechnikgesetz gewinnt nicht nur für Labors ganz allgemein, sondern auch für Zellkulturlabors zunehmend an Bedeutung. Das hängt damit zusammen, dass die Verbreitung von Techniken, die das Einschleusen fremden genetischen Materials in den Wirtsorganismus beinhalten, stetig zunimmt. Insbesondere Nukleinsäure-Rekombinationstechniken, die das Einbringen von außerhalb des Organismus erzeugter Fremd-DNA in Viren, Viroide, bakterielle Plasmide und andere Vektorsysteme bewerkstelligen, führen zu Neukombinationen genetischen Materials im Empfängerorganismus. Diese Neukombinationen kommen unter natürlichen Bedingungen nicht vor – sie sind artifiziell. Ein derart behandelter Organismus ist gentechnisch verändert worden. Die genaue Definition für einen gentechnisch veränderten Organismus (GVO) lautet gemäß § 3 Absatz 3: „Ein gentechnisch veränderter Organismus ist ein Organismus, dessen genetisches Material in einer Weise verändert worden ist, wie sie unter natürlichen Bedingungen durch Kreuzen oder natürliche Rekombination nicht vorkommt". Der Umgang mit solchen Organismen wird im Gentechnikgesetz geregelt. Es gilt aber nicht nur für gentechnische Arbeiten, sondern auch für gentechnische Anlagen. Außerdem regelt es die Freisetzung gentechnisch veränderter Organismen und das Inverkehrbringen von Produkten, die GVO enthalten oder aus solchen bestehen. Das Gentechnikgesetz besteht aus insgesamt sieben Teilen und hat überraschenderweise keine Anhänge. Tabelle 4-4 bietet eine Inhaltsübersicht über das Gentechnikgesetz.

Für die Laborpraxis ist z. B. § 7 wichtig. Dort geht es um Sicherheitsstufen und Sicherheitsmaßnahmen. Analog wie in der Biostoffverordnung, werden gentechnische Arbeiten in vier Sicherheitsstufen eingeteilt:

- **Sicherheitsstufe 1**: gentechnische Arbeiten, bei denen nach dem Stand der Wissenschaft nicht von einem Risiko für die menschliche Gesundheit und die Umwelt auszugehen ist;
- **Sicherheitsstufe 2**: gentechnische Arbeiten, bei denen nach dem Stand der Wissenschaft von einem geringen Risiko für die menschliche Gesundheit oder der Umwelt auszugehen ist;
- **Sicherheitsstufe 3**: gentechnische Arbeiten, bei denen nach dem Stand der Wissenschaft von einem mäßigen Risiko für die menschliche Gesundheit oder der Umwelt auszugehen ist;
- **Sicherheitsstufe 4**: gentechnische Arbeiten, bei denen nach dem Stand der Wissenschaft von einem hohen Risiko oder dem begründeten Verdacht eines solchen Risikos für die menschliche Gesundheit oder der Umwelt auszugehen ist.

Wenn man das liest, keimt die Frage auf, wer darüber entscheidet, welche gentechnischen Arbeiten welchen Sicherheitsstufen zugeordnet werden. Die Antwort darauf lautet: „Die Bundesregierung ist ermächtigt, nach Anhörung der Zentralen Kommission für Biologische Sicherheit (ZKBS) durch Rechtsverordnung und mit Zustimmung des Bundesrates die Zuordnung bestimmter Arten gentechnischer Arbeiten zu den Sicherheitsstufen zu regeln." Die ZKBS berät

Tab. 4-4: Gentechnikgesetz: Inhaltsübersicht.

Teil	§//Inhalt
I. Allgemeine Vorschriften	1. Zweck des Gesetztes 2. Anwendungsbereich 3. Begriffsbestimmungen 4. Kommission 5. Aufgaben der Kommission 6. Allgemeine Sorgfalts- und Aufzeichnungspflichten, Gefahrenvorsorge
II. Gentechnische Arbeiten in gentechnischen Anlagen	7. Sicherheitsstufen, Sicherheitsmaßnahmen 8. Genehmigung und Anmeldung von gentechnischen Anlagen und erstmaligen gentechnischen Anlagen 9. Weitere gentechnische Anlagen 10. Genehmigungsverfahren 11. Genehmigungsvoraussetzungen 12. Anmeldeverfahren 13. weggefallen
III. Freisetzung und Inverkehrbringen	14. Freisetzung und Inverkehrbringen 15. Antragsunterlagen bei Freisetzung und Inverkehrbringen 16. Genehmigung bei Freisetzung und Inverkehrbringen
IV. Gemeinsame Vorschriften	17. Verwendung von Unterlagen 17a. Vertraulichkeit von Angaben 18. Anhörungsverfahren 19. Nebenbestimmungen, nachträgliche Auflagen 20. Einstweilige Einstellung 21. Mitteilungspflichten 22. Andere behördliche Entscheidungen 23. Ausschluss von privatrechtlichen Abwehansprüchen 24. Kosten 25. Überwachung, Auskunfts- Duldungspflichten 26. Behördliche Anordnungen 27. Erlöschen der Genehmigung, Unwirksamwerden der Anmeldung 28. Unterrichtungspflicht 28a. Methodensammlung 29. Auswertung und Bereitstellung von Daten 30. Erlass von Rechtsverordnungen und Verwaltungsvorschriften 31. Zuständige Behörden
V. Haftungsvorschriften	32. Haftung 33. Haftungshöchstbetrag 34. Ursachenvermutung 35. Auskunftsansprüche des Geschädigten 36. Deckungsvorsorge 37. Haftung nach anderen Rechtsvorschriften
VI. Straf- und Bußgeldvorschriften	38. Bußgeldvorschriften 39. Strafvorschriften
VII. Übergangs- und Schlussvorschriften	40. weggefallen 41. Übergangsregelung 41a. weggefallen 42. Anwendbarkeit der Vorschriften für die anderen Vertragsstaaten des Abkommens über den Europäischen Wirtschaftsraum

den Bund und die Länder sowie mit gentechnischen Arbeiten befasste Institutionen in Fragen der Sicherheit in der Gentechnik und spricht Empfehlungen aus. Neu anerkannte biologische Sicherheitsmaßnahmen werden regelmäßig im Bundesgesundheitsblatt bekannt gemacht.

Die Zuordnung der Sicherheitseinstufung erfolgt dabei anhand des Risikopotenzials der gentechnischen Arbeit, welches durch die Eigenschaften der Empfänger- und Spenderorganismen, der Vektoren sowie des GVO bestimmt werden. Weiterhin heißt es in § 7 Absatz 1a: „Bestehen Zweifel darüber, welche Sicherheitsstufe für die vorgeschlagene gentechnische Arbeit angemessen ist, so ist die gentechnische Arbeit der höheren Sicherheitsstufe zuzuordnen". Im Zweifel geht man also immer auf Nummer sicher.

Weitere für die Praxis wichtige Aspekte sind die Bestellung eines Projektleiters, der die Planung, Leitung oder Beaufsichtigung einer gentechnischen Arbeit oder Freisetzung durchführt, sowie die Bestellung eines Beauftragten für die Biologische Sicherheit. Der überprüft, ob der Projektleiter seine Aufgaben erfüllt und berät den Betreiber der gentechnischen Anlage. Richtig interessant wird die Sache beim Blick auf die Strafvorschriften. Wer ohne Genehmigung eine gentechnische Anlage betreibt, bekommt eine saftige Geldstrafe oder muss für drei Jahre hinter schwedische Gardinen. Mit einer Freiheitsstrafe von fünf Jahren muss rechnen, wer durch bestimmte Handlungen Leib und Leben eines anderen, fremde Wertsachen oder Bestandteile des Naturhaushalts von erheblicher ökologischer Bedeutung gefährdet. Diese Vorschriften lassen erkennen, dass der Umgang mit gentechnisch veränderten Organismen keine Sache ist, die man auf die leichte Schulter nehmen darf. Ergänzt wird das Gentechnikgesetz durch die Gentechniksicherheitsverordnung, in der die Grundlagen und die Durchführung der Sicherheitseinstufung (Abschnitt 2) und die Sicherheitsmaßnahmen (Abschnitt 3) eingehend behandelt werden. In dieser Verordnung ist außerdem festgelegt, wie was entsorgt werden muss.

4.2 Richtlinien und Grundsätze

4.2.1 Gute Laborpraxis

Im Prinzip handelt es dabei um ein Regelwerk, dass die Qualität wissenschaftlicher Arbeiten durch die Einhaltung verschiedener Regeln gewährleisten soll. Im Allgemeinen sind solche Regeln in der Praxis nicht besonders beliebt und so mancher Anwender steht auf dem Standpunkt, dass sie nur dazu da sind, um gebrochen zu werden. Man kann darüber denken, wie man will, die Zeiten des Laisser-faire in Sachen wissenschaftlicher Praxis sind wohl definitiv vorbei. Man hat längst erkannt, dass mit dem bisher praktizierten Wildwuchs a lá „Ich mach' das, wie ich es für richtig halte" heutzutage kein Blumentopf mehr zu gewinnen ist. Wenn wissenschaftliche Ergebnisse jeglicher Art miteinander vergleichbar sein sollen, geht das nur, wenn in jedem Labor bestimmte Regeln und Standards eingeführt sind und befolgt werden. Solche Qualitätssicherungsmaßnahmen gewinnen immer mehr an Bedeutung und werden auch zunehmend gefordert und überprüft. Man sollte sich also nicht wundern, wenn man eine Publikation in einer renommierten wissenschaftlichen Zeitschrift eingereicht hat und ein Gutachter Fragen zur Zellkulturpraxis hat.

Befolgt man die Regeln der guten Laborpraxis, ist man auf der sicheren Seite. Doch vorn vorne. Woher stammt der Begriff „Gute Laborpraxis" überhaupt? Der Anstoß für die Entwicklung von Richtlinien für eine *good laboratory practice* stammt aus den USA und orientiert sich in erster Linie am Bedarf der industriellen Forschung. Ende der 1960er- und Anfang der 1970er-Jahre hatte man beträchtliche Unregelmäßigkeiten in einigen großen Pharmakonzernen festgestellt, die mit der Durchführung toxikologischer Studien und deren Ergebnisberichten im

Zusammenhang standen. Die Fehler in den Berichten schlugen hohe Wellen und führten zu den sogenannten „Kennedy-Hearings“ im Jahr 1975, in denen die schlechte Qualität dieser Studien offengelegt wurde.

Als Konsequenz aus diesem Desaster wurden Regeln aufgestellt, um einen Qualitätsstandard für Laborstudien zu etablieren. Daraus sind schließlich legale Regelwerke hervorgegangen, die GLP-Grundsätze beinhalten und seit 1979 in den USA gelten. Diese Grundsätze sind als „Gute Laborpraxis“ auch bei uns bekannt.

Was sind die Prinzipien der guten Laborpraxis? Es geht um die allgemeinen Rahmenbedingungen, unter denen chemische oder andere Studien geplant, durchgeführt, fortlaufend betreut und anschließend im Bericht dokumentiert werden. Eine der wichtigsten Anforderungen der GLP ist die lückenlose und nachvollziehbare Dokumentation der Studien. Nur wenn diese Anforderungen erfüllt sind, wurden die GLP-Grundsätze auch umgesetzt. Dabei ist zu beachten, dass alles, was nicht dokumentiert ist, formal gesehen auch nicht durchgeführt wurde (*not written, not done*). Eine Hilfe bei der Dokumentation ist die sogenannte 5W-Regel: Wer hat was, wann, womit und warum gemacht? Die GLP-Prinzipien beinhalten wichtige Bereiche für die Durchführung von Studien. Darunter fallen unter anderem:

- Einrichtungen, Materialien und Reagenzien;
- Standardbedingungen;
- Dokumentationssystem.

Auf internationaler Ebene beruhen die GLP-Standards auf den OECD-Grundsätzen. Die deutsche Rechtsgrundlage für GLP ist im Chemikaliengesetz in den Paragraphen 19a–d verankert. Die GLP-Regeln selbst sind im Anhang I des Chemikaliengesetztes zu finden. Hier in Kurzform einige ausgewählte Regeln, die von allgemeiner Bedeutung für jedes Labor sind:

- Während des Versuches besteht Kittelpflicht.
- Der Arbeitsplatz soll aufgeräumt sein, keine Schreibutensilien und Kleidung sollen dort abgelegt werden.
- Eine Sicherheitsbelehrung der Mitarbeiter wird regelmäßig durchgeführt, den Anweisungen ist Folge zu leisten.
- Jedes Experiment wird vor der Durchführung mit einem Betreuer abgesprochen.
- Eine Abweichung von Arbeitsvorschriften wird nur erlaubt, wenn die Änderungen zuvor mit einem Betreuer besprochen wurden.
- Vor jedem Experiment erfolgt
  - eine theoretische Auseinandersetzung mit dem Stoff,
  - das Lesen der Versuchsvorschrift,
  - der Entwurf eines Versuchsplans,
  - die Erstellung von Messwerttabellen, wenn benötigt,
  - die Absprache der Versuchsorganisation mit dem Betreuer.
- Der Arbeitsplatz wird vor und nach der Arbeit aufgeräumt, gereinigt und eventuell mit einem Desinfektionsmittel behandelt.
- Aerosolbildung soll vermieden werden.
- Nicht mit dem Mund pipettieren, nicht im Labor essen, rauchen, sich schminken.
- Unerwartete Versuchsergebnisse werden sofort einem Betreuer bzw. Sicherheitsbeauftragten gemeldet.

Was sind die Ziele von GLP? Bei der Neuzulassung von Stoffen sollen sicherheitsrelevante Daten in Übereinstimmung mit den GLP-Grundsätzen erhoben werden, wodurch die internationale Vergleichbarkeit von Ergebnissen sichergestellt wird. Die gegenseitige Anerkennung von Daten ist im Rahmen der OECD durch internationale Abkommen geregelt. GLP dient zudem

dem Tierschutz da unnötige Doppeluntersuchungen an Tieren vermieden werden sollen. Von großer Bedeutung ist die vollständige und nachvollziehbare Dokumentation von Prüfungen bzw. Studien, damit Vertrauen in die Sicherheit bzw. Unbedenklichkeit neuer Stoffe geschaffen wird.

Ziel der GLP-Regeln ist dagegen nicht, die erhobenen Daten zu bewerten. Die Aufgabe der GLP-Überwachung konzentriert sich vielmehr darauf, sicherzustellen, dass GLP-pflichtige Prüfungen in Übereinstimmung mit den GLP-Grundsätzen geplant, durchgeführt und dokumentiert werden. In Deutschland wird diese Funktion von den zuständigen Behörden der Bundesländer durch Inspektionen der angemeldeten Prüfeinrichtungen wahrgenommen.

Standardarbeitsanweisungen

Standardarbeitsanweisungen (engl. = *standard operating procedure*, SOP) sind integraler Bestandteil von Richtlinien und Grundsätzen wie der Guten Laborpraxis und der Guten Zellkulturpraxis. Was ist darunter zu verstehen? Es handelt sich um die schriftliche Niederlegung von Arbeitsanweisungen, die dazu dient, „die Qualität und Zuverlässigkeit der im Verlauf der Prüfung in der Prüfungseinrichtung gewonnenen Daten zu gewährleisten." So steht es in den GLP-Grundsätzen. Diese standardisierten Arbeitsanweisungen müssen regelmäßig aktualisiert werden, wobei die aktuelle Version jeder Arbeitseinheit und jedem einzelnen Arbeitsbereich unmittelbar zur Verfügung stehen muss. Treten aufgrund von Prüfungen Abweichungen von den Standardarbeitsanweisungen auf, so muss dies dokumentiert und vom Prüfleiter bzw. vom örtlichen Versuchsleiter bestätigt werden. Die SOPs müssen für folgende Bereiche vorhanden sein:

- Prüf- und Referenzgegenstände;
- Geräte, Materialien und Reagenzien, einschließlich computergestützter Systeme;
- Datenerhebung und Dokumentationssystem sowie Datensicherung (*back-up*);
- Prüfsysteme, wenn sie für die Prüfung relevant sind;
- Qualitätssicherungsverfahren.

Die Erarbeitung von Standardarbeitsanweisungen dient dazu, die Ergebnisse von Zellkulturversuchen unabhängig vom durchführenden Labor miteinander vergleichbar zu machen. Solche Arbeitsanweisungen werden z. B. in Ringversuchen erarbeitet, in denen eine bestimmte Methode von verschiedenen Labors unter Verwendung des zu testenden Protokolls durchgeführt wird. Das Ziel eines derart konzipierten Ringversuchs ist daher die Validierung von Methodenprotokollen. Alle teilnehmenden Labors müssen mit dem jeweiligen Protokoll die gleichen Proben bearbeiten und damit möglichst gleiche bzw. vergleichbare Ergebnisse erzielen. Nur wenn ein Methodenprotokoll in allen Labors zu einem ähnlichen Ergebnis geführt hat, wird aus dem Methodenprotokoll eine Standardarbeitsanweisung. Die Erarbeitung von Standardarbeitsanweisungen ist ein zäher und aufwändiger Prozess, der viel Zeit raubt. Hat man diese Hürde genommen, kann man mit Fug und Recht behaupten, dass man für die Qualität der Arbeit im Zellkulturlabor einiges getan hat. Noch wichtiger als das Erarbeiten dieser Anweisungen ist jedoch, dafür zu sorgen, dass sie auch befolgt werden.

Standardbedingungen

Standardbedingungen sind keine universellen standardisierten Bedingungen für alle Zellen bzw. Zellkulturen, die es gibt, sondern eine individuelle Angelegenheit für jede Zelllinie. Was an diesen Kulturbedingungen standardisiert ist, sind z. B. folgende Parameter:

- Medium, das für das Wachstum der jeweiligen Zelllinie optimiert ist;
- Serum, das die Zellen in ihrem Wachstum optimal unterstützt;
- Puffersystem, das an die Proliferationsgeschwindigkeit der Zelllinie angepasst ist;

- CO_2-Konzentration gemäß der Empfehlung der Ressource, von der die Zelllinie bezogen wurde;
- Luftfeuchte;
- Temperatur.

Diese Parameter können natürlich je nach Zelllinie und Art der Zellkultur stark variieren. Es kommt einzig darauf an, dass die Rahmenbedingungen, die als optimal für die entsprechende Zelllinie definiert wurden, während der Dauer der Kultur immer konstant gehalten werden. Dass heißt, die Zellen bekommen immer das gleiche Wachstumsmedium, das gleiche Puffersystem und die gleichen Supplemente in jeweils konstanten Konzentrationen und werden stets bei gleicher Temperatur, CO_2-Konzentration und Luftfeuchte kultiviert. Nur wenn diese Parameter für die Dauer der Kultur konstant sind, kann man von standardisierten Kulturbedingungen sprechen. Das hört sich leicht an, ist es aber nicht. Allein wie häufig ein Brutschrank geöffnet wird und die Temperatur sowie den CO_2-Wert zum Schwanken bringt, lässt erkennen, dass die Umsetzung von standardisierten Kulturbedingungen in der Praxis nicht so einfach ist, wie gedacht. Nun muss man aber auch nicht päpstlicher sein als der Papst. Schließlich kann man nicht für jede einzelne Zelllinie einen Brutschrank reservieren, um diese Schwankungen zu vermeiden.

An dieser Stelle wird jeder einsehen, dass der Standardisierung an bestimmten Stellen Grenzen gesetzt sind. Das gilt allerdings nicht für die Arbeitsprotokolle, die gern einmal vom einen oder anderen Zellkulturexperimentator individuell interpretiert werden. Das wird dann als „zellkulturtechnische Freiheit“ deklariert. Solche persönlichen Modifikationen sind eine Todsünde, denn sie laufen den standardisierten Kulturbedingungen zuwider. Meist werden solche Veränderungen im Arbeitsablauf auch nicht protokolliert, so dass für niemanden mehr nachvollziehbar ist, welche jeweiligen Kulturbedingungen denn nun geherrscht haben.

Standardisierung geht aber noch weiter. Sie umfasst auch die Einhaltung von Sicherheitsvorschriften, Regeln und Grundsätzen, die mit der Arbeit im Zellkulturlabor zusammenhängen. Dazu gehört nicht nur die Kontrolle der Wachstumsbedingungen. Auch die regelmäßige Überprüfung der Brutschrankparameter durch geeignete Kontrollmessungen ist ebenso erforderlich wie die Kontrolle von sterilen Lösungen und Materialien, die in der Zellkultur eingesetzt werden. Das Gleiche trifft auf die Reinigung der benutzten Geräte zu. Was außerdem gern unterschätzt wird, ist, dass die Überprüfung der Herkunft der verwendeten Zelllinien auch eine Qualitätssicherungsmaßnahme in einem Zellkulturlabor ist. Dem wird jedoch in den normalen Zellkulturlabors, wie es sie an Universitäten und anderen Forschungseinrichtungen zuhauf gibt, kaum Beachtung geschenkt. Tatsächlich kann man ohne diese Kontrolle nicht sicher sein, dass man wirklich mit „einwandfreien“ Zellen arbeitet.

4.2.2 Gute Zellkulturpraxis

Auch in der akademischen Forschung hat sich das Bewusstsein verändert und zu einer allgemeinen Sensibilisierung für eine notwendige Standardisierung in der Zellkultur geführt. Aus dem Grund hat man die GLP-Grundsätze auf das Arbeiten mit Zellkulturen übertragen, wo es notwendig war angepasst und Regeln für eine „Gute Zellkulturpraxis“ (engl. = *good cell culture practice*, GCCP) vorgeschlagen. Diese Entwicklung ist sehr zu begrüßen, denn nur mit solchen Maßnahmen kann es gelingen, einen internationalen Standard für die Arbeit mit Zellkulturen zu entwickeln. Die Aufrechterhaltung dieser Standards ist die Basis für jede Art von wissenschaftlicher Praxis und essenziell, um die Reproduzierbarkeit, Glaubwürdigkeit und Akzeptanz aller beliebigen Resultate, die auf der Arbeit mit Zellkulturen beruhen, zu verbessern. Die Entwicklung von GCCP-Standards ist eine Aufgabe für Zellkulturexperten, daher haben sie sich auf Kongressen wie dem „Weltkongress für Ersatzmethoden" dieser Herausforderung gestellt und folgende Prinzipien für die GCCP-Richtlinien aufgestellt:

- Etablierung und Erhalt eines ausreichenden Verständnisses des *in-vitro*-Systems und der relevanten Faktoren, die das System beeinflussen können;
- Qualitätssicherung aller verwendeten Materialien und Methoden sowie deren Gebrauch und Anwendung, um die Integrität, Gültigkeit und Reproduzierbarkeit aller durchgeführten Arbeiten zu sichern;
- Dokumentation aller notwendigen Informationen, um das verwendete Material und die Methoden nachvollziehen zu können, die eine Wiederholung dieser Arbeiten erlaubt und es ermöglicht, die Arbeit zu verstehen und auszuwerten;
- Etablierung und Erhalt von geeigneten Messungen, um das Individuum und die Umwelt vor potenziellen Gefahren zu schützen;
- Übereinstimmung mit relevanten Gesetzen und Regelwerken sowie mit den ethischen Prinzipien;
- Vorkehrungen für eine geeignete und umfassende Ausbildung und das Training des gesamten Personals, um den hohen Standard der Arbeitsqualität und der Sicherheit zu fördern.

Auf einem solchen Kongress wurde im Rahmen eines Workshops eine „Task Force" (eine Art Einsatzgruppe) gebildet, die allgemein gültige Richtlinien erarbeiten soll, regelmäßig über den Stand der Dinge berichtet und den Dialog mit Fachkreisen und Gesellschaften führt. Eine der wichtigsten Aufgaben dieser Task Force ist, die Fachzeitschriften dazu zu bewegen, die GCCP-Richtlinien als Anforderung für die Publikation von Zellkulturexperimenten zu übernehmen.

Wie könnten solche Richtlinien aussehen? Hierzu ein paar Vorschläge, die über den allgemeinen Rahmen hinausgehen und zum Teil speziell für die Arbeiten mit Zellkulturen adaptiert sind:

- Es sollten stets Schutzhandschuhe, die dicht mit dem Laborkittel abschließen, getragen werden (eventuell mit Klebeband oder Klettverschluss fixieren).
- Ein eigener Laborkittel speziell für die Arbeiten im Zellkulturlabor soll verwendet werden.
- Nur jeweils eine Zelllinie wird zur gleichen Zeit bearbeitet, um Kreuzkontaminationen zu vermeiden.
- Zellkulturen sollen nicht zu dicht wachsen; die Empfehlungen der Ressource zur Zelldichte bzw. zum Splitting-Verhältnis bei der Subkultur sollen befolgt werden.
- Die Dauerkultur von Zelllinien ohne Bevorratung im Flüssigstickstoff soll vermieden werden.
- Tests auf Kontaminationen, besonders mit Mycoplasmen, sollen regelmäßig durchgeführt werden; neue Zelllinien und Zellen unbekannter Herkunft (z. B. Weitergaben von Labor zu Labor) sollen, bis das Ergebnis des Tests feststeht, in einem speziellen dafür vorgesehenen Platz untergebracht werden (Quarantäne).
- Wiederholtes Erwärmen von Zellkulturlösungen wie z. B. Medien soll vermieden werden; Medien und andere Lösungen, die länger als sechs Wochen im Gebrauch sind, sollen besser verworfen werden. Im Zweifelsfall sollte man beim Hersteller nachfragen.
- Der dauerhafte Einsatz von Antibiotika und Antimykotika in der Zellkulturroutine soll nach Möglichkeit vermieden werden, um unsauberes Arbeiten nicht zu verschleiern.
- Benutzte Geräte wie Sicherheitswerkbank, Brutschrank, Wasserbad usw. sollen regelmäßig gereinigt und wenn nötig desinfiziert werden.

4.3 DIN-Normen

4.3.1 DIN EN 12469

Die DIN EN 12469 ist eine europäische Norm und beinhaltet die Leistungskriterien für mikrobiologische Sicherheitswerkbänke (MSW). „Sie legt die grundlegenden Anforderungen an MSW in Hinblick auf Sicherheit und Hygiene fest", so heißt es im Abschnitt über den Anwendungsbereich. In diesem Dokument findet man wirklich alles, was man über MSW wissen muss. Angefangen von Begriffsdefinitionen, Gefährdungen, Leistungsklassen, Einstufung und Verifizierung der Leistung sowie Sicherheitsanforderungen über Kennzeichnung und Verpackung bis schließlich zur Dokumentation. Die Anhänge A bis K sind teils informativ, teils normativ. Damit ist gemeint, dass einige Anhänge rein informativen Charakter haben und interessante Zusatzinformationen für den Experimentator darstellen. Die normativen Anhänge dagegen, sind für die Norm selbst von entscheidender Bedeutung. Einen Überblick über die Inhalte der Anhänge bietet Tabelle 4-5.

Allein die hohe Anzahl der Anhänge in dieser DIN-Norm macht deutlich, dass es rund um die mikrobiologischen Sicherheitswerkbänke eine Menge Empfehlungen und Prüfverfahren gibt. Letztere sind auch im Detail beschrieben, sodass sie von jedem Experimentator nachvollzogen werden können. Alles in Allem ist diese DIN-Norm die „Bibel" für mikrobiologische Sicherheitswerkbänke und jeder, der sich ein Zellkulturlabor einrichten möchte, tut gut daran, dieses Dokument sorgfältig zu lesen. Wo man es erhalten kann, findet der interessierte Experimentator in Kapitel 16.

Tab. 4-5: DIN EN 12469: Informative und normative Anhänge.

Anhang	Informativ	Normativ
A	Leitfaden zu Werkstoffen, Konstruktion und Herstellung	
B		Leckageprüfung des Werkbankgehäuses bei MSW Klasse I und Klasse II
C		Prüfverfahren zum Rückhaltevermögen an der Arbeitsöffnung
D	Aerosolbelastungsprüfung zum Nachweis von Leckagen bei HEPA-Filtersystemen in eingebautem Zustand	
E		Prüfverfahren zum Produktschutz bei MSW Klasse II
F		Prüfverfahren zum Verschleppungsschutz bei MSW Klasse II
G	Verfahren zur Messung des Luftstroms	
H	Konstruktion von MSW und Geschwindigkeiten der Luftströmung in MSW	
J	Empfehlungen für die Dekontamination, Reinigung und Begasung von MSW und Filtern	
K	Empfehlungen für die Routinewartung von MSW	

4.3.2 DIN 12980

Diese DIN-Norm ist das Analogon zur DIN-Norm 12469 und beschreibt die Anforderungen und Leistungskriterien für Cytostatikawerkbänke. „Dieses Dokument enthält sicherheitstechnische Festlegungen im Sinne des Geräte- und Produktsicherheitsgesetzes", heißt es dort im Vorwort. Es wird außerdem explizit auf die Gefahrstoffverordnung und die Technischen Regeln für Gefahrstoffe (TRGS) 525 und 560 hingewiesen.

Der Umgang mit Cytostatika stellt besondere Anforderungen an Arbeitsgerät und Personal. Das beruht darauf, dass man „unter Cytostatika allgemein antineoplastische[1] Arzneimittel versteht", die „krebserzeugende (kanzerogene), erbgutverändernde (mutagene) oder fortpflanzungsgefährdende (reproduktionstoxische) Eigenschaften haben" und damit Gefahrstoffe darstellen. Aus diesem Grund muss das Personal bei der Arbeit mit diesem Teufelszeug eine persönliche Schutzausrüstung tragen und jährlich in der Gefahrstoffverordnung unterwiesen werden. Werkbänke, die für die Herstellung von Cytostatika eingesetzt werden, müssen nach DIN 12980 typgeprüft sein, wobei dem Produkt- und Personenschutz aus den genannten Gründen besondere Bedeutung zukommt.

Die Aufgabe von Cytostatikawerkbänken ist nicht nur die Bildung einer sterilen Luftzone, sondern der Schutz des Personals und der Umwelt vor Cytostatika. Aus diesem Grund sind im Abschnitt über Bauform und Anschluss an Fortluftanlagen spezielle Vorschriften definiert. Auch für den Anschluss an Fortluftanlagen gibt es Vorschriften bzw. Empfehlungen. So etwa kann die Kopplung der Abluft von Cytostatikawerkbänken an eine Fortluftanlage als zusätzliche Sicherheitsmaßnahme sinnvoll sein, vorausgesetzt, die Schutzfunktion der Werkbank wird dadurch nicht beeinträchtigt. Alternativ können HEPA-Filter der Klasse H 14 oder höher in Reihe geschaltet werden.

Außerdem werden in der DIN 12980 bestimmte Anforderungen hinsichtlich der Aufstellungsbedingungen für Cytostatikawerkbänke genannt. Solche Werkbänke dürfen schließlich nicht beliebig, sondern nur in einem separaten Raum aufgestellt werden, der bestimmte Anforderungen erfüllen muss.

Die jährliche Prüfung der Funktionsfähigkeit der Cytostatikawerkbank muss durch einen Sachverständigen erfolgen. Was DIN EN 12469 für den Zellkultur-Normalo ist, ist DIN 12980 für die vermummten Cytostatikahersteller. Wenn man vorhat, mit diesem gefährlichen Zeug zu hantieren, sollte man unbedingt vorher einen Blick in diese DIN-Norm werfen und sich schlau machen. Schließlich gibt es hier noch eine Menge mehr zu beachten, als wenn man sich mit Banalitäten wie der Zellzüchtung zufrieden gibt.

---

1 Antineoplastisch bedeutet gegen eine Neubildung von Körpergewebe gerichtet. Mit dieser Neubildung ist ein Tumor gemeint, der durch Fehlregulation des Zellwachstums gutartig oder bösartig sein kann. Antineoplastische Arzneimittel werden in der Krebstherapie (Chemotherapie) eingesetzt und haben cytostatische (wachstumshemmende) Wirkungen auf die Krebszellen. Die Wirkung zeigt sich aber nicht allein bei den Krebszellen, sondern auch im Normalgewebe. Dadurch kommt es meist zu negativen Begleiterscheinungen, da die Giftwirkung auch die gesunden Zellen beeinträchtigt.

4.4 Spezielle Regelwerke für den Laborbetrieb

4.4.1 Verordnung zum Schutz der Mütter am Arbeitsplatz (Mutterschutzrichtlinienverordnung)

In dieser Verordnung steht die Beurteilung der Arbeitsbedingungen werdender oder stillender Mütter im Vordergrund. Unter bestimmten Bedingungen wird für diese Personengruppe ein Beschäftigungsverbot ausgesprochen. Dies ist dann der Fall, wenn die Gefährdungsbeurteilung des Arbeitsplatzes ergeben hat, dass „die Sicherheit oder Gesundheit von Mutter oder Kind durch die chemischen Gefahrstoffe, biologischen Arbeitsstoffe, physikalischen Schadfaktoren oder die Arbeitsbedingungen gefährdet wird.“ Wichtig in diesem Zusammenhang sind nicht nur die Verbote, sondern auch die Beschäftigungsbeschränkungen nach § 5. Demzufolge dürfen nicht beschäftigt werden:

- werdende oder stillende Mütter im Umgang mit sehr giftigen, giftigen, gesundheitsschädlichen oder in sonstiger Weise den Menschen chronisch schädigenden Gefahrstoffen, wenn der Grenzwert erreicht wird;
- werdende oder stillende Mütter im Umgang mit Stoffen, Zubereitungen oder Erzeugnissen, die in ihrer Art nach erfahrungsgemäß Krankheitserreger übertragen können, wenn sie den Krankheitserregern ausgesetzt sind;
- werdende oder stillende Mütter im Umgang mit krebserzeugenden, fruchtschädigenden oder erbgutverändernden Gefahrstoffen;
- werdende oder stillende Mütter im Umgang mit Gefahrstoffen nach Nummer 3 dieser Verordnung, wenn der Grenzwert überschritten wird;
- werdende oder stillende Mütter im Umgang mit Druckluft (Luft mit einem Überdruck von mehr als 0,1 bar).

Sind diese Einschränkungen für werdende oder stillende Mütter meist bekannt, so ist es die folgende in der Regel nicht. Kaum jemand weiß, dass es auch eine Arbeitsbeschränkung für gebährfähige Arbeitnehmerinnen ganz allgemein gibt. Dies ist beim Umgang mit Gefahrstoffen gegeben, die Blei oder Quecksilberalkyle enthalten, wenn der Grenzwert überschritten wird. Bei dieser Beschäftigungsbeschränkung wird kein Unterschied mehr zwischen schwangeren oder nicht schwangeren Frauen gemacht. Allein die Tatsache, dass die Arbeitnehmerinnen gebärfähig sind, ist für diese Arbeitsbeschränkung ausschlaggebend.

5 Zellkulturen, Zelllinien und deren Einsatzmöglichkeiten

Schlecht weht der Wind,
der keinen Vorteil bringt.
Aus: König Heinrich VI.

Die Arbeit mit Zellkulturen hat – ganz allgemein betrachtet – zahlreiche Vorteile:

- Viele Zellen sind jederzeit bei Zellkulturbanken käuflich zu erwerben, für ausreichend Nachschub ist so immer gesorgt (Schwierigkeiten kann es mit der kontinuierlichen Beschaffung von Geweben und damit Zellen aus Kliniken u. ä. geben).
- Permanente Zelllinien erlauben zeitlich ausgedehnte Versuchsreihen mit unverändertem Ausgangsmaterial.
- Mithilfe der Kryokonservierung können viele Gewebe, Zellen und Zelllinien langfristig gelagert werden.

Die Ressource-Zentren für Zellkulturen, sogenannte Zellkulturbanken wie die ATTC (American Type Culture Collection), die ECACC (European Collection of Cell Cultures) oder die DSMZ (Deutsche Sammlung von Mikroorganismen und Zellkulturen GmbH), sind für den Zellkulturexperimentator die Bezugsquelle schlechthin. Man kann sicher sein, dass man dort für nahezu jede Fragestellung eine geeignete Zelllinie oder einen Zellklon mit den gewünschten Eigenschaften bekommt. Besucht man im Internet die entsprechenden Datenbanken, stellt man fest, dass eine geradezu überwältigende Sammlung von Zelllinien, die aus den verschiedensten Spezies gewonnnen wurden, zur Verfügung steht. Diese können entweder käuflich erworben oder im Rahmen einer wissenschaftlichen Kooperation von einem Partnerlabor bezogen werden. Um nicht etwa ungebetene Gäste ins heimische Zellkulturlabor einzuschleppen, sollten die Zellen aus einer vertrauenswürdigen Quelle stammen und auf mögliche Kontaminationen untersucht werden, bevor man mit ihnen arbeitet.

Dem Zellkulturanfänger soll das folgende Kapitel helfen, etwas Ordnung in den großen Dschungel von Zellen und Zelllinien und ihrer Einsatzbereiche zu bringen.

5.1 Welche Arten von Zellkulturen gibt es?

Zellkulturen lassen sich anhand verschiedener Eigenschaften unterscheiden. So gibt es z. B. adhärente Zellkulturen und solche, die in Suspension wachsen. Das für den Zellkulturexperimentator wohl wichtigste Merkmal ist, ob eine Kultur dauerhaft genutzt werden kann oder nicht. Es gibt Zellen, die sich nur zeitlich begrenzt kultivieren lassen (finite Kulturen), und solche, die zeitlich unbegrenzt kultiviert werden können (permanente oder kontinuierliche Kulturen). Was die einen von den anderen unterscheidet, ist die Eigenschaft der „Unsterblichkeit“. Nur Zellen mit dieser Fähigkeit können dauerhaft genutzt werden. Humane finite Zellkulturen beruhen in der Regel auf Zellen, die aus Körperflüssigkeiten, wie z. B. Pleurasekret oder Fruchtwasser, isoliert wurden. Die andere Möglichkeit für die Herstellung finiter Kulturen ist die Isolierung von Zellen aus Geweben und Organen von Mensch, Tier und auch Pflanze.

Permanente Kulturen lassen sich unterscheiden in Tumorzellen, transformierte bzw. stabil transfizierte Zellen und schließlich durch Transfektion z. B. mit Telomerase immortalisierte Zellen. Alle permanenten Kulturen haben ein gemeinsames Merkmal – die Unsterblichkeit. Der überwiegende Teil der permanenten Zellkulturen beruht auf Tumorzellen, die nur noch sehr wenige ihrer typischen *in-vivo*-Eigenschaften behalten haben. So wachsen Tumorzellen z. B. auf Weichagar. Die meisten Tumorzelllinien haben zudem eine drastisch erhöhte Chromosomenzahl, was sogar schon im Lichtmikroskop deutlich sichtbar ist. Im Folgenden sollen die verschiedenen Arten von Zellkulturen kurz charakterisiert werden.

5.1.1 Die Primärkultur

Bei Primärkulturen handelt es sich immer um eine Zellkultur, deren Lebensdauer unter *in-vitro*-Bedingungen limitiert ist. Das Ausgangsmaterial für Primärkulturen sind Organe oder Gewebe verschiedener Spenderorganismen, aus denen die gewünschten Zellen durch Isolierung gewonnen werden. Primärkulturen können entweder vom Experimentator selbst hergestellt werden oder man bezieht sie von einer Zellkulturbank für Zellkulturen. Entscheidende Unterschiede zur Dauerkultur sind zum einen die begrenzte Lebensdauer (finite Kulturen) und zum anderen das Auftreten von typischen Veränderungen, die im Kulturverlauf primärer Zellen eintreten, z. B. die Verringerung der Zellteilungsrate und das Eintreten der Seneszenz. Diese Beobachtungen wurden bereits von Leonard Hayflick Anfang der 1960er-Jahre für die Kultur von primären Fibroblasten beschrieben

Viele Primärkulturen lassen sich methodisch meist leicht gewinnen. Vor den experimentellen Erfolg haben die Götter jedoch den Schweiß gesetzt, denn die Herstellung primärer Zellkulturen ist arbeits- und zeitaufwendig. Außerdem ist der Experimentator bei der Herstellung von Primärkulturen stärker gefährdet als bei der Handhabung von permanenten Kulturen, weil man nie wissen kann, ob und welche Erreger sich im Ausgangsmaterial befinden. Grundsätzlich muss man davon ausgehen, dass jegliches Primärmaterial potenziell infektiös ist. Daher ist beim Umgang mit Primärkulturen, besonders wenn es sich um humane Zellen handelt, besondere Vorsicht geboten.

Es gibt allerdings gute Gründe dafür, Primärkulturen für experimentelle Zwecke einzusetzen. Ein entscheidender Faktor ist stets die wissenschaftliche Fragestellung, um die es geht. Primärzellen sind die Zellkulturen, die am wenigsten verändert sind und deshalb den Bedingungen im Organismus am nächsten kommen. Für viele Fragestellungen hinsichtlich Zellstoffwechsel, Zellmetabolismus und Zellmorphologie sind sie deshalb unerlässlich. Auch kann eine Probanden- oder Patientenstudie natürlich nur an Gewebe, das von den zu untersuchenden Personen stammt, durchgeführt werden. Bei solchen Studien wird meist eine hohe Fallzahl angestrebt, damit die Ergebnisse der Studie statistisch auf sicheren Beinen stehen. Daher läuft eine Probanden- bzw. Patientenstudie auf der Basis von Primärkulturen meist auf eine Materialschlacht hinaus.

Ähnlich anspruchsvoll ist die Analyse generationsübergreifender Effekte. Für solche Studien werden mehrere Generationen von Versuchstieren und je nach Zielsetzung von jedem dieser Tiere auch unterschiedliche Gewebe analysiert. Auch wenn Differenzierungsprozesse im Zentrum des wissenschaftlichen Interesses stehen, werden in der Regel Primärkulturen eingesetzt. So können z. B. Differenzierungsvorgänge von Immunzellen (dendritische Zellen, Makrophagen usw.) nur an Primärkulturen untersucht werden.

Einer der Nachteile der Primärkultur ist, dass man sie nicht unbegrenzt kultivieren kann. Ist man lediglich an einer kurzen Kulturdauer interessiert und setzt das gesamte Material im Versuch ein, spielt dieser Punkt keine Rolle. Zeitlich ausgedehnte Studien können mit Primärkulturen allerdings nicht durchgeführt werden. Das beruht darauf, dass sich, wie schon in Kapitel 2 ausführlich beschrieben wurde, z. B. die Zellteilungsrate und auch das Differenzierungsmuster im Kulturverlauf und in Abhängigkeit vom Zelltyp stark ändern können. Weitere Nachteile sind je nach Herkunft der Primärzellen zum Teil erhebliche Unterschiede hinsichtlich Morphologie und Stoffwechsel, die die Vergleichbarkeit von Versuchsergebnissen erschweren können und – last but not least – gerade bei humanen Zellen die Abhängigkeit vom Operationsplan der Klinik (da beginnt so mancher Arbeitstag im Labor erst um 18 Uhr). Es gibt allerdings auch gute Argumente für den Einsatz von Primärkulturen:

- Sie behalten *in vitro* gewöhnlich die meisten Eigenschaften und Charakteristika bei, durch die sie *in vivo* gekennzeichnet sind (Grundlage für die Erforschung vieler zellulärer Prozesse, besonders bei humanen Zellen).
- Primäre Zellen unterscheiden sich in ihrem Genexpressionsprofil von transformierten Zellen und werden daher für Genanalysen auf der Expressionsebene bevorzugt herangezogen.
- Die Verwendung von Primärzellen in zellbasierten Screeeningverfahren erlaubt ein besseres Verständnis der zellulären Antwort im physiologischen Zusammenhang, z. B. beim Screening von Inhibitoren bestimmter Krankheiten.
- Gegenwärtig stellen sie die Brücke zwischen artifiziellen Systemen und dem *in-vivo*-Tierversuch dar.

Für die Primärkultur kann eine breite Palette an Geweben von Mensch und Tier, aber auch von Pflanzen verwendet werden. Einige Gewebe können vergleichsweise einfach mit Scheren oder Skalpellen zerkleinert, enzymatisch verdaut und ggf. durch ein feinmaschiges Zellsieb gerieben werden. Die dadurch gewonnene Einzelzellsuspension kann nach einigen Waschschritten gezählt, entsprechend verdünnt und dann in Kultur genommen werden. Es gibt spezielle Zellkulturgefäße, auch sterile und speziell beschichtete, die eine Anheftung der Zellen fördern. Die Wahl des Mediums richtet sich nach der Herkunft und den Bedürfnissen des Gewebes und ist dafür optimiert. Für die Kultivierung nicht adhärenter Zelltypen müssen deren Ansprüche berücksichtigt werden. Auch hierfür gibt es ebenfalls optimierte Medien und geeignete Zellkulturgefäße.

In Abhängigkeit vom Ausgangsgewebe erhält man nach der Isolierung meist eine heterogene Zellpopulation. Sinnvoll ist deshalb eine anschließende weitere Isolierung der gewünschten Zellen aus dem Zellgemisch, was leider nicht immer möglich ist. Ohne diesen Schritt dominieren nach einer Weile in der Regel Zellen des Bindegewebes, die Fibroblasten. Diese schnell wachsenden Zellen sind relativ anspruchslos und daher im Wachstumsvorteil gegenüber anderen Zelltypen. Daher können sie schnell die gesamte Primärkultur überwuchern. Bei der Isolierung von Epithelzellen hat man jedoch die Möglichkeit, durch die Wahl eines entsprechend modifizierten Mediums das Wachstum der rasch proliferierenden Fibroblasten zu unterdrücken. Verwendet man nämlich ein Medium, bei dem die Aminosäure L-Valin durch D-Valin ersetzt wurde, wird das Wachstum von Epithelzellen begünstigt. Dies versprechen jedenfalls die Anbieter solcher Medien. Die Erfahrung zeigt jedoch, dass unerwünschte Fibroblasten in der Zellkultur ein ernsthaftes Problem sind. Sie gelangen bei der Herstellung von Primärkulturen fast immer in die Kultur und dann wird man sie nicht wieder los. Viele Zellkulturexperimentatoren wissen aus Erfahrung, dass sich die „Fibros" auch von solchen Medien nicht beeindrucken lassen und munter weiterproliferieren.

Herstellung von adhärenten Primärkulturen

Für die Herstellung einer primären Zellkultur hat man mehrere Vorgehensmöglichkeiten. Die einfachste Art, eine Zellkultur anzulegen, ist wohl die, Zellen aus Flüssigkeiten durch Zentrifugation zu gewinnen, wie z. B. Mesothelzellen aus Pleurapunktaten oder kindliche Zellen aus Fruchtwasser. Eine Epithel- oder Bindegewebskultur wird meist aus einer Gewebeprobe (Biopsie) gewonnen. Dazu kann das Biopsiematerial entweder als Ganzes eingesetzt (selten), mit einem Skalpell zerkleinert oder enzymatisch z. B. mit einer Kollagenase- oder Dispaselösung verdaut werden. Nach der mechanischen Zerkleinerung bzw. der Enzymbehandlung befinden sich in der resultierenden Suspension einzelne Zellen, aber auch Zellklumpen und winzige Gewebestückchen. Die einfachste Variante ist, das Ganze mit Puffer oder Medium zu waschen und in die Kulturflasche zu überführen. Nach einigen Tagen wachsen aus den Gewebestückchen die ersten Zellen aus und bilden um das Explantat einen Hof. Man sollte die Kultur zunächst für etwa eine Woche ganz in Ruhe lassen und danach den ersten Mediumwechsel durchführen. Erst wenn der Hof eine Größe von etwa 2 cm rings um das Explantat erreicht hat, ist die Zeit reif für die erste Subkultur.

Die gängigste Vorgehensweise zur Isolierung von Zellen ist der enzymatische Verdau nach Perfusion (z. B. Endothelzellen aus der Nabelschnur) oder der Zerkleinerung einer Gewebeprobe. Dazu werden ein oder mehrere Enzyme zur Dissoziation des Gewebes eingesetzt. Nach dem Verdau wird die erhaltene Suspension zentrifugiert und gewaschen, um Enzymreste zu entfernen. Nach der Verdünnung auf die gewünschte Zellzahl erfolgt schließlich die Einsaat. Dieses Vorgehen ist für embryonale Gewebe, aber auch für adulte Organe und Tumoren üblich.

Herstellung von Suspensionskulturen

Eine primäre Suspensionskultur kann man mit vergleichsweise geringem Aufwand herstellen. So lässt sich z. B. eine primäre Lymphocytenkultur relativ leicht aus einer Blutprobe gewinnen, indem man das Blut durch eine Dichtegradientenzentrifugation in seine zellulären und nichtzellulären Fraktionen auftrennt. Als Trennmedium wird meist eine Sucroselösung mit einer hohen Dichte (z. B. etwa 1g/ml bei Ficoll 400) verwendet. Es sind aber auch Fertiglösungen speziell für die Lymphocytenseparation aus Vollblut auf dem Markt. Nach der Zentrifugation erhält man einen Gradienten, da die aufgetrennten zellulären und nichtzellulären Bestandteile am Ort ihrer spezifischen Dichte präzipitieren. Die Lymphocyten befinden sich in der schmalen Bande zwischen Plasmaschicht und Trennmedium. Sie werden vorsichtig abgesaugt, gewaschen und nach einer entsprechenden Verdünnung entweder in Kultur genommen oder direkt im Versuch eingesetzt.

Häufig sollen Lymphocyten für eine Chromosomenpräparation kultiviert werden. In diesem Fall sind Kulturzeiten bis maximal 72 Stunden üblich. Für diesen Zweck gibt es spezielle Fertigmedien, die alle notwendigen Zusätze enthalten. Lymphocyten aus dem Vollblut müssen erst zur Teilung angeregt werden, da sie sich als ausdifferenzierte ruhende Zellen nicht im Zellzyklus, sondern in der G_0-Phase befinden. Das erreicht man mit der Gabe von pflanzlichen Lektinen wie Phytohämagglutinin (PHA) für die Stimulierung von T-Zellen bzw. Concanavalin A (Con A) für B-Zellen. Erst dadurch gehen die Zellen in die Mitose, wo sie mittels des Spindelgifts Colchicin in der Metaphase arretiert werden. Während der Einwirkzeit des Colchicins werden mitotische Lymphocyten „gesammelt“. Nach mehreren Fixierungs- und Zentrifugationsschritten befinden sich diese dann schließlich im Zellpellet, das auf fettfreie Objektträger aufgetropft wird. Beim Auftropfen platzen die Kerne und geben die Metaphasechromosomen frei. Details zu dieser Methode sind in Kapitel 13 zu finden.

5.1.2 Die permanente Zellkultur

Bei permanenten Zellkulturen, auch Dauerkulturen genannt, handelt es sich immer um transformierte Zellen. Damit sind „unsterbliche“ Tumorzellen oder stabil transfizierte Zellen gemeint. Beide sind durch einen transformierten Phänotyp gekennzeichnet.

Der Genotyp ist die genetische Ausstattung eines Organismus bzw. einer Zelle. Der Begriff bezieht sich auf die vollständige Kombination aller Gene (Allele) auf allen Genorten (Loci) eines Organismus. Der Phänotyp hingegen beschreibt die sichtbaren Merkmale eines Organismus oder einer Zelle, durch die diese charakterisiert werden. Der Phänotyp wird vom Genotyp bestimmt, ist aber auch von Umwelteinflüssen abhängig. Ein einfaches Beispiel für die phänotypische Ausprägung auf der Ebene des Organismus ist die Blüten- oder die Augenfarbe, auf zellulärer Ebene sind es Merkmale wie z. B. Morphologie und Adhärenz.

Bei Tumorzellen ist die Entwicklung von normalen Zellen zu transformierten Zellen *in vivo* in den Prozess der Transformation eingebunden. Die meisten Tumorzellen, die heute in den Zellkulturlabors kultiviert werden, wurden direkt aus einem Tumor isoliert und als Zelllinie etabliert. Bei stabil transfizierten Zellen dagegen wurde der transformierte Phänotyp *in vitro* durch einen gentechnischen Eingriff erzeugt. Diese künstliche Manipulation ist ein experimenteller Weg, um unbegrenzt teilungsfähige Zellen zu erhalten. Die bekannteste Methode ist die *in-vitro*-Infektion mit Viren, wobei virale Onkogene, z. B. des Ebstein-Barr-Virus (EBV) oder des Simian-Virus-40 (SV-40, ursprünglich ein Virus, das in Rhesusaffen vorkommt), in Zellen eingeschleust werden (vgl. Abschnitt 2.5.3). In der Literatur sind noch weitere Mechanismen der Zelltransformation beschrieben worden. So kann man Zellen z. B. auch durch Kanzerogene wie etwa Ethylmethansulfonat (EMS), durch alkylierende Substanzen wie Nitrosoguanidin (NG) oder durch Strahlung transformieren. Der Begriff „transformierte Zelllinie" bezieht sich also immer auf Zellen, die entweder von Tumorzellen abstammen, oder auf stabil transfizierte Zellen. Mit stabil transfiziert ist in diesem Zusammenhang nicht die absolute Konstanz der Eigenschaften gemeint, sondern lediglich, dass sie für eine längere Zeit eingesetzt werden können, während das bei einer transienten (vorübergehenden) Transfektion nicht der Fall ist. Hier geht die durch die Transfektion in die Wirtszellen eingebrachte Fremd-DNA mit der Zeit wieder verloren. Nur stabil transfizierte Zellen verfügen über ein potenziell unbegrenztes Teilungsvermögen und sind „unsterblich" (immortal).

Seit etwa acht Jahren gibt es auch normale Zellen, die unbegrenzt teilungsfähig sind, weil man sie mit dem „Unsterblichkeitsenzym" Telomerase transfiziert hat (vgl. Abschnitt 5.1.3). Wie schon erwähnt, haben alle transformierten Zellen charakteristische Eigenschaften, die unter dem Begriff „transformierter Phänotyp" zusammengefasst werden. Was versteht man darunter? Ein transformierter Phänotyp kann so aussehen:

- Transformierte Zellen haben im Vergleich zu den normalen Zellen des jeweiligen Zelltyps oft eine veränderte Morphologie.
- Normalerweise adhärente Zellen können Adhärenz und Kontaktinhibition verlieren und die Fähigkeit erwerben, ohne Substratkontakt zu wachsen (besonders deutlich durch „bäumchenartiges" Wachstum ins Medium, bevor die Konfluenz erreicht wurde).
- Zellen werden von Wachstumsfaktoren unabhängiger, verringern also die Ansprüche an das Serum.
- In der Regel haben transformierte Zellen Chromosomenaberrationen, Aneuploidien oder beides.
- Sie umgehen die zelluläre Seneszenz und verfügen über unbegrenztes Zellteilungspotenzial.
- Es kann zum Verlust der Fähigkeit zur Apoptose kommen.
- Transformierte Zellen wachsen auf Weichagar.

Transformierte Zellen müssen nicht zwingend bösartig (maligne) transformiert sein. Sie können auch in dem Sinne verändert sein, dass aus einer Primärkultur eine permanent wachsende (immortalisierte) Zelllinie entsteht. Der Vorteil mit transformierten Zellen zu arbeiten liegt darin, dass sie wie Tumorzellen ständig verfügbar sind, weil sie unbegrenzt teilungsfähig sind. Ein entscheidender Nachteil ist jedoch, dass sie nur noch wenige ihrer ursprünglichen *in-vivo*-Charakteristika besitzen.

Ganz allgemein stehen permanente Zelllinien, egal ob z. B. durch spontane Immortaliserung (vgl. Abschnitt 2.5.3) zufällig entstanden, experimentell transformiert oder aus einem Tumor isoliert, für den Anwender praktisch jederzeit nahezu unverändert zur Verfügung und ermöglichen auch zeitlich ausgedehnte Studien. Auf dieser Ausgangsbasis können komplette experimentelle Serien durchgeführt und gegebenenfalls auch wiederholt werden, was unter dem Aspekt der Reproduzierbarkeit ein schlagkräftiges Argument für den Einsatz von permanenten Zellkulturen ist. Ältere Tumorzelllinien weisen meist eine einigermaßen homogene Zellpopulation auf, weil sich über die Zeit ein dominierender Zelltyp herauskristallisiert hat. Eine junge Tumorzelllinie kann eine Mischpopulation unterschiedlichster Zellen aufweisen, wobei sich nach einiger Zeit eine Zellpopulation durchsetzen kann, aber nicht muss. Solche Veränderungen in der Kultur bedürfen einer regelmäßigen optischen Kontrolle der Zellen.

5.1.3 H-TERT-immortalisierte Zelllinien

Die einzige Alternative für Anwender, die mit einer normalen, aber permanenten Zelllinie arbeiten wollen, sind Zelllinien, die stabil mit der katalytischen Untereinheit des Enzyms Telomerase transfiziert wurden. Durch die Transfektion mit dem katalytisch aktiven Teil der Telomerase, h-TERT (engl. = *human Telomerase Reverse Transcriptase*), ist es erstmals gelungen, eine unsterbliche und auf lange Zeit stabile, aber normale Zelllinie zu etablieren. Welcher Mechanismus dem zugrunde liegt, ist detailliert in Kapitel 2.5.3 beschrieben.

Mit den mittels h-TERT transfizierten Zelllinien steht dem Experimentator nun Zellmaterial zur Verfügung, das eine attraktive Alternative zu primären und transformierten Zellen darstellt. Derart immortalisierte Zelllinien erlauben langfristige biochemische und physiologische Untersuchungen des Zellwachstums. Das Konzept der mittels h-TERT immortalisierten Zelllinien ist seit vielen Jahren von Erfolg gekrönt und so wurden drei verschiedene humane Zelllinien etabliert, die kommerziell erhältlich sind. Die Fibroblastenzelllinie BJ1, die Retinaepithelzelllinie RPE1 und die Brustepithelzelllinie HME1 sind unter dem Namen **Infinity cell lines** auf dem Markt zu haben. Die Zelllinien wurden von Wissenschaftlern des amerikanischen Biopharmaunternehmens Geron gemeinsam mit Clontech Laboratories entwickelt. Hier die wichtigsten Charakteristika der Infinity-Zelllinien im Überblick:

- stabile Zelllinien mit unbegrenzter Lebensdauer,
- keine Zeichen von Seneszenz nach 150 Populationsverdopplungen,
- Erhalt der Kontakthemmung,
- Zellzyklusarrest als Antwort auf Serumhunger,
- aktive exogene Expression von Telomerase,
- Erhalt der primären Zellmorphologie (normaler Phänotyp),
- normaler Karyotyp,
- kein Wachstum auf Weichagar,
- normale Zellantwort auf Zellzyklus- und Spindelapparatinhibitoren,
- keine Bildung von Tumoren in Nacktmäusen.

Laut Angaben des Anbieters zeigen die Infinity-Zelllinien keine Seneszenzerscheinungen und teilen sich auch jenseits des Hayflick-Limits nach 50 ± 10 Populationsverdopplungen unbeirrt weiter (Abbildung 5-1).

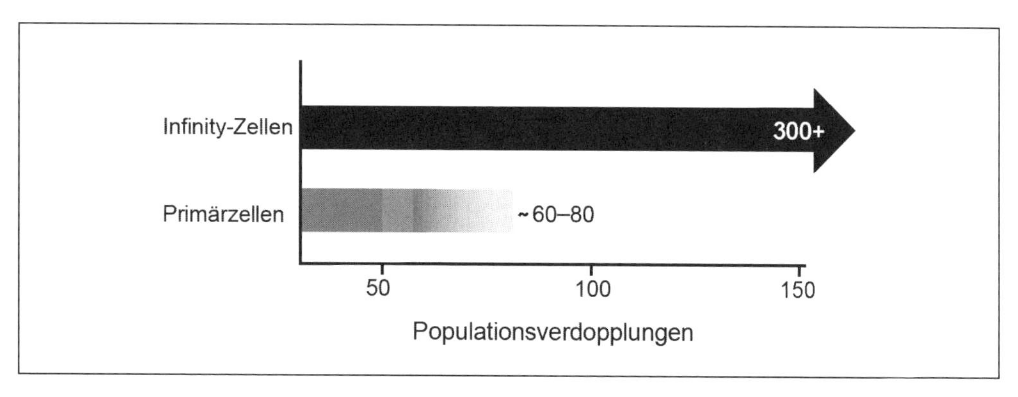

Abb. 5-1: Auswirkung der Telomeraseaktivität auf die Lebensdauer von Infinity-Zellen im Vergleich zu Primärzellen. Primärzellen zeigen nach etwa 60–80 Populationsverdopplungen Seneszenz, während Infinity-Zellen sich bei normaler Teilungsrate für mehr als 300 Populationsverdopplungen weiter teilen.

In Abbildung 5-1 ist die Zahl der Populationsverdopplungen und nicht die Anzahl der Passagen dargestellt. Trotzdem werden sich die meisten Experimentatoren, die Erfahrung mit Primärkulturen haben, über diese Angaben wahrscheinlich wundern. Es gibt eine ganze Reihe von Primärkulturen, die nach zehn Passagen bereits absterben, andere lassen sich bis in die 30. oder 40. Passage retten. Es gibt auch Zellen, die sich gar nicht passagieren lassen (z. B. Hepatocyten bestimmter Spezies).

Es gibt zwei Punkte, die die Freude des Zellkulturexperimentators an den Infinity-Zelllinien trüben können. So ist von verschiedenen Experimentatoren bei der Fibroblastenzelllinie BJ1 in der Praxis ein verlangsamtes Wachstum jenseits des Hayflick-Limits beobachtet worden. Zwar zeigen die Zellen nicht die für diese Anzahl von Populationsverdopplungen typischen Seneszenzmerkmale, jedoch kann man zumindest bei der Zelllinie BJ1 nicht von einer konstanten Zellteilungsrate sprechen. Offenbar lässt sich durch eine Transfektion mit h-TERT zwar eine Immortalisierung erreichen, jedoch kommt es nicht zu einer konstant erhöhten Teilungsrate, wie sie etwa für Krebszellen typisch ist.

Der andere Punkt betrifft den Karyotyp der Retinaepithelzelllinie RPE1. Nach Selbstauskunft von Geron hat man nach 116 Populationsverdopplungen eine Chromosomenanalyse durchgeführt und für diese Zelllinie einen diplioden Chromosomensatz mit einer partiellen Translokation (X; 2) gefunden. Da die Veränderung nach 177 Populationsverdopplungen immer noch konstant war, wird vermutet, dass diese Translokation kein Resultat der hTERT-Expression ist. Im Gegensatz zu der Zelllinie RPE1 ist die Immortalisierung der BJ1-Fibroblasten mittels h-TERT bei normalem Karyotyp in der Fachliteratur beschrieben worden. Der Erhalt des normalen Karyotyps ist ein wesentliches Unterscheidungsmerkmal zu transformierten Zellen.

Abgesehen von diesen Schönheitsfehlern eröffnen stabil h-TERT-transfizierte Zellen für den Experimentator ganz neue Möglichkeiten. Es stehen Zellen zur Verfügung, die unbegrenzt teilungsfähig sind (von der Translokation bei RPE1 einmal abgesehen), einen normalen Karyotyp haben und auch sonst dem normalen Zelltyp entsprechen. Bezieht man die Infinity-Zelllinien mit einer geringen Passagenzahl und damit einer geringen Zahl von Populationsverdopplungen, kann mit ihnen über längere Zeit experimentiert werden, ohne dass die Zellteilungsrate nachlässt. Diese alternative Strategie, Zellen durch Transfektion mit h-TERT zu immortalisieren, ist inzwischen so populär, dass viele Wissenschaftler die von Andrea Bodnar im Jahr 1998 beschriebene

Methode inzwischen erfolgreich an ihren „laboreigenen“ Zellen durchführen. Das hat den Vorteil, dass man auf diese Weise mit geradezu maßgeschneiderten Zellen arbeiten kann.

5.1.4 Adhärente Zellkultur und Suspensionskultur

Bei der Primärkultur wie auch bei permanenten Zellkulturen kann man zwischen adhärenten Zellen und Suspensionskulturen unterscheiden. Ob eine Zellkultur adhärent ist oder in Suspension wächst, hängt davon ab, von welchem Gewebe die Kultur stammt. In der Regel wachsen die Zellen ähnlich wie in natürlichen Verhältnissen. Zellen des hämatopoetischen Systems, z. B. Lymphocyten, wachsen in Suspension, während Zellen aus einem soliden Organ bzw. Gewebe wie Niere oder Lunge adhärent sind. Die Gegebenheiten *in vivo* lassen sich, mit gewissen Einschränkungen, auf das Verhalten *in vitro* übertragen. Tabelle 5-1 gibt die charakteristischen Merkmale von adhärenten und Suspensionszellen wieder.

Tab. 5-1: Unterschiede zwischen adhärenten und Suspensionszellen.

adhärente Zellen	Suspensionszellen
• wachsen auf einer Oberfläche (Substrat);	• wachsen in Suspension;
• wachsen entweder in einer einlagigen, zusammenhängenden Zellschicht (Monolayer) oder als Multilayer (dreidimensional);	• wachsen als Einzelzellsuspension oder in Zellklümpchen;
• heften sich an das Substrat an und müssen zur Subkultur davon wieder abgelöst werden;	• heften sich nicht an ein Substrat bzw. die Oberfläche einer Zellkulturflasche an;
• leiten sich von Geweben ab, die *in vivo* nicht beweglich sind;	• leiten sich von *in vivo* frei zirkulierenden Zellen ab;
• zeigen eine zelldichteabhängige Proliferationshemmung (Kontaktinhibition). Eine Ausnahme hiervon bilden die Tumorzellen.	• zeigen keine Kontaktinhibition.

5.2 Morphologische Merkmale von Zellkulturen

Anfangs ist es ratsam, sich seine Zellen eingehend unter dem Umkehrmikroskop (Inversmikroskop) zu betrachten. Viele Neulinge in der Zellkultur machen sich diese Mühe nicht bzw. werden nicht dazu angehalten. Aber nur wer „seine Zellen“ genau kennt, kann Veränderungen erkennen, die einem verraten, dass etwas nicht in Ordnung ist. Ganz allgemein sollte man die „normalen“ Charakteristika seiner experimentellen Grundlage genau kennen und auch dokumentieren. Dazu gehören z. B.:

- Art der Kultur: Monolayer oder Suspensionskultur?
- Zellmorphologie: Zelltyp, Wachstumseigenschaften, „Aussehen“ der Zellen in Abhängigkeit vom Konfluenzgrad, Ausprägung von Zell-Zell-Verbindungen, Aussehen der Zellränder usw.
- Dauer des Zellzyklus (Proliferationsgeschwindigkeit)
- Populationsverdopplungszeit
- Wie ist der Karyotyp? Wenn Chromosomenaberrationen vorhanden sind – wo sind diese beschrieben worden? Hat man den Karyotyp laborintern überprüft?

Wie oben schon erwähnt, lässt sich vom Ursprungsgewebe oder Organ herleiten, ob die Zellen eher in Suspension oder adhärent wachsen. Das lässt sich schnell mit einem Blick überprüfen.

Dagegen ist eine detaillierte Beschreibung der Zellmorphologie schon bedeutend anspruchsvoller. Die wenigsten Zellkulturanfänger setzen sich jedoch mit der Zellmorphologie der Zellen, mit denen sie arbeiten, auseinander. Um anhand eines Mikroskopbildes die Morphologie bestimmen zu können, braucht es sicher etwas Einarbeitung und Übung. Um die Zuordnung etwas zu erleichtern, sollen die Charakteristika der am häufigsten vorkommenden Zelltypen hier besprochen werden.

5.2.1 Epithelzellen

Der Begriff Epithel stammt aus dem Griechischen (*epi* = auf, über und *thel* = Mutterbrust, Brustwarze) und die wörtliche Übersetzung mag zunächst verwirren. Epithel ist eigentlich eine Sammelbezeichnung für Deck- und Drüsengewebe und repräsentiert (neben Muskel-, Nerven-, und Bindegewebe) eine der vier Grundgewebearten. Das Epithelgewebe wird nach morphologischen Gesichtspunkten, also nach Zellform und der Anzahl der Zellschichten (einschichtig, mehrschichtig und mehrreihig), eingeteilt. Kennzeichnend für Epithelzellen ist die Ausbildung vielfältigster Zell-Zell-Verbindungen, vor allem untereinander, aber auch mit ihrer direkten Umgebung. Funktionell unterscheiden sich Epithelgewebe erheblich. So schützen Häute, Schleimhäute resorbieren und transportieren, Drüsen sezernieren, spezialisierte Zellen sind kontraktil, andere lassen uns z. B. riechen und schmecken und vieles mehr. So unterschiedlich wie die Funktionen und der Differenzierungsgrad ist die „Herkunft" der Epithelzellen. Sie können sich aus dem ektodermalen (z. B. Oberhaut), mesodermalen (z. B. Niere, Pleura) oder entodermalen Keimblatt (z. B. Darm, Lunge) entwickeln. „Die" Epithelzelle gibt es nicht. Das Wissen um solche Grundlagen hilft, die Bedürfnisse seiner Zellkultur – und manchmal auch den Versuchsausgang – besser zu verstehen.

Epithelien kommen in vielen verschiedenen Organen vor. Zelllinien, die aus den verschiedensten Geweben stammen, können daher alle eine epitheliale Morphologie haben. Ein Epithel besteht aus einer ein- oder mehrlagigen Zellschicht, die alle inneren und äußeren Körperoberflächen der vielzelligen Säugetiere bedeckt. Epithelien sind klar vom Bindegewebe abgegrenzt und enthalten in der Regel keine Blutgefäße. Die meisten Epithelzellen weisen als morphologisches Merkmal eine Polarität auf. Damit ist gemeint, dass sie eine äußere (apikale) Seite (z. B. bei der Haut oder der Organoberfläche) und eine dem Lumen bzw. dem Innenraum zugewandte (basale) Seite (z. B. bei Darm oder Drüse) haben. Auf dieser Seite sind die Epithelzellen über die Basallamina mit dem darunter liegenden Gewebe verbunden. Es gibt verschiedene Arten von Epithelien, die nun kurz besprochen werden sollen.

Einschichtige Epithelien

Zu den einschichtigen Epithelien gehört z. B. das einschichtige Plattenepithel. Es begünstigt den Durchtritt von Flüssigkeiten und Gasen. Beispiele dafür sind das Mesothel, das die Begrenzung von Körperhöhlen bildet (Brustfell, Herzbeutel, Bauchfell), das Endothel (Herzinnenräume und Gefäße), das hintere Hornhautepithel, die Lungenalveolen, die Bowman-Kapsel (Niere) und das Amnionepithel.

Auch das kubische (isoprismatische) Epithel ist einschichtig: Die Epithelzellen sind von würfelförmiger Gestalt. Beispiele dafür sind die proximalen und distalen Nierentubuli, die Speicheldrüse (*Glandula submandibularis*) und die Gallengänge.

Das Zylinderepithel ist ein hochprismatisches Epithel, das durch längliche, säulenförmige Zellen charakterisiert ist. Beispiele sind die Magen- und Darmschleimhaut und die Eileiter.

Mehrreihige Epithelien

Auch wenn es auf den ersten Blick verwirrt: Auch mehrreihige Epithelien sind einschichtig. Das Besondere bei den mehrreihigen Epithelien ist, dass nicht alle Zellen das Lumen bzw. die Oberfläche erreichen. Die Zellkerne liegen auf unterschiedlicher Höhe, wodurch der Eindruck von mehreren Reihen entsteht. Beispiele sind die Epithelien der Atemwege, das respiratorische Epithel in der Luftröhre, die Nebenhodengänge und die Samenleiter.

Mehrschichtige Epithelien

Charakteristisch für diese Epithelien ist, dass sie – wie der Name sagt – aus vielen übereinander liegenden Zellschichten bestehen. Auch bei den mehrschichtigen Epithelien lassen sich verschiedene Subtypen unterscheiden. Das mehrschichtige Plattenepithel ist von großer Bedeutung, denn es befindet sich überall dort, wo große mechanische Belastungen auftreten können. Es lassen sich verhorntes und unverhorntes Plattenepithel unterscheiden. Das unverhornte Plattenepithel kommt in Bereichen vor, die ständig befeuchtet sind. Beispiele hierfür sind die Mundhöhle, die Speiseröhre, der Analkanal, die Vagina sowie die Horn- und Bindehaut des Auges. Das verhornte Plattenepithel dagegen ist typisch für Regionen, die der Luft ausgesetzt sind. Einziges Beispiel ist die Epidermis der Haut.

Als Spezialfall könnte man das so genannte Übergangsepithel, auch Urothel genannt, bezeichnen. Wie es beschaffen ist, hängt vom Dehnungszustand des jeweiligen Organs ab. Man findet das Urothel als mehrreihiges bis mehrschichtiges Epithel der ableitenden Harnwege, und zwar im Harnleiter und in der Harnblase sowie im Nierenbecken.

Epithelzellkulturen sind, bedingt durch die funktionelle Vielfalt von Epithelien, morphologisch äußerst heterogen. Die Abbildungen 5-2 bis 5-4 spiegeln die morphologische Bandbreite von Epithelzellen, wie der Experimentator sie in Kultur beobachten kann, wider.

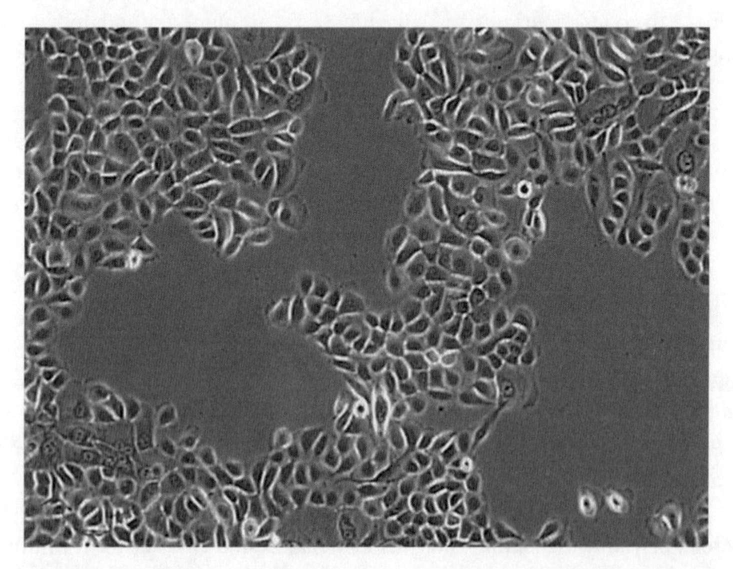

Abb. 5-2: Normale humane epidermale Keratinocyten. Keratinocyten haben die typische Morphologie eines (verhornten) Plattenepithels (100-fache Vergrößerung). (Mit freundlicher Genehmigung von Promocell GmbH, Heidelberg)

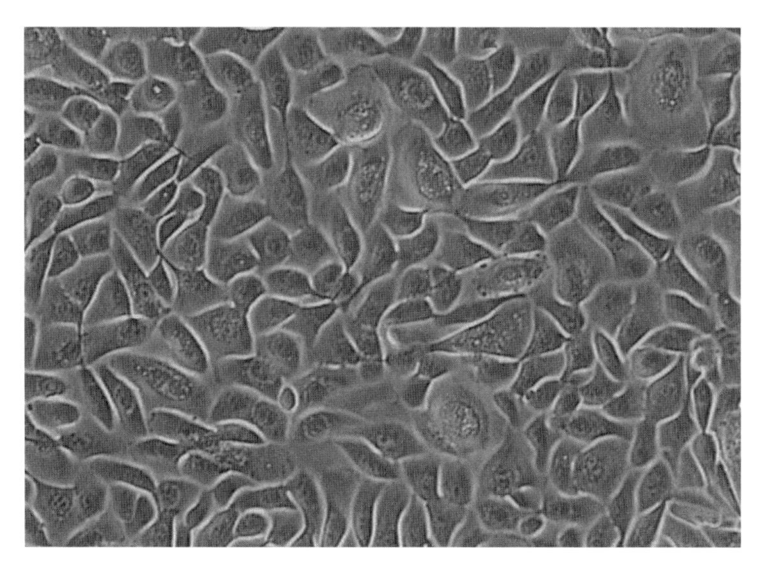

Abb. 5-3: Normale humane tracheale Epithelzellen. Epithelzellen der Luftröhre sind ein Beispiel für ein unverhorntes Plattenepithel (200-fache Vergrößerung). (Mit freundlicher Genehmigung von Promocell GmbH, Heidelberg)

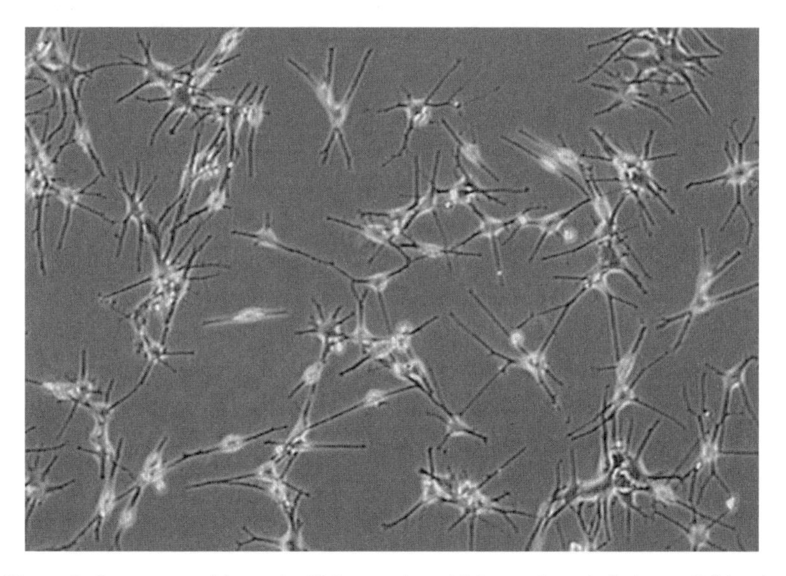

Abb. 5-4: Normale humane epidermale Melanocyten. Melanocyten sind pigmentbildende Zellen der Epidermis (200-fache Vergrößerung). (Mit freundlicher Genehmigung von Promocell GmbH, Heidelberg)

5.2.2 Endothelzellen

Wie oben bereits erwähnt, handelt es sich bei Endothelzellen ebenfalls um Epithelzellen. Man findet sie jedoch ausschließlich in den Blutgefäßen bzw. allen Gefäßen des Herz-Kreislauf-Systems. Dort kleiden sie die Arterienwand als einzellige Schicht, dem Endothel (griech. *endon* = innen, innerhalb), aus und stellen eine Abgrenzung gegen das umliegende Gewebe dar. Physiologisch kommt ihnen daher im Stoffaustausch eine große Bedeutung zu. Schaut man sich Endot-

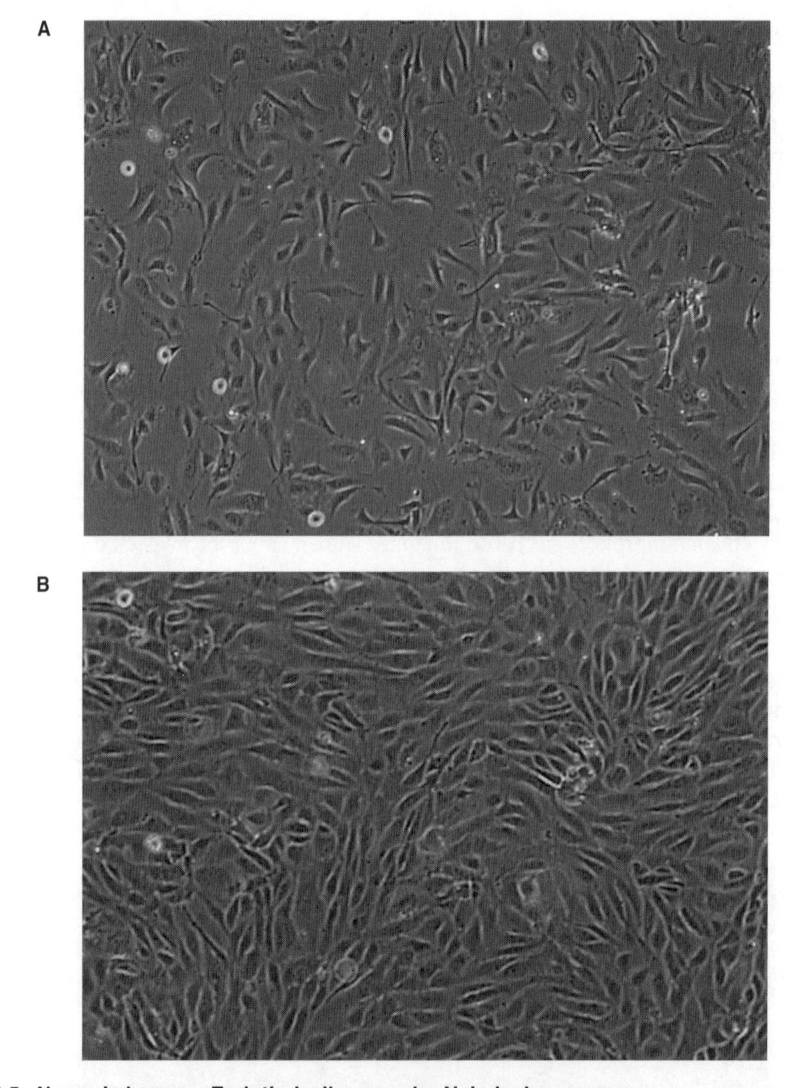

Abb. 5-5: Normale humane Endothelzellen aus der Nabelschnurvene.
A Endothelzellen bei 50% Konfluenz zeigen eher eine fibroblastenähnliche Morphologie (100-fache Vergrößerung). **B** Endothelzellen bei 100% Konfluenz zeigen das für endotheliale Zellen typische Muster eines Kopfsteinpflasters (100-fache Vergrößerung). (Mit freundlicher Genehmigung von Promocell GmbH, Heidelberg)

helzellen durchs Mikroskop an, so fällt auf, dass sich deren morphologisches Erscheinungsbild in Abhängigkeit vom Konfluenzgrad ändert. Bis zur Konfluenz (subkonfluent) herrscht eine eher fibroblastenähnliche, ab dem Erreichen der Konfluenz dann die typische endotheliale Morphologie vor, die stark an ein Kopfsteinpflaster erinnert. Ein klassischer Vertreter für eine Endothelzelllinie mit den genannten Eigenschaften ist in den Abbildungen 5-5 dargestellt.

5.2.3 Bindegewebszellen

Das Bindegewebe lässt sich strukturell und funktionell in lockeres und straffes Bindegewebe unterteilen. **Lockeres Bindegewebe** ist, mit Ausnahme des Gehirns, überall vertreten. Es füllt Lücken, z. B. zwischen Muskelfasern, umhüllt Nerven und Gefäße und ist als Stroma in allen Organen in unterschiedlichen Mengen zu finden. Lockeres Bindegewebe stützt und macht Verschiebungen von Geweben möglich. Last but not least dient es auch als Fett- und Wasserreservoir. Im lockeren Bindegewebe befinden sich bewegliche Bindegewebszellen (z. B. Makrophagen, Leukocyten, Mastzellen) und ortständige Zellen, die Fibroblasten. Letztere produzieren beide Komponenten der Interzellularsubstanz, nämlich die Grundsubstanz und die Fasern. Fibroblasten sind im sich entwickelnden Bindegewebe besonders aktiv, kommen jedoch auch im ausdifferenzierten lockeren Bindewebe vor. Bedeutsam ist ihre Rolle bei einer Verletzung des Gewebes. Fibroblasten beteiligen sich an einer Art „Schadensbegrenzung", indem sie faserreiches Narbengewebe im zerstörten Gewebeareal bilden, das jedoch keinen funktionellen Ersatz darstellt. Im lockeren Bindegewebe sind auch ausgereifte Fibroblasten, die Fibrocyten, eingelagert. Sie sind allerdings durch weite Interzellularräume voneinander getrennt. Fibrocyten haben im Vergleich zu den Fibroblasten eine deutlich reduzierte Stoffwechselaktivität und unterscheiden sich auch morphologisch von ihnen. Zeichnen sich Fibroblasten durch ein großes Cytoplasma aus, das kurze Zellfortsätze bilden kann, so sind die Fibrocyten von schmaler, spindelförmiger Gestalt ohne Fortsätze.

Daneben gibt es das **straffe Bindegewebe**, das mechanischen Belastungen standhält. In diesem Bindegewebetyp dominiert die Interzellularsubstanz, wobei die Grundsubstanz zugunsten des hohen Faseranteils, vertreten durch das Kollagen vom Typ 1, reduziert ist. Die Kollagenfasern sind entweder parallel anzutreffen, wie bei Sehnen, oder geflechtartig zueinander ausgerichtet. Bei Letzterem wird ein dreidimensionales Geflecht gebildet, das z. B. als Kapsel viele Organe schützt. Die Abbildung 5-6 zeigt eine konfluente Fibroblastenkultur.

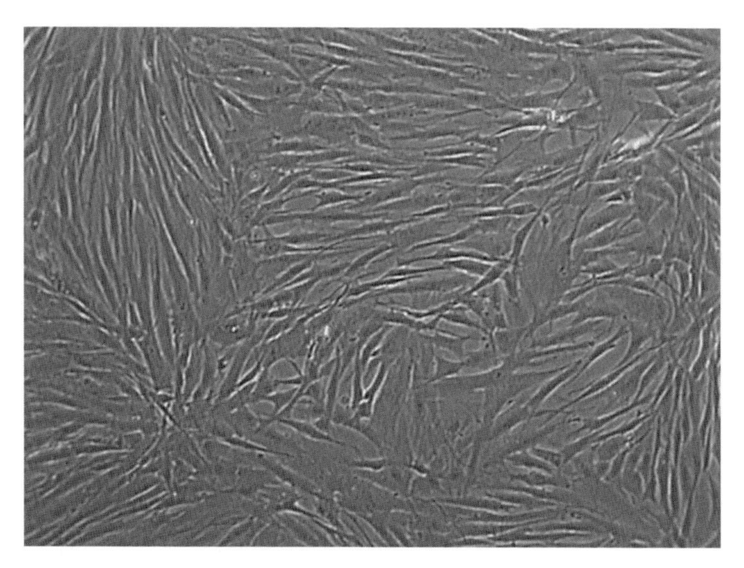

Abb. 5-6: Normale humane Fibroblasten aus der Haut. Bei 100% Konfluenz haben Fibroblasten eine überwiegend spindelförmige Gestalt (100-fache Vergrößerung). (Mit freundlicher Genehmigung von Promocell GmbH, Heidelberg)

Da Fibroblasten fast überall im Körper vorkommen und als Bindegewebszellen oftmals in direkter Nachbarschaft zu anderen Zellen wie Epithelzellen wachsen, können sie in einer Primärkultur zu renitenten Quälgeistern werden, denen nur schwer beizukommen ist. Dennoch kann man den Fibros sehr wohl positive Eigenschaften abgewinnen. Als sogenannte Feeder-Zellen (Fütterzellen) dienen sie nicht nur der „Fütterung“, sondern auch als Substrat zum besseren Anheften der Zellen. So profitieren schlecht wachsende Zellen davon, wenn sie auf einer Feeder-Schicht aus entwicklungsarretierten Fibroblasten kultiviert werden.

5.3 Einsatzmöglichkeiten für Zellkulturen

Mithilfe der Zellkultur können viele grundlegende Prozesse auf zellulärer Ebene untersucht werden, ohne dass Versuchstiere im klassischen Tierexperiment ihr Leben lassen müssen. Doch sollte bei diesen Betrachtungen nicht vergessen werden, dass auch Tiere bei der Herstellung der für die Zellkultur benötigten Seren und Zusätze sowie bei der Gewinnung von Zellen für die Primärkultur sterben. Statistisch werden diese Tiere nur unzureichend erfasst, da die Tötung zur Organentnahme kein Tierversuch ist.

Trotzdem stellen Zellkultursysteme häufig einen sinnvollen Ersatz für den Tierversuch dar, denn die unzähligen humanen Zelllinien und auch die anderer Spezies erlauben dem Wissenschaftler tiefe Einblicke in Struktur und Funktion von Zellen. Zwar spielt die Kultur von Säugerzellen die wohl größte Rolle, jedoch werden natürlich auch Pflanzenzellen, Bakterien und Hefen kultiviert. Die Zellkulturtechnik lässt sich praktisch für fast jede erdenkliche Fragestellung einsetzen. Eine Ausnahme davon ist die Analyse von Prozessen, die sich im lebenden Organismus mit seinen komplexen Regulationsmechanismen unter Beteiligung von vielen verschiedenen Zelltypen und Geweben abspielen. Solche Fragestellungen können nur an einem geeigneten Tiermodell untersucht werden. Meist sind es biologisch-medizinische Themen, für die Versuchstiere eingesetzt werden. Es gibt aber auch Fragestellungen, die nur anhand einer Primärkultur direkt aus menschlichem, tierischem oder pflanzlichem Gewebe bearbeitet werden können. Das betrifft in erster Linie Differenzierungsprozesse, die man nur an Primärmaterial, z. B. einer Gewebeprobe, studieren kann. Grundsätzlich eignen sich Zellkulturen für die Analyse aller zellulären Parameter, die unabhängig von systemischen Faktoren sind. Damit ist gemeint, dass man das Verhalten von Zellen auf bestimmte Reize ohne Berücksichtigung der Auswirkungen auf den Gesamtorganismus oder einen kompletten Gewebeverband mit unterschiedlichen Zelltypen betrachtet. Welche sind das? Die folgende Auflistung ist sicher nicht vollständig, ermöglicht dem Leser jedoch, sich einen Überblick über die Einsatzmöglichkeiten für Zellkulturen zu verschaffen:

- Analyse von intrazellulären Parametern, z. B.
  - DNA-Synthese, -schäden und -reparatur im Kern,
  - Chromosomenanalysen,
  - Proteinregulation (Syntheserate, posttranslationale Modifikationen),
  - Energiestoffwechsel (Energiebilanzen, Redoxketten usw.).
- Intrazelluläre Transportwege (Trafficking)
  - Transport von RNA, Proteinen und Botenstoffen von Cytoplasma zum Kern und umgekehrt,
  - Verteilung und Umverteilung von Molekülen innerhalb der Zelle als Antwort auf bestimmte Reize.

- Signalwege
  Rezeptor-Liganden-Interaktion,
  - *second-messenger*-Systeme,
  - molekulare Wechselwirkungen.
- Aufklärung von Infektionsmechanismen, z. B. Virusbefall
- Toxikologie von pharmakologischen, umweltgefährdenden und anderen Stoffen
- Zell-Zell-Wechselwirkungen
  - Zell-Zell-Adhäsion,
  - Kontakthemmung,
  - Zell-Zell-Transportwege,
  - Zell-Zell-Kommunikation.
- Zunehmende „Produktion" durch Zellkultursysteme (rekombinante Proteine, Impfstoffe usw.)

Zellkulturen, sowohl Säuger- als auch Insektenzellen, werden für die Expression von Proteinen eingesetzt. Solche Expressionssysteme sind gut etabliert: Für die Proteinexpression in Säugerzellen werden sehr häufig die CHO-Zellen (*chinese hamster ovary cells*) eingesetzt, während im Baculovirus-System am häufigsten Insektenzellen verwendet werden. Inzwischen bietet die Industrie eine Reihe von zusammengestellten Kits an, mit deren Hilfe man das gewünschte Protein exprimieren kann. Allerdings ist Vorsicht geboten, denn viele Parameter, die in den Handbüchern solcher Kits angegeben sind, müssen zunächst für die eigene Fragestellung entsprechend angepasst werden. So muss z. B. häufig die Konzentration einer Lösung, für die ein Konzentrationsbereich angegeben ist, erst empirisch ermittelt werden, damit es im eigenen Versuch auch klappt.

Man kann Zellkulturen auch als Testsystem für die Vermehrung von Viren einsetzen. Bekannte Beispiele hierfür sind die von Hayflick etablierte Zelllinie WI-38, die MRC-5-Fibroblasten und schließlich die Leberzelllinie HepG2. Diese Zelllinien zeichnen sich durch ihre gute Transfizierbarkeit aus. Damit ist gemeint, dass sie für das jeweilige Virus empfänglich sind, d. h. sich infizieren lassen. Das macht sie zu einem wertvollen Werkzeug für die Erforschung viraler Infektionsmechanismen und für die Produktion von Impfstoffen.

5.4 Zellkultursysteme als Ersatz für Tierversuche

Dank intensiver Forschung auf dem Gebiet der Ersatzmethoden für Tierversuche ist die Zahl der Tierversuche im eigentlichen Sinne in den letzten Jahren beträchtlich zurückgegangen. Dies ist der erfolgreichen Entwicklung, Validierung und Durchsetzung von Alternativmethoden zu verdanken. Dem steht seit Ende der 1990er-Jahre jedoch ein leichter Anstieg sowohl der Versuchstierzahlen als auch des Gesamtverbrauchs an Tieren gegenüber. Die Gründe sind wohl in den immer vielfältigeren Einsatzmöglichkeiten von Zellkulturen zu suchen. Dies führt zu einem wachsenden Bedarf an Tieren, die nicht unter das Tierschutzgesetz fallen (s. o.). Die Erhöhung der Versuchstierzahlen beruht darauf, dass neue Tiermodelle mit genetisch veränderten (transgenen) Tieren benötigt werden. Dies ist eine Folge der raschen und sehr dynamischen Entwicklung im Bereich der modernen Gentechnologie, Molekularbiologie und Biotechnologie. Seit der Entschlüsselung des menschlichen Genoms steht unter anderem die Entwicklung neuer Arzneimittel zur Behandlung der etwa 3000–4000 genetisch bedingten Krankheiten im Focus dieser Forschungszweige. Wichtige Beiträge dazu liefern nach wie vor die Erkenntnisse aus dem Tierversuch, da einzig mit Tiermodellen die *in-vivo*-Untersuchung der Funktion und Regulation der diesen Krankheiten zugrunde liegenden Gene möglich ist. Auch bei immunologischen Fragestellungen ist der Tierversuch unersetzlich, denn komplexe Immunreaktionen, wie sie sich in einem Organismus abspielen, können in der Zellkultur nicht simuliert werden.

In anderen Bereichen hingegen sind durchaus Einsparungen im Sinne von Anzahl und Ausmaß der auf Versuchstieren basierenden Studien realisiert worden. Hierbei kommt einer der großen Vorteile von Zellkulturen zum Tragen, denn oft lassen sich außerhalb eines Organismus grundlegende Fähigkeiten der Zellbausteine wesentlich schneller und effektiver als im Körper untersuchen, auch wenn sie nicht das Organ ersetzen können. Je nach wissenschaftlicher Fragestellung kann durch den Einsatz von humanen Zellen die Übertragbarkeit der Ergebnisse auf die Verhältnisse beim Menschen von großer Bedeutung sein.

Der entscheidende Vorteil bei der Zellkultur ist, dass man äußere Einflussfaktoren wie Temperatur oder Nährstoffversorgung exakt kontrollieren und standardisieren kann. Aus dem Bereich Toxikologie gibt es ein sehr schönes Beispiel dafür, wie gut eine Zellkultur den Tierversuch ersetzen kann, wenn man ein zelluläres Analysesystem zur Verfügung hat, das die erforderlichen Eigenschaften mitbringt: Substanzen, die krebsauslösend sind (Kanzerogene) und zudem zu Erbkrankheiten sowie zu reduzierter Fertilität führen, und Chemikalien für die pharmazeutische und industrielle Nutzung werden routinemäßig auf DNA-schädigende Eigenschaften untersucht. Als Testsystem wurden bisher immer Versuchstiere eingesetzt. Das beruhte darauf, dass bei der Verwendung von Zellkulturen als *in-vitro*-Testsystem das Problem auftrat, dass den Indikatorzellen wichtige Enzyme fehlten, die die Testsubstanzen in DNA-reaktive Metabolite umwandeln bzw. deren Entgiftung katalysieren. Das hat bei einer Reihe von Substanzen zu falsch positiven oder negativen Resultaten geführt, so dass Tierversuche notwendig waren.

Die Entgiftung solcher Substanzen wird im menschlichen Körper von der Leber wahrgenommen. Die Leberzelllinie HepG2 hat sich als geeigneter Ersatz für den Tierversuch herausgestellt, da sie ein den primären humanen Leberzellen qualitativ ähnliches Enzymmuster aufweist. HepG2-Zellen verfügen über eine Fülle wichtiger metabolisierender Enzyme, die an der Verstoffwechselung DNA-reaktiver Kanzerogene beteiligt sind. Dadurch kann die Wirkung von Vertretern aller derzeit bekannter Klassen von Kanzerogenen (Nitrosamine, polyzyklische aromatische Kohlenwasserstoffe, heterozyklische aromatische Amine, alkylierende Agenzien und Aflatoxine) mit der HepG2-Zelllinie detektiert werden. Im Vergleich zu herkömmlichen *in-vitro*-Tests erhält man mit den HepG2-Zellen sogar bei sogenannten „Problemsubstanzen“, d. h. Verbindungen, die in anderen *in-vitro*-Tests falsch negative Ergebnisse liefern, im Tierversuch jedoch DNA-Schäden und Krebs auslösen, die richtig positiven Ergebnisse.

Ein weiteres Beispiel für den erfolgreichen Einsatz von Zellkulturen zur Einsparung von Tierversuchen ist die zunehmende Verwendung von Bioreaktoren zur Produktion monoklonaler Antikörper für die Diagnostik. Im Bereich des „tissue engineering“ setzt man auf die Züchtung von künstlichem Hautersatz und anderer Gewebe, an dem sich die Wirkung schädlicher Substanzen prüfen lässt. Die größten Anstrengungen zielen darauf, gerade solche Tierversuche, die mit hohen Belastungen für die Tiere einhergehen, wie z. B. Tests auf Hautverätzungen und Schleimhautreizungen, abzuschaffen. Für die Entwicklung von Alternativmethoden wurden in Deutschland in den letzten 20 Jahren mehr als 230 Projekte vom Bundesministerium für Bildung und Forschung (BMBF) gefördert. Seit 1980 läuft ein weltweit einmaliges Großprojekt, in das seither rund 71,6 Milliarden Euro für den Forschungsschwerpunkt „Ersatzmethoden zum Tierversuch“ geflossen sind.

Literatur

Freshney RI (2005) Culture of Animal Cells, 5. Aufl. Wiley-Liss, New York

Freshney RI (1990) Tierische Zellkulturen. Ein Methoden-Handbuch. de Gruyter, Berlin

Lindl T (2002) Zell- und Gewebekultur, 5. Aufl. Elsevier Spektrum Akademischer Verlag, Heidelberg

Leonhardt H (1990) Histologie, Zytologie und Mikroanatomie des Menschen, 8. Aufl. Thieme, Stuttgart

Bundesministeriums für Bildung und Forschung (Hrsg.) (2001) „Hightech statt Tiere" – Ersatz- und Ergänzungsmethoden zu Tierversuchen

Clontech Laboratories (Hrsg.) (2000) Infinity Telomerase-immortalized cell line culturing guide

Bodnar AG et al. (1998) Extension of life-span by introduction of telomerase into normal human cells. Science 279: 349–352

Herbert BS (1999) Inhibtion of telomerase in immortal human cells leads to progressive telomere shortening and cell death. PNAS 96(25): 14276–14281

Jiang XR et al. (1999) Telomerase expression in human somatic cells does not induce changes associated with a transformed phenotype. Nature Genet 21: 111–114

Knasmüller S et al. (1999) Genotoxic effects of heterocyclic aromatic amines in human derived hepatoma (HepG2) cells. Mutagenesis14(6): 533–540

Knasmüller S et al. (2004) Structurally related Mycotoxins Ochratoxin A, Ochratoxin B, and Citrinin differ in their genotoxic activities and in their mode of action in human-derived liver (HepG2) cells: implication for risk assessment. Nutr Cancer 50(2): 190–197

Morales CP et al. (1999) Absence of cancer-associated changes in human fibroblasts immortalized with telomerase. Nature Genet 21: 115–118

6 Steriltechnik und Subkultur

Alle Schwierigkeiten sind leichter,
wenn man sie kennt.
Aus: Maß für Maß

Für die erfolgreiche Arbeit mit Zellkulturen kommt es auf eine Vielzahl verschiedener Faktoren an. Diese haben jedoch nicht alle die gleiche Priorität. Neben einwandfreiem Zellmaterial und einer entsprechenden apparativen Ausstattung sind es vor allem die Erfahrung und Routine der Labormitarbeiter, die beim Arbeiten mit Zellkulturen von Bedeutung sind. Am wichtigsten ist, wie jeder durch leidvolle Erfahrung geprüfte Zellkulturexperimentator bestätigen wird, eine saubere und akkurate Arbeitstechnik unter der Sterilbank. Ein gutes Platzmanagement verschafft Übersicht und Sicherheit bei den einzelnen Arbeitsschritten und ist Voraussetzung für das „A und O“ der Zellkultur: der guten Steriltechnik. Da von der aseptischen Arbeitsweise das Gedeih und Verderb in der Zellkultur abhängt, soll an dieser Stelle auf die wichtigsten Punkte eingegangen werden.

6.1 Aseptische Arbeitsweise

Das Ziel der aseptischen Arbeitsweise ist es, mikrobielle Kontaminationen in den Zellkulturen zu verhindern. Das hört sich leichter an als es ist. Tatsächlich ist die Vernachlässigung der sterilen Arbeitstechnik die Hauptursache für verschiedenste lästige Kontaminationsprobleme, die sicher jeder Zellkulturexperimentator aus eigener Erfahrung kennt. Doch was genau versteht man unter einer Kontamination? Es handelt sich dabei immer um die Präsenz unerwünschter Gäste, die sich zwar in der Zellkultur pudelwohl fühlen, dort aber nichts zu suchen haben, da sie die Zellen schädigen. Kontaminationen können hervorgerufen werden durch:

- Bakterien (grampositive wie gramnegative),
- Mycoplasmen,
- Nanobakterien,
- eukaryotische Pilze,
- Hefen (einzellige Pilze),
- Viren,
- Kreuzkontamination mit anderen Zellen.

Ein Problem ist, dass bestimmte Kontaminationen mit diesen Plagegeistern entweder schlecht oder gar nicht (z. B. bei einigen Viren, bei Nanobakterien und meistens auch bei Mycoplasmen) oder nur mit einer zeitlichen Verzögerung feststellbar sein können. In der Regel machen sich Kontaminationen mit Bakterien, Pilzen und Hefen am deutlichsten bemerkbar, da sich diese mit einer atemberaubenden Geschwindigkeit vermehren. Über Nacht ist die betroffene Kultur unwiederbringlich dahin und damit oft auch die Aussicht auf raschen experimentellen Erfolg. Am nächsten Morgen kann man entweder die Folgen seiner eben nicht sterilen Arbeitsweise bewundern oder darüber nachdenken, wie man es besser machen kann. An dieser Stelle drängt sich die Frage auf, was „steril“ eigentlich heißt. Steril bedeutet nicht vollkommen keimfrei, sondern frei von vermehrungsfähigen Mikroorganismen (vgl. DIN EN 556). Demnach ist die Sterilisation ein Verfahren zur Abtötung bzw. Inaktivierung aller vermehrungsfähigen Mikroorganismen einschließlich ihrer Sporen. Dagegen bedeutet Desinfektion das Abtöten bzw. das irreversible Inaktivieren aller Erreger übertragbarer Infektionen oder eine Keimreduktion um fünf Logarithmusstufen. Desinfektion ist auf die Inaktivierung vegetativer Keime beschränkt. Sporenbildende Bakterien werden nicht sicher oder gar nicht abgetötet.

Keime sind praktisch überall und das lässt sich auch nicht ändern. Wenn man jedoch weiß, wo die Gefahren lauern, kann man besser mit ihnen umgehen. Das führt direkt zur nächsten Frage: Wo kommen die Mikroben her? Ständige Kontaminationsquellen sind einerseits die Luftkeime, wie z. B. Pilzsporen, die sich über die Raumluft verteilen, andererseits aber auch der Experimentator selbst, der z. B. bei einer Erkältung Bakterien und auch Mycoplasmen aus dem Mund- und Rachenraum in die Kultur einbringen kann. Ganz fatal wirken sich Niesen und ein starkes Mitteilungsbedürfnis während der Arbeiten an der Sterilbank aus. Bedeutsam ist auch der Weg über die Handschuhe, die versehentlich doch mal die Haare aus dem Gesicht streichen oder die Brille zurecht rücken. Details zum Thema Kontaminationen werden ausführlich in Kapitel 10 behandelt. Weitere Kontaminationsquellen sind:

- unsterile Glaswaren, z. B. wenn der Heißluftsterilisator oder der Autoklav nicht korrekt funktionieren oder ausgefallen sind bzw. nicht ausreichend lange sterilisiert wurde;
- kontaminierte Zellen;
- unsterile bzw. kontaminierte Medien und Reagenzien;
- Versuchstiere, die sich in der Nähe oder sogar im Sterilbereich befinden (hier ist unbedingt auf Kleidungs- und Schuhwechsel zu achten);
- Straßenschuhe, keine Zellkulturlaborkittel.

6.1.1 Arbeiten unter der Sicherheitswerkbank

Wie kann man verhindern, dass die Kulturen mit Keimen kontaminiert werden? Vor dem Beginn der sterilen Arbeiten und natürlich auch danach muss die Arbeitsfläche der Sicherheitswerkbank mit einem geeigneten Desinfektionsmittel behandelt werden. Arbeitet man nicht mit Bakterien, Pilzen & Co. oder kontaminierten Zellkulturen, benutzt man zum Auswischen der Bank ausreichend 70%igen Alkohol. Manche Experimentatoren sitzen dem Irrglauben auf, dass nur nahezu 100%iger Alkohol zur Desinfektion taugt. Genau das Gegenteil ist der Fall. Fast reiner Alkohol verdunstet viel zu schnell, so dass die benötigte Einwirkzeit für eine effektive Desinfektion gar nicht erreicht wird. Korrekt dagegen ist, zu diesem Zweck 70%igen Ethanol oder Isopropanol (2-Propanol) zu verwenden. 70%iger Alkohol dringt aufgrund des Wassergehaltes leichter ein und viele vegetative Keime werden abgetötet und die Auskeimung von Sporen weitestgehend verhindert.

Allerdings ist Alkohol nicht für jeden Zweck das geeignete Desinfektionsmittel. Zur Flächendesinfektion der Sterilbank sollte am besten eine UV-Röhre verwendet werden. Wenn bei den laufenden Arbeiten z. B. etwas Medium verschüttet wird, sollte man die Bank mit destilliertem Wasser auswischen (immer von hinten nach vorn, nicht umgekehrt und auch nicht kreisförmig!) und eventuell mit Alkohol nachwischen (hinterlässt weniger Flecken). Alternativ kann man auch kommerzielle Desinfektionsmittel verwenden. Hierbei sind die beim Robert-Koch-Institut oder der Deutschen Gesellschaft für Hygiene und Mikrobiologie gelisteten Desinfektionsmittel zu bevorzugen. Sie müssen strenge Tests durchlaufen und eine Keimzahlreduktion um mindestens vier Logarithmusstufen bei Viren und fünf Logarithmusstufen bei anderen Mikroorganismen wie Bakterien und Pilzen erreichen. Erst wenn alles vorschriftsmäßig desinfiziert wurde, sollte man die Werkbank mit den benötigten Gegenständen bestücken. Auch diese sollten natürlich zuvor desinfiziert werden. Ist alles sorgfältig vorbereitet, kann es im Prinzip losgehen. Oder doch nicht?

„Ordnung ist das halbe Leben“ haben uns unsere Mütter immer gepredigt – meistens dann, wenn im eigenen Zimmer das Chaos herrschte. Damit die Arbeitsfläche unter der Sterilbank nicht zum Paradies für Chaosforscher wird, sollte man sich ein Raumkonzept überlegen, wie der vorhandene Platz am besten ausgenutzt werden kann. Dabei muss unbedingt berücksichtigt werden, dass der vordere Bereich der Arbeitsfläche der eigentliche Arbeitsbereich ist und deshalb frei bleiben sollte. Die ebenfalls häufige Unsitte bei der Bestückung der Sterilbank, Gegenstände aus Platzmangel auf die Lüftungsöffnungen zu stellen, sollte man unbedingt vermeiden. Die Störung des Luftstroms führt zu Verwirbelungen, wodurch vermehrt Keime aufgewirbelt werden. Infolgedessen wird das Kontaminationsrisiko unnötig erhöht.

Um eine bessere Übersicht bei den Sterilarbeiten zu haben, sollte man sich unbedingt angewöhnen, nicht mehr benötigte Gegenstände und erst recht den Müll sofort aus dem Arbeitsbereich zu nehmen. Ein Abstellwagen oder ein Tisch, auf dem man diese Dinge zwischenzeitlich abstellen kann, sind dafür ideal. Der Müll wird in entsprechenden Behältnissen gesammelt und kann zumindest zum Teil der Wiederverwertung zugeführt werden (z. B. die oft zur Verpackung von Sterilisationsgütern verwendete Alufolie). Alle Einwegartikel, die mit den Zellen in Kontakt gekommen sind, müssen ohnehin in dafür geeigneten Autoklavierbeuteln autoklaviert werden, bevor sie mit dem normalen Labormüll entsorgt werden können. Befindet sich das Zellkulturlabor im radioaktiven Kontrollbereich, muss zusätzlich eine Freimessung des Laborabfalls durchgeführt werden. Aktiver und inaktiver Laborabfall werden getrennt entsorgt.

Es gibt noch weitere Aspekte, die in punkto Steriltechnik beachtet werden müssen. Häufig werden Kulturüberstände nicht mit einem dafür geeigneten Absaugsystem abgesaugt, sondern schlicht in eine alte Mediumflasche oder ein Becherglas gekippt. Das ist eine heikle Angelegenheit. Bei diesem Vorgehen kommt es beim Überführen der Kulturüberstände in das Abfallgefäß zur Aerosolbildung und der Überstand kann außerdem verkleckert werden. Werden Überstände mehrerer Zelllinien in einen Behälter gekippt, kann es durch hochspritzende Flüssigkeit zu einer Kreuzkontamination kommen. Ist kein Absaugsystem vorhanden, muss der Experimentator beim Verwerfen des Kulturüberstands äußerste Sorgfalt walten lassen. Das Dekantieren in Flaschen oder Bechergläser kann nur als vorübergehende Notlösung hingenommen werden, da das Kontaminationsrisiko einfach zu groß ist.

Ein weiterer wichtiger Punkt ist das korrekte Pipettieren. Gerade hierbei sollte einem bewusst sein, dass durch unbemerkt unsteril gewordene Pipetten, die weiter benutzt werden, nicht nur die Kulturen, sondern auch die benutzten Lösungen in den Vorratsflaschen kontaminiert werden. Häufiger Wechsel der Pipette und Abfüllen kleiner Mengen schafft da Abhilfe und vermindert die Gefahr der Kontamination durch Verschleppung. Darüber hinaus wird dadurch auch das Risiko der Kreuzkontamination der Kulturen mit anderen Zelllinien verhindert. Das Pipettieren mit dem Mund ist ohne Ausnahme tabu. Das sollte jedem, egal in welchem Labor er tätig ist, klar sein. Durch diese Unsitte hat sich schon so mancher Experimentator nicht nur steriltechnische, sondern vielmehr schwere gesundheitliche Probleme eingehandelt. Daher sollte man im eigenen Interesse dringend von dieser Praxis Abstand nehmen.

Die Hauptursache für Probleme bei der Steriltechnik ist fast immer in einer unsauberen Arbeitsweise zu finden. Dadurch werden sehr schnell Kontaminationen in die Kultur und in den Brutschrank eingeschleppt. Meist spielen Unsicherheit und Unerfahrenheit eine entscheidende Rolle. Ein ganz typischer Anfängerfehler ist die falsche Reihenfolge der Arbeitsschritte. So ist es z. B. äußerst unpraktisch, zuerst eine sterile Pipette auf die Pipetierhilfe zu stecken und dann erst die Flasche, in der sich die zu pipettierende Lösung befindet, zu öffnen. Wird das Dilemma erkannt, verleitet das den einen oder anderen Anwender nicht selten zu akrobatischen Verrenkungen. Bei solchen Aktionen besteht immer die Gefahr, dass die zuvor sterile Pipette unsteril wird. Der erfahrenere Zellkulturexperimentator legt die Pipettierhilfe samt aufgesteckter Pipette so ab, dass die Pipettenspitze nicht unsteril wird. Oder – und dies ist oftmals die bessere Lösung – man verwirft die Pipette und öffnet in aller Ruhe die Flasche. Grundsätzlich gilt: Wenn man sich nicht sicher sein kann, ob die Pipette (oder auch ein anderes Arbeitsgerät) noch steril ist, ist es besser, eine neue zu nehmen.

Das Verkleckern und Vertropfen von Lösungen ist ebenfalls ein ganz typisches Problem, was vorwiegend bei Zellkultureinsteigern auftritt – und bei Flaschen einiger Hersteller. Gerade Mediumtropfen sind in diesem Zusammenhang besonders problematisch, da sie eine willkommene Nahrungsquelle für Mikroben sind. Durch Tropfen, die sich an Zellkulturgefäßen und auf den Ablagen des Brutschranks befinden, werden häufig Flächenkontaminationen verursacht. Da helfen nur Umsicht, eine ruhige Hand und im Zweifelsfall ein Papiertuch in der Nähe, damit eventuell vertropfte Lösungen auf Flächen oder an Vorratsflaschen rasch aufgenommen werden können. Flächen sollten anschließend erst mit destilliertem Wasser und dann mit reichlich 70%igem Alkohol nachgewischt werden.

Merke!
Desinfektionsmittel sollten generell aus arbeitsschutzrechtlichen Gründen (Einatmen von Aerosolen), aber auch aufgrund der mangelnden Wirksamkeit nicht gesprüht werden. Das hat folgende Gründe:

1. Sprühschatten: Beim Versprühen werden nicht alle Stellen der Oberfläche benetzt.
2. Verdünnungsfehler: Sobald nur etwas Nässe auf der Oberfläche liegt, wird die Wirkung sofort durch Verdünnung der Konzentration verringert.
3. Verdunstung: Viel Desinfektionsmittel verdunstet bereits in der Luft.

Wer sehr unsicher ist oder beim Pipettieren stark zittert, für den empfiehlt sich der Einsatz von Dispensern. Sie sind eine optimale Lösung, gerade wenn man viele Kulturen immer mit den gleichen Lösungen wie Trypsin bzw. Medium bestücken muss. Das ist aber nicht der einzige Vorteil. Dem Experimentator bleiben beim Versorgen der Zellen mit Medium krampfartige Schmerzen im Arm erspart und außerdem kann man auch noch beim Materialverbrauch sparen.

Hier die wichtigsten Punkte, die bei der sterilen Arbeitstechnik zu beachten sind im Überblick:

- Vor dem Beginn der sterilen Arbeiten die Hände gründlich waschen bzw. desinfizieren oder, in Abhängigkeit vom zu bearbeitenden Material, Handschuhe anziehen.
- Arbeitsfläche der Sterilbank vor Arbeitsbeginn immer erst desinfizieren und während der sterilen Arbeiten Ordnung halten.
- Beim Bestücken der Sterilbank die Lüftungsöffnungen aussparen und alle benötigten Gegenstände desinfizieren.
- Die zu bearbeitenden Kulturen immer erst unter dem Inversmikroskop kontrollieren. Dabei sollte man auf die Zellmorphologie und die Zelldichte achten und genau prüfen, ob es Anzeichen für eine Kontamination gibt.
- Hantieren über geöffneten Flaschen und Deckeln unbedingt vermeiden. Das kann man durch eine entsprechende räumliche Anordnung der Dinge und durch Übersicht während der sterilen Arbeiten am besten erreichen.
- Bei Unsicherheit darüber, ob die benutzen Dinge während der Arbeiten eventuell unsteril geworden sind, diese gegen neue austauschen.

- Sollte doch einmal ein Tropfen daneben gegangen sein, die verschüttete Lösung sofort mit einem Tuch aufnehmen. Flächen anschließend mit destilliertem Wasser und dann mit 70%igem Alkohol nachwischen. Vor dem Zurückstellen der Zellkulturgefäße in den Brutschrank nochmals kontrollieren, ob wirklich alles trocken ist. Gerade bei offenen Gefäßen wie Petrischalen befindet sich nicht selten noch irgendwo ein Tropfen, der gern übersehen wird.
- Während der sterilen Arbeiten nach Möglichkeit nicht sprechen. Bei Erkältungen auf die Sterilarbeiten verzichten und einen Kollegen um Hilfe bitten oder unter Umständen einen Mundschutz tragen.

6.2 Sterilisationsverfahren

Generell werden Produkte oder Gegenstände als kontaminiert bezeichnet, die nicht steril sind. Die in der Zellkultur verwendeten Gegenstände und Materialien aber müssen steril sein und um das zu erreichen, kommen verschiedene Sterilisationsverfahren zum Einsatz. Die gute Laborpraxis in Sachen Hygiene beginnt allerdings schon vor der Sterilisation. So sind gute Vorbedingungen für eine sichere Sterilisation dann gegeben, wenn man zuvor eine standardisierte Reinigung und Desinfektion des Sterilisationsguts vornimmt.

Auch bei einer Sterilisation kann keine absolute Sterilität erreicht werden, sondern sie ist nur mit einer definierten Wahrscheinlichkeit gewährleistet. Das beruht darauf, dass die Keimabtötung nach mathematischen Gesetzen erfolgt. Ganz allgemein müssen Sterilisationsverfahren so beschaffen sein, dass eine Keimzahlreduktion um sechs Logarithmusstufen erfolgt. Das heißt, dass der Ausgangswert der Keimzahl auf ein Millionstel reduziert wird oder anders ausgedrückt: Die theoretische Wahrscheinlichkeit, dass ein lebender Keim pro Sterilisationsgut vorhanden ist, muss kleiner als 1: 1000000 werden.

Die Wahrscheinlichkeit einer Kontamination ist aber nicht nur vom Sterilisationsverfahren, sondern auch von der ursprünglichen Keimzahl (Keimlast) des Sterilisationsguts abhängig. Die benötigte Abtötungszeit bei der Sterilisation ist wiederum von der Keimbelastung und der Proteinlast abhängig. Je mehr Keime vorhanden sind bzw. je höher der Proteinanteil des Sterilguts ist, desto länger ist die erforderliche Sterilisationszeit. Da die Abtötungsrate der Keime logarithmisch ist, werden innerhalb eines definierten Zeitintervalls (Behandlungszeit) 90% der Keime abgetötet. Dabei ist zu berücksichtigen, dass das Zeitintervall keimabhängig unterschiedlich, aber für den jeweiligen Keim konstant ist.

Bei den Hitzesterilisationsverfahren sind mehrere Parameter von Bedeutung, davon sind zwei für die Praxis am wichtigsten. Die Zeit, die benötigt wird, um bei einer festgelegten Temperatur (z. B. 121 °C) die Keimzahl um den Faktor 10 zu verringern, wird **D-Wert** (Dezimalwert oder Destruktionswert) genannt. Der D-Wert für einen bestimmten Organismus in einem bestimmten physiologischen Zustand kann experimentell ermittelt werden. Trägt man die Anzahl der überlebenden Organismen bei einer konstanten Temperatur gegen die Behandlungszeit auf, erhält man eine exponentielle Abtötungskurve, aus der sich der D-Wert ablesen lässt. Dabei ist zu beachten, dass die D-Werte auch von weiteren Umgebungsparametern wie etwa pH-Wert, Schmutz, Luftanteil in der Probe etc. stark beeinflusst werden. Der D_{121}-Wert für die Sporen von *Bacillus stearothermophilus,* dem Standardindikator zur Überwachung oder Validierung der Dampfsterilisation bei 121 °C, ist beispielsweise zwei Minuten.

Darüber hinaus gibt es den Parameter für die Effektivität, den sogenannten **F-Wert**. Er ist definiert als Zeitraum, der benötigt wird, um bei einer konstanten Temperatur oder sonstigen genau definierten Bedingungen, alle Mirkoorganismen abzutöten. Hierbei wird zusätzlich zur Ausgangskeimzahl die Überlebenswahrscheinlichkeit (z. B. 10^{-6}) berücksichtigt. Der F-Wert für *Bacillus stearothermophilus* ist 18 Minuten.

Grundsätzlich kann man zwischen Sterilisationsverfahren mit feuchter und trockener Hitze unterscheiden. Häufig werden sie aber auch in thermische (Flamme, trockene Luft, gesättigter, gespannter Wasserdampf) oder chemische (Alkohol, Oxidationsmittel, Radikale, Formaldehyd etc.) sowie nach dem Einsatz von Strahlung (UV, ionisierende Strahlen) oder Filtrationstechniken eingeteilt. Die in der Zellkultur üblichen Sterilisationsverfahren sollen hier näher besprochen werden. Allerdings gibt es kein universell einsetzbares Sterilisationsverfahren, da sich die Wahl der Methode nach den Eigenschaften des Sterilisationsguts, insbesondere der Temperaturbeständigkeit, sowie nach Art und Umfang der mikrobiellen Kontamination richtet.

6.2.1 Verfahren mit feuchter Hitze

Dampfsterilisation

Hinter diesem Verfahren verbirgt sich das Sterilisieren mit reinem, gesättigtem Wasserdampf von mindestens 121 °C, der auf alle Oberflächen des Sterilisationsguts einwirkt. Dazu werden entweder Autoklaven oder Dampfdrucktöpfe verwendet. Der Begriff „Autoklav" stammt aus dem Griechischen und bedeutet selbstverschließend. Ein Autoklav ist ein gasdicht verschließbarer Druckbehälter, den es je nach Einsatzgebiet und Anwendung in verschiedenen Ausführungen gibt. In ihm wird Wasser auf eine definierte Temperatur erhitzt, wodurch unter Überdruck im Bereich zwischen 1–2 bar Wasserdampf gebildet wird. Da das Autoklavieren als Sterilisationsmethode unter feuchter Hitze durchgeführt wird, quellen vor allem die Sporen der Bakterien. Dadurch werden sie weniger resistent als unter Verwendung von trockener Hitze.

Nach DIN EN 285 ist zur Sterilisation eine Mindesttemperatur von 121°C bei 2 bar und einer Einwirkzeit von wenigstens 15 Minuten erforderlich. Alternativ kann auch bei 134 °C bei 3 bar für mindestens drei Minuten sterilisiert werden. Bei porösen Sterilisationsgütern wie etwa Textilien muss eine vollständige Entlüftung und Dampfdurchdringung des Materials erfolgen. Der übliche Laborstandard bei der Dampfdrucksterilisation ist 121 °C bei 2 bar für 15–30 Minuten. Diese Standardparameter sind geeignet für Instrumente und kleinere Flüssigkeitsvolumina. Bei größeren Mengen und Volumina müssen die Aufwärm- und Abkühlzeiten berücksichtigt werden (die Ausgleichszeit einer zugedrehten 1-Liter-Glasflasche beträgt bereits 22 Minuten). In besonderen Fällen, z. B. wenn der Experimentator Umgang mit pathogenen Erregern hat, müssen die Bedingungen entsprechend angepasst werden. So müssen Prionen, wie etwa die Erreger der Creutzfeldt-Jakob-Krankheit und deren neue Varianten (vCJD), mit einer Sterilisation bei 134 °C und einer Dauer von 18 Minuten zerstört werden. Bei der Autoklavierung von pathogenem Material ist auf eine gut funktionierende Abluftfiltration des Autoklaven zu achten. Ganz allgemein können thermolabile biologische Arbeitsstoffe effektiv durch eine Dampfsterilisation zerstört werden. Dabei ist Folgendes zu beachten:

- Bestimmte Bakterienarten (z. B. *Bacillus*, *Clostridium*) können sich in Sporen umwandeln (sogenannte Sporenbildner). Die Sporen sind eine Überdauerungsform, die es ihnen ermöglicht, ungünstige Umweltbedingungen (z. B. Kälte, Hitze, Trockenheit, Nahrungsmangel usw.) zu überleben. Das Problem bei der Sterilisation ist, dass Sporen viel widerstandsfähiger gegenüber hohen Temperaturen sind als die dazugehörigen Normalformen der Bakterien.
- Viren haben ganz andere und sehr unterschiedliche Zellstrukturen: Als Erbsubstanz kann DNA oder RNA dienen. Es gibt mit einer Lipidmembran umhüllte Viren und unbehüllte, die lediglich von einer Proteinhülle umgeben sind. Die Empfindlichkeit gegenüber Hitze ist bei Viren sehr unterschiedlich.

- Pilze haben einen pflanzenartigen Zellaufbau. Sie besitzen einen Zellkern und Zellwände aus Cellulose oder Chitin und sind besonders empfindlich in der Dampfsterilisation. Allerdings können sich die Sporen als hartnäckiges Problem erweisen, da sie sich unter Umständen nicht so einfach „totautoklavieren" lassen.

Wer Umgang mit Krankheitserregern wie Bakterien und Viren hat, für den ist es wichtig zu wissen, wie lange diese Organismen bei feuchter Hitze behandelt werden müssen, um sie zu inaktivieren (abzutöten). Einen Überblick über die Hitzeresistenz verschiedener Infektionserreger bietet die Tabelle 6-1.

Tab. 6-1: Inaktivierung von Infektionserregern bei feuchter Hitze (modifiziert nach Wallhäußer).

Krankheitserreger	Inaktivierungszeit (Minuten)	Temperatur °C)
Tuberculoseerreger, pathogene Streptokokken, Polioviren	30	62,5
Vegetative Bakterien, Hefen, Schimmelpilze, alle Viren (auch AIDS-Viren), ausgenommen Hepatitis-Viren	30	80
alle vegetativen Bakterienarten, alle Viren, auch Hepatitis A, B und C	10	98–100

Was passiert beim Sterilisationsvorgang? Der Sterilisationsvorgang selbst gliedert sich in vier Abschnitte. Im ersten Abschnitt, auch Steigzeit genannt, erreicht der Autoklav selbst die eingestellte Sterilisationstemperatur. Danach beginnt die Ausgleichszeit. Ist diese verstrichen, hat auch das zu sterilisierende Gut an jedem Punkt die nötige Temperatur erreicht. Erst danach beginnt die eigentliche Sterilisationszeit. Für eine erfolgreiche Sterilisation muss die gesamte Atmosphäre im Innenraum des Sterilisators durch Dampf ersetzt werden. Abschließend wird das Sterilisationsgut durch Vakuumphasen getrocknet. Dabei ist unbedingt zu beachten, dass Gegenstände nur dann als steril gelten, wenn sie bei der Entnahme aus dem Sterilisator trocken sind.

Wie kann man überprüfen, ob das Sterilisationsgut auch wirklich sterilisiert wurde? Eine übliche Kontrollmöglichkeit, dies zu überprüfen, ist das Aufkleben von Autoklavierband auf die Verpackung der zu sterilisierenden Gegenstände. Auf dem Autoklavierband befinden sich Indikatorstreifen, die über eine Farbreaktion anzeigen, dass während des Autoklaviervorgangs die gewünschten Druck- und Temperaturbedingungen vorlagen. Die Farbreaktion gilt als Hinweis für den erfolgreichen Verlauf der Dampfdrucksterilisation. Nur wenn die Streifen auf dem Autoklavierband durch die Sterilisation geschwärzt wurden, verlief der Autoklaviervorgang ordnungsgemäß. Jede mangelnde Schwärzung ist ein Hinweis darauf, dass entweder die Temperatur oder der Dampfdruck nicht hoch genug waren, um eine Sterilisation zu erreichen. Dem Sterilisationsergebnis sollte man dann nicht vertrauen. Gewissheit über die Sterilität des autoklavierten Materials bringt letztendlich nur eine Kontrolle mit den sog. Bioindikatoren (z. B. *Bacillus stearothermophilus*). Dies sollte der Experimentator machen, der viel Autoklaviergut in „Kisten und Kästen" hat. So mancher Pipettenspitzenkasten schließt so dicht, dass die Spitzen nicht ausreichend autoklaviert sind – was allerdings nicht immer zu Problemen führen muss.

Das Ergebnis der Sterilisation im Autoklaven wird wesentlich durch folgende Parameter beeinflusst:

- Ausgangskeimzahl,
- Art der Mikroorganismen und ihre physiologischen Zustände (ihre Hitzeresistenz),

- Umgebungsbedingungen (z. B. pH-Wert des Mediums, Einschluss der Keime in schützende Schmutz- und Fetthüllen),
- Dampfsättigung (Restluftanteil),
- Temperatur,
- Behandlungszeit.

Wie bei jeder anderen Methode auch, gibt es einige Faktoren, die das Sterilisationsergebnis bei der Dampfdrucksterilisation negativ beeinflussen. Dazu gehören vor allem eine Überladung und falsche Bestückung des Autoklaven, aber auch eine mangelhafte Dampfqualität, z. B. durch nicht kondensierbare Gase, Nassdampf (kondensierter Wasserdampf) oder überhitzten Dampf. Außerdem können auch eine mangelhafte Entlüftung sowie Luftinseln (insbesondere bei dicht zugedrehten Flaschen) oder Leckagen bei Ventilen und Türdichtungen zu einem unzureichenden Sterilisationsergebnis führen. Und last but not least: Der Dampf muss überall hinkommen können. Bei dicht geschlossenen Gefäßen ist dies nicht der Fall. Beachtet man diese Dinge, verläuft die Dampfsterilisation erfolgreich und stellt daher das sicherste Verfahren dar. Aus dem Grund ist sie gegenüber allen anderen Sterilisationsmethoden zu bevorzugen. Generell lassen sich bei der Dampfdrucksterilisation zwei Verfahren unterscheiden:

- Das Vakuumverfahren beruht auf der Entfernung der Luft durch mehrmaliges Evakuieren (Leerpumpen) im Wechsel mit Dampfeinströmungen (sogenanntes fraktioniertes Vorvakuum).
- Bei dem Strömungs- oder Gravitationsverfahren wird die Luft durch gesättigten Wasserdampf (Sattdampf) verdrängt (Dampfkochtopfprinzip).

Neben den Dampfautoklaven gibt es weitere Autoklaventypen (z. B. für Gas- und Druckreaktionen), auf die hier aber nicht näher eingegangen werden soll, da im Zellkulturlabor die Dampfautoklaven vorherrschen. Sie sind aus Stabilitätsgründen meist zylinderförmig gebaut. Es gibt Standmodelle, die über ein entsprechend großes Innenvolumen verfügen, aber auch kleinere Tischmodelle, die sich besonders gut für die Sterilisation z. B. von Pipettenspitzen und Instrumenten eignen.

Verfahren mit trockener Hitze

Trockene Hitze ist vor allem zur Sterilisation von hitzestabilen Sterilisationsgütern wie etwa Glaswaren, Metallinstrumenten und Geräteteilen geeignet. Auch Glaspipetten in Pipettenbüchsen aus Aluminium oder Edelstahl lassen sich mit diesem Verfahren gut sterilisieren. Luft ist jedoch ein viel schlechterer Wärmeleiter als gesättigter Wasserdampf, daher ist trockene Hitze deutlich weniger wirksam als feuchte Hitze. Aus diesem Grund sind höhere Temperaturen und längere Sterilisationszeiten erforderlich. Außerdem muss berücksichtigt werden, dass Proteine in feuchter Umgebung sehr viel effizienter denaturiert werden, als in wasserarmen Milieubedingungen. Das kann, je nach Arbeitsgebiet des Anwenders, von großer Bedeutung sein.

Heißluftsterilisation

Bei diesem Verfahren werden in der Regel Heißluftsterilisatoren oder Sterilisationsschränke verwendet, in denen die Erhitzung des Sterilisationsguts in einem abgeschlossenen Raum ohne äußere Luftzufuhr erfolgt. Empfohlen werden Sterilisationszeiten von drei Stunden bei 150 °C, zwei Stunden bei 160 °C und schließlich die im Labor am häufigsten vorkommende Kombination von 30 Minuten bei 180 °C. In Abhängigkeit von der Größe und Dickwandigkeit des Sterilisationsguts muss aufgrund der notwendigen erheblichen Sicherheitszuschläge mit Zeiten von mindestens vier Stunden vom Einschalten bis zum Ausschalten des Geräts gerechnet werden (Tabelle 6-2). Die Erfahrung zeigt, dass der benötigte Zeitaufwand häufig falsch berechnet und daher oft zu kurz sterilisiert wird. Gestapelte Glaspetrischalen erreichen beispielsweise erst nach rund 3,5 Stunden die Solltemperatur von 160 °C. Wie lang die Ausgleichszeit ist, muss in Abhängigkeit vom Sterilisationsgut empirisch ermittelt werden. Grundsätzlich ist es sicherer, den Zeitzuschlag großzügig zu veranschlagen.

Abflammen (Flambieren)

Das Abflammen ist eine Methode, um die Keimzahl an Oberflächen von Metall- und Glasgeräten zu vermindern. Voraussetzung dafür ist, dass die Gegenstände lange genug in der Flamme verweilen, um die zur Keimreduktion nötige Temperatur anzunehmen. Unter den Sicherheitswerkbänken vieler Sterillabors befindet sich fast immer ein platzraubender „Fire Boy", eine moderne Version des altbekannten Bunsenbrenners. In dessen Gasflamme herrscht eine Temperatur von 500 °C (beginnende Rotglut) bis etwa 1000 °C (Gelbglut). Eine Keimverminderung lässt sich zwar schon bei einer Temperatur von 100 °C erzielen, jedoch werden dadurch nur die vegetativen Keime abgetötet. Den Endosporen dagegen, den Überdauerungsformen einiger Bakterien, kann das wenig anhaben. Sie können in Luftpolstern überleben und stellen daher stets ein latentes Kontaminationsrisiko dar.

Die meisten Anwender machen zudem den Fehler, dass sie die Gegenstände nicht lange genug in die Flamme halten, sondern sie nur kurz durch die Flamme ziehen. Von einer Keimzahlreduktion kann man jedoch nur ausgehen, wenn die in die Flamme gehaltenen Gegenstände mindestens die schon erwähnten 100 °C erreicht haben. Früher war es üblich, die Deckel und Flaschenhälse von Mediumflaschen aus Glas abzuflammen. Da aber inzwischen das Glas gegen Kunststoff ausgetauscht wurde, macht das Abflammen keinen Sinn mehr. Die Wahrscheinlichkeit, dass sich der Kunststoff verformt oder gar schmilzt, ist weitaus größer, als dass es in der kurzen Zeit, in der die Gegenstände in der Flamme verweilt haben, wirklich zu einer effizienten Keimreduktion kommt.

Bei Instrumenten aus Metall sieht die Sache etwas anders aus. Hier ist es üblich, die Metallgegenstände in 70%igen Ethanol oder Methanol einzutauchen. Anschließend wird beim Abflammen der anhaftende Alkohol entzündet. Dieses Vorgehen ist im wahrsten Sinne des Wortes ein Spiel mit dem Feuer, denn durch die Entzündung des Alkoholreservoirs kann es zu einem Laborbrand kommen. Wird diese Prozedur zu allem Überfluss auch noch unter einer Sicherheitswerkbank mit Umluftzirkulation durchgeführt, besteht außerdem Explosionsgefahr.

Angesichts dieser leicht entflammbaren Gegebenheiten muss man sich fragen, was vom Abflammen als Methode zur Keimreduktion zu halten ist: definitiv wenig. Für Kunststoffflaschen kommt es gar nicht infrage und Metallinstrumente kann man besser autoklavieren oder alternativ im Heißluftsterilisator sterilisieren. Das Abflammen kann nur als Notbehelf denn als routinemäßige Methode zur Keimreduktion angesehen werden. Sollte einmal der Deckel einer Vorratsflasche unsteril geworden sein, empfiehlt es sich, ein zuvor sterilisiertes und steril verpacktes Exemplar auf Vorrat in greifbarer Nähe zu haben. Außerdem sind abgeflammte Gegenstände wie etwa Glaspipetten nach dem Abflammen nicht sofort einsatzfähig, sondern müssen erst abkühlen. Wer das nicht berücksichtigt, der bringt ungewollt einen neuen experimentellen Faktor in seine Versuche mit ein, denn eine hyperthermische Behandlung der Zellen dürfte von den wenigsten Zellkulturexperimentatoren beabsichtigt sein. Wenn es beim Eintauchen der Pipette in das Medium hörbar zischt, ist es eindeutig zu spät.

Ausglühen

Diese Methode wird vor allem in mikrobiologischen Labors praktiziert und gehört dort zur normalen Arbeitstechnik. Dabei werden kleinere Instrumente aus glühfestem Metall, wie z. B. Impfösen, die für das Ansetzen von Bakterienkulturen benutzt werden, vor und nach jedem

Gebrauch durch Ausglühen in der offenen Flamme eines Bunsenbrenners sterilisiert. Wird mit pathogenem Material gearbeitet, kommen vorzugsweise Bunsenbrenner mit Schutzglocke oder ein Elektrolaborbrenner mit glühender Keramikröhre zum Einsatz. Dadurch kann, je nach Arbeitstechnik, die Bildung von Aerosolen mit infektiösen Partikeln vermindert bzw. sogar verhindert werden. Das Ausglühen spielt für die Praxis in einem normalen Zellkulturlabor keine Rolle.

Sterilfiltration

Dieses Verfahren ist in der Zellkulturpraxis weit verbreitet, wobei hier hauptsächlich die Sterilfiltration mittels einer Membran, meist mit einer Porengröße von 0,22 µm Anwendung findet. Die Membranfiltration ist ein spezielles Verfahren der Sterilfiltration und geht auf den Chemiker Richard Adolf Zsigmondy zurück, der 1916 gemeinsam mit seinem deutschen Kollegen Wilhelm Bachmann den Membranfilter und Ultrafeinfilter erfand. Diese Filter wurden zunächst von der Firma de Haën (später Riedel de Haën) hergestellt und werden seit 1927 von der Göttinger Membranfiltergesellschaft mbH, die heute Teil der Sartorius AG ist, produziert.

Bei der Membranfiltration strömt das Flüssigkeitsgemisch an der Vorderseite einer Membran entlang und wird durch die Kraft der Druckdifferenz zwischen Vorder- und Rückseite in zwei Fraktionen getrennt. Dabei enthält das sogenannte Retentat die vor der Membran aufkonzentrierten Moleküle (Konzentrat) und das Permeat alle Substanzen, die die Membran passieren konnten (Filtrat). Die Cellulosemembran hält, je nach Porengröße, alle Teilchen oberhalb einer bestimmten Größe zurück, während die kleineren Teilchen ungehindert durchgelassen werden. Auf diese Weise werden größere Partikel wie Bakterienzellen zurückgehalten. Das Hauptanwendungsgebiet ist die Sterilfiltration hitzeempfindlicher Lösungen, beispielsweise serumhaltiger Gewebekulturlösungen, Puffer, Vitaminlösungen, Seren, Virusimpfstoffe, Plasmafraktionen und Proteinlösungen.

In der Zellkultur kann, je nach Forschungsschwerpunkt, die Entfernung von Endotoxinen von großer Bedeutung sein. Diese bakteriellen Zerfallsprodukte sind für den Organismus toxische Stoffe, die eine Vielzahl zellulärer Vorgänge auslösen und im schlimmsten Fall zum Tod führen können. Es handelt sich dabei um Bestandteile der äußeren Bakterienzellwand gramnegativer Bakterien. Chemisch gesehen sind es Lipopolysaccharide (LPS), die sehr hitzestabil sind und sogar eine Sterilisation problemlos überstehen. Da ihnen mit den konventionellen Methoden schlecht beizukommen ist, werden vor der Sterilfiltration Aktivkohlefilter verwendet. Zusätzlich wird empfohlen, eine vorherige Tiefenfiltration (z. B. mit einem Schichtenfilter) durchzuführen.

Sterilisation durch Strahlung

Sämtliche Zellkulturwaren aus Kunststoff, die man von diversen Anbietern beziehen kann, sind von den Herstellern mittels Gammastrahlen sterilisiert worden. Das Gleiche gilt in der Regel auch für die Seren, da stark proteinhaltige Lösungen schlecht filtrierbar sind. Für die Laborpraxis des Zellkulturexperimentators spielt diese Art der Sterilisation daher nur eine untergeordnete Rolle. Nur die wenigsten Anwender dürften Zugang zu einer Gammaquelle haben, um z. B. Pipettenspitzen selbst durch Bestrahlung zu sterilisieren.

Eine weitere Möglichkeit zur Sterilisation mit Strahlen ist der Einsatz von ultraviolettem Licht (UV). Geht es um die Keimreduktion auf Oberflächen, werden UV-Strahlen mit einer Wellenlänge von ca. 254 nm (UV-C) verwendet. UV-C wird durch die Anregung der Emissionslinie des Quecksilberdampfs bei ca. 254 nm meist bei niederem Dampfdruck mit hoher Ausbeute (30–40%) erzeugt. Manche Sicherheitswerkbänke sind je nach Modell mit UV-Röhren ausgestattet, wobei der Einsatz solcher Röhren grundsätzlich nur dann effektiv ist, wenn drei Bedingungen erfüllt sind.

1. Die Leistung der UV-Röhre muss in regelmäßigen Abständen überprüft werden, am besten jährlich. Die Erfahrung aus der Praxis zeigt jedoch, dass dies nicht gemacht wird. Ein rechtzeitiger Austausch der UV-Röhre schafft hier Abhilfe. Hierzu muss erwähnt werden, dass die Lichtleistung einer Röhre keine Rückschlüsse auf die Strahlungsleistung zulässt. Zur Messung der Strahlung werden bestimmte Photozellen mit einer Strahlungsempfindlichkeit bei etwa 260 nm eingesetzt. Die Röhren sollten nie die ganze Nacht lang brennen. Schaltet die Bank sie nicht von selbst aus, hilft ein Timer.
2. Der Abstand der Röhre zu der zu sterilisierenden Oberfläche darf 30 cm nicht überschreiten, im Idealfall liegt er zwischen 10 und 30 cm. Die Sache mit dem Abstand ist essenziell für die Sterilisation und beruht darauf, dass die UV-C-Desinfektion dem Dosisprinzip (Zeit × Strahlungsleistung) folgt. Die Strahlung selbst folgt dabei den optischen Gesetzen und wird mit wachsendem Abstand zur Strahlenquelle zunehmend energieschwächer. Wie lange dauert es bis die Keime abgetötet sind? Im Nahbereich der Strahlenquelle vollzieht sich die Inaktivierung innerhalb von Mikrosekunden bis Sekunden. Dies hängt einerseits von der Leistungsfähigkeit der UV-C-Quelle und andererseits von der Letaldosis der jeweiligen Mikroorganismen ab. Die für die Sterilisation eingesetzte UV-C-Strahlung ist sehr kurzwellig und daher für das menschliche Auge nicht sichtbar. Sie hat nichts mit dem blauen Leuchten der Strahlenquellen (> 400 nm) zu tun. Die blaue Lichtausbeute ist im Prinzip eine Verlustleistung, vergleichbar mit der Wärme bei Infrarotstrahlen. UV-C-Strahlung wird nicht nur für die Sterilisation von Oberflächen eingesetzt, sondern eignet sich auch für die Bestrahlung von Proteinlösungen (z. B. Seren), wodurch die darin enthaltenen Viren und Bakterien abgetötet werden.
3. Die Strahlen müssen die Oberfläche erreichen. Pipettenköcher, -ständer, -spitzenkästen usw. sorgen für einen regelrechten Hindernis-Parcours, den die UV-C-Strahlen zu absolvieren haben. Die Sterilisation der Bank wird so zu einem schweren Unterfangen.

In manchen Zellkulturlabors hängen UV-Lampen an den Decken oder es werden mobile UV-Strahler aufgestellt. Diese werden über Nacht angeschaltet, um die Raumluft im Zellkulturlabor zu entkeimen. Über Sinn und Unsinn solcher Maßnahmen kann man jedoch geteilter Meinung sein. Ob die gesamte Raumluft tatsächlich ohne eine gleichzeitige Luftzirkulation im erforderlichen Maße sterilisiert wird, ist äußerst fraglich. Zur vollständigen Sterilisation müsste schließlich das gesamte Luftvolumen mit den darin befindlichen Keimen in die unmittelbare Nähe der UV-Lampe gebracht werden. Das ist in der Regel aber nicht der Fall, denn kaum jemand stellt zusätzlich einen Ventilator im Raum auf. Womit man aber stets rechnen muss, ist, dass die im Raum befindlichen Plastikwaren und die Kunststoffteile an den Geräten erheblich unter dem Einfluss der UV-Strahlung zu leiden haben. Alles, was aus Kunststoff besteht, verfärbt sich allmählich, wird porös und geht schließlich kaputt. Ob das angesichts der doch eher fraglichen Entkeimung der Luft in Kauf genommen werden sollte, muss letztlich jeder Anwender für sich selbst entscheiden. Oft ist aber der durch UV-Strahlen angerichtete Schaden – nicht zuletzt am Experimentator selbst – größer als der durch diese Maßnahme bezweckte Beitrag zur Sicherheit im Zellkulturlabor.

Der Umgang mit UV-Strahlen erfordert zudem große Umsicht, denn man muss unbedingt daran denken, die Strahler vor dem Beginn der Arbeiten auszuschalten. UV-Strahlen bergen Risiken für die Gesundheit, denn sie sind mutagen und verursachen außerdem ernste Verbrennungen, die sich besonders an der Horn- und Bindehaut der Augen sehr unangenehm bemerkbar machen.

6.3 Mediumwechsel und Subkultur

6.3.1 Mediumwechsel

Das Medium dient der Versorgung der Kulturen mit den lebenswichtigen Nährstoffen. Die darin enthaltenen Bestandteile sind essenziell für das Wachstum und die Vitalität der Zellen. Es muss deshalb in regelmäßigen Abständen ein Mediumwechsel durchgeführt werden. Wie die Abstände gewählt werden müssen, hängt von verschiedenen Faktoren, etwa von der Wachstumsgeschwindigkeit, dem Metabolismus und letztlich auch der Vitalität der Zellen, ab. Ein Mediumwechsel ist aus zwei Gründen notwendig:

1. Die Inhaltsstoffe im Medium werden durch die Zellen verbraucht (metabolisiert) bzw. sind bei 37 °C nicht unbegrenzt stabil (z. B. Antibiotika oder Wachstumsfaktoren).
2. Durch den Zellstoffwechsel fallen Abfallprodukte an, die in den Zellkulturüberstand abgegeben werden. Das führt zu einer Ansäuerung des Mediums, d. h. einer Verschiebung des pH-Werts in den sauren Bereich, und meist zu einem Farbumschlag von blassrot nach gelb.

Beim Mediumwechsel, aber auch bei der Subkultur adhärenter oder Suspensionszellen muss nicht zwangsläufig das ganze Medium ersetzt werden. Im Gegenteil, meist fühlen sich die Zellen mit einem gewissen Anteil des alten Kulturmediums im Gesamtvolumen erst richtig wohl. Es gibt sogar Zelllinien, die für ein optimales Wachstum dauerhaft mit einem gewissen Anteil alten Kulturmediums versorgt werden müssen. Sie sind von ihrer autokrinen Wachstumsfaktorproduktion abhängig und vertragen einen kompletten Mediumwechsel einfach nicht. Das beruht auf der sogenannten **Konditionierung des Mediums**. Was versteht man darunter?

Nach einer Inkubationszeit von etwa zwei bis drei Tagen ist das Kulturmedium mit Stoffwechselprodukten angereichert, die von den Zellen sezerniert wurden und deren Zusammensetzung für jede Zelllinie charakteristisch ist. Die für das Wachstum entscheidenden Cytokine sind vor allem die proliferationsfördernden Wachstumsfaktoren (z. B. Insulin-Wachstumsfaktor, Epidermaler Wachstumsfaktor, Transformierender Wachstumsfaktor). Zelltypabhängig werden auch verschiedene Interleukine, koloniestimulierende Faktoren (z. B. CSF, engl. = *colony stimulating factor* und G-CSF, der koloniestimulierende Faktor von Granulocyten) und auch Interferon und Hormone ins Medium abgegeben. Bei der im Folgenden beschriebenen Art der Subkultur von Suspensionszellen ist durch den „alten" Mediumanteil ohnehin konditioniertes Medium vorhanden. Bei adhärenten Zellen wird ein Teil des „alten" Mediums (evtl. sterilfiltriert) wiederverwandt. Eine Isolierung der gewünschten Faktoren aus dem Zellkulturüberstand kann sinnvoll sein.

Mediumwechsel bei adhärenten Zellen

Bei adhärenten Zellen erfolgt ein Mediumwechsel immer, ohne den Zellrasen (Monolayer) enzymatisch von der Unterlage abzulösen. Das Medium wird so abgesaugt, dass der Monolayer nicht beschädigt wird. Das Medium wird hierfür mit der Pasteurpipette vom Boden der Seite der Zellkulturflasche her abgesaugt, die den Zellen gegenüberliegt. Auch das Pipettieren des frischen Mediums sollte immer auf der gegenüberliegenden Seite durchgeführt werden, und zwar ohne das proteinreiche Medium unnötig aufzuschäumen. Die Pipette wird nur bis kurz hinter den Flaschenhals in die Flasche eingeführt, das Medium lässt man langsam an der zellabgewandten Seite herunterlaufen. Außerdem ist darauf zu achten, dass sich keine Mediumreste am inneren Flaschenhals befinden.

Mediumwechsel bei Suspensionszellen

In der Regel wird bei Suspensionszellen kein Mediumwechsel, sondern gleich eine Subkultivierung durchgeführt. Sollte es dennoch nötig sein, die Zellen mit frischem Medium zu versorgen, kann einfach neues Medium dazu gegeben werden, was jedoch einen Volumenzuwachs zur Folge hat. Alternativ kann man, wenn die Zellen am Boden der Zellkulturflasche sedimentiert sind, einen Teil des Kulturüberstands abnehmen und durch das gleiche Volumen frischen Mediums auffüllen.

6.3.2 Subkultur

Die Subkultur gehört zu den Routineaufgaben in der Zellkultur und stellt meist eine der ersten Aufgaben dar, an die Zellkulturneulinge herangeführt werden. Bei der Subkultivierung von Zellen, dem Passagieren, wird entweder eine Zellzählung vorgenommen oder ein Erfahrungswert für die nach der Kulturzeit erreichte Zelldichte herangezogen, um die Kultur auf die für das Wachstum empfohlene Zellzahl zu reduzieren.

Subkultur bei adhärenten Zellen

Adhärente Kulturen müssen zunächst enzymatisch oder mechanisch von der Unterlage abgelöst werden (Dissoziation, Detachment), bevor die gewünschte Zellzahl eingestellt und die Zellen in ein neues Zellkulturgefäß überführt werden können. Wann muss eine Subkultivierung bzw. Passagierung durchgeführt werden? Diese Frage lässt sich nicht pauschal beantworten. Vielmehr ist sie abhängig von den Eigenschaften der Zellen, also deren Wachstumsgeschwindigkeit, Metabolismus und auch von der Fähigkeit zur Kontakthemmung. Nicht transformierte Zellen und Primärkulturen z. B. hören mit dem Erreichen der Konfluenz auf, sich zu teilen. Dennoch sollte man mit dem Passagieren nicht warten, bis der Zellrasen ganz dicht gewachsen ist. Bei einer Konfluenz von ca. 70–80% sollten die Zellen in der Regel passagiert werden, wobei es für verschiedene Zelllinien unterschiedliche Empfehlungen gibt. Bedeutsam ist, dass mit steigender Zelldichte sowohl das Nährstoffangebot als auch der pH-Wert des Mediums sinken, also keine optimalen Bedingungen mehr bestehen. Mitunter kommt es hierdurch in der Kultur zu einem Selektionsdruck, der solche Zellen begünstigt, die selbst mit ungünstigen Bedingungen noch gut zurechtkommen. Lässt man die Zellen regelmäßig zu dicht wachen, führt das zu einer Selektion dieser Überlebenskünstler, wodurch sich die Zellpopulation auf Dauer verändert.

Tumorzellen und transformierte Zellen haben in der Regel die Fähigkeit zur Kontakthemmung verloren und teilen sich auch dann ungehindert weiter, wenn kein Platz mehr für die Anheftung zur Verfügung steht. Werden diese Zellen nicht rechtzeitig passagiert, kommt es zu einem regelrechten Konkurrenzkampf der Zellen um die noch im Medium vorhandenen Nährstoffe. Alle Zellen, die diesem Konkurrenzdruck nicht standhalten, gehen zugrunde und verschlechtern durch die Zerfallsprodukte das Mediummilieu noch mehr. Dies gefährdet letztlich die ganze Kultur. Oft können morphologisch veränderte Zellen mit einer geringeren Proliferationsrate beobachtet werden. Eine Subkultur sollte man daher immer dann vornehmen, wenn dies für die jeweilige Zelllinie empfohlen wird.

Die Erfahrung zeigt, dass gerade bei Zellkultureinsteigern meist geringe oder gar keine Grundkenntnisse von Adhäsion und Detachment vorhanden sind. Doch das Verständnis darüber, was eigentlich beim Detachment passiert, ist für die Arbeit im Zellkulturlabor essenziell. Die meisten Zellkulturneulinge haben eher nebulöse Vorstellungen z. B. von der extrazellulären Matrix oder von Adhäsionsmolekülen. Daher ist diesem wichtigen Thema das Kapitel 9 gewidmet, in dem der Interessierte sich einen Überblick darüber verschaffen kann. An dieser Stelle ist das Augenmerk ausschließlich auf die methodische Vorgehensweise beim Detachment gerichtet.

Grundsätzlich muss bei adhärenten Zellen der Monolayer erst von der Unterlage abgelöst werden. Dieser Vorgang kann sowohl enzymatisch als auch mechanisch durchgeführt werden. Die verbreitetste Methode zur Ablösung adhärenter Zellen ist die Verwendung proteolytischer Enzyme. Am häufigsten wird dazu Trypsin verwendet. Dieses muss vor dem Gebrauch erwärmt werden, da das Aktivitätsoptimum des Enzyms bei 37 °C liegt. Die Erwärmung im Wasserbad sollte jedoch erst kurz vor dem Einsatz des Enzyms erfolgen.

Was man für das Detachment mit Trypsin braucht:

- zu bearbeitende adhärente Zellkulturen;
- Kalzium- und Magnesium-freies PBS, Medium, Trypsinlösung (meist 0,25% in PBS gelöst);
- Pipettierhilfe, Absaugsystem, sterile Pipetten;
- neue sterile Zellkulturgefäße, eventuell sterile Zentrifugenröhrchen;
- Wasserbad, Brutschrank, eventuell Tischzentrifuge.

Vor dem Beginn der Arbeiten muss das PBS und die Trypsinlösung im Wasserbad auf 37 °C erwärmt werden. Danach geht es wie folgt weiter:

1. Altes Medium absaugen.
2. Zellrasen mit einigen Millilitern der vorgewärmten PBS-Lösung waschen, danach das PBS absaugen (evtl. mehrmals waschen).
3. Monolayer mit Trypsinlösung überschichten (ca. 1 ml für 75-cm^2-Flaschen, 2 bis max. 3 ml für größere Flaschen), Flasche kurz schwenken, um das Trypsin gleichmäßig zu verteilen und dann in den Brutschrank stellen. Meist reichen wenige Minuten Inkubation bei 37 °C aus, jedoch können zelltypabhängig längere Zeiten notwendig sein. Bei besonders hartnäckigen Zellen empfiehlt sich ein Waschschritt mit Trypsin oder eine Erhöhung der Trypsinmenge.
4. Flaschen aus dem Brutschrank nehmen und optisch kontrollieren, ob sich die Zellen abgelöst haben.
5. Die Enzymreaktion durch Zugabe serumhaltigen Mediums abstoppen. Noch haftende Zellen mit dem Medium von der Unterlage spülen. Falls nötig, zusammenhängende Zellen bzw. Zellklumpen durch Resuspendieren mit einer Pipette vereinzeln.

Das weitere Vorgehen hängt davon ab, ob die genaue Zellzahl erst bestimmt werden muss oder ob man bereits einen Erfahrungswert hat, wie viele Zellen sich z. B. in 1 ml Suspension in etwa befinden. Dann kann ein Aliquot der Suspension mit der geschätzten Zellzahl direkt in ein neues Zellkulturgefäß übernommen und mit frischem Medium aufgefüllt werden. Muss eine Zellzählung durchgeführt werden, geht es wie folgt weiter.

1. Die Zellsuspension wird in ein Zentrifugenröhrchen überführt und für zehn Minuten bei 300 g zentrifugiert. Der Überstand wird abgesaugt und das Pellet in einem definierten Volumen frischen Mediums resuspendiert. Daraus wird ein Aliquot für die Zellzählung entnommen (Vorschrift hierfür siehe Kapitel 13). Bei empfindlichen Zellen kann eine Zellzahlbestimmung ohne Zentrifugation erforderlich werden.
2. Die gewünschte Zellzahl wird eingestellt, die Suspension wie oben in neue Kulturgefäße überführt und mit frischem Medium aufgefüllt.

Ein sehr sanftes Verfahren ist das **Abklopfen** (engl. = *shake off*) der Zellen. Dafür eignen sich generell nur schwach haftende Zellen oder aber mitotische Zellen, die wegen der bevorstehenden Zellteilung nicht mehr so fest am Substrat haften. Durch wiederholtes leichtes Klopfen mit dem Finger gegen die Wachstumsfläche der Zellkulturflasche (Unterseite) lösen sich die Zellen vom Substrat ab. Die abgelösten, sich im Zellkulturüberstand befindlichen Zellen werden in ein neues Zellkulturgefäß überführt. Die verbleibenden Zellen können weiterkultiviert werden. Die Ausbeute an Zellen ist bei diesem Verfahren meist recht mager, so dass es nur bei bestimmten Zelllinien in Frage kommt.

Eine Möglichkeit, die Zellausbeute zu erhöhen, ist z. B. eine Vorinkubation von fünf Minuten bis zu einer Stunde bei 4 °C. Auch das Spülen des Zellrasens mit Medium oder Puffer kann die Zellausbeute erhöhen, da sich dadurch noch Zellen ablösen lassen. Das sogenannte ***mitotic-shake-off*-Verfahren** wird häufig in der Genetik zur Selektion mitotischer Zellen durchgeführt, um eine Chromosomenanalyse durchzuführen. Es ist besonders für sehr empfindliche Zellen geeignet, die eine Behandlung mit Agenzien wie etwa dem Spindelgift Colchicin nicht gut vertragen. Ein weiterer Vorteil ist, dass man auf diese Weise ausschließlich die mitotischen Zellen und damit eine synchrone Zellpopulation gewinnt. Das ist besonders für zellzyklusabhängige Untersuchungen von Bedeutung. Alternativ kann man durch eine Serumreduktion („Hungern") die Zellen in die G_0-Phase zwingen. Dieses Verfahren ist ausführlich in Kapitel 2 beschrieben (Abschnitt 2.3.2).

Eine andere Möglichkeit, adhärente Zellen von der Unterlage abzulösen, ist die **Verwendung eines Gummischabers**, der unter der englischen Bezeichnung *rubber policeman* kommerziell erhältlich ist. Generell ist eine Dissoziation mit einem mechanischen Hilfsmittel nicht zu empfehlen, denn die dabei auftretenden Scherkräfte schädigen die Zellen in einem nicht einschätzbaren Ausmaß. Einzig in Ausnahmefällen ist diese Vorgehensweise geeignet, z. B. bei besonders stark haftenden Tumorzellen oder wenn aus versuchstechnischen Gründen die Zellen keinen Kontakt mit proteolytischen Enzymen haben dürfen. Das ist beispielsweise dann der Fall, wenn die Zellmembran im Zentrum des wissenschaftlichen Interesses steht. Durch eine mechanische Dissoziation können zumindest enzymatische Einflüsse auf empfindliche Oberflächenstrukturen ausgeschlossen werden. Da man bei der Verwendung eines Gummischabers jedoch keine Einzellzellsuspension erhält, müssen die Zellen durch mehrmaliges Resuspendieren mit einer Pipette vereinzelt werden, was wiederum mechanischen Stress für die Zellen bedeutet. Wie intakt die Zellen nach der mechanischen Dissoziation sind, kann nur der mit der Methode vertraute Zellkulturexperimentator beurteilen.

Subkultur von Suspensionszellen

Suspensionszellen sind im Hinblick auf die Subkultur dankbarer als adhärente Zellen, denn bei ihnen kann auf eine enzymatische Dissoziation verzichtet werden. Allerdings müssen einige Zelllinien vor dem Passagieren ausführlich resuspendiert werden, da die Zellen leicht zusammenkleben. Die Handhabung von Suspensionszellen ist sehr bequem und anwenderfreundlich. In der Regel reicht es, die Zellen auszudünnen, indem man einfach einen bestimmten Anteil der Suspension abnimmt und mit dem gleichen Volumen frischen Mediums auffüllt. Wie groß die jeweiligen Teile sein sollten, ist im Splitting-Verhältnis angegeben. Dies hängt vom Wachstumsverhalten der jeweiligen Zelllinie ab. Sollte es etwa aus versuchstechnischen Gründen erforderlich sein, die Zellzahl genau zu bestimmen, ist eine Zentrifugation erforderlich. Danach wird das Zellpellet in einem definierten Volumen resuspendiert und ein Aliquot davon für die Zellzählung eingesetzt.

Literatur

Freshney RI (2005) Culture of Animal Cells. Wiley-Liss, New York

Freshney RI (1990) Tierische Zellkulturen. Ein Methoden-Handbuch. de Gruyter, Berlin

Lindl T (2002) Zell- und Gewebekultur, 5. Aufl. Elsevier Spektrum Akademischer Verlag, Heidelberg

Wallhäußer KH (1995) Praxis der Sterilisation, Desinfektion, Konservierung, Keimidentifizierung, Betriebshygiene. 5. Aufl. Thieme, Stuttgart

Bast E (2001) Mikrobiologische Methoden, 2. Aufl. Elsevier Spektrum Akademischer Verlag, Heidelberg

Borneff J, Borneff M (1991) Hygiene. Ein Leitfaden für Studenten und Ärzte, 5. Aufl. Thieme, Stuttgart

DIN EN 554 (1994) Sterilisation von Medizinprodukten,Validierung und Routineüberwachung für die Sterilisation mit feuchter Hitze

DIN EN 285 (2002) Dampfsterilisation (Norm-Entwurf) DIN EN 285:2002-12 Sterilisation - Dampf-Sterilisatoren - Groß-Sterilisatoren

DIN EN 556-1 (2001) Sterilisation von Medizinprodukten – Anforderungen an Medizinprodukte, die als „steril" gekennzeichnet werden – Teil 1: Anforderungen an Medizinprodukte, die in der Endpackung sterilisiert wurden

DIN EN ISO 15 883: Desinfektion

DGHM-Richtlinien zur Prüfung und Bewertung chemischer Desinfektionsverfahren. Würzburg, Deutsche Gesellschaft für Hygiene und Mikrobiologie, www.dghm.org

7 Medien

Was Ihr nicht tut mit Lust, gedeiht Euch nicht.
Aus: Der Widerspenstigen Zähmung

In diesem Kapitel dreht sich alles um die Zellkulturmedien, um deren Inhaltsstoffe und Einsatzmöglichkeiten. Aufgrund der Vielzahl der auf dem Markt erhältlichen Produkte sollen in diesem Kapitel die Standardmedien und einige Neuentwicklungen vorgestellt werden, die dem derzeitigen Trend zur serumreduzierten bzw. serumfreien Zellkultur Rechnung tragen. Die Zellkulturzusätze und Supplemente wie Seren werden in Kapitel 8 detailliert besprochen.

7.1 Basalmedien und Minimalmedien

Im Vergleich zu den Minimalmedien ist in Basalmedien die Konzentration von Aminosäuren um die Hälfte reduziert. Daher ist bei der Verwendung von Basalmedien zu beachten, dass häufiger ein Mediumwechsel durchgeführt werden muss.

7.1.1 BME

Die Mutter aller Basalmedien wurde von Harry Eagle entwickelt und zwar als Basismedium mit minimaler Rezeptur, um das Wachstum von HeLa-Zellen zu fördern. Dieses Basalmedium ist unter dem Namen BME (engl. = *basal medium Eagle*) bekannt, wird in der Regel mit Serum supplementiert und mit 5–10% CO_2-Atmosphäre im Brutschrank verwendet. Es eignet sich für eine breite Palette von normalen und veränderten Zellen.

7.1.2 MEM (Eagle's MEM)

MEM (engl. = *minimum essential medium*) ist ein Minimalmedium und ebenfalls eine Entwicklung von Eagle. MEM stellt eine Modifikation des von ihm entwickelten BME-Mediums dar. Supplementiert mit Serum kann es für eine große Bandbreite von Säugerzellen verwendet werden. MEM mit EBSS (engl. = *Earle's balanced salt solution*) wird in der Regel für die Kultur mit 5% CO_2-Atmosphäre eingesetzt. In geschlossenen Systemen sollte MEM mit HBSS (engl. = *Hanks' balanced salt solution*) verwendet werden. MEM ist als echtes Allround-Medium für jede Art von Zellkultur geeignet.

7.1.3 Alpha MEM

Diese Variante des MEM wurde 1971 entwickelt. Sie wird in der Genetik bzw. Pränataldiagnostik für die Kultur von Knochenmarkzellen und Amniocyten verwendet, um Chromosomenanalysen durch zu führen. Das Alpha MEM unterscheidet sich von der MEM-Standardrezeptur durch folgende zusätzliche Komponenten: Vitamin B12, Ascorbinsäure, nicht-essenzielle Aminosäuren, Pyruvat, Fettsäure und D-Biotin. Eine weitere wichtige Modifikation ist die Supplementierung mit Nucleosiden.

7.1.4 DMEM

DMEM (engl. = *Dulbecco's modified Eagle's medium*) gibt es in zwei Varianten: Mit wenig Glukose (*low glucose*: 1 g/l) und viel Glukose (*high glucose*: 4,5 g/l) im Medium. Vom BME Medium unterscheidet es sich durch eine vierfach erhöhte Konzentration an Vitaminen und Aminosäuren. Darüber hinaus enthält es auch nicht-essenzielle Aminosäuren. In den 1950er-Jahren wurde dieses Medium zur Kultivierung von Polyomaviren in primären und sekundären Mauszellen sowie unter Serumzusatz für die Kultur von normalen Maus- und Hühnerzellen entwickelt. DMEM ist für den Gebrauch mit Serum gedacht und eignet sich, wie auch die Modifikationen dieses Mediums, für ein breites Spektrum von Zellen, die in einer Atmosphäre mit 10% CO_2 wachsen.

7.1.5 HAM's F-10 und F-12

Bekannt sind diese beiden Medien auch unter der Bezeichnung Ham's Nährstoff Mixturen (engl. = *Ham's nutrient mixtures*). Beide benötigen für ein optimales Puffersystem eine CO_2-Konzentration von 5% im Inkubator. Ursprünglich wurde HAM's F-10 für die serumfreie Kultur von CHO-Zellen (engl. = *chinese hamster ovary*), HeLa-Zellen und Maus-L-Zellen entwickelt. Werden beide Medien mit Serum supplementiert oder durch die Zugabe von Hormonen und Wachstumsfaktoren angereichert, können sie für zahlreiche Säuger- und Hybridomzellen verwendet werden. Besonders geeignet sind sie für das klonale Wachstum von Säugetierzellen. So wird HAM's F-10 mit 2% Serum für die Klonierung von CHO-Zellen verwendet, mit 20% Serum kann es für die Kultur von Amniocyten aus Fruchtwasserpunktionen eingesetzt werden. Amniocyten sind fetale Zellen, die von der Haut, dem Urogenital- und Respirationstrakt stammen können und in der Kultur meist schlecht wachsen.

HAM's F-12 ist eine Weiterentwicklung des F-10 Mediums, wobei der Gehalt an Aminosäuren und Zinksulfat erhöht wurde. Zudem wurde noch Putrescin (ein biogenes Amin, welches in Lebensmitteln aus der Aminosäure Ornithin entsteht) und Linolsäure (eine zweifach ungesättigte Omega-6-Fettsäure) hinzu gegeben. HAM's F-12 eignet sich aufgrund seiner Rezeptur besonders für die serumfreie Züchtung von CHO-Zellen.

Darüber hinaus gibt es noch zwei Modifikationen der F-12 Variante, nämlich Coon's Modifikation und Kaighn's Modifikation. Die erste wurde entwickelt, um Hybridzellen, die aus einer Virusfusion hervorgegangen sind, zu kultivieren. Coon's Modifikation enthält die doppelte Menge an Aminosäuren und Pyruvat und zudem Ascorbinsäure und eine veränderte Salzkonzentration. Die Rezeptur beinhaltet außerdem Zinksulfat, wodurch es für die Kultivierung von Maus L-Zellen nicht mehr geeignet ist. An Reichhaltigkeit übertroffen wird dieses Medium von Kaighn's Modifikation, bei der die Konzentration an Aminosäuren und Pyruvat noch höher ist und die Salzkonzentration nach Konigsberg adaptiert wurde. Diese Modifikation wurde hergestellt, um differenzierte Ratten- und Hühnerzellen sowie primäre menschliche Leberzellen zu züchten.

7.1.6. 5a-Medium und McCoy's 5a

Das Basalmedium 5a wurde eigentlich entwickelt um Zellen des Walker-Karzinoms 256, ein Sarkom der Ratte, zu kultivieren. Es eignet sich aber auch für die Kultur von Primärzellen aus verschiedenen Geweben, wie z. B. aus Haut, Lunge und Milz. 1959 publizierte McCoy die benötigte Aminosäurekonzentration für die Kultur von Novikoff's Hepatomzellen, die er in dem 5a-Medium gezüchtet hatte. Im Laufe seiner Arbeiten modifizierte McCoy das 5a-Medium noch weiter, sodass seine Modifikation inzwischen unter dem Namen McCoy's 5a-Medium bekannt ist. Die Rezeptur enthält auch die Modifikationen, die von Iwakata und Grace bei ihren Arbeiten mit humanen Myeloblasten benutzt wurden und sich durch einen erhöhten Anteil an Bacto-Pepton, Folsäure (Vitamin B 9) und Cyanocobalamin (Vitamin B12) auszeichnet. McCoy's 5a mit Serum supplementiert und mit 5% CO_2 verwendet eignet sich für praktisch jede Art von Zellkultur, sogar für anspruchsvolle Zelllinien, und ist außerdem ein gutes Transportmedium.

7.1.7 RPMI 1640

RPMI 1640 (Akronym, hergeleitet von Roswell Park Memorial Institute) wurde 1966 von Moore und seinen Mitarbeitern entwickelt und basiert auf der Formel des RPMI 1630. RPMI 1640 ist mit Aminosäuren und Vitaminen angereichert und war ursprünglich für das Wachstum von menschlichen Leukämiezellen in einer Monolayer- oder Suspensionskultur gedacht. Supplementiert mit Serum, Wachstumsfaktoren, Cytokinen, Vitaminen und Aminosäuren kann es für ein breites Spektrum von Säugerzellen und Hybridzellen verwendet werden. Am häufigsten wird es jedoch für die Suspensionskultur von Knochenmark, peripherem Blut und soliden Tumoren eingesetzt. RPMI 1640 enthält in der Standardrezeptur D-Glukose und Bicarbonat, wird aber je nach erforderlichen Kulturbedingungen auch mit L-Glutamin supplementiert. Wie beim DMEM wird dieses Medium auch mit HEPES anstatt mit Bicarbonat bzw. reduziertem Bicarbonat angeboten. Es eignet sich auch als Transportmedium.

7.1.8 L-15-Medium (Leibovitz's Medium)

Dieses Medium wurde ursprünglich für die Kultivierung in einem CO_2-freien, ohne Bicarbonat gepufferten System entwickelt. Da L-15-Medium kein Bicarbonat enthält, wird die Pufferkapazität durch Phosphate sowie durch die Zugabe von Salzen und Galaktose anstelle von Glukose erzielt. Außerdem wird das Medium durch den erhöhten Gehalt freier Aminosäuren, insbesondere von L-Arginin, gepuffert. Etablierte Zelllinien wie Hep-2 und LLC-MK_2 sowie adhärente primäre Explantate von embryonalen und adulten Geweben können darin gezüchtet werden, vorausgesetzt das Medium wird entsprechend supplementiert. Gerade wenn die explantierten Zellen für die Produktion von Viren verwendet werden, ist das L-15-Medium besonders geeignet. Durch Supplementierung mit 10% Tryptose-Phosphat-Broth eignet es sich auch für die Kultivierung von Insektenzellen

7.2 Komplett- und Fertigmedien

Diese Medien bieten einen einzigartigen Vorteil: Der allzeit gestresste Anwender muss sich keine Gedanken mehr darüber machen, ob er für das Wohlbefinden seiner Zellen irgendeine Zutat vergessen hat. In Fertigmedien ist in der Regel alles enthalten, was des Experimentators Herz für seine Zellkultur begehrt. Am häufigsten werden Fertigmedien in der Genetik und Pränataldiagnostik eingesetzt, daher hat sich der Markt stark auf das Angebot von Medien für die Kultur von Knochenmark und peripherem Blut sowie von Amniocyten aus Fruchtwasserpunktionen und Chorionzottenbiopsien konzentriert. Einzig im Ausnahmefall muss den Zellen noch eine Zutat, wie z. B. ein Mitogen, kredenzt werden, damit es losgehen kann. Mitogene sind pflanzliche Lektine wie Phytohämagglutinin (PHA) oder Concanavalin A (Con A). Diese Lektine haben mitogene Eigenschaften, d. h. sie stimulieren ruhende Zellen und bringen sie dazu, in die Mitose einzutreten. Vor ihrem Einsatz müssen diese Medien noch mit einem solchen Mitogen versetzt werden, damit eine Chromosomenuntersuchung durchgeführt werden kann. Ohne Mitose gibt es schließlich keine Metaphase-Chromosomen, die es zu untersuchen gilt. Da hier nicht alle Produkte, die es auf dem Markt für diesen Anwendungsbereich gibt, besprochen können, sollen nur einige exemplarisch vorgestellt werden.

7.2.1 Chang-Medium BMC und MF

Diese beiden Fertigmedien wurden Anfang der 1980er-Jahre von Chang entwickelt und basieren auf der Rezeptur von RPMI 1640. Als *ready-to-use*-Medien enthalten sie Kälberserum, HEPES und ein Antibiotikum. Je nach Anbieter handelt es sich entweder um Gentamycin oder die Standardkombination Penicillin/Streptomycin. Optimiert sind diese Medien für eine 5%ige CO_2-Atmosphäre, können aber auch im geschlossenen System verwendet werden. Der pH-Wert für die Kultur soll zwischen 7,2 und 7,5 liegen. Der Unterschied zwischen der BMC-Variante und der MF-Variante besteht darin, dass das BMC-Medium 10% GCT-CM (engl. = *giant gell tumor-conditioned medium*) enthält. Das MF-Medium (engl. = *mitogen free*) enthält keine Mitogene. Beide Chang-Medien werden für die Primärkultur von Amniocyten verwendet und unterstützen das Wachstum von Chorionzottenbiopsien. Zudem eignen sie sich für die Kultur von Knochenmarkzellen, peripherem Blut und anderen Lymphocytenkulturen.

7.2.2 AmnioGrow Plus

Auch dieses Medium ist in der Pränantaldiagnostik verbreitet und für die Kultur von Amniocyten und Chorionzotten gedacht. Es basiert auf der Alpha-Modifikation von MEM und enthält Kälberserum, Hormone und Wachstumsfaktoren, Insulin und L-Glutamin sowie Antibiotika. AmnioGrow enthält Bicarbonat als Puffer und ist für die Verwendung im Brutschrank optimiert.

7.2.3 Medien für die Chromosomenanalyse

Untersuchungen an den menschlichen Chromosomen werden nicht nur an Amniocyten in der Pränataldiagnostik durchgeführt, sondern auch in der Cytogenetik bzw. in der Tumorcytogenetik. Hierbei werden die Chromosomenanalysen meist an bestimmten Blutzellen, den Lymphocyten, oder an Knochenmarkszellen durchgeführt. Für diese Zwecke stehen dem Anwender Fertigmedien auf der Basis von Basalmedien (z. B. RPMI 1640 oder Chang Medium BMC) zur Verfügung, die meist schon mit einem Mitogen wie PHA versetzt erhältlich sind. Solche Medien heißen dann schlicht Chromosomenmedium oder haben assoziative Namen wie KaryoMax oder MarrowMax. Sinn dieser Medien ist es, den mitotischen Index der zu untersuchenden Zellpopulation zu erhöhen, damit der Anwender eine größere Ausbeute an Metaphasen erhält.

Möglichst viele Metaphasen sind schließlich eine nicht unwichtige Vorraussetzung für eine aussagefähige Chromosomenanalyse.

7.3 Definierte, serumfreie und proteinreduzierte Medien

Die stetig zunehmende Anzahl der Neuentwicklungen auf dem Markt hat dazu geführt, dass man es inzwischen mit einem wahren Dschungel von Medien zu tun hat. Diese Fülle von Produkten kann einem schnell den Überblick rauben. Definierte Medien enthalten nur Inhaltsstoffe, die in ihre Bestandteile zerlegt und anschließend wieder chemisch definiert zusammengesetzt wurden. Daher ist die Konzentration und Zusammensetzung der enthaltenen Komponenten genau bekannt. Es handelt sich meist um serumfreie Medien, die aber für bestimmte Kulturzwecke auch mit einem Serumsupplement verwendet werden können. Serumfreie Medien dagegen sind optimiert für die Zellkultur ohne Serumsupplement. Das heißt aber nicht, dass diese Medien automatisch damit auch frei von Proteinen sind. Vollkommen proteinfreie Medien machen auch keinen Sinn, denn darin würden Säugerzellen wohl rasch in einen Wachstumsstreik treten. Dafür gibt es aber proteinreduzierte Medien, die allerdings für die Standardkultur unter Vermehrungsbedingungen eher ungeeignet sind.

7.3.1 Medium 199

Dieses Medium ist eins der ersten chemisch definierten Medien. Es wurde 1950 von Morgan und seinen Mitarbeitern entwickelt, die mit verschiedenen Kombinationen von Vitaminen, Aminosäuren und anderen Faktoren experimentierten und dabei entdeckten, dass das Wachstum von Gewebeexplantaten in diesem Medium gemessen werden kann. Sie fanden auch heraus, dass eine Langzeitkultur nur mit einem Serumsupplement möglich ist. Wird Medium 199 mit Serum und anderen Supplementen versetzt, kann es für eine große Bandbreite von Spezies eingesetzt werden, besonders geeignet ist es für nicht transformierte Zellen. Verwendet wird ist es z. B. in der Vakzinproduktion, aber auch für die Primärkultur von Pankreasepithelzellen der Maus und Linsengewebe der Ratte. Ohne Serum wird es für die Primärkultur von Fibroblasten aus dem Hühnerembryo verwendet. Erhältlich ist das Medium mit Hank's oder mit Earle's Salzen, kann also im offenen und geschlossenen System eingesetzt werden.

7.3.2 Iscove's Modified Dulbecco's Medium (IMDM)

In diesem vollständig definierten Medium wachsen Vorläuferzellen von Erythrocyten und Makrophagen unter serumfreien Bedingungen, allerdings supplementiert mit Albumin, Transferrin, Lecithin und Selen. Der hohe Anteil an Bicarbonat neben HEPES erfordert CO_2-haltige Kulturbedingungen. Iscove's Medium stellt eine Modifikation des DMEM dar und enthält zusätzliche Aminosäuren und Vitamine, Pyruvat, HEPES und schließlich Kaliumnitrat anstelle von Eisennitrat. Besonders geeignet ist dieses Medium für das Wachstum von B-Lymphocyten der Maus, hämatopoetischem Gewebe aus dem Knochenmark, für B-Zellen, die mit Lipopolysacchariden stimuliert wurden, und für einige Hybridzellen. Mit der Supplementkombination Albumin, Transferrin und Sojabohnenlipiden eignet sich Iscove's auch für die Kultivierung von Lymphocyten, Knochenmarkzellen und Hybridomazellen.

7.3.3 MCDB-Medien

Eigentlich handelt es sich bei diesen Medien um eine ganze Mediumreihe, die von Ham und seinen Mitarbeitern in den 1970er- und 1980er Jahren für die serumfreie und proteinreduzierte Kultur von bestimmten Zelltypen entwickelt wurde. Jedes Medium wurde quantitativ und qualitativ so konzipiert, dass diese Zelltypen unter definierten, was das Nährstoffangebot angeht optimierten und ausgewogenen Bedingungen wachsen. Sie enthalten Hormone, Wachstumsfaktoren, Spurenelemente und/oder geringe Mengen von dialysiertem fetalem Rinderserumprotein. Da hier nicht alle Medien im Detail besprochen werden können, sind die wichtigsten Merkmale dieser Medien in der Tabelle 7-1 zusammengefasst.

Tab. 7-1: Merkmale verschiedener Medien.

Bezeichnung des Mediums	Beschreibung	Anwendung
MCDB 105	enthält Spurenelemente, L-Glutamin und 25 mM HEPES	Langzeitkultur von diploiden fibroblastenartigen Zellen wie WI 38, MRC 5 und IMR-90; empfohlen für die Virusproduktion in adhärenten Zellkulturen; empfohlen für Zellen, die bei einem pH-Wert oberhalb von 7,2 besser wachsen
MCDB 110	enthält Spurenelemente, L-Glutamin und 25 mM HEPES	schnell wachsende menschliche fibroblastenartige Zellen; empfohlen für die Virusproduktion in adhärenten Zellkulturen; empfohlen für Zellen, die bei einem pH-Wert oberhalb von 7,2 besser wachsen
MCDB 131	enthält Spurenelemente, L-Glutamin und wird mit Bicarbonat anstelle von HEPES gepuffert	klonales Wachstum von menschlichen mikrovaskulären Endothelzellen (HMVEC)
MCDB 151	enthält Spurenelemente, L-Glutamin und 28 mM HEPES	Wachstum von primären menschlichen Keratinocyten; empfohlen für Zellen, die bei einem pH-Wert oberhalb von 7,2 besser wachsen
MCDB 153	enthält Spurenelemente, L-Glutamin und 28 mM HEPES, das Medium ist vor allem mit Spurenelementen stärker supplementiert als MCDB 151	klonales Wachstum und Langzeitkultur von menschlichen epidermalen Keratinocyten unter serumfreien Bedingungen; empfohlen für Zellen, die bei einem pH-Wert oberhalb von 7,2 besser wachsen
MCDB 201	enthält Spurenelemente, L-Glutamin und 30 mM HEPES	klonales Wachstum von Hühnerembryo-Fibroblasten (CEF), die für die Virusproduktion verwendet werden; empfohlen für Zellen, die bei einem pH-Wert oberhalb von 7,2 besser wachsen
MCDB 302	enthält Spurenelemente und L-Glutamin, aber keine Nucleoside, wird mit Bicarbonat anstelle von HEPES gepuffert	klonales Wachstum von Ovarialzellen des chinesischen Hamsters (CHO-Zellen)

7.3.4 MegaCell und Advanced Medien

Diese Medien wurden dafür konzipiert, um Zellen unter reduzierten Serumbedingungen zu kultivieren. Der Anteil an Kälberserum kann dadurch deutlich reduziert werden. Die Zusammensetzung basiert auf der klassischen Basalmediumrezeptur, wobei die MegaCell-Medien mit Wachstumsfaktoren, Aminosäuren, Insulin, Spurenelementen und nicht-essenziellen Aminosäuren angereichert wurden. Um die Pufferkapazität zu erhöhen, wurde den Medien HEPES zugesetzt. Optimiert ist das Ganze für die Verwendung mit 3% Serum, jedoch wurden auch Serumkonzentrationen im Bereich von 1–5% getestet und für gut befunden. Sowohl adhärente als auch Suspensionszellkultur ist mit diesen Medien möglich. Diejenigen Experimentatoren- die mit Spinnerkulturen arbeiten- wird interessieren, dass die Umstellung von einer statischen Kultur auf Spinnerflaschen mit diesen Medien in einer minimalen Umstellungszeit erledigt sein soll. Für viele Zellen ist auch keine zeitaufwändige Anpassung an reduzierte Serumbedingungen mehr erforderlich.

Die MegaCell-Medien müssen sich den Markt mit anderen Produkten teilen, die ebenfalls für die Kultur unter serumreduzierten Bedingungen optimiert worden sind. Natürlich gibt es wieder eine große Anzahl von Medien, die da in Frage kommen, jedoch sollen an dieser Stelle die Advanced Medien als eins von vielen möglichen Beispielen erwähnt werden. Advanced Medien gibt es in verschiedenen Ausführungen (MEM, DMEM, RPMI usw.), womit laut Herstellerangaben unter anderem die folgenden und viele weitere Zelllinien optimal in Ihrem Wachstum unterstützt werden: MDEK, Hep-2, COS-7, A549, WI-38.

Die relativ neue Sparte der serumreduzierten Medien ist eine Nische mit Entwicklungspotenzial, daher ist damit zu rechnen, dass es bald noch eine Vielzahl weiterer Medien mit ähnlichen Eigenschaften geben wird.

7.3.5 PANSERIN-Medien

Die definierten PANSERIN-Medien gibt es in verschiedenen Varianten, nämlich PANSERIN 401 bis 901. Die Mediumvarianten sind für eine große Bandbreite von Zellen geeignet. Die Palette reicht von Makrophagen, Osteoblasten, HEK-Zellen (engl. = *hamster embryo kidney*), Epithelzellen, Lymphocyten, menschliche Brustkrebszellen, Fibroblasten, Hybridomazellen, dendritische Zellen, Melanocyten, HeLa-Zellen, CHO-Zellen und Karzinomzellen bis hin zur neuesten Entwicklung – eines Mediums für T-Zellen. Als Allround-Medien sind sie für die serumfreie Zellkultur optimiert, zudem enthalten sie keine nicht definierten Proteinkomplexe. Außerdem ist der Endotoxingehalt konstant niedrig, daher bietet PANSERIN standardisierte Wachstumsbedingungen. Der Hersteller gibt an, dass die meisten Zellen keine anderen Nährstoffquellen benötigen und eine Umstellung auf dieses Medium ohne umständliche Adaption möglich ist. Einen Überblick bietet Tabelle 7-2.

Tab. 7-2: PANSERIN-Medien und ihre Anwendungsgebiete.

Bezeichnung des Mediums	Beschreibung	Anwendung
PANSERIN 401	Rezeptur auf Basis von Iscove's Medium mit folgenden Zusätzen: Transferrin, Rinderserumalbumin, Cholesterin, Lipide, verschiedene Spurenelemente	Allround-Medium für verschiedene Säugerzellen
PANSERIN 501	Rezeptur auf Basis von Iscove's Medium; enthält kein Rinderserumalbumin, niedriger Proteingehalt (< 50 mg/l)	optimiert für die erleichterte Isolierung von zellulären Syntheseprodukten aus dem Kulturüberstand, z. B. bei der Antikörperproduktion
PANSERIN 601	proteinreduziertes Medium (Proteingehalt 10 mg/l), enthält außer Transferrin keine weiteren Proteine	ausgesprochenes Erhaltungs- und Produktionsmedium für lymphoide Zellen; ungeeignet für Anzucht und Vermehrung von Zellen
PANSERIN 701	Rezeptur auf Basis von Iscove's Basalmedium mit folgenden Zusätzen: Rinderserumalbumin, Transferrin, Lipide, ausgewählte Spurenelemente und Phytohämagglutinin	serumfreies Chromosomenmedium für die Kultur und Subkultivierung von Lymphocyten
PANSERIN 801	Rezeptur auf Basis von MCDB-153 mit folgenden Zusätzen: Epidermaler Wachstumsfaktor (EGF), Insulin, Hydrokortison, Ethanolamin, Phosphoethanolamin, BPE (Hypophysenextrakte)	serumfreies Medium speziell für die Keratinocytenkultur, keine Feeder zellen (Fibroblasten) mehr nötig
PANSERIN 901	Adaptationsmedium, das mit Kulturüberständen von Zellen, die serumfrei gezüchtet werden, konditioniert wird	für die Adaption von anspruchsvollen Zellen an serumfreie Bedingungen

7.4 Thermostabile Medien

Diese Medien sind eine relativ neue Entwicklung und dafür konzipiert worden, das allgemein bekannte Problem der Hitzeempfindlichkeit bestimmter Mediumbestandteile loszuwerden. Komponenten wie Vitamine und Mineralien sind hitzelabil und zerfallen bei 37 °C nach einiger Zeit. Aus diesem Grund werden Medien bei 4 °C im Kühlschrank gelagert und erst für ihren Einsatz in der Zellkultur im Wasserbad erwärmt. Thermostabile Medien dagegen können bei Raumtemperatur gelagert werden, da diese Medien mit speziellen Techniken aufgearbeitet wurden.

Dabei hat man sich ein beeindruckendes Beispiel aus der Natur zum Vorbild genommen, nämlich die thermophilen Archaebakterien. Diese kleinen Überlebenskünstler überleben selbst unter extremsten Bedingungen z. B. in heißen Quellen. Bestimmte Vitamine, gelöste Substanzen und Ionenaggregate sind der Grund für die enorme Anpassungsfähigkeit an dieses lebensfeindliche Milieu. Eine wichtige Rolle spielen dabei bestimmte Komponenten, die man „Klathrate“ nennt. Diese besitzen besondere Eigenschaften, die Pate für den Namen gestanden haben. Klathrate sind chemische Verbindungen, die wie ein Käfig (lat. = *clatratus*) Hohlräume aufweisen, in die andere Stoffe physikalisch eingelagert sind. Es handelt sich also um Einlagerungsverbindungen.

Wie kommt die Schutzwirkung gegen die hohen Temperaturen zustande? Man benötigt ein mehrstufiges Verfahren, um die Thermostabilität zu erreichen. Angefangen von der ionischen

Interaktion zwischen Vitaminen und Aminosäuren mit anderen Medienkomponenten, über die intermolekulare Akkumulation von Einzelkomponenten bis hin zur Bildung kristallähnlicher Verbindungen zu höheren Strukturen. Am Ende dieses Prozesses umschließen die Klathrate diese kristallartigen Suprastrukturen, die ein stabiles System der Thermotoleranz bilden. Dieses ausbalancierte System ist in der Lage, Hitze zu absorbieren ohne die Einzelstrukturen zu zerstören.

Die thermostabilen Medien gibt es in den zwei DMEM-Varianten mit viel und wenig Glukose und als RPMI 1640. Langzeitstudien haben ergeben, dass sie über ein Jahr bei Raumtemperatur gelagert stabil sind. Dies wurde bereits an den Zelllinien HeLa, CHO, Vero, BHK, MDCK, MRC-5 und HEK 293 getestet und in Stabilitätsstudien bestätigt.

7.5 Zelltypspezifische Spezialmedien

7.5.1 Insektenmedien

Insektenzellkultur ist meist die Grundlage für ein Expressionssystem (z. B. Baculovirus-Expressionsvektorsystem), bei dem die Abgabe bestimmter rekombinanter Proteine in den Zellkulturüberstand im Vordergrund steht. Gängige Insektenzelllinien wie Sf9, COS-7 oder High Five werden in Medien, die für diesen Zweck optimiert sind, kultiviert. Eine andere Anwendung liegt in der Kultur von Zellen der Fruchtfliege *Drosophila melanogaster*, einem bekannten Tiermodell in der Genetik. Insektenmedien, die für diese Zwecke entwickelt wurden, sind z. B. IPL-41, Schneider's Drosophila Medium oder Grace's Insektenzellkultur Medium. Diese Medien enthalten L-Glutamin wie andere Medien auch, aber meist kein Serum und sie sind frei von Proteinen. Die entsprechenden Insektenzelllinien für die Produktion rekombinanter Proteine sind in der Regel an serumfreie Kulturbedingungen adaptiert auf dem Markt erhältlich. Der Einsatz proteinfreier Medien erleichtert die Isolierung und Reinigung der rekombinanten Proteine aus dem Zellkulturüberstand.

7.5.2 Makrophagenmedien

Die Kultur von Makrophagen ist knifflig, da man es mit einem Zellsystem zu tun hat, bei dem entweder die Differenzierung von Monocyten zu Makrophagen im Mittelpunkt steht oder aber eine homogene ausgereifte Makrophagenpopulation benötigt wird. Letzteres kann man nur mit einem Trick erreichen: Man lässt die Zellen in einem Teflonbeutel, an den sie nicht adhärieren können, einen Reifungsschritt durchlaufen. In einem derartigen Kultursystem wird die Adhärenz unterbunden, die den endgültigen Stimulus für die Ausdifferenzierung darstellt. Anschließend isoliert man die reifen monocytären Zellen unterschiedlicher Stadien und lässt sie im Teflonbeutel zu Promakrophagen ausreifen. Dadurch lässt sich die Ausbeute steigern und man erhält eine synchrone Zellpopulation. Die Reifung bis zum Promakrophagen wird durch die Zugabe von 10% Serum zum Medium erreicht. Da die Ausgangszellen hämatopoetischer Herkunft sind, kann für die Makrophagenkultur Iscove's Medium verwendet werden. Zudem wird neben der Standardkombination Penicillin/Streptomycin noch Glutamin benötigt und das Ganze mit 8% CO_2 begast. Alternativ kann man Makrophagen in RPMI 1640 mit 10% FKS, 1% L-Glutamin und nicht-essenziellen Aminosäuren supplementieren und ebenfalls in Teflonbeuteln kultivieren.

7.5.3 Endothelmedien

Endothelzellen können von mehr oder weniger beliebigen Stellen des Gefäßsystems gewonnen werden: große und kleine Venen, große Arterien, Kapillaren und Blutgefäßen im Gehirn oder auch dem Gefäßnetz, das einen Tumor umgibt. Eine leicht verfügbare Quelle für Endothelzellen ist die Nabelschnur von Neugeborenen. Für deren Kultivierung wurden eine Reihe von Medien entwickelt, mit denen die meisten, wenn auch nicht alle Endothelzellen aus den genannten Quellen kultiviert werden können. Ein Medium, das für die Kultur von Nabelschnur-Endothelzellen optimiert ist, ist z. B. das CS-C-Medium, das mit und ohne Serumsupplement erhältlich ist. Optimal wachsen die Endothelzellen, wenn dem Medium außerdem noch ein endothelialer Wachstumsfaktor und ein Anheftungsfaktor für Endothelzellen zugegeben werden. Alternativ dazu ist die Verwendung von MCDB 131 für die Kultivierung von Nabelschnur-Endothelzellen weit verbreitet.

In der Leber befinden sich ebenfalls Endothelzellen, die Hepatocyten. Diese Zellen wurden schon in DMEM/F-12 und RPMI 1640 und anderen klassischen Basalmedien erfolgreich kultiviert, wobei ein Serumsupplement benötigt wird. Es gibt aber ein Spezialmedium, mit dem primäre, sekundäre und klonierte immortalisierte Hepatocyten unter reduzierten Serumbedingungen gezüchtet werden können. Dieses Medium ist unter dem Namen H 1777 auf dem Markt und stellt eine angereicherte Modifikation auf der Rezeptur des Leibovitz's Medium dar.

7.5.4 Stammzellmedien

Die Stammzellforschung ist eines der vielversprechendsten medizinischen Forschungsfelder mit einem stark anwendungsorientiertem Schwerpunkt. Dabei steht meist die Wiederherstellung geschädigter Gewebe im Vordergrund des Interesses und man verspricht sich neue Ansätze für die Therapie schwerwiegender Erkrankungen. Ein Fokus der Stammzellforschung beruht auf der Gewinnung von hämatopoetischen Stammzellen aus Nabelschnurblut. Allerdings ist die Ausbeute an Stammzellen aus dieser Quelle relativ mager, daher hat man Medien entwickelt, die eine *ex-vivo*-Expansion mit hohen Zelldichten vitaler Stammzellen ermöglichen. Erst dadurch werden die Voraussetzungen für eine erfolgreiche Transplantation der Stammzellen geschaffen und die dabei auftretenden Kurzzeiteffekte wie Neutropenie und Thrombocytopenie (Mangel an Abwehrzellen bzw. Blutplättchen) lassen sich minimieren. Diese unerwünschten Nebeneffekte stellen klassische Komplikationen dar und gefährden den Erfolg einer Chemotherapie z. B. nach einer Krebserkrankung. Mit einem speziellen Expansionsmedium lässt sich das Problem gut in den Griff bekommen, denn es unterstützt das Wachstum von CD34-positiven Zellen (eng. = *cluster of differentiation*; wichtigster Oberflächenmarker auf hämatopoetischen Stammzellen) aus Knochenmark, Nabelschnurblut und mobilisiertem peripheren Blut.

7.5.5 Medien für die Embryokultur

In der Zell- und Molekularbiologie sind transgene Tiere ein gutes Modell für die Untersuchung der Funktion bestimmter Gene. Transgene Techniken können an vielen Organismen durchgeführt werden, sehr häufig werden transgene Mäuse für solche Untersuchungen eingesetzt. Derart veränderte Tiere können durch die Mikroinjektion von stabil transfizierten embryonalen Stammzellen der Maus in die Blastocyste hergestellt werden. Die Blastocyste ist das Entwicklungsstadium des Embryos, das sich in die Gebärmutterschleimhaut einnistet. In diesem Entwicklungsstadium lassen sich bereits zwei Gewebe differenzieren. Das eine ist die äußere Zellmasse, auch Trophoblast genannt, aus der sich die spätere Plazenta entwickelt. Das andere Embryonalgewebe ist die innere Zellmasse, auch Embryoblast genannt, aus der sich der eigentliche Embryo entwickelt.

Für die Kultur von Mausembryos werden Medien benötigt, die eine Ausdifferenzierung des Embryos bis zur Blastocyste ermöglichen. Das M16-Medium ist mit Bicarbonat gepuffert und dafür konzipiert, um Mausembryos in einer 5%igen CO_2-Atmosphäre im Brutschrank zu züchten. Das Handling bei der Mikroinjektion erfordert aber auch ein Medium, das die Mikroinjektion der transgen veränderten Stammzellen in die Blastocyste bei Raumtemperatur erlaubt. Dafür gibt es das M2-Medium, das mit HEPES gepuffert ist und solche Manipulationen außerhalb des Brutschranks ermöglicht, indem es den pH-Wert bei Raumtemperatur stabilisiert. Beide Medien müssen mit den üblichen Antibiotika versetzt werden, damit es bei den Schritten außerhalb des Inkubators nicht zu Kontaminationen kommt.

Literatur

Christie A, Butler M (1999) The adaptation of BHK cells to a non-ammoniagenic glutamate-based culture medium. Biotechnol Bioeng 64(3): 298–309

Eagle H (1955) Nutrition needs of mammalian cells in tissue. Science 122: 501–504

Grace, TDC (1962) Establishment of four strains of cells from insect tissue grown *in vitro*. Nature 195: 788–789

Hassell T et al. (1991) Growth inhibition in animal cell culture. The effect of lactate and ammonia. Appl Biochem Biotechnol 30(1): 29–41

Jungi TW et al. (1996) Induction of nitric oxide synthase in bovine mononuclear phagocytes is differentation stage-dependent. Immunobiology 195: 385–400

Law JH, Wells MA (1989) Insects as biochemical models. J Biol Chem 264: 16335–16338

Ozisik YY et al. (1994) Trisomy 5 in long-term Cultures from bone marrow of patients with solid tumors. Cancer Genetics and Cytogenetics 78: 207–209

Sanford KK et al. (1952) The effects of ultrafiltrates and residues of horse serum and chickembryo extract on proliferation of cells *in vitro*. J Nat Cancer Inst 13: 121–137

Schlaeger EJ (1996) Medium design for insect cell culture. Cytotechnology 20: 57–70

Schlaeger EJ (1996) The protein hydrolysate, Primatone RL, is a cost-effective multiple growth promotor of mammalian cell culture in serum-containing and serum-free media and displays anti-apoptosis properties. J Immun Meth 194: 191–199

Schlaeger EJ et al (1993) SF-1, a low cost culture medium for the production of recombinant proteins in baculovirus infected cells. Biotech Techn 7(3): 183–188

Weiss SA et al. (1981) Improved method for the production of insect cell cultures in large volume. In Vitro 17: 495–502

Yang M & Butler M (2000) Effect of ammonia on the glycosylation of human recombinant erythropoietin in culture. Biotechnol Prog 16(5): 751–759

Yang M & Butler M (2002) Effects of ammonia and glucosamine on the heterogeneity of erythropoietin glycoforms. Biotechnol Prog 18(1): 129–38

8 Zellkultursupplemente und andere Zusätze

Dass viele Dinge, die zusammenstimmen
Zur Harmonie, verschieden wirken können,
Wie viele Pfeile da – und dorthin fliegen
Zu einem Ziel.
Aus: König Heinrich V.

8.1 Seren

Seren sind unverzichtbar für die Zellkultivierung. Sie werden in Anteilen von 3–25% dem Medium zugesetzt, je nach Bedarf der jeweiligen Zelllinie. Erst in der jüngsten Zeit setzt sich zunehmend ein Trend zur serumfreien Kultur durch. Das hat sicher mit der Vielzahl der möglichen Kontaminationen zu tun, die durch die Zugabe von Serum ins Medium dem Experimentator das Leben schwer machen. Dennoch ist es nicht ganz einfach, auf das Serum vollkommen zu verzichten. Das liegt daran, dass es bisher noch nicht gelungen ist, einen dem Serum wirklich gleichwertigen Ersatz herzustellen. Das dürfte tatsächlich eine Sisyphos-Aufgabe sein, denn Serum ist ein Cocktail, dessen Zusammensetzung nicht genau bekannt ist. Tierisches Serum ist ein Naturprodukt und die Zusammensetzung kann von Tier zu Tier sehr stark schwanken. Aus diesem Grund ist das Austesten neuer Serumchargen für die Zellkultur eine der wichtigsten, wenngleich lästigsten Aufgaben.

Im Serum sind eine beeindruckende Anzahl von Komponenten wie Wachstumsfaktoren, Hormone, Adhäsionsmoleküle, Cytokine, Aminosäuren und Vitamine enthalten. Die Gesamtkonzentration der Proteine beträgt etwa 50–70 mg/ml. Diese Fülle an wachstumsfördernden Ingredienzien macht es zu einer idealen Nahrungsquelle für die *in-vitro*-Kultivierung von Zellen. Darüber hinaus enthält es Komplementfaktoren, die durch Immunreaktionen des Spendertiers ins Serum gelangen. Bis heute ist es nicht gelungen, alle Serumkomponenten zu identifizieren. Deshalb kann niemand genau sagen, was in welchen Konzentrationen in diesem Cocktail enthalten ist und welche Bestandteile für die Zellen von entscheidender Bedeutung sind.

Leider kommen auch viele unerwünschte Krankheitserreger wie etwa Mycoplasmen, Viren oder bakterielle L-Formen (vgl. Kap. 10) durch das Serum in die Zellkultur. Auch der Endotoxingehalt stellt oftmals ein Problem für den Anwender dar. Endotoxine gehören zu den Pyrogenen und können beim Menschen eine ganze Reihe biologischer Reaktionen auslösen. Die Palette reicht von Fieber bis zum septischen Schock. Deshalb will man keine Endotoxine in der Zellkultur haben, denn deren Wirkung auf die Zellen ist nicht vorhersehbar. Aus dem Grund wird das Serum von den Herstellern auf Teufel komm raus bestrahlt, filtriert und zertifiziert. Dennoch lässt sich dadurch die Präsenz von Erregern nicht vollkommen ausschließen. Die Kultur mit tierischem Serum ist nach wie vor mit dem Risiko einer Kontamination behaftet. Die nicht reproduzierbare Zusammensetzung wirft zudem die Frage nach der Standardisierung von Zellkulturexperimenten auf. Schließlich kann man nie ganz ausschließen, dass Experimente, die mit der einen Serumcharge durchgeführt wurden, auch tatsächlich vergleichbar sind mit denen, die mit einer anderen Charge gemacht wurden.

Serum ist außerdem nicht gleich Serum. Man kann es aus den verschiedensten Tierspezies und aus dem Menschen gewinnen. Am häufigsten wird **fetales Kälberserum** (FKS, engl. FCS = *fetal calf serum*) in der Zellkultur eingesetzt. Es stammt von ungeborenen Rinderfeten und wird zwischen dem dritten und siebten Trächtigkeitsmonat bei der Schlachtung des Muttertiers gewonnen. Diesem wird die Gebärmutter mit dem darin befindlichen Fetus entnommen, um das Blut direkt durch Punktion des fetalen Herzens zu gewinnen und es dann gerinnen zu lassen. Dieser natürliche, über mehrere Stufen verlaufende Gerinnungsprozess führt gegen Ende der Gerinnungskaskade zur Freisetzung eines Wachstumsfaktors aus den Thrombocyten (Blutplättchen), der **PDGF** (engl. = *platelet-derived growth factor*) genannt wird. Nach der anschließenden Zentrifugation des Blutes bleibt das Serum übrig, welches sich vom Blutplasma durch das Fehlen gerinnungsaktiver Proteine wie Fibrinogen unterscheidet. Wird das Blut noch vor der Gerinnung zentrifugiert, enthält es den Wachstumsfaktor der Blutplättchen nicht, denn er wird nur durch den natürlichen Gerinnungsprozess freigesetzt und in den Blutstrom abgegeben.

Ist die Konzentration von Wachstumsfaktoren im Serum eher gering (Wachstumshormon: 34 ng/ml, Insulin: 0,2 ng/ml), so ist sie im fetalen Kälberserum höher, was auf den oben beschriebenen Gerinnungsprozess zurückzuführen ist, bei dem der PDGF gewonnen wird. Das auf diese Art hergestellte Serum soll keimarm sein, vorausgesetzt das trächtige Muttertier hatte keine Infektion, die transplazentar auf den Fetus übergegangen ist (vgl. Abschnitt 10.7). Angeblich soll durch die Technik des Blutsammelns und die Bearbeitung des Rohserums auch ein Hämoglobingehalt von < 15 mg/l erzielt werden. Liegt es als Oxyhämoglobin vor, werden ihm leistungssteigernde und wachstumsfördernde Eigenschaften in der Zellkultur zugeschrieben.

Die Serumgewinnung aus Rinderfeten ist eine blutige Angelegenheit und kein angenehmes Thema für den tierfreundlichen Zellkulturexperimentator. Viel besser sieht es leider mit der meist etwas preisgünstigeren Alternative zum FKS, dem **NKS** (Neugeborenen Kälberserum, engl. = *newborn calf serum*, NCS) auch nicht aus. Es stammt von neugeborenen Kälbern, die erst bis zu zwei Wochen nach der Geburt geschlachtet werden. Im Vergleich zum FKS hat es einen größeren Proteingehalt. Dieser beruht vor allem auf den Immunglobulinen, wodurch NKS einen stärkeren Trübungsgrad als FKS aufweist.

Jedoch sind im NKS viel weniger Wachstumsfaktoren enthalten, wodurch es sich nicht für die Kultur aller Zellen gleich gut eignet. Stark proliferierende oder sich differenzierende Zellen wie primäre Fibroblasten haben einen hohen Bedarf an Wachstumsfaktoren und verzeihen einen Wechsel auf eine weniger gehaltvolle Nahrungsquelle nicht so ohne Weiteres. Im Einzelfall muss man immer erst austesten, ob man auf NKS umsteigen kann, ohne dass es zu unerwünschten Veränderungen im Wachstumsverhalten oder anderer Eigenschaften der Zellen kommt. Das gilt natürlich auch für das Rinderserum von 24 Monate alten Tieren, dass ebenfalls auf dem Markt angeboten wird.

8.1.1 Definiertes Serum

Definiertes Serum ist nicht synthetisch, sondern natürlicher Herkunft, enthält aber keine Beimischungen von anderen Seren. Normalerweise ist eine Serumcharge immer aus dem Serum mehrerer Kälber zusammengesetzt und daher eine nicht reproduzierbare Mixtur. Das besondere am definierten Serum ist, dass es durch verschiedene Reinigungsschritte proteinchemisch in seine Bestandteile zerlegt und anschließend „definiert“ wieder zusammengesetzt wird. Warum ist es vorteilhaft ein derart behandeltes Serum für seine Zellkultur zu verwenden? Es gibt mehrere Vorteile, die den Zellkulturexperimentator begeistern werden.

Da unter definierten Bedingungen keine Schwankungen in der Anzahl und Konzentration z. B. von Wachstumsfaktoren auftreten, fallen auch die nervigen Chargentestungen weg. Außerdem erübrigen sich die Chargenreservierungen, denn nach der kompletten Bearbeitung des Serums, die ja immer gleich ist, werden einfach alle Komponenten in einer definierten Anzahl und Konzentration wieder zusammengemixt – fertig ist das standardisierte und anwenderfreundliche Endprodukt, das dann im eigentlichen Sinne auch keine Charge mehr ist. Meist ist ein solches Produkt schon für einige Zelllinien vorgetestet und wenn man mit diesen Zellen experimentiert, kann man ohne große Umstellungsphase loslegen. Wenn man mit anderen Zellen arbeitet, kommt man nicht darum herum, erst selbst zu testen, ob dieses definierte Serum von den Zellen akzeptiert wird.

8.1.2 Serumersatz

Zellen ohne Serum zu kultivieren, ist der Wunsch vieler Zellkulturexperimentatoren. Die größten Vorteile sind, dass man damit einer großen Kontaminationsquelle aus dem Wege geht und keine Chargenschwankungen des Serums in Kauf nehmen muss. Doch wenn man den Zellen einerseits die wichtigste Nahrungsquelle entzieht, muss man dem Medium andererseits etwas zugeben, was die Funktion des Serums als ultimative Nahrungsquelle ersetzt. Logisch: Wenn man nicht will, dass die Zellen darben müssen wie Hänsel und Gretel, muss ein Serumersatz her. Doch wie soll dieser Ersatz aussehen?

Obwohl Serum ein einzigartiger Naturcocktail aus den verschiedensten Inhaltsstoffen ist, versucht man das Geheimnis dieses Lebenselixiers zu lüften und mithilfe synthetischer Mixturen einen Serumersatz herzustellen. Die Schwierigkeit ist, etwas möglichst gut zu kopieren, obwohl man die genaue Rezeptur nicht kennt. Trotz dieses offenkundigen Handicaps trauen sich einige Hersteller diese Aufgabe zu und bewerben ihre Produkte mit den Vorteilen, die ein Serumersatz schließlich hat: kein lästiges Testen von Serumchargen, kein Kontaminationsrisiko durch bösartige Mycoplasmen, unliebsame Bakterien jeglicher Art oder heimtückische Viren sowie schließlich die Sicherheit, die Zellen unter definierten Standardbedingungen zu kultivieren. Das hört sich ziemlich verlockend an.

Tatsächlich ist das Ganze aber doch nicht so simpel, denn sonst hätten längst schon alle Zellkulturanwender den Lockruf des Serumersatzes gehört und ihre Zellen an serumfreie Kulturbedingungen adaptiert. Fakt ist, dass es Zelllinien gibt, die man nicht vollkommen serumfrei züchten kann, ohne dass es bei ihnen zu unerwünschten Veränderungen ihrer Eigenschaften kommt. Eine der zellulären Eigenschaften, die dabei sogar vollständig verloren gehen kann, ist die zelluläre Adhärenz. Diese Verhaltensweise beruht auf der Adhäsion der Zellen auf dem Boden der Zellkulturflasche und wird durch bestimmte Anheftungsfaktoren vermittelt, die man Adhäsionsmoleküle nennt. Ein wichtiger Anheftungsfaktor ist das Fibronectin. Man weiß, dass es in den mehrstufigen Adhäsionsprozess involviert ist und die Kontaktaufnahme der Zellen zur Polymeroberfläche des Kulturgefäßes über zweiwertige Kationen vermittelt.

In manchen Fällen kann der Verlust der adhärenten Eigenschaften auch gewünscht sein, daher ist der Gedanke, adhärente Zellen durch serumfreie Kulturbedingungen zu Suspensionszellen zu machen, durchaus nicht immer ungeschickt. Voraussetzung dafür ist allerdings ein sehr langsamer und auf die Zellen abgestimmter Adaptationsprozess. Sonst läuft man Gefahr, dass neben dem erwünschten Verlust der Adhärenz auch andere Eigenschaften wie das Wachstumsverhalten der Zellen verändert werden.

Wer sich auf Serumersatz einlassen will, hat die Wahl, synthetische Medien verschiedener Firmen (z. B. SES, engl. = *serum effective substitute*) auszutesten oder alternativ seinen Zellen eine ITS-Fertiglösung, die sich aus den Zusätzen Insulin, Transferrin und Selen zusammensetzt, anzubieten. Der Zusatz dieser Supplemente erlaubt die Verringerung der üblichen Serumkonzentration.

8.1.3 Hitzeinaktivierung von Serum

Die Hitzeinaktivierung des Serums wurde in früheren Zeiten von vielen Anwendern routinemäßig durchgeführt, ohne dass die Notwendigkeit des Vorgangs in Frage gestellt wurde. Aus reiner Gewohnheit hat man das Serum vor dem Einsatz in der Zellkultur meist für 30 Minuten bei 56 °C oder alternativ für 20 Minuten bei 60 °C im Wasserbad inkubiert. Die Begründungen für die klaglos akzeptierte Prozedur sind zum Teil kurios. Die Einen sagen, sie tun das wegen der möglicherweise im Serum vorhandenen Viren. Doch bei diesem Argument klopfen sich die meisten Virologen vor Vergnügen auf die Schenkel! Außer der Erheiterung der virologischen Experten hat die Hitzeinaktivierung auf Viren keinerlei Effekte. Die einzig effektive Maßnahme, um Viren abzutöten, ist eine hochdosierte Gammabestrahlung (30–40 kGy), die das Serum nachgewiesenermaßen nicht schädigt. Diese Bestrahlung ist in der Regel bereits durchgeführt worden, bevor das Serum den Endverbraucher erreicht.

Andere Zellkulturexperimentatoren sagen, die Hitzeinaktivierung ist notwendig, um eventuell vorhandene Komplementfaktoren im Serum zu inaktivieren. Auch dieses Argument steht auf sehr wackeligen Beinen, denn im Serum ist auf keinen Fall das komplette Komplementsystem der Spendertiere enthalten. Selbst wenn einige Komplementfaktoren vorhanden sind, ist deren Konzentration so gering, dass es für die absolut überwiegende Zahl der Anwender überhaupt keine Rolle spielt. Einzig für immunologische Fragestellungen könnte man das Zugeständnis machen und das Serum für zehn Minuten bei 40 °C inkubieren. Das wird von namhaften Serumanbietern als absolut ausreichend befunden, um die in homöopathischen Konzentrationen vorhandenen Komplementfaktoren zu inaktivieren.

Manchmal wird auch die Inaktivierung von unspezifischen wachstumshemmenden Faktoren als Begründung angeführt. Denen, die dieser Überzeugung sind, muss gesagt werden, dass die Erhitzung des Serums wohl die einzige Maßnahme ist, die sich negativ auf die wachstumsfördernden Eigenschaften des Serums auswirkt. Hitze bedeutet Stress für alle im Serum befindlichen Komponenten. Das kann man schon daran erkennen, dass das Serum nach der Prozedur eine Trübung oder auch eine Gelierung aufweist. Wie bereits erwähnt, kann man im Bedarfsfall das Serum für zehn Minuten bei 40 °C inaktivieren. Doch selbst bei dieser Temperatur beginnen bereits erste sehr hitzeempfindliche Proteine auszufallen.

Fasst man nun alle Erkenntnisse zum Thema Hitzeinaktivierung zusammen, so kommt man zu dem Schluss, dass man die Notwendigkeit dieser Prozedur getrost ins Reich der Sagen und Legenden verbannen darf. Verzichtet man darauf, hat man sogar Zeit und Geld gespart.

8.2 Aminosäuren

Chemisch gesehen sind Aminosäuren Carbonsäuren, bei denen ein Wasserstoffatom gegen eine Aminogruppe ersetzt wurde. Von den im menschlichen Körper befindlichen 50000–100000 verschiedenen Aminosäuren sind nur ganze 20 „proteinogen“, d. h. sie sind die Grundbausteine für die Proteinsynthese. Alle anderen spielen für diesen Prozess keine Rolle.

Mit Ausnahme von Glycin sind alle Aminosäuren chiral aufgebaut. Damit ist gemeint, dass sie ein Drehzentrum (Chiralitatszentrum) besitzen und sich wie Spiegelbilder verhalten, genauso wie die linke und die rechte Hand. Jedoch lässt sich das Spiegelbild durch Drehung nicht mit dem Original in Deckung bringen, da das Original und das Gegenstück sich in ihrer Chiralität unterscheiden. Moleküle mit diesen Eigenschaften nennt man Enantiomere.

Aminosäuren kommen immer in zwei Formen vor, nämlich als L- und als D-Aminosäure. Die Bezeichnungen L und D leiten sich von den lateinischen Wörtern für links (*laevus*) und rechts (*dexter*) ab. Zwar verhalten sich die Aminosäuren chemisch identisch, jedoch gibt es einen Unterschied zwischen beiden Formen, der optischer Natur ist. L-Aminosäuren drehen linear polarisiertes Licht nach links, während D-Aminosäuren rechtsdrehend sind. Im Organismus wie auch in der Zellkultur werden aber nur die L-Aminosäuren für die Proteinsynthese verwendet, da nur diese Formen von den beteiligten Enzymen verarbeitet werden können und biologisch aktiv sind.

Aminosäuren lassen sich ganz grob in essenzielle, semi-essenzielle und nicht-essenzielle unterscheiden. Der Unterschied besteht darin, dass die essenziellen im Gegensatz zu den nicht-essenziellen von den Wirbeltieren nicht selbst synthetisiert werden können. Aus diesem Grund müssen sie dem Organismus mit der Nahrung zugeführt werden. Den Zellen in der Zellkultur geht es da nicht anders als Mensch und Tier, auch sie brauchen die lebensnotwendigen Bausteine, um groß und stark zu werden. Die benötigten Konzentrationen der Aminosäuren für die Zellkulturmedien liegen z. B. bei MEM im Bereich von 4–36,5 mg/l.

Außer den essenziellen Aminosäuren gibt es noch andere Aminosäuren, die man semi-essenziell oder bedingt essenziell nennt. Zu diesen gehören z. B. Cystein und Tyrosin. Sie werden nur in bestimmten Situationen, z. B. bei einem gesteigerten Proteinbedarf, vom Körper benötigt und auch nur von spezialisierten Zellen des Organismus gebildet. So entsteht Tyrosin in der Leber aus Phenylalanin, Glutamin wird in Leber- und Nierenzellen synthetisiert. Diese Aminosäuren stehen den Zellen in der Regel unter Kulturbedingungen nicht zur Verfügung, werden aber von vielen Zellen für das Wachstum benötigt. Daher brauchen die meisten Zellen außer den essenziellen Aminosäuren auch Cystein, Tyrosin und Glutamin. Letztere ist für den Zellstoffwechsel sehr wichtig und zudem die einzige Aminosäure, die die Blut-Hirn-Schranke passieren kann.

Glutamin kann bei Bedarf in geringen Mengen vom Organismus gebildet werden, wenn glutaminreiche Nahrungsquellen fehlen. Der größte Teil wird jedoch aus der Nahrung gewonnen. Im menschlichen Körper ist Glutamin die Aminosäure mit dem höchsten Stickstoffanteil und darüber hinaus die wichtigste nicht-essenzielle Quelle für Stickstoff. Zellen mit einer hohen Zellteilungsrate haben einen großen Energiebedarf, daher muss ihnen Glutamin im Medium angeboten werden. Die für die Zellkultur wichtigen Aminosäuren sind also neben den essenziellen zusätzlich Cystein, Tyrosin und Glutamin.

L-Glutamin hat den Nachteil, dass es bei 37 °C nicht sehr lange in der Kultur stabil bleibt, sondern abgebaut wird. Zudem ist es die Aminosäure, die im Vergleich zu den anderen am meisten von den Zellen verstoffwechselt wird. Um in der Zellkultur einen vorzeitigen Glutaminzerfall zu vermeiden, kann man glutaminfreies Medium verwenden und die entsprechende Menge des benötigten Glutamins, bezogen auf das Mediumvolumen, erst kurz vor dem Gebrauch abwiegen, lösen und zum Medium hinzugeben. Das ist auf die Dauer aber ganz schön lästig. Daher hat sich die Zugabe von L-Glutamin in Form einer 1%igen Fertiglösung (200 mM) etabliert. Bei 4 °C ist Glutamin bis zu vier Wochen haltbar, weshalb glutaminhaltiges Medium im Kühlschrank gelagert und innerhalb von vier Wochen verbraucht werden sollte. Wenn nur Aliquots für den täglichen Bedarf entnommen und erwärmt werden, lässt sich der Zerfall von Mediumzusätzen wie Glutamin reduzieren.

Um das Problem der Glutamininstabilität zu vermeiden, hat sich in der Welt der Zellkultur mittlerweile eine Alternative zum Glutamin durchgesetzt. Dabei handelt es sich um ein Dipeptid, nämlich N-Acetyl-L-Alanyl-L-Glutamin. Dieses Dipeptid ist auch über längere Zeit stabiler als das L-Glutamin und kann durch Spaltung der Peptidbindung für die Zellen nutzbar gemacht werden. Einige Firmen gehen derzeit sogar noch einen Schritt weiter und bieten inzwischen eine weitere Variante, das L-Alanyl-L-Glutamin als „stabiles Glutamin", an. Vergleichsstudien sollen bei gleich guter Verfügbarkeit für die Zellen eine ebenso gute, ja sogar bessere „Performance" in der Zellkultur ergeben haben. Damit ist wohl gemeint, dass es sogar noch bessere wachstumsfördernde Eigenschaften als der Vorgänger aufweist. Allerdings vertragen nicht alle Zellen diese stabile Variante, weshalb das Austesten für den Zellkulturexperimentator unerlässlich ist.

Wie viel Glutamin benötigt wird, hängt von der Zelllinie ab. Aus dem Grund werden unterschiedliche Konzentrationen empfohlen. Dementsprechend ist der Glutamingehalt in den Fertigmedien, die auf die Bedürfnisse der verschiedenen Zelllinien angepasst sind, sehr unterschiedlich und reicht von 3,4 bis etwa 20 ml/l einer 200 mM Glutaminlösung. In Flüssigmedien ist meist kein Glutamin enthalten, während in Pulvermedien zwar das Glutamin, nicht aber Natriumhydrogencarbonat ($NaHCO_3$) enthalten ist. In Tabelle 8-1 sind die Aminosäuren entsprechend ihrer Einteilung zusammengefasst.

Tab. 8-1: Aminosäuren.

essenzielle Aminosäuren	semi-essenzielle Aminosäuren*	nicht-essenzielle Aminosäuren
Isoleucin	Arginin	Alanin
Leucin	Cyst(e)in**	Asparagin(säure)
Lysin	Histidin**	Glutamin(säure)
Methionin	Tyrosin**	Glycin
Phenylalanin		Hydroxyprolin
Threonin		Prolin
Tryptophan		Serin
Valin		

* Die semi-essenziellen Aminosäuren sind in vielen Quellen auch als nicht-essenziell angegeben.
** Für Kinder essenziell.

8.3 Natriumhydrogencarbonat

Natriumhydrogencarbonat ($NaHCO_3$, synonym auch Natriumbicarbonat oder einfach Bicarbonat) wird gleich für zwei Zwecke eingesetzt: Zum einen ist es „Futter" für die Zellen, zum anderen sorgt seine Pufferkapazität dafür, dass das Medium rasch proliferierender Zellen durch die ins Medium abgegebenen Stoffwechselprodukte nicht so schnell sauer wird. Bei raschem Zellwachstum können erhöhte CO_2-Werte auftreten, die wiederum den pH-Wert des Mediums erniedrigen. $NaHCO_3$ hat die Aufgabe, das zu neutralisieren. Je höher die Konzentration an $NaHCO_3$, desto höher muss auch der CO_2-Wert im Brutschrank sein.

8.4 Salze und Puffer

Das Salz in der Mediumsuppe ist essenziell für das Zellwachstum und daher Hauptbestandteil der Medien. Anorganische Ionen werden vor allem aus physiologischen Gründen zugesetzt. Der osmotische Druck und das Membranpotenzial müssen innerhalb bestimmter Grenzen aufrechterhalten werden, um die empfindlichen Zellmembranen vor Schäden zu bewahren. Die Osmolarität schwankt je nach Medium zwischen 260 und 320 mmol/l. Kultivierte Zellen benötigen zur Vermehrung Natrium, Kalium, Kalzium, Magnesium, Chloride und Phosphate. Einige Ionen spielen als Co-Faktoren bei enzymatischen Reaktionen eine Rolle. Hydrogencarbonat bzw. CO_2 wird für viele Biosynthesen benötigt. Zweifach positiv geladene Ionen wie Kalzium und Magnesium spielen eine wichtige Rolle bei der Anheftung von Zellen an die Substratoberfläche und bei der Ausbildung von Zell-Zell-Kontakten. In Suspensionskulturen ist in der Regel die Kalziumkonzentration verringert, da dadurch die Aggregation der Zellen untereinander und die Anheftung an das Substrat vermindert wird.

Darüber hinaus wirken Salze als eine Art Puffersystem, wodurch die Zellen vor Schwankungen im pH-Wert und vor stoffwechselbedingten Abfallprodukten geschützt werden. Im Prinzip gibt es in den Medien zwei hauptsächliche Puffersysteme, nämlich das nach **Hanks** und das nach **Earle**. Welches Puffersystem zum Einsatz kommt, hängt von den Wachstumseigenschaften der Zellen ab, denn entscheidend ist die Konzentration von $NaHCO_3$.

Rasch proliferierende Zellen benötigen in der Regel 2200 mg $NaHCO_3$/l Medium, werden im Brutschrank kultiviert und mit CO_2 begast. Mittelprächtig wachsende Zellen brauchen weniger $NaHCO_3$. Sie kommen mit 850 mg/l aus, dafür brauchen sie aber zusätzlich HEPES-Puffer (4-(2-Hydroxyethyl)-1-Piperazinethansulfonsäure). HEPES wird in der Zellkultur entweder als partieller oder sogar als vollständiger Ersatz für Bicarbonat-Puffer eingesetzt. Ist HEPES der einzige Puffer, wird meist eine Konzentration von 25 mM verwendet. Wird es dagegen zusätzlich zum Bicarbonat eingesetzt, genügt meist eine Konzentration im Bereich von 10–15 mM. Mit HEPES gepufferte Medien brauchen für die Kultur nicht mit CO_2 begast zu werden.

Schwächelnde Zellen mit einer geringen Wachstumsrate sowie Primärkulturen werden dagegen meist mit Hanks-gepufferten Medien kultiviert in denen nur 350 mg $NaHCO_3$/l enthalten ist. Würde man solche Kulturen im Brutschrank züchten, würde das Medium sehr schnell sauer werden. Tabelle 8-2 gibt die Zusammensetzung der Puffer wieder.

Tab. 8-2: Zusammensetzung der beiden gebräuchlichsten Salzlösungen in der Zellkultur.

anorganisches Salz	Earle's Salze (g/l)	Hanks' Salze (g/l)
NaCl	6,8	8,0
KCl	0,4	0,4
Na_2HPO_4	–	0,048
NaH_2PO_4	0,125	–
KH_2PO_4	–	0,06
$MgSO_4$	0,1	0,097*
$CaCl_2$	0,2	–
$CaCl_2 \cdot 2\,H_2O$		0,19
Dextrose	1,0	–
Glucose	–	1,0
$NaHCO_3$	2,2	0,35

* In der Erstveröffentlichung sind als Originalzusammensetzung 100 mg/l $MgCl_2 \cdot 6\,H_2O$ und 100 mg/l $MgSO_4 \cdot 7\,H_2O$ angegeben.

8.5 Antibiotika

Der Entdeckung der bakteriolytischen Wirkung des Pinselpilzes *Penicillium notatum* 1928 durch Sir Alexander Flemming ist es zu verdanken, dass die *in-vitro*-Kultivierung von Zellen weltweit Einzug in die Labors halten konnte. Denn erst durch die Zugabe von Antibiotika in das Medium ist die Zellkultur in großem Maßstab möglich geworden. Vorher waren die unzähligen Kontaminationen nicht in den Griff zu bekommen und nur von ausgemachten Profis wie Leonard Hayflick zu beherrschen. Gerüchten zufolge soll er seine Kulturen ganz ohne Antibiotika gezüchtet haben.

Sind Antibiotika die universellen Heilsbringer für die Zellkultur? So einfach ist es schon deshalb nicht, weil Antibiotika bei 37 °C nicht unbegrenzt stabil sind, sondern innerhalb von drei bis fünf Tagen zerfallen. Auch wenn dieser Tatsache durch regelmäßigen Wechsel mit frischem antibiotikumhaltigem Medium Rechnung getragen wird, ist man trotzdem nicht auf der sicheren Seite. Durch die prophylaktische Zugabe von Antibiotika zum Medium wird das Auftreten von Kontaminationen zwar deutlich reduziert, dennoch ist bei deren kontinuierlichem Einsatz Vorsicht geboten. Es treten verschiedene Gefahren auf, von denen die eine oder andere auf den ersten Blick nicht so offensichtlich ist.

In diesem Zusammenhang ist die Entstehung von erworbenen Resistenzen die wohl bekannteste. Dieses Risiko besteht immer dann, wenn Antibiotika unterdosiert eingesetzt werden. Unter solchen Kulturbedingungen wird ein Selektionsdruck ausgeübt, der besonders wiederstandsfähige Mikroorganismen begünstigt und diese durch Mutation gegen das eingesetzte Antibiotikum resistent werden lässt. Diese „Rambos" vermehren sich trotz Antibiotika im Medium fröhlich weiter, denn resistent gewordene Mikroben pfeifen auf das Antibiotikum und den Experimentator, der sich verzweifelt die Haare rauft. Dadurch, dass die Resistenz im Erbmaterial der Bakterien fest verankert ist, wird die erworbene Resistenz an die Nachkommen weitergegeben, sie kann sogar von einem Stamm auf einen anderen übertragen werden. Aufgrund dieser Mechanismen kann es zu einer sprunghaften Vermehrung resistenter Bakterien in der Kulturflasche kommen. Ursache dafür ist entweder eine Inaktivierung des Antibiotikums durch bakterielle Enzyme oder eine Unempfindlichkeit der Bakterien gegenüber dem Antibiotikum. Das Problem der Resistenz ist leider so alt wie die Antibiotikumtherapie selbst.

Eine andere Gefahr besteht in dem trügerischen Gefühl einer Sicherheit, die nur allzu gern zur Vernachlässigung der aseptischen Arbeitsweise führt. Dabei geht man von der Annahme aus, dass einem mit Antibiotikum im Medium ja nichts passieren kann. Diesem Trugschluss hat sich schon so mancher Experimentator hingegeben und daraufhin manch bittere Erfahrung machen müssen. Diese offenbart sich gerne in Form von hartnäckigen mikrobiellen Infektionen in den Zellkulturen. Oft wird man von einer Kontaminationswelle geradezu verfolgt. Licht am Ende des Tunnels sieht man oft erst dann, wenn man sich wieder genau an die Vorschriften für die Steriltechnik hält und sich auch mal die Mühe macht, nach dem Ausschlussverfahren eine potenzielle Kontaminationsquelle nach der anderen zu überprüfen.

Will man Bakterien den Garaus machen, sollte man wissen, welches Antibiotikum oder welche Antibiotikumkombination man wählen muss und wie man sie einsetzt. Damit eine prophylaktische Zugabe im Medium den gewünschten Erfolg hat, muss auch bekannt sein, welche Konzentration für das entsprechende Antibiotikum empfohlen wird. Die Mindestdosis, die gegeben werden muss, um einen Effekt zu erzielen, ist durch die **minimale Hemmkonzentration** (engl. = *minimum inhibition concentration*, MIC) definiert. Diese gibt an, welche Antibiotikumkonzentration erforderlich ist, damit sich die Mikroorganismen nicht mehr vermehren. Eine solche Wirkung bezeichnet man als **bakteriostatisch**, während man unter **bakterizid** eine abtötende

Wirkung auf die Mikroben versteht. Eine Überdosierung von Antibiotika kann toxisch auf die Zellen wirken und sollte daher vermieden werden.

Antibiotika lassen sich anhand mehrerer Kriterien in Gruppen einteilen. Für ihren Einsatz in der Zellkultur ist die Einteilung nach ihren Wirkmechanismen am sinnvollsten. Antibiotika greifen selektiv an unterschiedlichen Stellen in den Stoffwechsel der Mikroorganismen ein, nicht aber in den kultivierten Zellen.

Einer der Mechanismen beruht auf der Hemmung der bakteriellen Zellwandsynthese. Die Mureinstruktur der bakteriellen Zellwand kommt bei Pflanzen und Tieren nicht vor, daher wirken solche Antibiotika nur auf die Zellwand der Bakterien und nicht auf die der Wirtszellen. Die formstabilisierende Schicht der bakteriellen Zellwand besteht aus Peptidoglykan. Antibiotika, die in die Peptidoglykansynthese eingreifen, sind bakterizid, d. h. sie führen z. B. über die Auslösung autolytischer Prozesse zum Absterben der Bakterienzelle. Auf diesem Mechanismus beruht die Wirkung der Antibiotika mit einem Betalaktamring, den sogenannten **Betalaktamen**, deren bekanntester Vertreter das Penicillin ist. Zudem gibt es weitere Antibiotika mit einer anderen chemischen Struktur, wie z. B. D-Cycloserin, Bacitracin, Fosfomycin, Vancomycin und Teicoplanin. Da die Biosynthese des Peptidoglykans in verschiedenen Schritten verläuft, kann man die Antibiotika gemäß der Stufe ihres Eingreifens in diesen Prozess ordnen (Reihenfolge von früh bis spät): D-Cycloserin, Bacitracin, Fosfomycin, Vancomycin und schließlich die Betalaktame.

Tab. 8-3: Eigenschaften der gebräuchlichsten Antibiotika in der Zellkultur.

Antibiotikum	Wirkungsspektrum	Stabilität bei 37 °C (Tage)	empfohlene Konzentration (µg/ml)
Wirkmechanismus: Hemmung der bakteriellen Zellwandsynthese			
Ampicillin	Bakterien: gram+/gram-	3	10–100
Penicillin G Natriumsalz	Bakterien: gram+	3	5–100 U/ml
Wirkmechanismus: Hemmung der bakteriellen Proteinbiosynthese			
Chloramphenicol	Bakterien: gram+/gram-	5	5
Gentamycin-Sulfat	Bakterien: gram+/gram- Mycoplasmen	5	50
Kanamycin-Sulfat	Bakterien: gram+/gram- Mycoplasmen	5	10–100
Neomycin-Sulfat	Bakterien: gram+/gram-	5	50
Streptomycin-Sulfat	Bakterien: gram+/gram-	3	50–100
Tetracyclin-HCl	Bakterien: gram+/gram- Mycoplasmen	4	10–12
Wirkmechanismus: Permeabilitätsveränderung der Cytoplasmamembran			
Polymyxin B-Sulfat	Bakterien: gram-	5	50

Tab. 8-4: Anwendungsbereiche und Wirkmechanismen ausgewählter Selektionsantibiotika.

Antibiotikum	Anwendung	Wirkmechanismus	empfohlene Konzentration (µg/ml)
Actinomycin D	Selektion früher apoptotischer Zellen, Synchronisation von Zellen	interkaliert in die DNA, Hemmung der DNA-abhängigen RNA-Synthese	1
Bleomycin-Sulfat	Selektion rekombinanter Klone verschiedener transfizierter Zelltypen; Resistenzmarker: *ble*	Spaltung doppelsträngiger DNA, Hemmung der DNA-Synthese	10–100
Cycloheximid	Hemmung der Proteinsynthese in Eukaroyten, nicht aber in Prokaryoten, triggert Apoptose in HL-60-Zellen, T-Zell-Hybridomas und v. a. Zelltypen	Hemmung der Proteinsynthese	10
G 418-Sulfat (Geneticindisulfat)	Selektion transformierter oder transfizierter Zellen; Resistenzgen: Neomycin	Vernetzung komplementärer DNA-Stränge; führt zu Strangbrüchen	50–1000 (Konzentration muss für jeden Zelltyp bestimmt werden)
Hygromycin B	Selektionsmarker für *hph*-transfizierte Zellen	Hemmung der Proteinsynthese in Pro- und Eukaryoten durch Abbruch der Translokation; führt zu Lesefehlern und Kettenabbrüchen	100–800
Mitomycin C	Hemmung der Mitose	Hemmung der Nucleinsäuresynthese, Vernetzung komplementärer DNA-Stränge; führt zu Strangbrüchen	10–50

Eine andere Gruppe von Antibiotika wirkt auf die Struktur der Cytoplasmamembran, wodurch deren Permeabilität gestört wird (Porenbildner). Antibiotika mit diesem Wirkmechanismus sind beispielsweise Amphotericin B und Nystatin, die vor allem gegen Pilzinfektionen eingesetzt werden (vgl. Abschnitt 8.6), sowie die Polymyxine. Die Gruppe der Aminoglycoside, zu denen Gentamycin, Kanamycin, Neomycin und Streptomycin gehören, sowie die Tetracycline hemmen die bakterielle Proteinbiosynthese. In Tabelle 8-3 sind einige ausgewählte Antibiotika aufgelistet, die in der Zellkultur verwendet werden. Einen Überblick über die Anwendungsbereiche und Wikrmechanismen einger Selektionsantibiotika gibt Tabelle 8-4.

8.6 Antimykotika

Antimykotika sind Substanzen, die zur Behandlung von Pilzinfektionen eingesetzt werden. Voraussetzung für eine effektive Therapie ist die selektive Wirkung gegen den Krankheitserreger. Erst mit der Einführung der **Polyen-Antimykotika** in der 1960er-Jahren ist eine solche spezifische Behandlung möglich geworden. Der Grund dafür liegt in der molekularbiologischen Ähnlichkeit zwischen den Zellen der Pilze und denen von Mensch und Tier. Daher standen lange Zeit nur unspezifische und wenig effektive Mittel für die Pilzbekämpfung zur Verfügung. Inzwischen hat sich das zum Positiven verändert und mit der jüngsten Entwicklung der Antimykotika vom Azol-Typ steht eine Palette gut wirksamer Substanzen zur Auswahl.

Wie bei den Antibiotika lassen sich auch die Antimykotika nach verschiedenen Merkmalen ordnen. Bezüglich der Wirkungsweise wird analog zu den Antibiotika zwischen fungizid (abtötend) und fungistatisch (vermehrungshemmend) unterschieden. Ein weiteres Unterscheidungskriterium ist das Wirkspektrum. Schmalspurantimykotika wirken selektiv gegen einen oder wenige Pilze, während Breitbandantimykotika eine ganze Reihe von Erregern wie Pilze, Hefepilze und Hefen bekämpfen. Die Wirkungsweise und das Wirkungspektrum sind die beiden für den Anwender in der Zellkultur wichtigsten Merkmale. Über das Anwendungsgebiet muss man sich wenig Gedanken machen, da gibt es nur die Möglichkeit, das Mittel in die Kultur zu geben bzw. kontaminierte Gegenstände bzw. Geräte damit zu behandeln.

Die Wirkung moderner Antimykotika beruht meist auf der Hemmung der Ergosterolbiosynthese. Ergosterol ist ein essenzieller Baustein der Pilzzellwand, der in Menschen und Säugetieren nicht vorkommt. Da die Biosynthese von Ergosterol in mehreren Stufen verläuft, kann die hemmende Wirkung der verschiedenen Antimykotika an verschiedenen Stellen der Ergosterolsynthese einsetzen. Die schon erwähnten **Azol-Antimykotika** haben ein breites Wirkungsspektrum, wobei deren vorwiegend fungistatische Wirkung relativ langsam einsetzt. Die Polyen-Antimykotika sind Porenbildner, deren Wirkung auf einer Erhöhung der Permeabilität der Pilzzellmembran (Durchlöcherung) beruht. Durch die Affinität der Polyen-Antimykotika zu den Sterolen der Wirtszellen (z. B. Cholesterol) können toxische Wirkungen eintreten. Einige Antimykotika sind Hemmstoffe der Zellwandsynthese. Die Wirkung beruht auf der Hemmung des Zellwandbestandteils Chitin und einer Funktionsstörung der Mikrotubuli. Tabelle 8-5 fasst die gebräuchlichsten Antimykotika und deren Eigenschaften zusammen.

Wer es bequem haben möchte und sich die Suche nach einem geeigneten Antimykotikum ersparen will, greift auf eine Fertiglösung zurück. **Fungizone** ist ein Beispiel, es besteht aus 250 µg/ml Amphotericin B und 205 µg/ml Natrium-Deoxycholat (Detergenz zur Verbesserung der Löslichkeit) und ist in Wasser gelöst erhältlich. Die empfohlene Konzentration für die Gewebekultur bewegt sich im Bereich von 0,25–2,5 µg/ml. Für Pflanzenzellkulturen wird eine Konzentration von 2,5–5 µg/ml empfohlen. Damit hat man dann Ruhe vor Pilzen und Hefen – so wird es jedenfalls versprochen.

Tab 8-5: Gebräuchliche Antimykotika für die Zellkultur.

Antimykotikum	Wirkungsspektrum	Wirkmechanismus	Wirkung	empfohlene Konzentration (µg/ml)
Amphotericin B	Hefen und Pilze	Komplexbildung mit Sterolen der Pilzzellmembran, dadurch Beeinträchtigung der Membraneigenschaften, erhöhte Permeabilität	fungizid	2,5
Clotrimazol	Breitbandantimykotikum: Hefen und Pilze sowie bestimmte Corynebakterien	Störung der Zellmembranbildung während der Zellteilung durch Hemmung der Lanosteroldemethylase, einem Enzym in der Ergosterolbiosynthese	fungistatisch/ fungizid	1–5 10–20
Nystatin	Hefen und Pilze	Komplexbildung mit Sterolen der Pilzzellmembran, dadurch Beeinträchtigung der Membraneigenschaften, erhöhte Permeabilität	fungizid	50

8.7 Antibiotikum-Antimykotikum-Kombinationsprodukte

Der ganz vorsichtige Zellkulturexperimentator, der sowohl vor Bakterien als auch vor Pilzen und Hefen gefeit sein will, bedient sich der auf dem Markt befindlichen Fertiglösungen. Die vereinigen zum Teil einen ganzen Cocktail von Substanzen in sich. An dieser Stelle wird eins exemplarisch vorgestellt.

Antibiotic-Antimycotic ist eine 100-fach konzentrierte Lösung mit folgender Zusammensetzung: 10000 Einheiten Penicillin (Base), 10000 µg Streptomycin (Base), 25 µg Amphotericin B.

Im Gemisch befindet sich das Penicillin G als Natriumsalz, des Weiteren Streptomycinsulfat und das Amphotericin B. Das alles liegt in einer 0,85%igen Salzlösung fertig vor und ist die ultimative Waffe gegen Bakterien, Pilze und Hefen.

Literatur

Cell Culture Manual 2005–2006 von Sigma-Aldrich

Christie A, Butler M (1994) Glutamine-based dipeptides are utilized in mammalian cell culture by extracellular hydrolysis catalyzed by a specific peptidase. J Biotechnol 37(3): 277–290

Earle W (1943) Production of Malignancy In Vitro, IV: The Mouse Fibroblast Cultures and Changes Seen in the Living Cells. JNCI 4: 165–169

Hanks JH (1976) Hanks' Balanced Salt Solution and pH Control. Tissue Culture Association Manual 3: 3

Hanks JH, Wallace RE (1949) Relation of Oxygen and Temperature in the Preservation of Tissues by Refrigeration. Proc Soc Exp Biol Med 71: 196–200

Hof H, Dörries R (2005) Medizinische Mikrobiologie. 3. Aufl. Thieme Verlag, Stuttgart

Kan VL, Bennett JE (1988) Efficacies of four antifungal agents in experimental murine sporotrichosis. Antimicrob Agents Chemother 32(11): 1619–1623

Linscott WD, Triglia RP (1980) Methods for assaying nine bovine complement components and C3B-inactivator. Mol Immunol 17(6): 729-740

Linscott WD, Triglia RP (1981) The bovine complement system. Adv Exp Med Biol 137: 413–430

Potel J, Arndt K (1982) In vitro testing of yeast resistance to antimycotic substances. Arzneimittelforschung 32(10): 1226–1233

Triglia RP, Linscott WD (1980) Titers of nine complement components, conglutinin and C3b-inactivator in adult and fetal bovine sera. Mol Immunol 17(6): 741–748

Westfall BB et al. (1956) Effect of glutamine on the growth and metabolism of liver cells *in vitro*. J Natl Cancer Inst 17(2): 131–138

9 Adhäsion und Detachment

Ist die Trennung schon ein ätzend Mittel,
Sie dient für eine Wunde voller Tod.
Aus: König Heinrich VI.

Unter Detachment versteht man das Ablösen adhärenter Zellen von ihrer Unterlage, in der Regel einer Polymeroberfläche. Das kann sowohl der Boden einer Zellkulturflasche oder einer Petrischale als auch ein Leighton-Röhrchen oder irgendein anderes Zellkulturgefäß sein. Doch was wird da eigentlich detached? Um diese Frage zu beantworten, muss man sich erst einmal über verschiedene Dinge klar werden. Detached werden kann schließlich nur, was vorher in irgendeiner Form verbunden war. Dazu ist es nötig, etwas über die Art der Verbindung und die beteiligten Komponenten beim zellulären Adhäsionsprozess zu erfahren und zu verstehen, was Adhäsion bedeutet.

Adhäsion stellt den spezifischen, rezeptorvermittelten Kontakt zwischen Zellen oder zwischen Zellen und der sie umgebenden Extrazellulären Matrix (EZM) dar. Adhäsive Interaktionen sind für Elastitität und Zugfestigkeit, zelluläre Prozesse wie Proliferation oder Differenzierung, aber auch für die zelluläre Kommunikation, wie sie bei zahlreichen physiologischen Prozessen eines vielzelligen Organismus stattfindet, bedeutend. Prinzipiell lassen sich zwei Arten von zellulärer Adhäsion *in vivo* unterscheiden.

Da ist zum einen die Zell-Zell-Adhäsion, die auf physikalischen Bindungen zwischen benachbarten Zellen beruht. An dieser Art der Adhäsion sind aber auch sogenannte Zelladhäsionsmoleküle (engl. = *cell adhesion molecule*, CAM) beteiligt, die sowohl homophile als auch heterophile Zelladhäsion bewirken. Auf diese Zelloberflächenmoleküle wird in Abschnitt 9.2 näher eingegangen. Die andere Form der Adhäsion ist die Zell-Matrix-Adhäsion, bei der Zellen an bestimmte Makromoleküle der EZM binden. In der Zellkultur gibt es zudem die Zell-Substrat-Adhäsion, die für die Haftung adhärenter Zelltypen an ihre Unterlage, dem Substrat, verantwortlich ist.

9.1 Die extrazelluläre Matrix und ihre Bedeutung für die Zell-Matrix-Adhäsion

Säugerzellen sind nicht an ihrer Membran zu Ende, sondern sie sind umgeben von einem dichten Gestrüpp aus extrazellulären Matrixkomponenten. Doch was genau versteht man unter extrazellulärer Matrix? In diesem Fall handelt es sich nicht um den Titel eines utopischen Science-Fiction-Films, sondern um einen Sammelbegriff für alle Komponenten, die sich im extrazellulären Raum, d. h. im Raum zwischen den Zellen (Interzellularraum), befinden. Im Wesentlichen ist es Wasser und ein Netzwerk aus strukturellen Makromolekülen, die von den Zellen sezerniert werden und dem Gewebe seine Form und Eigenschaften verleihen. Die EZM ist demnach für die strukturelle und funktionelle Organisation von Zellen und die mechanische Stabilität von Geweben verantwortlich. Sie dient jedoch auch als Reservoir für zahlreiche Hormone und Wachstumsfaktoren, die das Wachstum und die Differenzierung von Zellen steuern. Somit stellt sie nicht nur ein Gerüst zur Stabilisierung dar, sondern ist auch in intrazelluläre Signaltransduktionsprozesse involviert.

Zell-Zell- und Zell-Matrix-Kontakte über spezifische Rezeptoren sind in synergistischer Wirkung mit Hormonen und Wachstumsfaktoren für den Erhalt zelltypischer Eigenschaften (Phänotyp) ebenso bedeutend wie für die Zellteilung, Zelldifferenzierung, Zellwanderung oder Expression gewebsspezifischer Gene. Aus dem Zell- und Organverband herausgelöst, verlieren die meisten Zellen ihre gewebsspezifischen Eigenschaften, hören auf, sich zu teilen und sterben ab.

Die EZM kommt grundsätzlich in allen vier Gewebetypen (Epithel-, Muskel-, Nerven- sowie Binde- und Stützgewebe) vor. Daher findet man sie auf der Oberfläche aller Zellen. Der Anteil der EZM im Gewebe kann stark schwanken. Ist er im Bindegewebe besonders hoch, so gibt es in der Epidermis der Haut kaum extrazellulären Raum zwischen den Zellen. Epithel- und Muskelzellen ruhen auf einer dünnen, als Basallamina bezeichneten Matrix, mit der sie fest verbunden sind. Die EZM besteht aus den folgenden Komponenten:

- Proteoglykane (meist Glykosaminoglykane),
- Faserproteine: in erster Linie Kollagene, Elastin sowie Fibronectin,
- Adhäsionsmoleküle.

Die Komponenten der EZM, die an der zellulären Adhäsion beteiligt sind, sollen im Folgenden charakterisiert werden. **Proteoglykane** sind Makromoleküle, die durch einen großen Glykananteil (Polysaccharidanteil) von 80–94% und einen kleinen Proteinanteil (6–20%) gekennzeichnet sind. Sie bestehen aus einem zentralen Protein (*core*-Protein), an das Polysaccharide unterschiedlicher Zusammensetzung gebunden sind. Meist handelt es sich um Glykosaminoglykane (GAGs). Glykosaminoglykane sind unverzweigte Polysaccharidketten, die aus sich wiederholenden Disaccharideinheiten aufgebaut sind. Einer der Bausteine ist ein Aminozucker (N-Acetylglucosamin oder N-Acetylgalactosamin), an den eine Sulfatgruppe gebunden ist. Der andere Baustein ist meist D-Glucuron- oder L-Iduronsäure. Wenn zusätzlich zu den Sulfatgruppen auch Carboxylgruppen gebunden sind, bekommen die GAGs eine stark negative Ladung. Je nach Art der Verbindung und der Art und Anzahl der Sulfatgruppen lassen sich GAGs in folgende Gruppen einteilen:

1. Hyaluronsäure (auch Hyaluronan oder Hyaluronat genannt),
2. Chondroitinsulfat und Dermatansulfat,
3. Keratansulfat,
4. Heparansulfat und Heparin.

Da GAGs über negativ geladene Gruppen verfügen, können sie positiv geladene Ionen aus dem Interzellularraum anziehen. Darauf beruht ihre hydrophile Eigenschaft bzw. ihre hohe Wasserbindungsfähigkeit. Und genau darin besteht die Hauptaufgabe der Proteoglykane: die chemische und mechanische Bindung des Wassers. Das Anschwellen der Proteoglykanmatrix auf ein Vielfaches erhöht den Innendruck im Gewebe, sodass Druck von außen kompensiert werden kann. Darüber hinaus binden Proteoglykane Wachstumsfaktoren und verändern deren Wirkung auf die Zelle.

Proteoglykane kommen in zwei Formen vor. Sie sind entweder über Glykosyl-Phosphatidylinositol (GPI) in der Plasmamembran verankert (membranständig) oder das Protein durchspannt die Membran (transmembrane Proteoglykane). Die Proteoglykane, die auf der Zelloberfläche exprimiert werden, sind eine heterogene Gruppe, zu denen z. B. Syndekan, Fibroglykan und Dystroglykan gehören. In der Substanz des Knorpels findet man ein besonderes Proteoglykan, das Aggrekan. Aggrekan verdient den Namen Makromolekül, denn es ist geradezu gigantisch. Ein einziges Molekül kann sage und schreibe 4 mm groß sein und ein Volumen einnehmen, das problemlos mit dem einer Bakterienzelle mithalten kann. Es ist verantwortlich für die gelartige Beschaffenheit des Knorpels, der eine spezialisierte Form des Bindegewebes darstellt.

Einer der wichtigsten Bestandteile der EZM im Bindegewebe, vor allem aber im Knorpel, ist die Hyaluronsäure. Sie verdankt ihren Namen ihrer Entdeckung im Jahr 1934 im Glaskörper des Rinderauges (*hyalos* = glasartig). Es ist ein lineares langkettiges Polymer, wobei eine Grundeinheit aus N-Acetyl-Glucosamin und D-Glucuronsäure besteht und in bis zu 50000-fachen Wiederholungen vorkommt. Nicht selten wird ein Molekulargewicht von 1 Million Dalton (Da) erreicht. Würde man das Molekül strecken, käme es auf eine Länge von bis zu 20 mm.

Hyaluronsäure ist als einziges extrazelluläres Oligosaccharid nicht kovalent an ein Protein gebunden. Es vermag mehr Wasser zu binden als alle anderen GAGs, wodurch es den Quellungszustand und die Benetzbarkeit von Geweben beeinflusst. Gerade die außerordentliche Viskoelastizität des Moleküls ist für die mechanischen Eigenschaften verschiedener Bindegewebe, z. B. von Gelenken und Bandscheiben, von zentraler Bedeutung. Knorpel und Sehnen verdanken ihre Zugfestigkeit und Elastizität der Wechselwirkung der Hyaluronsäure mit anderen Komponenten der EZM.

Die EZM besteht neben den Proteoglykanen aus den Faserproteinen Elastin und Kollagen, wobei die Proteinfamilie der Kollagene in der EZM vorherrschend ist. **Kollagene** sind Faserproteine, die eine Rahmenkonstruktion bilden und damit dem Gewebe Form und Festigkeit verleihen. Es gibt mindestens 27 verschiedene Typen von Kollagenen, von denen allein neun in der EZM vertreten sind. Da überrascht es nicht, dass die Kollagene mit einem Anteil von 25% das am häufigsten vorkommende Protein in der Säugerzelle ist. Charakteristisch für die Struktur der Kollagene ist die Tripelhelix. Diese kommt dadurch zustande, dass sich die α-Ketten von drei Kollagenmolekülen seilartig umeinander winden und eine Helix bilden. Die Drehrichtung und die Stabilität der Helix werden durch die Aminosäuren Prolin und Glycin gewährleistet.

Aufgrund ihrer unterschiedlichen Struktur werden die Kollagene in fibrilläre, fibrillen-assoziierte, netzbildende, verankernde und perlenkettenartige Kollagentypen unterteilt. Zu den fibrillären Kollagenen gehören die Typen I, II, III, V und XI. Sie können Fibrillen von mehreren µm Länge und einem Durchmesser von 10–300 nm bilden. Sie gehören zur Gruppe der am weitesten verbreiteten Kollagene. Im menschlichen Körper ist das Kollagen Typ I am häufigsten vertreten. Es ist Hauptbestandteil von Haut, Knochen, Sehnen, Bändern und des Bindegewebes der inneren Organe. Daher überrascht es nicht, dass etwa 90% des gesamten Kollagens allein durch diesen Typ bestritten werden. Zu den netzbildenden Kollagenen gehören die Typen IV, VIII und X, von denen das Kollagen Typ IV ein wichtiger Bestandteil der Basalmembranen ist.

Die Kollagene des Typs IX, XII, XIV XVI und XIX weisen eine strukturelle Besonderheit auf. Sie haben Unterbrechungen in der Tripelhelix, die durch ein oder zwei nicht helikale Bereiche zustande kommen. Da sich diese Kollagene auf der Oberfläche von Fibrillen befinden, werden sie als fibrillen-assoziierte Kollagene bezeichnet (engl. = *fibril associated collagens with interrupted triple helix*, FACIT). Sie sind an der Verknüpfung der Kollagenfibrillen untereinander und mit anderen Molekülen der EZM beteiligt. Kollagen Typ VII bildet durch Dimerisierung Verankerungsfibrillen aus, wodurch die Basalmembran mit dem darunterliegenden Bindegewebe verknüpft wird. Schließlich gibt es noch perlenkettenartige Fibrillen, die durch Kollagen Typ VI gebildet werden. Es wird vermutet, dass sie möglicherweise eine Rolle bei der Verbindung von Zellen mit Kollagenfibrillen spielen.

Elastin ist ein aus 750 Aminosäuren bestehendes Protein. Wie Kollagen ist es reich an Prolin und Glycin, jedoch ist es nicht glykosyliert. Das Elastin ist für die Bildung einer stark quervernetzenden Matrix verantwortlich, die dadurch zustande kommt, dass sich die Proteine über α-Helices verbinden. Durch hydrophobe Bereiche wird die Matrix elastisch gehalten, jedoch ist über den genauen Mechanismus bisher nichts bekannt. Im Gegensatz zum Kollagen hat das Elastin keine Tripelhelix, sondern ist eher zufällig gefaltet (*random coiled*). Es zeichnet sich durch eine reversible Dehnbarkeit aus (100–150%) und erhält durch die Verbindung einzelner Elastinmoleküle gummiartige Eigenschaften.

Weitere wichtige Komponenten der EZM sind die Anheftungsmoleküle oder auch Multiadhäsionsproteine **Fibronectin** und **Laminin** (Abbildungen 9-1 und 9-2). Fibronectin ist ein extrazelluläres Adhäsionsmolekül, das als Erstes gut charakterisiert wurde. Mit einem Molekulargewicht von 440 kDa gehört Fibronectin zu den dicken Brocken in der Welt der Proteine. Fibro-

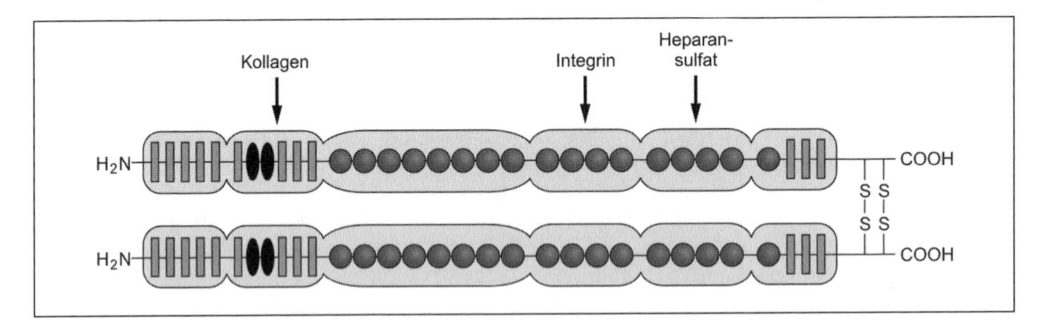

Abb. 9-1: Struktur von Fibronectin. Ein Monomer umfasst sechs Domänen. Diese besitzen unterschiedliche Bindespezifitäten für Kollagen, Integrine und andere Proteine der EZM. Bausteine der Domänen sind insgesamt drei verschiedene repetitive Sequenzelemente. Die Bausteine werden auf der mRNA-Ebene zu verschiedenen Fibronectinvarianten zusammengesetzt. Fibronectin bildet Dimere, die dann weiter zu Polymeren quervernetzt werden. (Mit freundlicher Genehmigung von Herrn Prof. Dr. Werner Müller-Esterl)

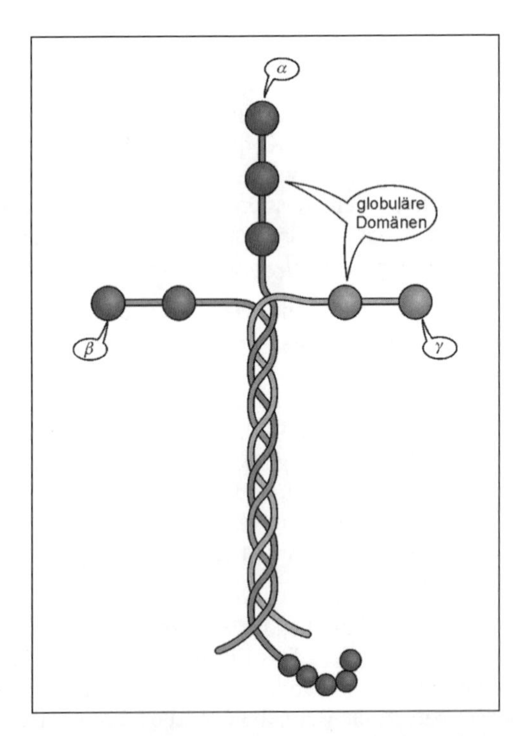

Abb. 9-2: Struktur von Laminin. Der carboxyterminale Teil der drei Ketten ist zu einer Tripelhelix verwunden. Die aminoterminalen Abschnitte ragen als „Arme" hervor, über die einzelne Lamininmoleküle miteinander Kontakt aufnehmen. (Mit freundlicher Genehmigung von Herrn Prof. Dr. Werner Müller-Esterl)

nectin ist ein Glykoproteindimer, dessen Monomere durch zwei Disulfidbrücken miteinander verbunden sind. Jedes Monomer weist eine Länge von 60–70 nm und eine Dicke von 2–3 nm auf. Etwa 20 Fibronectinketten wurden nachgewiesen. Fibronectin kommt gelöst im Blut und anderen Körperflüssigkeiten vor, in seiner unlöslichen Form ist es mit der EZM vieler Zellen assoziiert. Es besitzt mehrere Bindestellen und geht Verbindungen mit anderen Bestandteilen der EZM, z. B. mit Fibrin und den Zelloberflächenrezeptoren aus der Familie der Integrine, ein. Es gibt freie und membranständige Formen des Fibronectins, die als gewebespezifische Fibronectinvarianten unterschiedliche Aufgaben wahrnehmen. So spielt Fibronectin sowohl eine Rolle bei der Wundheilung als auch bei der Verankerung von Zellen in der EZM, denn es verbindet Zellen mit den fibrillären Kollagenen der Typen I, II und III. Als Adhäsionsprotein beeinflusst Fibronectin auch die Zellgestalt und die Anordnung des Cytoskeletts nach der Anheftung.

Die **Basalmembran** oder *Lamina basalis* ist eine spezialisierte Form der EZM. Sie besteht meist aus zwei morphologisch differenzierbaren Schichten: der *Lamina lucida*, die direkt an der Plasmamembran anliegt, und der darüberliegenden *Lamina densa*. Die Hauptbestandteile der *Lamina densa* sind Kollagen Typ IV, Nidogen, das Proteoglykan Perlekan sowie Laminin (Abb. 9-3).

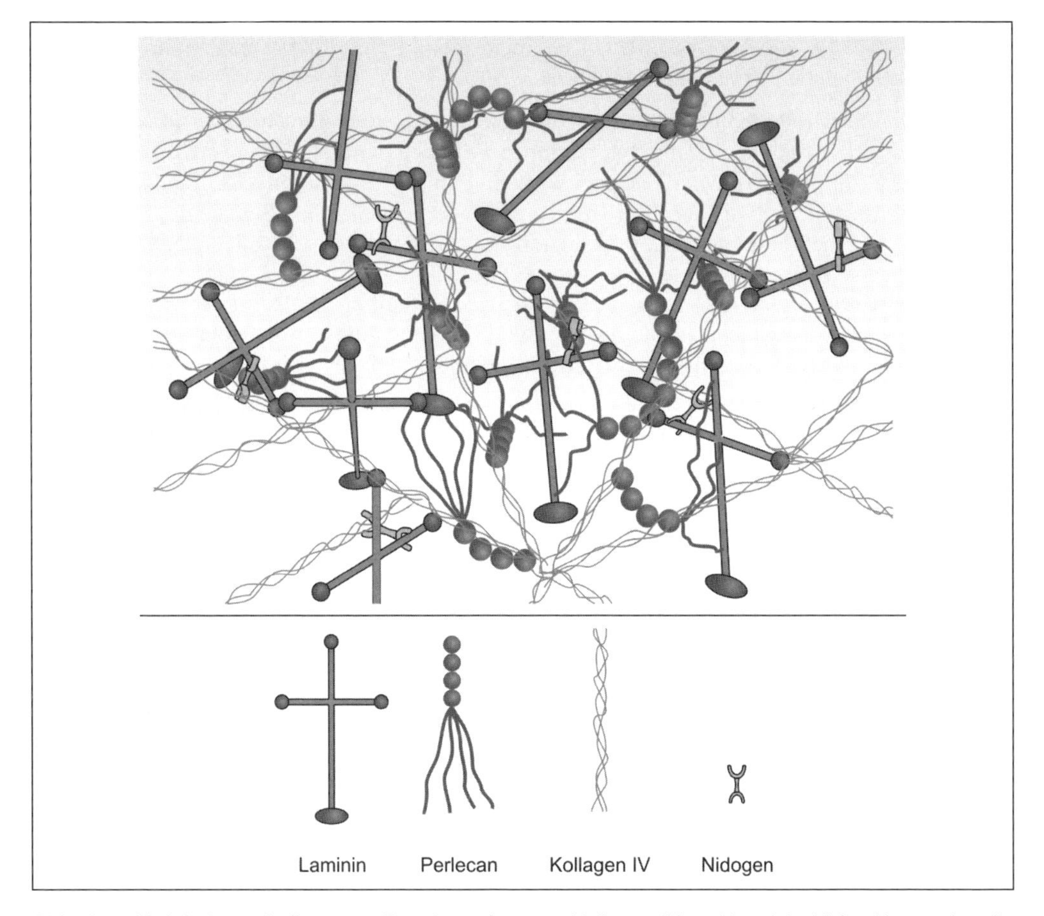

Abb. 9-3: Molekularer Aufbau von Basalmembranen. Kollagen IV und Laminin bilden Netzwerke, die durch Nidogen verknüpft und mit dem Proteoglykan Perlekan „aufgefüllt" werden. Letzteres bildet spezifische Kontakte mit den drei anderen Komponenten sowohl über seinen Protein- als auch über seinen Zuckeranteil aus. (Mit freundlicher Genehmigung von Herrn Prof. Dr. Werner Müller-Esterl)

Lamininmoleküle sind Heterodimere aus drei verschiedenen Ketten (α, β und γ), die in kreuzförmigen Strukturen organisiert sind, aber globuläre Endstrukturen haben. Derzeit sind zwölf verschiedene Laminin-Isoformen bekannt. Diese ergeben sich aus der unterschiedlichen Kombination der fünf α-Ketten, drei β-Ketten und drei γ-Ketten. Laminin besitzt Bindestellen für das Protein Nidogen, welches Laminin mit dem nicht-fibrillären Kollagen IV verbindet. Adhärente Zellen werden durch Laminin mit Kollagen IV verbunden, wodurch der Kontakt zur Basalmembran zustande kommt. Fast alle epithelialen Zellen (Herz-, Muskel-, Nerven- und Endothelzellen) sezernieren Laminine, deren Isoformen in verschiedenen Zellen gewebespezifisch synthetisiert werden. Die Laminine besitzen Bindestellen für die Oberflächenrezeptoren der Integrinfamilie, die hauptsächlich bei der Zell-Matrix-Adhäsion eine große Rolle spielen.

9.2 Zelluläre Adhäsionsmoleküle

Der genaue Ablauf von Adhäsionsprozessen, insbesondere der Zell-Matrix-Adhäsion, ist sehr komplex und eine Wissenschaft für sich, die zu beschreiben allein schon ein Buch wert wäre. Daher soll an dieser Stelle lediglich ein „Crash-Kurs" mit Schwerpunkt auf die beteiligten Zelladhäsionsmoleküle angeboten werden. Der interessierte Zellkulturanwender wird ansonsten auf die entsprechende Fachliteratur verwiesen.

Von entscheidender Bedeutung für den Adhäsionsprozess sind die **Zelladhäsionsmoleküle**, denn sie vermitteln die molekularen Interaktionen zwischen den Zellen bzw. zwischen den Zellen und der extrazellulären Matrix. Dabei wirken sie nicht nur als einfache „Andockstellen", sondern übertragen durch die Wechselwirkung mit anderen Molekülen Signale in das Zellinnere. Über die Zellmembran hindurch interagieren Zelladhäsionsmoleküle mit anderen zellulären Komponenten wie dem Cytoskelett oder aber mit Signal- oder Botenmolekülen. Aufgrund dieser Wechselwirkungen werden zelluläre Prozesse wie Zellteilung, Zellstoffwechsel und Regeneration gesteuert. Umgekehrt ist die Aktivität und Funktionalität von Zelladhäsionsmolekülen von cytoplasmatischen Vorgängen abhängig und wird durch diese beeinflusst.

Aufgrund struktureller Merkmale lassen sich Zelladhäsionsmoleküle in vier Hauptgruppen gliedern: Cadherine, Moleküle vom Immunglobulintyp (IgCAM), Selektine und Integrine. Während die drei erstgenannten für die Zell-Zell-Adhäsion bzw. Zellkommunikation von großer Bedeutung sind, vermitteln die Integrine fokale Zelladhäsionen zur Matrix. Abgesehen von den IgCAMs, die rezeptorabhängig sind, benötigen die anderen zellulären Adhäsionsmoleküle zweiwertige Kationen wie Kalzium und Magnesium.

Cadherine sind homotypische Adhäsionsmoleküle, die Ca^{2+}-abhängig sind und Wechselwirkungen zwischen den Zellen hervorrufen. Etwa 40 unterschiedliche Mitglieder dieser Proteinfamilie sind bisher bekannt. Cadherine werden gewebsspezifisch exprimiert. So ist z. B. das E-Cadherin typisch für Epithelzellen (besonders in der *Zona adhaerens* und in den Desmosomen), N-Cadherin in Nervenzellen und N- und M-Cadherin in Muskelzellen, P-Cadherine in der Plazenta und der Epidermis und schließlich R- und B-Cadherine hauptsächlich in den Gliazellen.

Cadherine sind an der Zell-Zell-Adhäsion beteiligt, wobei sie jedoch nicht homogen an den Zell-Zell-Kontaktstellen verteilt, sondern vielmehr in speziellen Strukturen angereichert sind. So befinden sich die klassischen Cadherine in den sogenannten *adherens junctions* (haftenden Verbindungen). Dort vermitteln sie die Verankerung mit den Actinfilamenten des Cytoskeletts, wofür der intrazelluläre C-Terminus der Cadherine verantwortlich ist. Die Bindung an Actin benötigt allerdings die Beteiligung einer weiteren Proteinfamilie – die der Catenine.

Außerdem gibt es desmosomale Cadherine, die bei der Bildung der Desmosomen in den Zellmembranen tierischer Zellen beteiligt sind. Desmosomale Cadherine wie Desmogleine und Desmocolline bilden den Kontakt zur Nachbarzelle. Durch diese Zell-Zell-Verbindung werden die Plasmamembranen zweier benachbarter Zellen bis auf 30 nm angenähert. Auf der Cytoplasmaseite sind an den Desmosomen die Intermediärfilamente über sogenannte Plaqueproteine angebunden. Desmosomen kommen hauptsächlich bei epithelialen Zellen und bei Zellen der glatten und kardialen Muskulatur vor.

IgCAMs sind eine Klasse von Adhäsionsmolekülen, die hauptsächlich in Nervenzellen (engl. = *nerve cell adhesion molecule*, N-CAMs) von Bedeutung sind. Sie interagieren bevorzugt mit anderen CAMs derselben Art und vermitteln daher homophile Wechselwirkungen zwischen den Zellen. Sie enthalten viele immunglobulinähnliche Domänen und häufig auch repetitive Sequenzen, die denen des Fibronectins ähneln. Das Ganze funktioniert wie eine Art Erkennungsmechanismus gleich gebauter Zellen, die sich auf diese Weise erkennen und ein zusammenhängendes Gewebe bzw. Organ bilden können.

Selektine sind lektinartige Rezeptoren. Es handelt sich um eine kleine Gruppe von Zelladhäsionsmolekülen, die aus drei gewebsspezifischen Typen bestehen: L-Selektin (in Leukozyten), P-Selektin (auf Blutplättchen) und E-Selektin (auf Endothelzellen). Sie vermitteln durch die Bindung an sialylierte Glykane heterotypische Zell-Zell-Adhäsionen. Ein Beispiel dafür sind entzündliche Prozesse, bei denen die Selektine Interaktionen zwischen Leukocyten und Endothelzellen vermitteln.

Integrine sind integrale Membranproteine, die die Verbindung von Zellen zur EZM herstellen. Außerdem können sie heterophil an die IgCAMs und an Cadherine binden. Integrine sind Heterodimere, die aus zwei nicht-kovalent gebundenen Glykoproteinketten (je eine α- und eine β-Untereinheit) bestehen. Durch die verschiedenen Kombinationen aus 18 verschiedenen α- und acht β-Ketten ergeben sich bisher 24 funktionelle Integrine. Man weiß, dass die α-Untereinheit divalente Kationen wie Ca^{2+}, Mg^{2+} und Mn^{2+} aus der Umgebung bindet und dadurch Konformationsänderungen des Moleküls ausgelöst werden.

Die Integrine sind an vielen zellulären Prozessen wie der Adhäsion und Migration beteiligt. Sie haben entscheidenden Einfluss auf den Aufbau des Actincytoskeletts und die Verankerung des Cytoskeletts mit Kontaktstellen zur extrazellulären Matrix. Außerdem sind sie an morphogenetischen Zelländerungen, z. B. der Bildung von Filopodien und Lamelipodien, beteiligt. Die Bindungspartner für die Integrine in der EZM sind je nach Zelltyp die Kollagene I und IV, verschiedene Laminin-Typen und Fibronectin.

Integrine spielen bei der fokalen Adhäsion eine entscheidende Rolle, da sie das Actincytoskelett mit den Fibronectinfasern verbinden. Die Aufgabe solcher fokalen Adhäsionen besteht in der Stabilisierung der Actin-Mikrofilamente (Abb. 9-4).

Integrinverbindungen kommen aber auch in den Hemidesmosomen vor, die Intermediärfilamente an die Basallamina anheften. Integrine sind außerdem direkt an der Initiierung von Signalwegen beteiligt. Es ist bekannt, dass die integrinvermittelte fokale Adhäsion mit der Phosphorylierung einer bestimmten Kinase, der FAK (engl. = *focal adhesion kinase*) einhergeht. Außer den Proteinkinasen FAK und ILK (engl. = *integrin linked kinase*) sind an der fokalen Adhäsion auch Signalmoleküle wie Src, und p130Cas beteiligt.

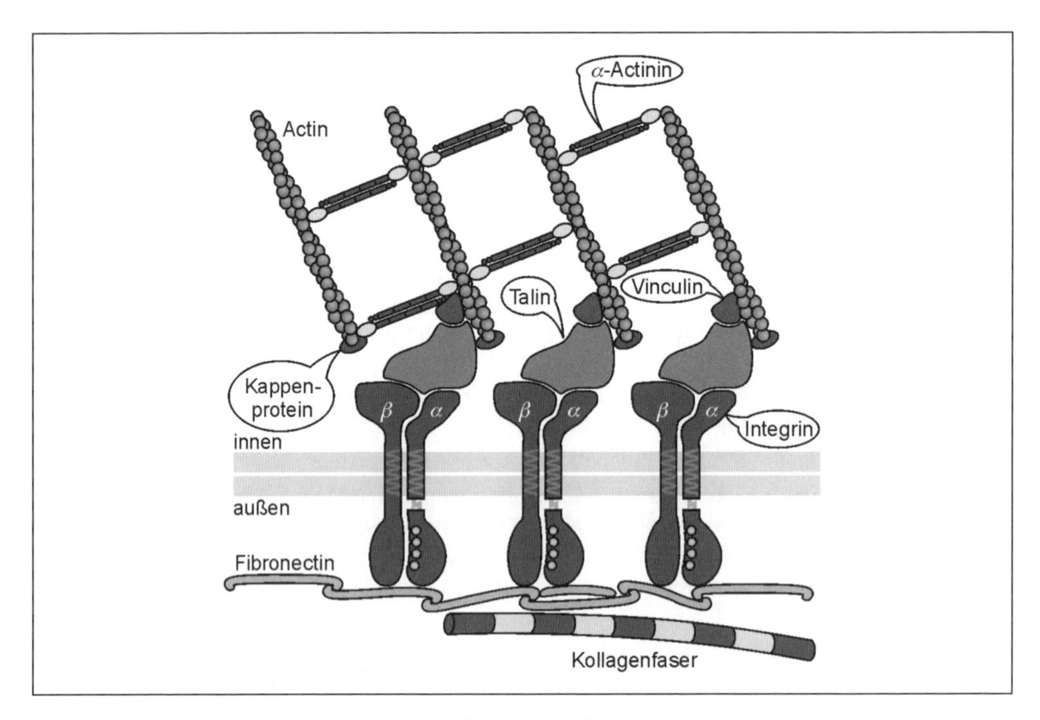

Abb. 9-4: Verankerung von Stressfasern an fokalen Adhäsionspunkten.
Die Bindung von Integrinen an Proteine der extrazellulären Matrix (hier mit den Komponenten Fibronectin und Kollagen dargestellt) führt zu einer lokalen Ansammlung von Integrinen, die auf der cytosolischen Seite ein Bündel von Stressfasern über einen Multiproteinkomplex organisieren. Das Plus-Ende der Actinfilamente von kontraktilen Fasern ist über ein Kappenprotein versiegelt. (Mit freundlicher Genehmigung von Herrn Prof. Dr. Werner Müller-Esterl)

9.3 Zell-Substrat-Adhäsion

Die Zell-Substrat-Ahäsion ist für die *in-vitro*-Kultur von adhärenten Zellen am bedeutsamsten. Verantwortlich für die Anheftung an Polymeroberflächen sind natürliche Verankerungsmechanismen der Zellen. Im Wesentlichen kommen dabei ähnliche Mechanismen und Komponenten zum Tragen wie bei der Zell-Matrix-Adhäsion. Die Anheftung der adhärenten Zellen an das Substrat ist ein mehrstufiger Prozess, bei dem zweiwertige Kationen und extrazelluläre Matrixkomponenten wie die Adhäsionsproteine Fibronectin bzw. Laminin beteiligt sind.

In serumhaltigen Medien befinden sich eine Vielzahl von Signalstoffen und Proteinen, die unspezifisch an die Polymeroberfläche der Zellkulturgefäße absorbieren. Die unter physiologischen Bedingungen negativ geladenen Zellen absorbieren zunächst in Gegenwart zweiwertige Kationen wie Kalzium und Magnesium an die Substratoberfläche. Der eigentliche Kontakt zur Oberfläche des Kulturgefäßes wird durch Adhäsionsfaktoren der extrazellulären Matrix vermittelt. Je nach Zelltyp handelt es sich um Fibronectin (Fibroblasten) bzw. Laminin (Epithelzellen). Darauf erfolgt die Anheftung der Zellen, indem diese sich ihrerseits mit den eigenen Proteoglykanen aus der extrazellulären Matrix an die Peptidsequenzen der aus dem Medium stammenden Proteine binden.

Der letzte Schritt ist die Ausbreitung und schließlich die Proliferation der frisch eingesetzten Zellen. Wie lange der ganze Prozess dauert, ist von der Zelllinie bzw. dem Zelltyp abhängig.

Meist kann man schon nach wenigen Stunden die ersten angehefteten Zellen im Mikroskop erkennen.

9.4 Detachment

Will man auf einer Unterlage adhärent wachsende Zellen wieder von dieser ablösen, muss man den Proteinen, die diese Anheftung vermitteln, zu Leibe rücken. Die schon erwähnten Proteoglykane können an Proteasen binden. An diesem Punkt kommen wir dem zur Zellpassagierung unvermeidlichen Ablösen adhärenter Zellen langsam näher. Für das Detachment wird eine Protease, am häufigsten Trypsin verwendet. Man kann adhärente Zellen aber nicht nur enzymatisch, sondern auch mechanisch lösen, z. B. mit einem Gummischaber (*rubber policeman*) für die Zellkultur. Die dabei auftretenden Scherkräfte sind jedoch nicht zu unterschätzen und können zu Zellschädigungen führen. Dennoch kann diese Methode eine Alternative zur enzymatischen Dissoziation sein, z. B. wenn die Zellen in Abhängigkeit von der Fragestellung keinen Kontakt mit einem Enzym haben dürfen. Andererseits gibt es auch Zellen, die so fest haften, das eine enzymatische Dissoziation versagt, wie z. B. bei MCDK-Zellen.

9.4.1 Detachment-Lösungen

Trypsin

Trypsin ist eine Serinprotease, die aus dem Pankreas von Schweinen gewonnen wird. Es ist ein kleines Enzym mit einem Molekulargewicht von 23,3 kDa. Trypsin katalysiert die hydrolytische Spaltung von Proteinen und Peptiden innerhalb des zu spaltenden Moleküls, wobei seine Endopeptidaseaktivität vorwiegend nach basischen Aminosäuren wie Lysin und Arginin spaltet. Seine größte Aktivität entfaltet Trypsin bei einem pH-Optimum von 7,5–8,5 und einer Temperatur von 37° C. Deshalb sollte Trypsin für das Detachment auf diese Temperatur im Wasserbad oder Inkubator erwärmt werden. Die Langzeitlagerung erfolgt in Aliquots bei –20°C, die Kurzzeitlagerung (bis zu 10 Tage) kann bei 4 °C erfolgen. Leider macht das Enzym durch häufiges Erwärmen nach einiger Zeit schlapp und verliert an Aktivität. Zur Sicherheit sollte man daher ein Aliquot nicht öfter als drei- bis fünfmal erwärmen und dann lieber verwerfen, um die Prozedur nicht unnötig durch die verminderte Aktivität zu verlängern. Im Allgemeinen wird bei 37 °C trypsiniert, denn das geht am schnellsten. Das stellt jedoch den größten Stress für die Zellen dar. Alternativ kann man Trypsin auch bei Raumtemperatur oder sogar bei 4 °C einsetzen, dadurch verlängert sich jedoch die Einwirkzeit. Der Vorteil liegt in der Schonung der Oberflächenantigene.

Trypsin muss einige Minuten auf dem Zellrasen bleiben, damit es seine Arbeit verrichten kann. Wie lange genau, hängt von den verwendeten Zellen ab und muss empirisch ermittelt werden. Durchschnittswerte liegen bei zwei bis zehn Minuten, es können jedoch, in Abhängigkeit vom Zelltyp, auch Inkubationen bis zu 30 Minuten nötig sein. Das ist z. B. bei Keratinocyten der Fall. Es gibt allerdings auch Zellen, die sich nur sehr schlecht ablösen lassen und sich auch nach 30-minütiger Trypsineinwirkung oder erhöhter Trypsinkonzentration immer noch hartnäckig weigern, sich von der Unterlage zu trennen. In einem solchen Fall von unüberwindbarem Trennungsschmerz kann man folgende Tricks versuchen:

1. Mit 1 mM Ethylendiamin-Tetraessigsäure (EDTA) in PBS vorspülen.
2. Besonders hartnäckige Zellen mit EDTA (1 mM in PBS) vorspülen und dann mit 0,25% Trypsin und Collagenase (200 IE in PBS) in Kombination inkubieren.

3. Durch vorsichtiges Klopfen mit dem Finger gegen die Substratseite des Zellkulturgefäßes kann man die Zellen zusätzlich mechanisch lösen.

Weitere Tipps, vor allem für das Detachment widerspenstiger Zellen, kann man bei Freshney (siehe Literaturliste) nachlesen.

Eine allzu lange Trypsinbehandlung führt zu Schäden an den Oberflächenmolekülen der Zellen, was man unbedingt vermeiden sollte, besonders bei immunologischen oder histologischen Fragestellungen. Um die enzymatische Aktivität des Trypsins nicht durch das im Medium enthaltene Serum zu neutralisieren, empfiehlt es sich, das Medium zu verwerfen und noch vorhandene Serumreste durch einen Waschschritt mit vorgewärmtem PBS auszuwaschen. Erst danach gibt man das Enzym auf den Zellrasen und lässt das Trypsin einwirken. Die einzusetzende Konzentration des Trypsins variiert von Zelllinie zu Zelllinie.

Für die Trypsinierung werden im Allgemeinen Trypsinkonzentrationen von 0,1 oder 0,25% verwendet. Allerdings kann es notwenig sein, von diesen Werten abzuweichen – das muss der Anwender selbst herausfinden. Dabei sollte man immer die mögliche Schädigung der Zellen bei dieser Prozedur im Auge behalten. Am besten probiert man aus, bei welcher Konzentration das Detachment zügig vonstatten geht, ohne dass die Zellen dabei allzu sehr malträtiert werden. Dazu empfiehlt es sich, die Trypsinierung mikroskopisch zu kontrollieren, um die optimale Einwirkzeit herauszufinden. Für diesen Vorgang braucht man ein Labormikroskop mit Phasenkontrastausstattung. Die ideale Einwirkzeit ist dann erreicht, wenn sich die überwiegende Zahl der adhärenten Zellen abgerundet hat und im Überstand schwimmt. Die Reaktion sollte mit frischem, serumhaltigem Medium abgestoppt werden, um das Enzym einerseits durch den Verdünnungseffekt und andererseits durch die neutralisierende Wirkung des Serums zu inaktivieren. Bei einem Verhältnis von 1:3 ist man auf der richtigen Seite. Wer Serum vermeiden will, kann auch einen Trypsin-Inhibitor einsetzen, der meist aus der Sojabohne gewonnen wird.

Trypsin-EDTA-Kombination

Für ganz eilige Zellkulturanwender empfiehlt sich eine Variante der üblichen Trypsinierung. Man kann die Trypsin-Lösung durch Zugabe von EDTA ansäuern und damit den Vorgang der Trypsinierung beschleunigen. EDTA ist ein Komplexbildner und bindet zweiwertige Ionen wie Kalzium und Magnesium, die die zellbindenden Membranproteine stabilisieren. Meistens wird eine Konzentration von 0,05% Trypsin mit 0,02% EDTA in PBS verwendet. Jedoch gibt es auch bei der Trypsin-EDTA-Variante verschiedene Konzentrationen, die man entweder als Fertiglösung käuflich erwerben oder selbst ansetzen kann. In Fertiglösungen wird Trypsin häufig einfach oder zehnfach konzentriert angeboten. Die Einfachlösung enthält 0,25 g/l Trypsin (entspricht 0,25% (w/v), d. h. 1:250 verdünnt) und 0,38 g/l EDTA × 4 Na. Eine zehnfach konzentrierte Fertiglösung kann man dann mit PBS ohne Kalzium und Magnesium auf die gewünschte Endkonzentration verdünnen.

Accutase

Accutase ist eine Alternative zu Trypsin und ein relativ neues Produkt. Es soll besonders schonend zu den Zellen sein. Bereitwillig verraten die Anbieter dem interessierten Zellkulturexperimentator die Vorteile von Accutase, nämlich dass es keine Schädigungen von Oberflächenantigenen verursacht und zudem keine Neutralisation durch serumhaltiges Medium mehr notwendig ist. Acccutase hat sowohl proteolytische als auch kollagenolytische Aktivität, wodurch die extrazelluläre Matrix an mehreren Stellen enzymatisch in Angriff genommen wird. Accutase wirkt dadurch nicht nur auf die Proteoglykane, sondern auch auf die Faserproteine, in diesem Fall die Proteinfamilie der Kollagene. Das ist vor allem für Zelltypen des Stütz- und Bindegewebes von Bedeutung, da dort der Anteil der EZM besonders hoch und viel Kollagen enthalten ist. Accutase enthält keine oberflächenaktiven Substanzen und verspricht daher eine sanfte Dissoziation adhärenter Zellen unter Schonung der Oberflächenantigene und Rezeptoren.

Inzwischen ist eine Weiterentwicklung des Produkts mit dem Namen Accutase II auf den Markt gekommen. Diese Lösung hat neben der proteolytischen und kollagenolytischen Aktivität quervernetzte, negativ geladene Glykanpolymere in seiner Rezeptur. Das führt dazu, dass die in der Lösung befindlichen Glykanpolymere in Konkurrenz zu jenen in der extrazellulären Matrix stehen. Das soll zu einer verbesserten Stabilisierung der Zellen und zu einer maximalen Zellüberlebensrate führen. Zusätzlich vorhandene nicht-enzymatische Komponenten (vermutlich Glykanpolymere) werden dem Anwender zwar nicht verraten, sollen aber für ein noch sanfteres Detachment und für die Aufrechterhaltung der strukturellen und funktionellen Integrität der Oberflächenproteine sorgen.

Der Dissoziationsmechanismus soll darauf beruhen, dass sich die Zellen aufgrund von ionischen Abstoßungskräften von der Unterlage lösen. Als weiterer Vorteil von Accutase II wird deren besondere Eignung für den Einsatz der abgelösten Zellen bei geplanten FACS-Analysen (engl. = *fluorescence activated cell sorting*) genannt. Auch bei Transfektionsexperimenten haben viele Anwender die Erfahrung gemacht, dass die Effizienz nach der Anwendung von Accutase erhöht ist. Verwendet wird die Accutase wie Trypsin, die Fertiglösung wird direkt auf die mit PBS (ohne Kalzium und Magnesium) gewaschenen Zellen gegeben. Für eine Fläche von 25 cm^2 wird empfohlen, eine Menge von 2–4 ml Accutase auf den Zellrasen zu geben. Dann soll alles bei 37 °C inkubiert werden und nach fünf bis 20 Minuten (je nach Zelltyp und Adhärenz) ist das Detachment gelaufen. Danach muss nicht erst serumhaltig neutralisiert werden, sondern nach einem kurzen Zentrifugationsschritt kann das Zellpellet in frischem Medium resuspendiert und die Zellen nach der Verdünnung in Kultur genommen werden. Das ist insbesondere bei der Verwendung von serumfreien Medien von Vorteil und spart einen Waschschritt.

Ob Accutase eine Alternative zu Trypsin auch für die eigenen Zellen ist, muss der Anwender selbst herausfinden und beurteilen. Positiv ist jedenfalls, dass sich die Hersteller durchaus Gedanken über die Schwierigkeiten machen, die beim Detachment auftreten können, und versuchen, im zweifachen Sinne eine Lösung anzubieten. Auf Wunder darf man allerdings nicht hoffen. Das Ablösen adhärenter Zellen ist letztlich immer mit dem Risiko einer Zellschädigung verbunden und es ist vorteilhaft, das Risiko so gering wie möglich zu halten.

Weitere Lösungen und Enzyme für das Detachment

Für den eher bequemen Zellkulturanwender sind im Handel sogenannte **Detach-Kits** erhältlich. Die enthalten einen Puffer, entweder HepesBSS (eine *balanced salt solution*) oder PBS, eine Trypsinlösung (mit oder ohne EDTA) und eine Trypsin neutralisierende Lösung. In diesem Neutralisierungsreagenz befindet sich meist ein pflanzlicher Trypsin-Inhibitor, der aus der Sojabohne gewonnen wird. Häufig wird für das Abstoppen der Dissoziationsreaktion eine Endkonzentration von 10 mg/ml empfohlen. Die Verwendung von Fertiglösungen und Kits ist die wohl komfortabelste Lösung für das Detachment.

Die jüngste Neuentwicklung auf dem Markt für Dissoziationslösungen heißt **TrypLE** (engl. = *trypsin like enzyme*). Dieses Produkt ist ein rekombinant hergestellter Ersatz für Trypsin (von Gibco, über Invitrogen erhältlich) und wurde speziell für die Bedürfnisse der Bioprodukte-Industrie hergestellt. Beworben wird TrypLE mit den folgenden Vorteilen:

- Frei von tierischen Komponenten, da es rekombinant in Bakterien hergestellt wird.
- Signifikant verbesserte Stabilität gegenüber Trypsin: Gebrauchslösungen können sechs Monate bei Raumtemperatur oder für eine Woche bei 37 °C ohne Aktivitätsverlust stabil gehalten werden.
- Kein Aktivitätsverlust durch wiederholte Einfrier- und Auftauzyklen, Tiefgefrieren für die Langzeitlagerung wird empfohlen.
- Schonende Dissoziation der Zellen.
- Geeignet für die mit Serum supplementierte als auch serumfreie Zellkultur.
- Effektivität erprobt an vielen verschiedenen Zelllinien.
- Keine Änderung des Dissoziationsprotokolls gegenüber Trypsin notwendig.

Was bleibt dazu zu sagen? Ausprobieren lohnt sich und das bestimmt nicht nur für Anwender in der Bioprodukte-Industrie.

Je nach Fragestellung können auch andere Enzyme als Trypsin oder TrypLE zum Einsatz kommen. Die **Kollagenase** ist im Gegensatz zu Trypsin eine neutrale Protease, die meist bei der Herstellung von Primärkulturen mit hohem Bindegewebsanteil Anwendung findet. Das kann z. B. ein Tumor oder ein Normalgewebe sein, woraus eine Einzelzellsuspension für die Zellkultur gewonnen werden soll. In diesem Zusammenhang wird die Kollagenase bei der Auflösung der Zell-Zell-Adhäsion eingesetzt. Zur Dissoziation zwecks Subkultur von adhärenten Zellen eignet sich Kollagenase gerade für empfindliche Zellen (vergleiche auch Accutase). Kollagenase spaltet spezifisch nur Kollagen, das von keiner anderen Protease hydrolysiert wird. Erst durch eine einzelne Spaltung der helikalen Kollagenketten in zwei Fragmente werden diese zugänglich für andere, weniger spezifische Proteasen. Die empfohlene Konzentration der Kollagenase kann schwanken, meist liegt sie aber im Bereich von 0,1–1%. Oft wird Kollagenase zusammen mit anderen Enzymen wie Dispase oder Pronase eingesetzt.

Dispase ist ein mit 36 kDa eher kleines, im neutralen Bereich (pH 7,5) arbeitendes Metalloenzym, welches von *Bacillus polymyxa* produziert wird. Es ist besonders zellschonend, da die Membranen selbst nach einer einstündigen Behandlung mit diesem Enzym nicht geschädigt werden. Dispase soll zudem unerwünschtes Verklumpen der Zellen verhindern, wodurch es sich auch zur Herstellung von Einzelzellsuspensionen bei der Primärkultur eignet. Häufig wird es zur Dissoziation von dermalen und epidermalen Zellen verwendet. Das Enzym spaltet Fibronectin, Kollagen IV und in geringerem Maße auch Kollagen I, nicht aber Kollagen V und Laminin. Der Konzentrationsbereich liegt bei 0,6–2,4 U/ml. Wird Dispase zusammen mit Kollagenase verwendet, werden Konzentrationen von 0,3–0,6 U/ml Dispase und 60–100 U/ml Kollagenase eingesetzt.

Pronase wird aus *Streptomyces griseus*, einem mycelbildenden Bakterium, gewonnen und ist ein Enzymgemisch, das sowohl Endo- als auch Exopeptidaseaktivität zeigt. Das pH-Optimum liegt bei 7–8, wobei einzelne Komponenten des Enzymcocktails andere Optima haben können. Pronase gibt es nicht nur als Gemisch, sondern auch als isolierte Einzelkomponente, z. B. als Pronase E. Pronase spaltet unspezifisch fast alle Peptidbindungen und benötigt für seine Aktivität Kalziumionen. Das Enzym ist über einen weiten pH- und Temperaturbereich stabil.

Elastase ist die einzige neutrale Protease, die neben den anderen EZM-Komponenten auch Elastin degradieren kann. Sie stammt wie Trypsin aus dem Pankreas, hat Serin-Proteaseaktivität und hydrolysiert Amide und Ester. Dieses Enzym wird am häufigsten verwendet, wenn man Zellen mit einem hohen Anteil intrazellulären Fasernetzwerks dissoziieren möchte. Dort ist der Anteil des Elastins, das sich in hoher Konzentration in den elastischen Fasern des Bindegewebes befindet, am höchsten. Zu diesem Zweck wird Elastase häufig zusammen mit anderen Enzymen wie Kollagenase, Trypsin und Chymotrypsin verwendet.

Hyaluronidase ist ein Enzym, das Hyaluronsäure spaltet und dadurch das Gewebe durchlässig macht. Da Hyaluronsäure eine Komponente der EZM ist, liegt es nahe, Hyaluronidase beim Detachment zu verwenden. Das ist aber nicht die einige Einsatzmöglichkeit, denn das Enzym eignet sich ebenfalls für die Entfernung der Cumuluszellen, z. B. bei der Primärkultur von Mäusembryonen.

Zum Schluss sei erwähnt, dass die enzymatische Aktivität der neutralen Enzyme nicht durch Zugabe von serumhaltigen Medium abgestoppt werden kann. Bevor man die Zellen in neue Kulturgefäße einsetzt, sollte der gesamte Ansatz am besten einmal mit frischem Medium gewaschen werden, um das Enzym vollständig zu entfernen. Dabei gibt es beim Ablösen generell die beiden Varianten mit und ohne Zentrifugation nach dem Detachment. Damit ist gemeint, dass man die Zellen nach der Verdünnung entweder direkt oder erst nach der Zentrifugation aussähen kann. Über Vor- und Nachteil scheiden sich die Geister: Die Zentrifugation bedeutet Stress für die Zellen, allerdings sind danach störende Reste von Detachmentlösungen entfernt.

Literatur:

Detrait et al. (1998) Orientation of cell adhesion and growth on patterned heterogeneous polystyrene surface. J Neurosci Method 84: 193–204

Freshney RI (1990) Tierische Zellkulturen – Ein Methoden-Handbuch. deGruyter, Berlin

Freshney RI (2005) Culture of Animal Cells. Wiley-Liss, New York

Ganten D, Ruckpaul K (2003) Grundlagen der molekularen Medizin. 2. Aufl. Springer, Berlin

Ishihara K et al. (1999) Inhibition of fibroblast cell adhesion on substrate by coating with 2 methacryloyloxyethyl phosphorylcholine polymers. J Biomater Sci Polymer Edn 10 (10): 1047–1061

Kim YJ et al. (2003) A study of compatibility between cells and biopolymeric surfaces through quantitative measurements of adhesive forces. J Biomater Sci Polymer Edn 14(12): 1311–1321

Lodish H et al. (2001) Molekulare Zellbiologie. 4. Aufl. Spektrum Akademischer Verlag, Heidelberg

Matsuzawa M et al. (1996) Chemically modifiying glass surface to study substratum-guided neurite outgrowth in culture. J Neurosci Method 69: 189–196

Müller-Esterl W (2004) Biochemie. 1. Aufl. Spektrum Akademischer Verlag, Heidelberg

Nagahara S, Matsuda T (1996) Cell-substrate and cell-cell interactions differently regulate cytoskeletal and extracellular matrix protein gene expression. J Biomed Mater Res 32: 677–686

Rodriguez Fernández JL, Ben-Ze'ev A (1989) Regulation of fibronectin, integrin and cytosceleton expression in differentiation of adipocytes: inhibition by extracellular matrix and polylysin. Differentiation 42: 65–74

Schneller M et al. (1997) αvβ3 integrin associates with activated insulin and PDGF β receptors and potentiates the biological activity of PDGF. EMBO J 16 (18): 5600–5607

10 Kontaminationen in der Zellkultur

O Grausen! Grausen! Grausen! Zung' und Herz,
Faßt es nicht, nennt es nicht!
Aus: Macbeth

Obwohl jedes Labor, das mit Zellkulturen experimentiert, ganz sicher schon die eine oder andere unangenehme Erfahrung mit Kontaminationen gemacht hat, wird dieses Problem immer noch weitgehend unterschätzt. Das hängt zum einen sicher mit der Unwissenheit über Ursachen, Bedeutung und Konsequenzen der jeweiligen Kontamination zusammen. Zum anderen habe ich die Erfahrung gemacht, dass sogar trotz besseren Wissens mit einer gewissen Ignoranz mit diesem zugegeben leidigen Thema, umgegangen wird. Oft hört man Äußerungen wie „Na und? Kontaminationen (in diesem Fall Mycoplasmen) hat doch jeder – also was macht das schon?" oder „Solange man ausschließen kann, dass der untersuchte Parameter beeinflusst wird, ist das kein Grund zur Beunruhigung!"

Mit diesen Argumenten wird das Thema dann ad acta gelegt. Sicher gibt es auch Fälle von Überbesorgtheit bis fast zur Hysterie, doch die sind eindeutig in der Unterzahl. Das weitaus größere Problem im Zusammenhang mit Kontaminationen ist nämlich, dass nicht darüber gesprochen wird. Niemand will etwas damit zu tun haben und oft erinnert die Situation an die drei Affen, die nichts hören, nichts sehen und auch nicht sprechen. Doch das Schweigen über diese Thematik verhilft dem Wissenschaftler nur selten zu den ersehnten Publikationsehren. Im Gegenteil, denn inzwischen legen viele Gutachter renommierter Zeitschriften gesteigerten Wert auf Qualitätskontrollen in der Zellkultur und mittlerweile haben sich auch stringentere Kontrollen bei den Aufsichtsbehörden durchgesetzt.

Mikrobiologische Kontaminationen beruhen auf dem **Einschleppen diverser Mikroorganismen** in die Kultur, worunter Bakterien aller Art, auch Mycoplasmen, L-Formen und Nanobakterien, aber auch Pilze, Hefepilze, Hefen und schließlich auch Viren fallen. Ganz allgemein lässt sich feststellen, dass man gut damit fährt, sich ausführlich über alle verschiedenen Formen von Kontaminationen, deren Herkunft, Detektion und Beseitigung zu informieren. Aber heißt das, Gefahr erkannt – Gefahr gebannt? Leider ist die Sache doch nicht ganz so einfach, wie Sie gleich am ersten Beispiel erkennen werden. Ausgerechnet die Mycoplasmen gehören nämlich zu der heimtückischsten Sorte von Plagegeistern, die man sich einhandeln kann. Aber keine Angst, auch dagegen ist ein Kraut gewachsen.

10.1 Mycoplasmen

Mycoplasmen in der Zellkultur sind keine Seltenheit – sie sind sogar ziemlich verbreitet. Glaubt man den Angaben in der Literatur, so sind 5–85% aller Zellkulturen eines Labors mit Mycoplasmen infiziert. Weltweit wird die Durchseuchung auf 60–70% geschätzt. Die USA liegen mit 15% am unteren Ende, Japan mit etwa 80% an der Spitze dieser zweifelhaften Hitliste. Die **Häufigkeit von Mycoplasmeninfektionen** in deutschen Zellkulturlabors liegt bei knapp 40%. Während Primärkulturen geringe Infektionsraten zwischen 0–4% aufweisen, sind stabile Zelllinien mit einer Häufigkeit im Bereich zwischen 60–90% kontaminiert.

Tab. 10-1: Häufigkeit der in Zellkulturen auftretenden Mycoplasmenarten und deren Herkunft.

Mycoplasmenart	Häufigkeit in der Zellkultur (%)	Herkunft
M. orale	23,5	Mensch
M. salivarium	5,1	
M. hominis	4,9	
M. fermentans	3,4	
	(gesamt 36,9)	
M. arginini	16,5	Rind
Acholeplasma laidlawii	8,8	
	(gesamt 25,3)	
M. hyorhinis	20,2	Schwein
andere	17,7	

Die meisten Mycoplasmen befinden sich im Respirationstrakt und im Urogenitalsystem von Mensch und Tier. Der Übertragungsweg von einem Individuum zum anderen ist entweder auf dem Luftweg über eine Tröpfcheninfektion oder durch direkten Kontakt gegeben. Doch wie gelangen Mycoplasmen in die Zellkultur? Meist sind **tierische Seren** die Kontaminationsquelle. Bei Primärkulturen kann es auch vorkommen, dass sie sich im Ausgangsmaterial, also dem Primärgewebe befinden. Eine weitere Quelle ist der Anwender selbst, da Mycoplasmen häufig Atemwegsinfektionen mit hartnäckigem, trockenem Reizhusten verursachen. Wie häufig welche Mycoplasmenarten in der Zellkultur vertreten sind und woher sie stammen ist in Tabelle 10-1 wiedergegeben.

Mycoplasmen stellen für jedes Labor, das Forschung auf der Basis von Zellkulturexperimenten betreibt, eine ernsthafte Gefahr dar, die leider meist unentdeckt bleibt. Das kommt daher, dass man Mycoplasmen weder mit dem bloßen Auge noch mit einem Standardmikroskop entdecken kann, solange die Infektion unterschwellig verläuft – was meistens der Fall ist. Erst wenn die Mycoplasmen die Kultur überwachsen haben, wird ein Befall sichtbar. In der Regel keimt der erste Verdacht auf, wenn ein verschlechtertes Zellwachstum bemerkt wird. Bei starkem Befall treten in der Kultur die ersten cytopathischen Effekte (CPE) auf. Darunter versteht man alle induzierten Zellschädigungen, die den Untergang der betroffenen Wirtszellen begünstigen. Häufig beobachtet werden ein körniges Aussehen und verminderte Adhärenzeigenschaften – ein sicheres Indiz dafür, dass mit den kostbaren Zellen etwas nicht stimmt. Das körnige Aussehen beruht darauf, dass infizierte Zellen Bestandteile der extrazellulären Matrix ansammeln, die man unter dem Inversmikroskop als kleine, dunkle Pünktchen auf der Zelloberfläche erkennen kann. Vermindertes Adhärenzverhalten macht sich oft erst bei nachfolgenden Arbeiten bemerkbar, wenn einem im wahrsten Sinne des Wortes die Zellen davonschwimmen.

Doch was sind das bloß für kleine Teufel, die einem derart die Arbeit im Zellkulturlabor erschweren? Mycoplasmen sind die kleinsten sich selbst vermehrenden Prokaryoten und gehören zu den Bakterien. Früher wurden sie auch PPLO (engl. = *pleuropneumonia-like organisms*) genannt, jedoch ist diese Bezeichnung heute nicht mehr gebräuchlich. Im Gegensatz zu ihren Artgenossen haben Mycoplasmen aber weder eine Zellwand aus Peptidoglykanen noch eine intracytoplasmatische Membran. Zudem sind sie mit einem Durchmesser von 0,1–2 µm auch viel kleiner als normale Bakterien. Weil ihnen eine Zellwand fehlt, sind Mycoplasmen pleiomorph, also extrem flexibel, was ihre Form anbelangt: rund bis birnenförmig oder filamentartig, ja sogar helikale Zellen wurden beobachtet. Dass diese Winzlinge sogar einen Sterilfilter passieren, macht sie gerade für die Zellkultur zu einer großen Gefahr.

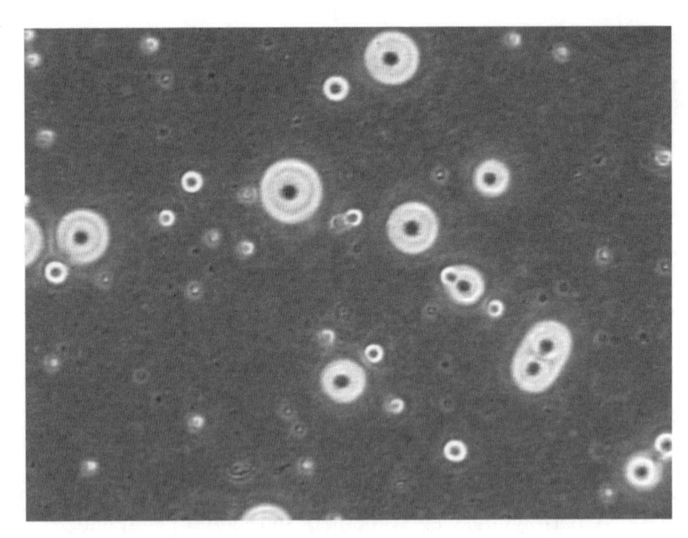

Abb. 10-1: Typische Spiegelei-Kolonien von *Mycoplasma pneumoniae* auf Agar. Aufnahme von *M. pneumoniae* bei 400-facher Vergrößerung. (Mit freundlicher Genehmigung von Sigma Aldrich Chemie GmbH)

Auch sonst zeigen die kleinen Unholde einen ausgeprägten Hang zum Mikromaßstab – so haben sie mit einer Größe von $0{,}5 \times 10^9$ Dalton das kleinste sich selbst replizierende Genom und sind damit sechsmal kleiner als *Escherichia coli*. Einige von den etwa 20 bekannten Mycoplasmenarten bilden Mikrokolonien mit einem Durchmesser von 50–600 µm. Das Erscheinungsbild solcher Kolonien gleicht dem von Spiegeleiern, wie in Abbildung 10-1 zu erkennen ist.

Leider sind Mycoplasmen nicht so schmackhaft wie Spiegeleier, sondern aus Sicht des Experimentators vollkommen ungenießbar. Selbst finden die Mycoplasmen die Bedingungen in der Zellkultur aber geradezu paradiesisch: Das vorhandene Überangebot an Nährstoffen bietet ihnen optimale Wachstumsbedingungen, sodass sie sich in der infizierten Kultur pudelwohl fühlen. Mit Ausnahme von *M. penetrans*, das in die Wirtszellen eindringen kann (was allerdings von einigen Experten bezweifelt wird) und daher auch intrazellulär vorkommt, parasitieren die anderen Arten extrazellulär. Wie das im Elektronenmikroskop aussieht, ist in Abbildung 10-2 dargestellt.

Darüber hinaus wurde beobachtet, dass viele Zellen auf ihrer Oberfläche sogar unspezifische Rezeptoren für einige Mycoplasmenarten haben. Da wundert es nicht, dass Mycoplasmen die Membran-Rezeptorfunktion ihrer Wirtszellen empfindlich stören. Dies ist jedoch nur eins von vielen Beispielen für die zahlreichen Eingriffe von Mycoplasmen in die zellulären Funktionen.

Welche Wirkungen eine solche Kontamination der Zellkultur sonst noch auf die befallenen Zellen haben, ist schlicht und ergreifend nicht vorhersehbar. Zum Glück sind Mycoplasmen aber schon lange Gegenstand der Forschung, daher sind zahlreiche Effekte in der Literatur beschrieben worden, sodass man doch eine ganze Reihe von Anhaltspunkten hat. Ein gut dokumentierter Eingriff in den Stoffwechsel der Wirtszellen stellt die **Störung des Aminosäure-Metabolismus**, insbesondere den des Arginins dar. Mycoplasmenarten wie *M. orale* und *M. arginini* benutzen Arginin als Energiequelle, um ATP zu erzeugen. Sie wandeln die Aminosäure über den Arginindeaminase-Stoffwechselweg zu Citrullin und Ornithin um, wodurch ein drastisch reduzierter Argininggehalt im Medium entsteht. Das wiederum führt dazu, dass die befallene Zellkultur in einen Argininmangelzustand versetzt wird. Die Zellen kümmern unter den übli-

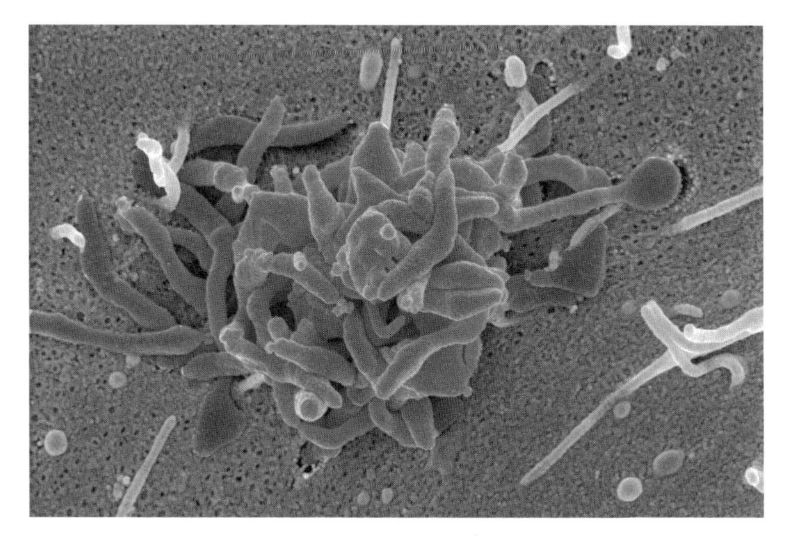

Abb. 10-2: *Mycoplasma penetrans* auf HeLa-Zellen. Elektronenmikroskopische Aufnahme von *M. penetrans*. (Mit freundlicher Genehmigung von Manfred Rohde, GBF)

chen Kulturbedingungen vor sich hin, obwohl dem Medium und der Kultur keine verdächtige Veränderung anzusehen ist. Eine unentdeckte Kontamination mit diesen kleinen Argininfressern bedeutet gerade für stoffwechselphysiologische Forschungen ein besonderes Risiko und lässt die Ergebnisse solcher Studien ziemlich fragwürdig erscheinen. Angesichts dieser Tatsache sollte man sich nicht wundern, wenn man widersprüchliche Ergebnisse erhält, die weder von einem selbst noch von anderen Arbeitsgruppen reproduziert werden können.

Experimentatoren, die nach DNA-Schädigungen fahnden, sind leider auch nicht aus dem Schneider! Schon Ende der 1960er-Jahre ist beobachtet worden, dass einige Mycoplasmenarten in der Lage sind, Chromosomenaberrationen wie Brüche und multiple Translokationen zu verursachen. Zudem zeigte sich, dass die Chromosomenzahl eukaryotischer Zellen durch letale Chromosomenschäden herabgesetzt wird, da die geschädigten Chromosomen in der nächsten Zellteilung verloren gehen. Außerdem konnte beobachtet werden, dass sich der Anteil polyploider Zellen in einer kontaminierten Zellkultur erhöht. Auch das Interphase-Chromatin bleibt nicht verschont. Einige Mycoplasmenarten induzieren gerade in der Frühphase der Infektion eine starke Kondensation des Chromatins, was durch eine May-Grünwald-Färbung sichtbar gemacht werden kann. Die durch derart verklumptes Chromatin veränderte Kernmorphologie hat den infizierten Zellen den Namen „Leopardenzellen“ eingebracht. Als eine der Ursachen für chromosomale Veränderungen in Säugerzellen wird die mycoplasmeninduzierte Hemmung der DNA-Synthese vermutet. Darüber hinaus hat man in der isolierten DNA infizierter Zellen einen Anteil von 15–30% Mycoplasmen-DNA identifiziert.

An dieser Stelle sollten Proteinbiochemiker hellhörig werden, denn auch deren Untersuchungen sind gefährdet. Da bei einem starken Befall die Zahl der Mycoplasmen in der Kultur nicht selten die Anzahl der eukaryotischen Zellen um den Faktor 100–1000 übersteigt, sollte man nicht überrascht sein, wenn man im Gesamtproteinextrakt der untersuchten Zellen bis zu 25% Proteine mycoplasmatischen Ursprungs findet. Einen Überblick über die Wirkungen verschiedener Mycoplasmenarten auf ihre Wirtszellen und die Autoren, die dies beschrieben haben, ist in Tabelle 10-2 wiedergegeben.

Tab. 10-2: Wirkungen verschiedener Mycoplasmenarten auf ihre Wirtszellen.

Mycoplasmenart	Beschriebene Wirkung	Wirtszelle	Referenz
nicht identifiziert	Eingriffe in Aminosäure-, Nucleinsäure- u. a. Wirtsmetabolismen	keine Angabe	Stanbridge, Bacteriol Rev (1971) 35: 206–227
nicht identifiziert	Chromosomenaberrationen, reduzierte modale Chromosomenzahl	FL humane Amnionzellen	Fogh & Fogh, Proc Soc Exp Biol Med (1965) 119: 233–238,
M. orale	3- bis 4-fach erhöhter Anstieg der Anzahl polyploider Zellen	humane Fibroblasten	Paton et al, Nature (1965) 207 : 43–45
M. hyorhinis	15–30% mycoplasmatische DNA in infizierten Zellen gefunden	keine Angabe	Razin & Razin, Nucleic Acids Res (1980) 4: 1383–1390
M. orale, *M. pulmonis*, *M. hyorhinis*, *A. laidlawii*	mycoplasmatische Hemmung der DNA-Synthese in Säugerzellen als Ursache für chromosomale Anomalien vermutet, Leopardenzellen beobachtet	HDCS WI-38 humane embryonale Lungenzellen	Stanbridge et al, Exp Cell Res (1969) 57 : 397–410
M. pulmonis, *M. fermentans*	20-fach gesteigerte DNase-Aktivität in infizierten Zellen; RNase-Aktivität in Mycoplasma-Extrakten	BHK-21 Hamster-Fibroblasten	Russel, Nature (1966) 212: 1537–1540
M. penetrans	Penetration von Wirtszellen	WI-38VA 13 humane Lungenzellen	Baseman et al., Microbiol Pathogen (1995) 19 : 105–116
M. hyorhinis, *A. laidlawii*	signifikante Spiegel von endogener HPRT-Aktivität detektiert	D98/AH-2 humane HeLa Sublinie	Stanbridge et al., Nature (1975) 256 : 329-331
M. hyorhinis	potenzielle Effekte in Mutationsanalysen durch falsch-negative HAT-Selektion von Zellhybriden	HPRT-defiziente Mauszell-Mutanten	van Diggelen et al., In vitro (1978) 14: 734–739
M. fermentans, *M. hominis*	Störung von Transformations-Assays	BHK21/13 Hamster Zellen	McPherson & Russel, Nature (1966) 210, 1343–1345
nicht identifiziert	Störung der Hybridoma-Technik durch Abtöten der Hybridomzellen während der HAT-Selektion durch Thymidinabbau	MaTu Brustkrebs-Zelllinie	Karsten & Rudolph, Ach. Geschwulstforsch (1985) 55, 305–310
M. hyorhinis	DNA-Fragmentierung durch mycoplasmatische Nucleasen, apoptoseähnliche Chromatinkondensation	PaTu 8902 humanes Pankreaskarzinom, NIH 3T3 Maus-Fibroblasten	Paddenberg et al., Eur J Cell Biol (1996) 71: 105–119
M. hyorhinis	mycoplasmatische Endonucleasen spalten DNA infizierter Zellen in 200 bp Fragmente	PaTu 8902 humanes Pankreaskarzinom, MCF-7 humane Brustkrebszellen	Paddenberg et al., Cell Death Diff (1998) 5: 517–528
M. bovis	Zunahme der Apoptoserate durch Überexpression mycoplasm. Endonucleasen, die Doppelstrangbrüche induzieren	2B4 murine Hybridomzellen, TK6 und WI-L2-NS humane B-Zell lymphoblastoide Zelllinien, Jurkat humanes T-Zell Lymphom	Sokolova et al., Immun. Cell Biol (1998) 76: 526–534

Tab. 10-2: Wirkungen verschiedener Mycoplasmenarten auf ihre Wirtszellen (Fortsetzung)

Mycoplasmenart	Beschriebene Wirkung	Wirtszelle	Referenz
M. pneumoniae, M. pulmonis, M. fermentans, M. penetrans	Eingriffe in das Immunsystem der Wirtszellen, Modulation der Cytokinproduktion	Monozyten und Makrophagen der Maus	Chambaud et al., Trends Microbiol (1999) 7: 493–499
M. hominis, M. pneumoniae	Suppression der Virus-replikation, Modulation der Interferonproduktion	HEK humane embryonale Nieren-zellen, L-Zellen	Armstrong & Paucker, J. Bact (1966) 92: 97–101
M. pneumoniae, M. gallisepticum, M. genitalium	Beeinflussung der Membran-Rezeptor-Interaktion der Wirtszellen, Induktion cytopathischer Effekte durch Verlust der Membranintegrität	keine Angabe	Kahane, I, Isr J Med Sci (1984) 20: 874–877
M. orale	Mycoplasmen verursachen Mimikry von Auxotrophie	R.I.I. murine lymphoblastoide Linie	Katamani et al., J Cell Physiol (1983) 114: 16–20

Angesichts dieser Befunde muss die Frage nach den Auswirkungen einer Mycoplasmeninfektion wohl andersherum gestellt werden: Gibt es zelluläre Prozesse, die nicht durch die Gegenwart von Mycoplasmen verändert werden? Die Tatsache, dass eine Infektion mit einer Mycoplasmenart nicht die gleichen Wirkungen bei den infizierten Zellen hervorruft wie eine Infektion mit einer anderen Art, macht die Beantwortung dieser Frage und damit den Umgang mit diesem Problem nicht gerade leichter.

10.2 Andere Bakterien

Hat man sich Bakterien eingehandelt, ist es keineswegs gleichgültig, welche Art den Experimentator heimgesucht hat. In Frage kommen sowohl gramnegative wie grampositive Arten, je nach Quelle der Kontamination. Um welche „Sorte" es sich handelt, ist für die Bekämpfungsstrategie von Bedeutung, da danach das Antibiotikum ausgewählt wird. Doch an dieser Stelle bitte noch Geduld, denn darauf wird im nächsten Kapitel genauer eingegangen.

Der größte Tummelplatz für Keime befindet sich auf dem Experimentator selbst, und zwar auf der Haut. Diese ist mit einer Fläche von 1,5–2 qm das größte Organ des Menschen und nimmt 15–20% des Körpergewichts ein. Die gesunde Haut besitzt eine körpereigene Bakterienflora, die den Menschen vor Krankheitserregern schützt. Die Bakterien ernähren sich von den „Ausscheidungsprodukten", die der Körper bietet: Schweiß, Talg und auch Hautschuppen. Zur normalen Hautflora gehören nur wenige residente Arten, überwiegend Staphylokokken, Streptokokken oder Corynebakterien, aber auch Hefepilze. Die Keimdichten jedoch sind je nach betrachteter Region des Körpers recht unterschiedlich. Toni Lindl hat in seinem Buch „Zell - und Gewebekultur" im Kapitel über Steriltechnik eine Abbildung veröffentlicht, die das in anschaulicher Weise dokumentiert.

Welche Bakterienarten wo vorkommen, hängt vom jeweiligen Mikroklima ab. Bevorzugt werden nicht Blondinen, sondern ganz allgemein warme und feuchte Hautstellen, wie beispielsweise die Achselhöhlen und die Fingerzwischenräume. Die Keimzahl ist dennoch individuell verschieden und hängt von den Eigenschaften der Haut und von der Körperhygiene ab. Hier wird deutlich, dass Anwender, die es mit der Hygiene nicht so genau nehmen, nicht nur aus geruchs-

Tab. 10-3: Die wichtigsten residenten Keime auf der normalen Hautflora.

Bakterien	
grampositiv	**gramnegativ**
Corynebacterium sp.	*Acinetobacter* sp.
Propionibacterium spp.	*Escherichia coli*
Staphylococcus epidermis	*Klebsiella* (perianal)
Micrococcus sp.	
Actinomyces sp.	
Hefepilze	
Malassezia sp.	

technischen Gründen unangenehm sind, sondern aus mikrobiologischer Sicht eine wahre Fundgrube darstellen. Menschen, die viel schwitzen, sind an den betreffenden Stellen deutlich dichter mit Keimen besiedelt – in den Achselhöhlen können sich bis zu einer Milliarde Bakterien pro cm^2 befinden. Zum Vergleich ist die Stirn mit einer Million Keimen deutlich weniger besiedelt, die Arme mit einigen Tausend pro cm^2 sogar vergleichsweise keimarm. Insgesamt können sich auf der ganzen Haut des menschlichen Körpers bis zu zehn Billionen Mikroben tummeln. Einen Überblick über die residenten Keime der normalen Hautflora bietet die Tabelle 10-3.

Aber nicht nur die Haut, sondern auch die darauf befindlichen Haare sind ein Problem. Das beruht darauf, dass ein großer Teil der Hautflora, nämlich 20%, in den tiefen Abschnitten der Haarfollikel angesiedelt ist. Diese Keime lassen sich auch durch die gründlichste Hautdesinfektion nicht vertreiben – genau aus diesem schier unerschöpflichen Reservoir bildet sich die Hautflora innerhalb von 24–72 Stunden neu. Gottlob ist das so, denn sonst hätten wir das Problem, dass der Säureschutzmantel der Haut – der durch die säureliebende residente Bakterienflora aufrechterhalten wird – nach einer Desinfektion empfindlich gestört wird. Dadurch würde die Haut ihre Funktion als Barriere für krankheitserregende Keime einbüßen. Der ständige Gebrauch von Desinfektionsmitteln für die Haut ist also mit Vorsicht zu genießen.

Eine weitere Spielwiese für Bakterien sind die Mundhöhle, die oberen Atemwege und der Bronchialtrakt. Dort verweilen überwiegend *Mycoplasma pneumoniae* und *M. orale*. *Staphylococcus aureus* dagegen findet man in der Nasenschleimhaut, *Acinetobacter* sp. ubiquitär. All diese Erreger können beim Menschen auch Erkrankungen wie Bronchitis, Lungenentzündung, Sepsis und Abszesse auslösen. Das gilt vor allem dann, wenn eine Abwehrschwäche vorhanden ist.

Wie sieht nun der Normalfall einer bakteriellen Infektion in der Zellkultur aus? Wie eingangs erwähnt, befinden sich auf der Haut bzw. auf den Hautschüppchen des Menschen residente Keime, z. B. Staphylokokken. Diese werden in der Regel durch eine nachlässige Arbeitsweise des Experimentators eingeschleppt. Besonders beliebt ist folgende Grundüberlegung: Wieso denn nur zehn Kulturen in einem Rutsch bearbeiten, wenn es auch mit 15 oder 20 geht? Besonders clevere Mitarbeiter glauben diese Technik perfektioniert zu haben und sind ganz stolz, wenn sie 15 Minuten früher fertig geworden sind als die Kollegen. Aus Gründen der Zeitersparnis wird die Arbeitsfläche unter der Sterilbank also ziemlich vollgestopft. Genau diese Vorgehensweise führt sehr häufig zu einer Bakterienkontamination.

Normalerweise sollte man das Hantieren über geöffneten Medienflaschen und Zellkulturgefäßen sowie den dazugehörigen Deckeln immer peinlich vermeiden. Das hat auch seinen Grund, denn von den 100 Millionen Hornschüppchen auf der Haut werden täglich etwa zehn Millionen abgestoßen, die bei den sterilen Arbeiten ein stetiges Kontaminationsrisiko darstellen. Angesichts eines geradezu minimalistischen Platzangebots unter der Sterilbank lässt es sich aber kaum noch verhindern, nicht doch einmal den Kardinalsfehler zu begehen und über Flaschen und Deckeln zu hantieren. Die eventuelle Zeitersparnis steht in keinem Verhältnis zu den Problemen, die man sich mit dieser Arbeitsweise einhandeln kann. Es lohnt sich einfach nicht, allzu viele Kulturen gleichzeitig zu bearbeiten, das geht bestimmt irgendwann schief. Weitere Auslöser für bakterielle Infektionen können Flaschenhälse sein, die unbemerkt mit kontaminierten Pipettenspitzen berührt und zuvor versehentlich in den vorderen, schon gefährlich unsterilen Bereich der Sterilbank gebracht wurden.

Nun vom Normalfall zu den Spezialfällen, die aber immer wieder unterschätzt werden. Gehäuft treten Bakterienkontaminationen nämlich in der Erkältungszeit auf. Es wird gerne übersehen, dass Mitarbeiter mit Erkältungen oder gar chronischen Infekten der Atemwege häufig selbst eine „Bakterien- und Virenschleuder" sind. Der Übertragungsweg ist in diesen Fällen durch die Verbreitung über die Luft gegeben. Husten und Niesen sind an der Sterilbank fast ein Verbrechen, denn es besteht das Risiko einer Tröpfcheninfektion. Beim Niesen kann die aerosolhaltige Luft Geschwindigkeiten im Bereich von 100 bis maximal 900 km/h erreichen. Das entspricht der Windstärke zwölf auf der Beaufortskala und bedeutet Orkanstärke. Geradezu eine steriltechnische Todsünde begeht aber, wer sein übersteigertes Mitteilungsbedürfnis ausgerechnet an der Sterilbank befriedigt. Anfälle von Redseligkeit über die Ereignisse vom Vorabend sollten im Zellkulturlabor möglichst unterdrückt und besser für die nächste Kaffeepause aufgespart werden. Auch auf Publikumsverkehr sollte man während der sterilen Arbeiten nach Möglichkeit verzichten – die geplante Laborbesichtigung lässt sich bestimmt auf einen unkritischen Zeitpunkt verlegen.

Eine Bakterieninfektion macht sich im Gegensatz zu anderen Kontaminationen rasch bemerkbar. Ein Blick auf die verseuchte Mediumflasche oder die kontaminierte Kultur genügt, um traurige Gewissheit zu haben. Wer es mit dem bloßen Auge nicht sieht, wird spätestens beim Blick durch das Mikroskop eines Besseren belehrt: Das Medium ist trüb und auf dem Boden der Kulturflasche tummeln sich ungebetene Gäste. Am auffälligsten ist der Farbumschlag des Mediums von meist blassrot nach gelb. Dies kann ein Zeichen dafür sein, dass die Bakterien alle Nährstoffe verbraucht haben und das Milieu durch die in das Medium abgegebenen Stoffwechselgifte sauer geworden ist. Grund, sauer zu sein, hat auch der Experimentator, denn in solchen Fällen gibt es keine Rettung.

Hier noch zu versuchen, mit einem Antibiotikum und häufigem Mediumwechsel das Unvermeidbare zu verhindern, ist aussichtslos. Bakterien sind die am schnellsten wachsenden Organismen, die uns bekannt sind. Die Spitzenreiter unter ihnen tun dies mit einer Verdopplungszeit von nur acht Minuten, die meisten verdoppeln sich unter optimalen Bedingungen immerhin einmal in 30–60 Minuten. Deshalb werden in den meisten Labors den Zellkulturmedien standardmäßig Antibiotika zugesetzt. In der Regel ist es ein Gemisch aus Penicillin und Streptomycin, um sowohl gegen grampositive wie gramnegative Bakterien gewappnet zu sein. Wenn diese Maßnahme nicht ausreicht, hat sich im Labor eine nachlässige Arbeitsweise eingenistet, über die man ernsthaft nachdenken sollte. Ganz allgemein sollte man von der prophylaktischen Zugabe von Antibiotika zum Medium Abstand nehmen, denn die Gefahr der Resistenzinduktion bei den Bakterien und auch die Verschleierung einer unsauberen Arbeitsweise des Experimentators sind klare Argumente gegen den ständigen Gebrauch von Antibiotika in der Zellkultur.

10.3 Bakterielle L-Formen

Bakterielle L-Formen sind schon sehr lange bekannt, entdeckt wurden sie bereits Mitte der 1930er-Jahre. Gegenwärtig erleben sie eine Renaissance, da man in Fachkreisen mittlerweile für das Kontaminationsproblem sensibilisiert ist und sich nun um Qualitätssicherung und Standardisierung in den Produktionsprozessen von Medien, Supplementen und anderen Zellkulturlösungen viel stärker bemüht als früher.

Bei L-Formen handelt es sich um Bakterien, die unter bestimmten, fehlerhaften Zellkulturbedingungen entstehen. Ebenso wie Mycoplasmen haben sie keine Zellwand, abgesehen davon aber sonst wenig mit ihnen gemein. Sie entstehen unter bestimmten Umständen, nämlich bei geeigneten Grenzkonzentrationen z. B. von Penicillin oder anderen Betalactam-Antibiotika im Medium. Dann vermehren sich Stäbchenbakterien nicht durch Querteilung, sondern bilden Ausbuchtungen an den Teilungsstellen. Diese Ausbuchtungen sind bläschenförmige Gebilde mit einer Größe von 10 µm oder sogar noch winziger. Sie sind somit keine neue Art von Bakterien, sondern stellen lediglich eine modifizierte Form derselben dar.

L-Bakterien können aufgrund ihrer geringen Größe einen bakteriendichten Sterilfilter passieren. In Gegenwart von Penicillin sind sie in der Lage, sich zu vermehren und bilden auf Nähragar kleine, etwa 0,5 mm große Kolonien. Entdeckt wurden die L-Bakterien 1935 von Emmy Klieneberger-Nobel erstmals in Streptobacillus-Kulturen. Dort waren sie bereits spontan, ohne Anwesenheit von Penicillin, entstanden. Doch woher stammt der Begriff L-Form? Die Antwort ist vergleichsweise trivial – das L steht für das Lister-Institut in London.

Angeblich kann man L-Formen diagnostizieren. Im Gegensatz zu den Mycoplasmen soll man sie unter dem Mikroskop als Schlier oder feines Netzwerk erkennen können. L-Bakterien werden zur Gruppe der sogenannten Nanobakterien gezählt, von denen berichtet wird, dass sie in ca. 90% aller tierischen Seren vorkommen sollen. Das macht es sehr wahrscheinlich, dass man sie doch in seinen Kulturen hat. Das Böse ist eben immer und überall.

10.4 Nanobakterien

Nanobakterien sind bei den Anwendern in der Zellkultur bei weitem nicht so bekannt wie Mycoplasmen und normale Bakterien. Zu allem Überfluss sind sie auch nicht so einfach diagnostizierbar wie etwa die L-Formen, da man sie nicht unter einem Mikroskop begutachten kann – dafür sind sie nämlich viel zu klein. Nanobakterien tragen ihren Namen zu Recht, denn mit einer Größe von 30–200 nm sind sie nicht nur zusammen mit den Viren die Spitzenreiter unter den Minimalisten, sondern auch aufgrund weiterer bemerkenswerter Eigenschaften die eigentlichen „Stars" unter den Bakterien: Sie überstehen sowohl eine einstündige Erhitzung auf 90 °C als auch eine hochdosierte Gammabestrahlung, wodurch sie ihre Qualitäten als Überlebenskünstler eindrucksvoll unter Beweis stellen.

Bisher war die Fachwelt davon überzeugt, dass die untere Grenze für eine Zelle, in der Erbinformation in Proteine umgesetzt werden kann, bei etwa 140 nm liegt. „Nanos" können mit ihrer Größe deutlich darunter liegen, sie sind demnach sogar kleiner als einige Viren. Im Gegensatz zu Viren verfügen sie aber über einen eigenen Stoffwechsel und können sich ohne die Hilfe eines Wirtsorganismus vermehren. Viele Experten halten dies aber für ausgeschlossen und zweifeln daher die Existenz von Nanobakterien an. Die Verfechter dieser Winzlinge dagegen behaupten, dass es derart kleine Bakterien gibt und dass sie sogar an der Pathogenese bestimmter Krankheiten maßgeblich beteiligt sind. Sie stehen im Verdacht, Nieren- und Gallensteine sowie Verstopfungen der Herzkranzgefäße und ganz allgemein Gefäßverkalkungen zu verursachen. Herausgefunden haben das neben anderen vor allem zwei Wissenschaftler. Der eine ist John C. Lieske, der die Nanos in artherosklerotischen Läsionen von Blutgefäßen nachgewiesen und diese Ergebnisse zusammen mit seinem Team erst jüngst im Jahr 2004 veröffentlicht hat. Gestützt wird die Existenz von Nanobakterien durch Lieskes Beobachtung der Teilungsfähigkeit: Er hatte Bakterien per Ultrazentrifugation getrennt und diejenigen mit einer Größe von unter 200 nm in ein Gefäß mit Nährlösung gegeben. Dieses Medium soll sich nach einiger Zeit getrübt haben, was er als Beweis für eine Vermehrung gedeutet hat. Die Kritiker fordern aber nach wie vor nicht nur eine trübe Brühe, sondern den Nachweis einer DNA-Sequenz als einzig unzweifelhaften Beweis.

Über diese Diskussion erhaben ist der andere Nanobakterien-Papst, nämlich E. Olavi Kajander. Der finnische Forscher beschäftigt sich schon seit Anfang der 1990er-Jahre mit den Nanos und für ihn steht die Existenz von Nanobakterien außer Zweifel. Schon damals beschäftigte ihn die Frage, warum seine Zellkulturen trotz Abwesenheit von bekannten Störgrößen nicht wuchsen. Er fand die Übeltäter in Form von bis dahin unbekannten Bakterien im fetalen Kälberserum, das zu den Kulturen gegeben wurde. Da diese Bakterien sogar Filter mit einer Porengröße von 100 nm passierten, wurden sie Nanobakterien genannt. Die Angaben, zu welchen Prozentanteilen sie in tierischen Seren wie auch in menschlichen Blutproben gefunden werden, schwanken. Zwischen 80 und 90% und darüber sollen es bei Tierseren sein, weniger als 5% bei Humanseren. Aufgrund ihrer 16s-RNA-Gensequenz wurden die Nanos der Familie der Proteobakterien zugeordnet.

Die ersten Hinweise auf ihre Pathogenität lieferten elektronenmikroskopische Aufnahmen von Nanobakterienkulturen, die Schichten von knochenähnlicher Struktur oberhalb der Kolonien zeigten. Von besonderer Bedeutung ist dabei deren Fähigkeit, Apatit, ein Kalziumphosphat, auf der eigenen Zellwand abzulagern und auf diese Weise zu pathologischen Verkalkungsprozessen beizutragen. Das geschieht *in vitro* durch intra- und extrazelluläre Verknöcherung der infizierten Säugerzellen. Mitte des Jahres 1998 fand das Team um Kajander dann Beweise für die Anwesenheit von Nanobakterien in Nierensteinen. Aus diesen und weiteren Ergebnissen schlossen die Finnen, dass die Nanos an der Entstehung von Nierensteinen beteiligt sind und das sogar bei neutralem pH-Wert und physiologischen Kalzium- und Phosphatkonzentrationen.

Welche Tragweite die Kontamination von Zellkulturen mit Nanobakterien in der biologischen und medizinischen Forschung hat, vermag gegenwärtig wohl niemand so recht einzuschätzen. Fest steht aber, dass diese Bakterien meist sehr langsam wachsen und daher, anders als die Mycoplasmen, eine infizierte Kultur nur selten überwachsen. Erst wenn sie in Relation zur Zellzahl in ausreichend hohen Konzentrationen auftreten, ist Gefahr im Verzuge. Es wird vermutet, dass Nanobakterien von Säugerzellen durch rezeptorvermittelte Endocytose aufgenommen werden. Dabei überlisten Nanos ihre normalerweise nicht phagocytierenden Wirtszellen, indem sie sie dazu bringen, sie zu internalisieren. Daher erscheinen die Nanos in zellulären Vakuolen, die das Erscheinungsbild von Endo- oder Lysosomen haben. Bei Fibroblasten, die mehr als 100 dieser Plagegeister pro Zelle aufgenommen hatten, wurden bereits cytopathische Effekte beobachtet, die im Kulturverlauf zum Zelluntergang führten. Die Symptome äußern sich ähnlich wie bei einer Mycoplasmeninfektion: Die Zellen zeigen sowohl eine verstärkte Vakuolisierung begleitet von vermindertem Wachstum als auch apoptotische Veränderungen.

Zugegeben, es ist beruhigend zu wissen, dass Nanos die Zellkulturen in der Regel nicht überwachsen, da sie sich nur etwa alle ein bis drei Tage teilen und daher keine akute Gefahr besteht. Dennoch sind inzwischen auch die Anbieter von Seren sensibilisiert, gehen auf Nummer sicher und überprüfen ihre Produkte, bevor sie in den Vertrieb gehen. Natürlich werden die Seren auf Teufel komm raus filtriert und getestet, Letzteres aber leider oft direkt nach dem Auftauen und damit häufig für einen zuverlässigen Nachweis zu früh. Nanobakterien entwickeln sich nämlich erst etwa drei bis sechs Wochen nach dem Auftauen des Testserums. Was man tun kann, um seine Kulturen auf Nanobakterien zu testen, dazu mehr im nächsten Kapitel.

Eine interessante Hypothese zum Schluss: Furore haben die Nanobakterien ursprünglich in einem ganz anderen Zusammenhang gemacht. Der amerikanische Geologe Robert L. Folk fand sie 1990 erstmals im Carbonat heißer Quellen. Er war fasziniert von diesen sonderbaren, mineralisierten Bakterien und hielt sie aufgrund ihrer Größe anfangs noch für „Zwergformen" normaler Bakterien. Er schenkte ihnen zunächst keine weitere Beachtung und dachte, es handele sich um Laborverunreinigungen oder Artefakte aufgrund der Probenpräparation. Später jedoch revidierte er seine Meinung und behauptete, diese Organismen könnten eine entscheidende Rolle bei der Gesteinsbildung gespielt haben. Dann war es eine Zeit lang still um die Nanos – bis die NASA 1996 bekannt gab, dass es Anhaltspunkte für eine mögliche außerirdische Herkunft dieser merkwürdigen Bakterien gäbe. Man glaubte damals, nanobakterielle Texturen im Gestein des Mars-Meteoriten ALH 84001 gefunden zu haben. Zwar wird bis heute angezweifelt, ob diese Bakterien als Lebensform in dem Sinne, wie „Leben" auf der Erde definiert wird, gelten, dennoch stellen sich viele Wissenschaftler die Frage, ob uns diese kleinen Überlebenskünstler nicht interessante Einblicke in die Entstehung des Lebens auf der Erde liefern können. Darüber ist gerade in jüngster Zeit eine kontroverse Diskussion unter Geologen, Biologen und Medizinern sowie Astrobiologen entbrannt, die in ihrer Heftigkeit nichts zu wünschen übrig lässt. Was aber bedeutet das für unsere Zellkulturen – haben wir etwa Aliens in der Zellkulturflasche? In diesem Zusammenhang wird die Zukunft sicherlich noch manche Überraschung für die Welt der Wissenschaft bereithalten.

10.5 Pilze und Hefepilze

Diese Kontaminationen spielen vor allem in der warmen Jahreszeit eine Rolle, was sich rasch an den immer kürzer werdenden Abständen bemerkbar macht, in denen Wasserbäder und die Wasserreservoirs in den Brutschränken gereinigt werden müssen. Besonders die älteren Inkubatormodelle sind oft noch mit einem offenen Wasserbehälter unter den Stellagen ausgestattet, der bei häufigem Öffnen der Brutschranktür in einer geradezu atemberaubenden Geschwindigkeit verkeimt. So kann man sich wunderbar den ganzen Sommer über damit beschäftigen, in schöner Regelmäßigkeit groß angelegte Säuberungsaktionen durchzuführen. Das Gleiche gilt für die obligatorischen Wasserbäder zur Erwärmung der Medien. Besonders eindrucksvolle Kontaminationsbeweise findet man meist an dem kleinen Propeller, der das Wasser umwälzt, aber auch die Heizspirale ist ein bevorzugter Aufenthaltsort. Wenn das Wasser bereits einen gewissen Trübungsgrad erreicht hat und sogar große Flocken darin herumschwimmen, hat man sich eine wahre Brutstätte für Schimmelpilze herangezüchtet. Darüber hinaus sind vor allem Mediumtropfen, die sich an Flaschenhälsen oder Zellkulturgefäßen befinden, ein beliebter Sammelplatz für Pilze. Tropfen, die unbemerkt auf die Stellflächen des Brutschranks getropft sind, sorgen ebenfalls dafür, dass die nächste Putzaktion nicht mehr fern ist. Solche Tropfen sind ein gefundenes Fressen für Keime, die sich darin fröhlich vermehren und eine Flächenkontamination verursachen. Deshalb sollte man nach dem Transport von Zellkulturflaschen, besonders aber von Petrischalen, nach solchen Tropfen Ausschau halten und kontrollieren, ob auch wirklich alles trocken ist. Besonders tückisch ist es, wenn beide Faktoren zusammenkommen. Medientropfen auf den Stellflächen von Inkubatoren mit extrem feuchter Atmosphäre bescheren einem nicht selten eine Verabredung mit Meister Proper, gefolgt von einem Desinfektionsmittelrausch und einem Finale im Ultraviolettlicht.

Warum kann man Kontaminationen mit Schimmelpilzen gerade in der warmen Jahreszeit kaum vermeiden? Einer der Gründe liegt in der Verkeimung unserer Raumluft. In jedem Innenraum befinden sich Schimmelpilzsporen und Bakterien, und zwar an Wänden, Tapeten, im Holz und nicht zu vergessen in der Blumenerde der dekorativen Begrünung von Büros und Labors. In Letztere gehören Grünpflanzen eigentlich nicht hin, dennoch befindet sich dort nicht selten ein ganzer Dschungel und erfreut sich Dank der guten Laborluft eines prächtigen Wachstums. In einer Handvoll Blumenerde befinden sich aber mehr Bakterien als Menschen auf der ganzen Erde! Nicht nur Bakterien, auch Pilze fühlen sich dort ausgesprochen wohl – besonders der Schimmelpilz *Aspergillus fumigatus*, der in einem Temperaturbereich zwischen 12 und 52 °C prächtig in der Blumenerde gedeiht und bei immungeschwächten Menschen Allergien auslösen kann und sogar Organe, unter anderen die Lunge befällt.

Begünstigt wird die mikrobiologische Durchseuchung der Raumluft durch eine moderne Bauweise mit starker Wärmeisolierung und geringer Durchlüftung, dafür aber mit einer supermodernen Klimaanlage, die sich als effektive Keimschleuder nützlich macht. Zudem wird durch den oft zu groß gewählten Temperaturgradienten zwischen Innen- und Außentemperatur auch das Auftreten von Erkältungskrankheiten begünstigt, was wiederum für die Mitarbeiter problematisch ist.

Ein anderer Grund liegt im nachlässigen Umgang mit eigentlich selbstverständlichen Sicherheitsvorschriften. Die Unsitte, im Sommer die Fenster aufzureißen, hat sich bereits in vielen Labors etabliert. Häufig wird auch dort für Lüftung gesorgt, wo es heikel ist, nämlich in räumlicher Nähe zum Sterilbereich. Offene Fenster gibt es zwar in einem Zellkulturlabor in der Regel nicht, dennoch tritt durch die geöffneten Fenster aus in der Nähe befindlichen Räumen ein verstärkter Luftzug auf, der mehr Staub und natürlich auch Keime aufwirbelt. Dadurch wird das Kontaminationsrisiko drastisch erhöht. Der Anblick einer mit Schimmelpilzen übersäten Petrischale ist jedenfalls beeindruckend, wie man in Abbildung 10-3 erkennen kann.

Pilzinfektionen sind leicht an den langen fädigen Hyphen zu erkennen, die man schon mit bloßem Auge, spätestens aber beim Betrachten der befallenen Kultur unter dem Inversmikroskop bewundern kann. In diesem Stadium könnte man noch auf die Idee kommen, die Kultur durch

Abb. 10-3: Verschiedene Schimmelpilzarten auf Agar. (Mit freundlicher Genehmigung der Enius AG)

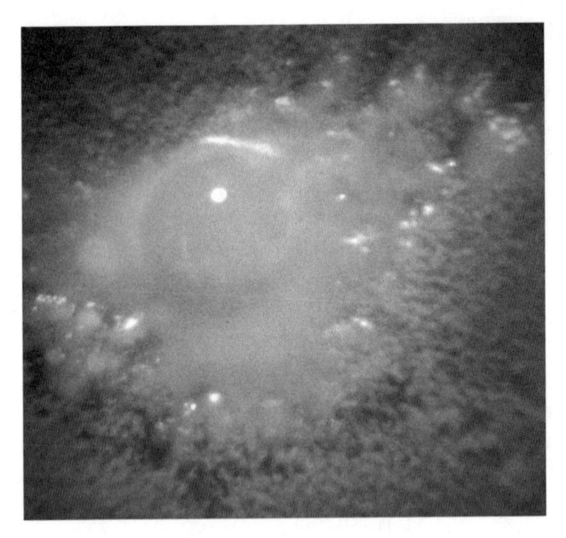

Abb. 10-4: Hefepilz. (Mit freundlicher Genehmigung der Enius AG)

Zugabe eines Antimykotikums zu retten. Wie sinnvoll das erscheint, hängt sicherlich davon ab, wie unverzichtbar die Kultur ist. Entdeckt man dagegen schon ein faseriges Gebilde, das an einen Wattefussel erinnert, ist das ein untrügliches Zeichen für eine Pilzinfektion, die in diesem Stadium bereits in großem Umfang Sporen bildet. In diesem Fall ist es klüger, auf die betroffene Kultur zu verzichten und keine Rettungsversuche zu unternehmen, da sich die Sporen bereits beim Öffnen der Flasche über die Luft verbreiten können. Die betroffene Flasche sollte sofort vernichtet werden. Am besten taut man eine andere Charge der Zellen aus dem Stickstoff auf und experimentiert mit diesen Zellen weiter.

Zum Schluss noch einige Exoten. Ein für die Zellkultur relevanter Aufenthaltsort für Hefepilze beim Menschen sind feuchte, auch intertriginös genannte Hautbereiche. Darunter versteht man Areale erhöhter Feuchtigkeit und Keimdichte wie die Finger- und Zehenzwischenräume, Leistenbeuge und Achselhöhle. Diese Bereiche sind relativ häufig mit Hefepilzen besiedelt. Diese Keime führen nur selten zu einer Kontamination der Zellkultur, es sei denn, die lieben Kollegen sind ausgesprochene Hygienemuffel, dennoch sollte man sie nicht unterschlagen. Ein anderes Beispiel ist der dimorphe Sprosspilz *Malassezia furfur*, der zu den Hefen gehört, aber auch Teil der normalen residenten Hautflora ist. Dieser Kommensale ist bevorzugt auf Gesicht, Brust und Rücken zu finden. Wie ein Hefepilz aussieht, ist in Abbildung 10-4 dargestellt.

10.6 Hefen

Hefen sind Mikroorganismen, die zu den einzelligen Pilzen (Fungi imperfecti) gehören. Es gibt Wissenschaftler, die sehr intensiv mit dem Modell der Bäckerhefe *Saccharomyces cerevisiae* z. B. an molekulargenetischen Fragestellungen arbeiten. Hefen sind in Säugerzellkulturen aber eindeutig eine Kontamination. Der Durchmesser von Hefen ist etwa fünf- bis zehnmal kleiner als der von Säugerzellen. Die einzelnen Hefezellen sind rund, oval oder birnenförmig und bilden bei der Vermehrung kleine Reihen aus, die an eine Perlenkette erinnern. Wie die Hefen beim Blick durchs Mikroskop aussehen, zeigt Abbildung 10-5.

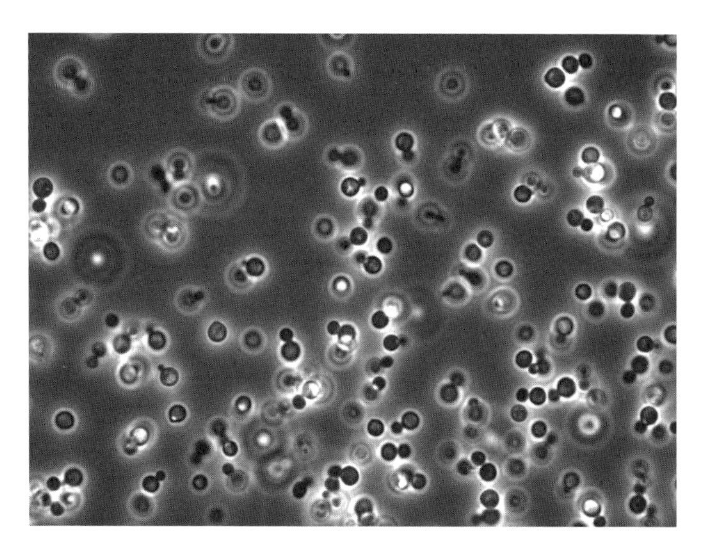

Abb. 10-5: Hefen im Lichtmikroskop. Lichtmikroskopische Aufnahme im Phasenkontrast bei 1 000-facher Vergrößerung. (Mit freundlicher Genehmigung der Enius AG)

Wer jetzt glaubt, er habe eine besonders wertvolle Kultur, der irrt sich gewaltig. Hefen bedeuten keine Wertsteigerung der Zellkultur – ganz im Gegenteil.

Wie kommen die Hefen in die Kultur? Meist gelangen sie durch Nachlässigkeit des Experimentators dorthin. Der Verbreitungsmechanismus ist der gleiche wie bei anderen Pilzen, also vorwiegend über die Luft. Gerade bei Hefen sind allerdings die eher ungewöhnlichen Kontaminationsquellen äußerst interessant. Nachdenken sollte man beispielsweise darüber, ob es nicht günstiger ist, erst die Zellkulturen zu bearbeiten und danach das Frühstücksbrötchen zu genießen. Noch drastischer ist das Kontaminationsrisiko, wenn Kollegen, die mit Zellkulturen arbeiten, ihr Brot zuhause selbst backen. Die Kulturen sind dann nämlich nicht mehr unbedingt steril, da Hefen über Haut und Kleidung eingeschleppt werden können. Man könnte glauben, dies sei etwas weit hergeholt, aber das zeitgleiche Zusammentreffen solcher Gegebenheiten mit häufig wiederkehrenden Hefekontaminationen ist in der Fachliteratur belegt. Oft kommt man auf das Naheliegende nicht, weil es viel zu banal scheint. Wer denkt, dass es hilft, kann auch hier wieder ein Antimykotikum zugeben. Wie immer ist dabei zu beachten, dass diese Agenzien wiederum für einige Zellen toxisch sind. Ein bisschen ist es eben immer so, als wollte man den Teufel mit dem Belzebub austreiben.

10.7 Viren

Viren sind kleinste Krankheitserreger. Nach vorangegangenen Arbeiten des Russen Dimitri Iwanowski am Tabakmosaik-Virus im Jahre 1892 wurde das erste animale Virus 1898 von Paul Frosch und Friedrich Löffler entdeckt. Es verursacht die Maul- und Klauenseuche (MKS). Viren können sowohl eukaryotische wie prokaryotische Zellen befallen. Tun sie Letzteres, werden sie Bakteriophagen oder kurz Phagen genannt. Viren bestehen aus einem Genom, das entweder aus einem Einzel- oder Doppelstrang besteht und meist von einer Proteinhülle umgeben ist. Es gibt aber auch Nudisten unter ihnen, sogenannte „nackte“ Viren ohne umgebende Eiweißhülle. Das Virusgenom kann linear wie bei Parvoviren oder zirkulär wie bei Circoviren vorliegen. Viren sind mit einer Größe im Bereich zwischen 20 und durchschnittlich 100 nm ebenfalls Minimalisten, genau wie die Nanobakterien. Da sie über keinen eigenen Stoffwechsel verfügen, sind sie zur Vermehrung auf Wirtszellen angewiesen.

Generell können Viren über drei Wege übertragen werden: durch direkten Kontakt, durch Tröpfcheninfektion und durch Blut bzw. Blutprodukte. Viren sind nicht nur für die Gesundheit von Mensch und Tier eine Gefahr, sondern auch für Zellkulturen eine nicht zu unterschätzende Bedrohung. Ganz besonders hervorzuheben sind hier die nicht cytopathogenen Viren wie die Pestiviren, die zur Familie der *Flaviviridae* gehören. Wo kommen sie her und warum sind gerade sie so gefährlich? Sie befinden sich häufig im fetalen Rinderserum und besonders gemein ist, dass sie sich nicht unbedingt nur in Rinderzellen vermehren. Als einer der bedeutsamsten Viren ist in diesem Zusammenhang der Bovine Virusdiarrhöe-Virus (BVD-Virus) zu nennen. Von diesem Pestivirus gibt es zwei Biotypen, die cytopathogene Form und die prominentere, nicht cytopathogene Variante. Letztere hört sich zunächst nicht so dramatisch an, hat es aber faustdick hinter den Ohren. Diese Virusform wird nämlich transplazentar übertragen und kann auf diesem Weg den Rinderfetus schon im Mutterleib infizieren.

An dieser Stelle mag der eine oder andere Experimentator denken, dass ganz sicher nur vereinzelte Tiere betroffen sind. Die Daten aus der Veterinärmedizin sprechen dagegen eine eindeutige Sprache: Aus der Schweiz ist bekannt, dass etwa 60% aller Rinder während ihres Lebens Bekanntschaft mit dem BVD-Virus machen und etwa 1% eine lebenslange Beziehung zu ihm aufbauen. Verursacht das Virus bei vorübergehender Infektion zunächst Durchfall, so entwickelt ein Teil der dauerhaft befallenen Tiere die tödliche Schleimhauterkrankung *mucosal disease*. Diese Verluste sind nicht nur für die Landwirtschaft katastrophal, sondern auch in anderer Hinsicht. Denn nicht nur bei der akuten, vorübergehenden Infektion hat das Virus die Chance, bei trächtigen Rindern im ersten Drittel der Trächtigkeit den Fetus zu infizieren. Da der Fetus zu diesem frühen Zeitpunkt noch über keine geeignete Abwehrreaktion verfügt, erkennt er das Virus als körpereigen und entwickelt eine Immuntoleranz. In solchen immuntoleranten Feten gelingt es dem Virus wieder eine dauerhafte Infektion auszulösen, die chronisch verläuft und dazu führt, dass der betroffene Fetus das Virus lebenslang ausscheidet. In solch dauerhaft infizierten Tieren kann das Virus eine ganze Zeit lang überleben, auch wenn keine für eine Infektion empfänglichen Tiere zur Verfügung stehen. Das ist von der Überlebensstrategie her unschlagbar und kommt schon fast einer Lebensversicherung für das BVD-Virus gleich.

Was haben nun diese Überlegungen mit unserer Zellkultur zu tun? In unsere Zellkulturen gelangen diese Viren durch infektiöses Rinderserum, und zwar dann, wenn ein dauerhaft infizierter Rinderfetus zur Herstellung von fetalem Kälberserum verwendet wurde. Da die meisten Anwender ihren Zellen fetales Serum als Lebenselixier anbieten, braucht man nicht viel Fantasie, um sich vorzustellen, wie es weiter geht. Wenn es zur Vermischung infizierter Seren mit anderen Seren von nicht infizierten Rinderfeten kommt, hat man zwar quantitativ mehr Serum innerhalb dieser Charge, allerdings auch eine randomisierte Verteilung der Viren in diesem äußerst heterogenen Cocktail. Zudem sind diese Bedingungen auch nicht gerade geeignet, eine solche Kontamination im Serum ohne weiteres nachzuweisen.

Das ist aber noch nicht alles. Besonders heikel ist die Tatsache, dass sich solche Kontaminationen gerade bei der Impfstoffproduktion stark auswirken können. Die meisten Lebendvakzine wurden durch Anpassung eines Wildtyp-Virusstammes an einen neuen Wirt, meist in der Zellkultur, entwickelt. Mit der Entwicklung der Gentechnik wurde es möglich, rekombinante Vakzine in großen Mengen herzustellen. Der Vorteil liegt darin, dass sich dadurch das Risiko, mit lebenden Viren arbeiten zu müssen, drastisch verringern lässt. Rekombinante Proteine können durch Expression viraler Proteine in Bakterien, Hefen, Insekten- und auch in Säugerzellen hergestellt werden. Diese werden dann wieder kultiviert, mit Serum supplementiert und so weiter ... Am Ende kann man nicht ausschließen, dass diese unerwünschten Viren nicht doch in Produkten für die Verwendung beim Menschen gelandet sind. Das könnte sich dann gerade bei immunsupprimierten Individuen auswirken. Gut dokumentierte Studien gibt es hierzu aber leider bisher nicht. Der Nachweis von Antikörpern gegen das BVD-Virus im menschlichen Organismus lässt lediglich vermuten, dass es da doch möglicherweise einen Zusammenhang gibt, wenn auch nur indirekter Art. Wie sieht es aber in der Zellkultur aus? Nach einer Infektion der Kultur mit nicht cytopathogenen BVD-Viren wurde beobachtet, dass die infizierten Zellen sogar besser wachsen als ihre nicht infizierten Artgenossen, jedoch die Inferoninduktion unterdrückt wird.

Das BVD-Virus ist aber nicht die einzige Kontaminationsquelle. Eine weitere befindet sich in der für das Detachment benötigten Trypsinlösung. Trypsin wird in der Regel aus dem Schweinepankreas gewonnen, jedoch treiben dort unter Umständen Parvoviren, speziell das Schweineparvovirus, ihr Unwesen. Parvoviren befallen sowohl Menschen wie auch Tiere. Sie sind sehr wirtsspezifisch und unter ihnen findet man auch die Erreger bedeutender Tierseuchen, wie sie z. B. bei Gans, Katze und Hund auftreten. Parvoviren sind die kleinsten DNA-Viren, die es gibt, sie sind hüllenlos und besitzen einzelsträngige DNA als Erbgut. Ganze sieben Gene sind darin enthalten. Parvoviren vermehren sich nur in Zellen, die sich teilen. Bei der Ausschleusung der Nachkommenviren aus den Wirtszellen gehen diese entweder durch Lyse zugrunde oder sie überleben und verursachen eine permanente, aber ruhende Infektion, die für die Zelle nicht tödlich verläuft. Dabei werden aber keine Nachkommenviren erzeugt. Das ist erst dann der Fall, wenn das Virus wieder in den lytischen Zyklus übergeht.

Bei Schweinen gilt das Parvovirus als Haupterreger für das sogenannte SMEDI-Syndrom. Darunter versteht man Störungen der Fruchtbarkeit bzw. Trächtigkeit der Sau mit einhergehendem Fruchttod. Die Ansteckung kann unter anderem über infizierte Eber erfolgen, da der Erreger sich auch im Samen befindet. Bei trächtigen Sauen gelangt das Virus etwa zwei Wochen nach der Infektion in den Uterus. Wird der Erreger vor dem 25. Trächtigkeitstag an die Feten weitergegeben, kommt es zum Abort. Nach dem 72. Trächtigkeitstag kommen normale Ferkel zur Welt, die einen Antikörperschutz haben. Erfolgt die Ansteckung nicht bei der Deckung der Tiere, sondern durch orale Infektion, vermehrt sich das Virus in den Lymphknoten und nach einer Woche erfolgt die Ausbreitung im Körper auf alle Gewebe mit hoher Teilungsrate. Der Nachweis des Erregers in der Serologie ist zweifelhaft. Da das Schweineparvovirus sehr weit verbreitet ist, sind viele Tiere in der Serologie positiv. Der endgültige Nachweis wird aus dem Grund inzwischen an Gewebeschnitten der Lunge von infizierten totgeborenen Ferkeln durchgeführt. Angesichts der weiten Verbreitung dieses Virus kann man nie wirklich sicher sein, ob nicht auch Erreger im Pankreas vorhanden sind, aus dem das Trypsin für die Zellkultur gewonnen wird.

Wie kann man diesen winzigen Teufeln zu Leibe rücken? Da Viren unfiltrierbar sind, macht es keinen Sinn, virusverdächtige Lösungen durch einen Filter zu pressen. Bösartig, wie sie offenbar sind, denken Viren auch nicht im Traum daran, auf herkömmlichen Nährböden, mit denen man Bakterien anzüchten kann, zu wachsen. Daher gelten sie als, im herkömmlichen Sinne, nicht anzüchtbar. Einzig in spezifischen Wirten wie Tiere, Bakterien und Zellkulturen lassen sie sich vermehren. Viren zu diagnostizieren ist schwierig, denn man kann sie aufgrund ihrer geringen Größe auch nicht im Lichtmikroskop erspähen, erst mit der Erfindung des Elektronenmikroskops 1934 durch Ernst Ruska konnten sie bei 100000-facher Vergrößerung sichtbar gemacht werden. Angesichts dieser Randbedingungen muss man sich offenbar mit raffinierteren Methoden an die Viren heran pirschen. Mehr dazu im nächsten Kapitel.

10.8 Zum Schluss

Angesichts dieser Vielzahl von möglichen Kontaminationen mag man sich fragen, ob es überhaupt möglich ist, ein Zellkulturlabor ohne derart aufdringliche Überraschungsgäste in seinen Kulturen zu betreiben. Die Antwort darauf lautet eindeutig: Jein. Ja, in Bezug auf alle Kontaminationsquellen, die durch eine nachlässige Arbeitsweise und vor allem durch den Anwender als Kontaminationsherd selbst eingeschleppt werden, denn die kann man in den Griff bekommen, wenn man entsprechend systematisch vorgeht. Dazu sind diszipliniertes Verhalten und Konsequenz in den notwendigen Maßnahmen erforderlich. Ständige Kontrolle der Steriltechnik beim Laborpersonal, gerade wenn neue Mitarbeiter hinzugekommen sind, und regelmäßiges Testen der Kulturen sind dabei zwingend erforderlich. Wenn sich Fehler bei der Weitergabe von Techniken eingeschlichen haben, kann es auch nicht schaden, sich mal die Geheimnisse der Zellkultivierung von einem Profi zeigen zu lassen. Kursangebote dafür gibt es reichlich.

Mit nein muss die Frage wohl beantwortet werden, wenn man einen Blick auf die nicht so gut kontrollierbaren Kontaminationsquellen wirft. Damit sind in der Regel alle Produkte tierischer Herkunft gemeint, bei denen auch die Kontrollen der Hersteller scheitern. Insgesamt betrachtet ist es eher unwahrscheinlich, dass man Kontaminationen in der Zellkultur jemals völlig ausschließen kann. Das einzige, was einem bleibt, ist, einen kühlen Kopf zu bewahren und sich über die Möglichkeiten der Detektion und Beseitigung der kleinen Plagegeister zu informieren.

Literatur

Mycoplasmen, Bakterien, L-Formen, Hefen, Hefepilze:

Brandis H et al. (1994) Lehrbuch der Medizinischen Mikrobiologie, 7. Aufl. Gustav Fischer, Stuttgart

Hof H, Dorries R (2005) Medizinische Mikrobiologie, Duale Reihe, 3. Aufl. Thieme, Stuttgart

Informationsblatt der Firma Greiner BioOne: Bakterien der L-Formen

McGarrity et al. (1984) Cytogenetic effects of mycoplasmal infection of cell cultures: A review. In vitro 20: 1–18

McGarrity GJ (1976) Spread and control of mycoplasmal infections in cell cultures. In vitro 12: 643–648

Rottem S (2003) Interaction of mycoplasmas with host cells. Physiol. Rev 83: 417–432

Stanbridge E (1971) Mycoplasmas and Cell Cultures. Bact Rev 35: 206–227

Nanobakterien:

Alcaide' s Café (2004) "Nanobacteria": Another clue to how clueless we are! www.alcaidecafe.com/archives/cat_evolution.html

American Physiology Society (2004) Evidence of nanobacterial-like structures in human calcified arteries and cardiac valves, Public Release: 24th May, www.eurekalert.org/pub_releases/2004-05/aps-eon052404.php

Folk RL (1997) Nanobacteria: surely not figments, but what under heaven are they? Natural Science 1: Art. 1

Frey FJ (1999) Nanobakterien: Eine neue Ursache für die Bildung von Nierensteinen? Schweiz Med Wochenschr 129: 17–19

Jenny Hogan (2004) Are nonobacteria alive? New Scientist, isssue 19th May, www.eurekalert.org/pub_releases/2004-05/ns-ana051904.php

Jenny Hogan (2004) Nanobes: A new form of Life?, New Scientist, issue 22th May, www.astrobio.net/news/article983.html

Kajander EO, Ciftcioglu N (1998) Nanobacteria: An alternative mechanism for pathogenic intra- and extracellular calfication and stone formation. Proc Nat Acad Sci 95: 8274–8279

Kajander EO et al. (2001) Nanobacteria: Controversial pathogens in nephrolithiasis and polycystic kidney desease. Curr Opin Nephrol Hypertens 10: 445–452

Miller VM et al. (2004) Evidence of nanobacterial-like structures in human calcified arteries and cardiac valves. Am J Physiol Heart Circ Physiol H1115–124

NZZ Online (2004) Leben auf engstem Raum, Anhaltende Kontroverse um die Existenz von Nanoorganismen. Neue Zürcher Zeitung, 23. Juni, www. nzz.ch/servlets/ch.nzz.newzz

Viren:

Büttner M et al. (1997) Detection of virus or virus specific nucleic acid in foodstuff or bioproducts – hazards and risk assessment. Arch Virol 13 (Suppl.): 57–66

Giangaspero M et al. (1993) Serological and antigenical findings indicating pestivirus in man. Arch Virol Suppl 7: 53–62

Giangaspero M et al. (2001) Genotypes of pestivirus RNA detected in live virus vaccines for human use. J Vet Med Sci 63: 723–733

Modrow S, Falke D (2002) Molekulare Virologie, 2. Aufl. Spektrum Akademischer Verlag, Heidelberg

11 Diagnose und Beseitigung von Kontaminationen

Hoffnung ist schnell und fliegt mit Schwalbenschwingen,
Aus Kön' gen macht sie Götter, Kön' ge aus Geringen.
Aus: König Richard III

Im letzten Kapitel haben wir gesehen, dass die Gefahr, Infektionen in die Zellkultur einzuschleppen, praktisch überall lauert. Dieses Kapitel soll dem Anwender eine Hilfe sein, Kontaminationen zu diagnostizieren und zu beseitigen. Es ist also noch nicht alles verloren und man darf ruhig Hoffnung schöpfen, dass es für das ein oder andere Problem doch eine Lösung gibt – oft liegt sie sogar näher als man denkt. Um Infektionen in der Zellkultur zu diagnostizieren, muss man sehr systematisch vorgehen. Dabei kann einem ein sogenannter „Diagnostischen Block" sehr hilfreich sein. Den meisten Lesern wird eine solche Vorgehensweise noch von der Ersten Hilfe bekannt sein. Dort hat die systematische Analyse der Situation einen manchmal sogar lebensrettenden Nutzen. Wie man vorgehen kann, wenn man einen Verdacht hat, dass etwas nicht stimmt, aber absolut keinen blassen Schimmer, worum es sich handeln könnte, zeigt Abbildung 11-1.

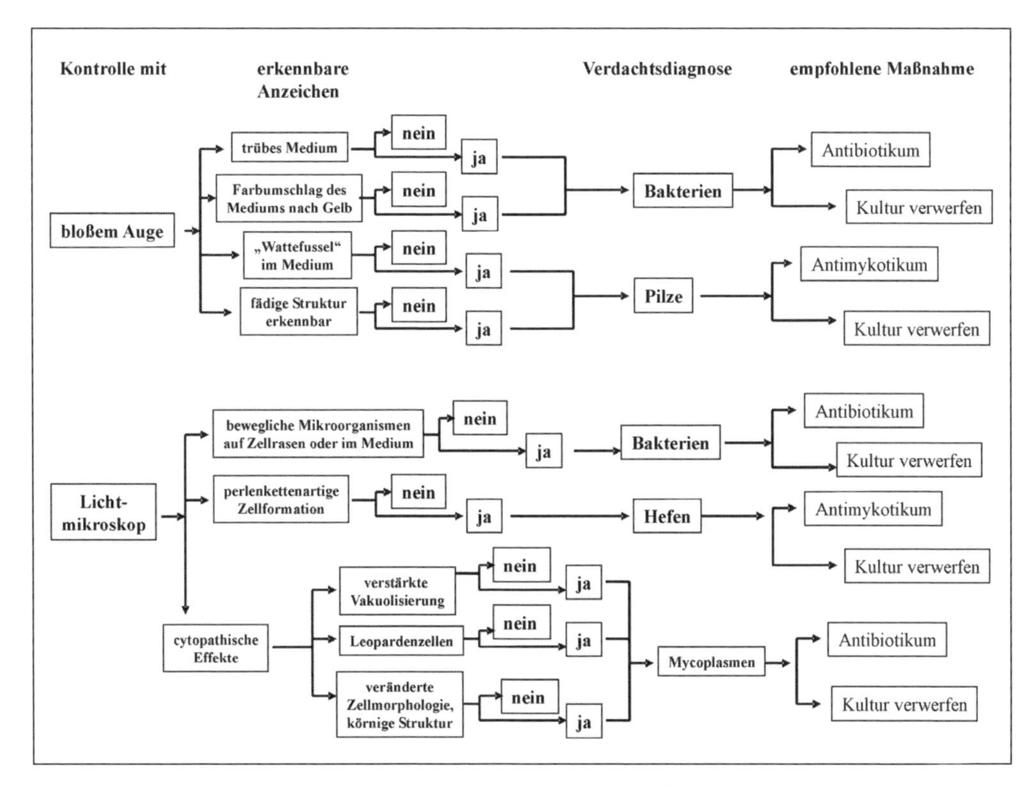

Abb. 11.1: Schema zur Detektion von Kontaminationen in der Zellkultur.

Wenn man nun mithilfe dieses Schemas der Sache auf die Spur gekommen ist, sollte man überlegen, was in der jeweiligen Situation die sinnvollste Maßnahme ist. Die Anzahl der Möglichkeiten ist jedoch im Einzelfall eingeschränkt, denn nicht immer ist es sinnvoll, eine groß angelegte Rettungsaktion für den „Patienten", die kontaminierte Zellkultur, zu starten. Das hängt von verschiedenen Faktoren ab: Zeitaufwand, Kosten, Arbeitsaufwand, Verzichtbarkeit der betroffenen Kultur, Ausstattung mit Reservechargen der betroffenen Zelllinie im Flüssigstickstoff, um nur die wichtigsten zu nennen. Trotzdem – hat man den Übeltäter identifiziert, ist man schon ein gutes Stück weiter. Im Folgenden sollen für die jeweiligen Kontaminationen einige ausgewählte Diagnoseverfahren vorgestellt werden.

11.1 Mycoplasmen

11.1.1 Diagnose von Mycoplasmen

Da man diese Sorte von Quälgeistern nicht im Lichtmikroskop erkennen kann und auch das Medium in der Regel keine Trübung aufweist, muss man anders an die Sache herangehen. Beginnen wir mit einem einfachen Farbtest, der die Anwesenheit mycoplasmatischer DNA in einer infizierten Kultur nachweist und auch für den Zellkulturanfänger nach kurzer Einarbeitung gut geeignet ist.

Nachweis von Mycoplasmen mittels Fluoreszenzmikroskopie

Was man dafür braucht:

- Petrischalen, Falcon Culture Slides, sterile Deckgläschen oder ähnliche Zellkulturgefäße
- Objektträger, Deckgläschen
- PBS, Methanol, Eindeckmedium, Fluoreszenzfarbstoffe DAPI oder Höchst 33258
- Fluoreszenzmikroskop mit entsprechender Filterausstattung für DAPI (z. B. Anregung bei 365 nm und Emission > 397 nm)

DAPI ist ein Farbstoff, der im UV-Bereich des Spektrums angeregt wird. In welcher Farbe er emittiert, hängt entscheidend von der Filterausstattung des benutzten Fluoreszenzmikroskops ab. Es gibt mindestens 4 verschiedene DAPI-Filter. Die Anregungswellenlänge kann im Bereich zwischen 340 und 380 nm liegen. In welcher Farbe das Fluorochrom emittiert, hängt davon ab, ob ein Langpass oder ein Bandpassfilter benutzt wird. Ein Bandpassfilter lässt nur Licht eines bestimmten Ausschnitts des Lichtspektrums hindurch (z. B. 435–485 nm), während ein Langpassfilter ab einer bestimmten Wellenlänge alle größeren Wellenlängen durchlässt (z. B. alle Wellenlängen > 397 nm). Das kann, je nachdem welcher Filter verwendet wird, dazu führen, dass das emittierte Licht nicht blau sondern sogar im grünen Bereich des Spektrums (z. B. jenseits 488 nm) erscheint.

In Abhängigkeit von der Proliferationsgeschwindigkeit der zu testenden Zellen sät man die Zellen ein bis drei Tage vor dem Test aus. Da zu dicht gewachsene Zellen den Nachweis mit DAPI behindern, lässt man sie nur bis auf maximal 80 % Konfluenz wachsen. Stark proliferierende Zellen haften nach einer Inkubation über Nacht gut, was besonders für die Routine von Vorteil ist. Langsam wachsende Zellen haften nach einer so kurzen Inkubationszeit nicht so fest und können sich beim Waschschritt ablösen. Daher muss die Inkubationszeit für die zu testenden Zellen empirisch ermittelt werden.

Da es für die DAPI-Färbung Protokolle wie Sand am Meer gibt, steht wahrscheinlich in jedem Zellkulturbuch ein anderes. In diesem wird eine sehr komfortable Variante vorgestellt, die viele Zellkulturexperimentatoren vielleicht noch nicht kennen oder gar unüblich finden werden. Da das Protokoll aber sehr einfach und zeitsparend in der Durchführung ist, lohnt es sich, einen Blick darauf zu riskieren. Besonders geeignet ist die folgende Variante des DAPI-Tests allerdings für Anwender, die routinemäßig auch andere Fluoreszenzanwendungen, wie z. B. die Fluoreszenz *in situ* Hybridisierung (FISH), durchführen.

Durchführung des DAPI-Tests

1. Angemessenes Volumen (1–5 ml je nach Gefäß) der zu testenden (adhärenten) Zellsuspension in eine Petrischale oder auf einen Culture Slide pipettieren und je nach Zellwachstum ein bis drei Tage bei 37 °C inkubieren.
2. Nach Ablauf der Inkubationszeit den Mediumüberstand verwerfen.
3. Einmal waschen mit 1–5 ml PBS für 10 Minuten, dann Lösung verwerfen.
4. Einmal fixieren mit 1–5 ml eiskaltem Methanol für 10 Minuten, dann Lösung verwerfen.
5. Objektträger (oder Petrischale) an der Luft trocknen lassen; wenn ein Culture Slide verwendet wurde, muss der Kammeraufsatz entfernt werden.
6. 1 Tropfen Eindeckmedium plus Farbstoff (z. B. DAPI) in geeigneter Konzentration (1–1,5 µg/ml) auf den Objektträger geben und mit einem Deckglas eindeckeln.
7. Auswertung am Fluoreszenzmikroskop (Exitation > 360 nm, Emission > 460 nm mit einem 100-fachen Ölimmersionsobjektiv)

Die klassische Variante des Tests sieht nach der Fixierung der Zellen einen 20-minütigen Färbeschritt vor. Alternativ besteht auch die Möglichkeit, DAPI direkt in Methanol zu lösen und dann Fixierung und Färbung (ca. 20 Minuten) in einem Schritt durchzuführen.

Merke!
Beim Umgang mit DAPI & Co. Handschuhe tragen! Beide Fluoreszenzfarbstoffe sind interkalierend, d. h. sie bauen sich in die DNA ein – auch in die Zellen von ungeschützten Anwenderfingern! Außerdem steht Höchst 33258 im Verdacht, Krebs zu erregen.
Ein sogenanntes Eindeck- oder Mounting Medium ist in jedem Labor vorhanden, in dem routinemäßig Fluoreszenzanwendungen durchgeführt werden. In diesen Eindeckmedien ist die Antifading-Substanz DABCO (1,4-Diazobicycli-[2.2.2]-Octan) enthalten, die das Ausbleichen des Fluoreszenzfarbstoffs (Photobleaching) während der Auswertung stark reduziert. Das ist besonders dann von Bedeutung, wenn man Aufnahmen vom Präparat machen möchte. Eindeckmedien, die z. B. DAPI in ausreichender Konzentration enthalten, gibt es als Fertiglösung. Der Markt bietet für diesen Zweck Produkte wie Vectashield von Vector oder Fluoroguard von BioRad. Außerdem gibt es von Molecular Probes (Vertrieb über Invitrogen) die Produktpalette Pro-Long, Slow-Long und Slow Fadelight.

Was man unter dem Mikroskop sieht – oder auch nicht

Stark kontaminierte Kulturen sind nach entsprechender Einarbeitung relativ einfach und mit hoher Zuverlässigkeit auch für einen ungeübten Betrachter zu beurteilen. Die Zellkerne leuchten mit beiden Farbstoffen intensiv blau, je nach Filterausstattung des Mikroskops auch blauviolett oder grünlich blau. Da mit dieser Methode keine RNA oder einzelsträngige DNA angefärbt wird, entsteht keine Hintergrundfärbung. Tritt dennoch ein unspezifischer Hintergrund auf, ist das ein Hinweis darauf, dass der Farbstoff nicht vollständig entfernt wurde.

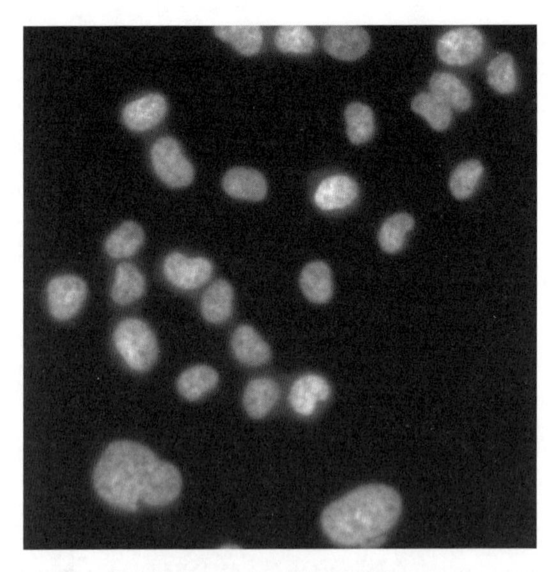

Abb. 11-2: Mycoplasma-negative Kultur nach einer DAPI-Färbung.

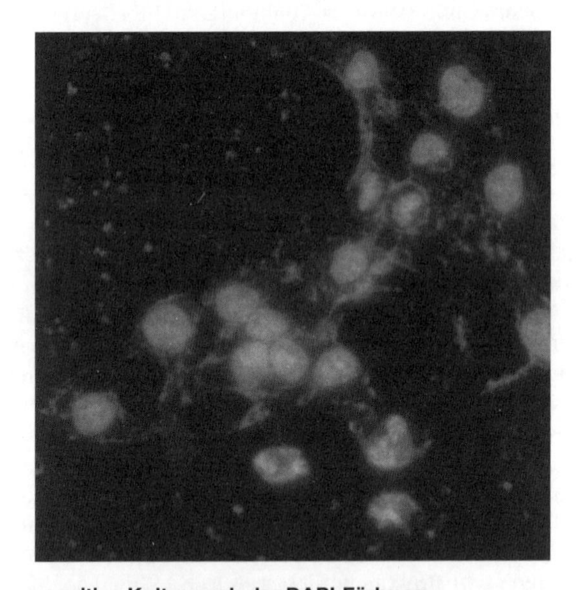

Abb. 11-3: Mycoplasma-positive Kultur nach der DAPI-Färbung.

Bei einem positiven Befund erscheinen die Zellen wie mit Puderzucker überzogen. Manche Anwender nennen den Nebel, der sich um die Zellen herum befindet, auch „Milchstraße". Die Kerne erscheinen heterogen und weisen eine intensive Fluoreszenz auf. Das Erscheinungsbild positiv getesteter Zellen mag an eine romantische Winterlandschaft oder an die unendlichen Weiten des Weltraums erinnern, jedoch bereitet ein solches Ergebnis dem Experimentator wenig Freude. Da man ein Mikroskopbild immer nur schlecht beschreiben kann, ist es besser eins zu zeigen. Die Abbildungen 11-2 zeigt eine negative, Abbildung 11-3 eine positive Kultur.

Zwar sind diese Aufnahmen nach einer DAPI-Färbung gemacht worden, jedoch weist der Höchst-Farbstoff 33258 eine Mycoplasmainfektion genauso zuverlässig nach. Da sich auch die Bilder im Mikroskop sehr stark ähneln, ist es egal, welchen Farbstoff man sich für den Test aussucht.

Schwierig wird die Beurteilung des Ergebnisses jedoch, wenn lediglich eine schwache Kontamination vorliegt. In diesem Fall handelt es sich sehr wahrscheinlich um eine unterschwellige Infektion, womit dem eindeutigen Nachweis von Mycoplasmen mit dieser Methode Grenzen gesetzt sind. Der Farbtest ist relativ unempfindlich: Die Nachweisgrenze ist mit einem Mycoplasmatiter von ca. 10^8 pro ml Medium relativ hoch und macht die Beurteilung zu einem schwierigen Unterfangen. Daraus ergeben sich für das weitere Vorgehen zwei Möglichkeiten. Man testet die verdächtige Kultur zu einem späteren Zeitpunkt noch einmal, nachdem man sie zuvor schon eine Weile ohne Mycoplasma-wirksame Antibiotika kultiviert hat. Dadurch sollte der Titer steigen und ein später durchgeführter Farbtest ein eindeutigeres Ergebnis bringen. Die allerdings sinnvollere Alternative ist die, eine empfindlichere Nachweismethode zu wählen, zumal man nicht länger als nötig im Unklaren sein möchte.

Vorteile der Methode:

- schnell, rein experimenteller Zeitbedarf bis zur Auswertung etwa 30–40 min;
- unkompliziert, einfaches Protokoll;
- schnelle und sichere Beurteilung von stark kontaminierten Kulturen, vorausgesetzt der Auswerter hat Erfahrung;
- kostengünstig (abgesehen von den Anschaffungskosten für das Fluoreszenzmikroskop).

Nachteile der Methode:

- Unerfahrene Anwender müssen sich erst in das Präparat einsehen und Erfahrung mit der Beurteilung sammeln, damit der Test in der Routine klappt.
- Ein Fluoreszenzmikroskop ist erforderlich, aber nicht in jedem Labor vorhanden.
- Schwach kontaminierte Kulturen sind nicht eindeutig zu bewerten.
- Als Kontrollmethode nach einer Behandlung von infizierten Kulturen gegen Mycoplasmen ungeeignet, da die Nachweisgrenze mit ca. 10^8 Mycoplasmen pro ml Kulturüberstand zu unempfindlich ist, um unterschwellige Kontaminationen auszuschließen.
- Suspensionskulturen können damit nicht gut untersucht werden, da sie oft verklumpen und dadurch keine zuverlässige Beurteilung möglich ist.

Nachweis von Mycoplasmen mittels Polymerase Kettenreaktion

Die Polymerase Kettenreaktion (Polymerase Chain Reaction, PCR) ist eine Technik, die mittlerweile in fast jedem Labor etabliert ist. Sollte das nicht der Fall sein, kann man vielleicht auf die benötigten Geräte des Nachbarlabors zurückgreifen. Die Diagnose auf Mycoplasmen lässt sich ganz einfach mithilfe von *ready-to-use*-Kits durchführen. Diese werden inzwischen von sehr vielen Herstellern angeboten und sind meist einfach in der Durchführung. Wenn man sich an die Angaben der Hersteller in der Beschreibung hält, kann man auf unkomplizierte Weise zu einem zuverlässigen Ergebnis kommen. Um eine PCR durchzuführen, muss man kein Molekularbiologe sein, denn die Kits sind in der Regel so konzipiert, dass man lediglich die einzelnen Komponenten in der empfohlenen Reihenfolge zusammenpipettieren muss. Das schafft mit ein bisschen Übung auch ein PCR-Einsteiger, insofern gibt es schon fast eine Erfolgsgarantie, was die Durchführung des Tests angeht. Voraussetzung ist allerdings, dass man das Pipettieren kleiner Volumina beherrscht.

Für den Einsteiger sind besonders solche Kits geeignet, die bezüglich einer vermuteten Kontamination mit Mycoplasmen zunächst eine klare Ja/Nein-Antwort liefern. Der fortgeschrittene Experimentator mit Ehrgeiz möchte vielleicht noch die ihn heimgesuchte Mycoplasmenart identifizieren. Dazu empfiehlt es sich, entweder einen Kit zu wählen, der diese Option von vornherein bietet. Oder man kann in der Fachliteratur nach geeigneten Quellen suchen und die Identifikation der Mycoplasmenart zu seiner Lebensaufgabe machen. In der Literatur findet man jedenfalls zahlreiche Protokolle, die für diesen Zweck geeignet sind, einige ausgewählte Quellen sind in der Literatur zum Kapitel angegeben.

An dieser Stelle möchte ich mich aber mit der einfachen Variante begnügen, da die meisten Anwender primär daran interessiert sein werden, möglichst rasch herauszufinden, ob die verdächtige Kultur tatsächlich infiziert ist oder nicht. Der eigentliche Nachweis von Mycoplasmen mittels PCR beruht auf der Vervielfältigung einer hochkonservierten Region im Mycoplasmengenom. Dabei handelt es sich um einen Abschnitt der 16s-ribosomalen Nukleinsäure (RNA), der ubiquitär in allen Mycoplasmenarten vorkommt. Die direkte Sequenzanalyse ribosomaler RNA ist übrigens auch der „Goldstandard" zur taxonomischen Bestimmung von Mikroorganismen. Durch die Amplifikation dieser RNA-Sequenzen zum Mycoplasmennachweis mittels PCR werden alle relevanten Mycoplasmaarten nachgewiesen, durch vorhandene Sequenzhomologien aber auch *Acholeplasma laidlawii* und verschiedene Ureaplasmaspezies. Durch die eingesetzten Mycoplasma-spezifischen Primerpaare wird sichergestellt, dass weder die DNA der zu testenden Zellen noch die von möglicherweise vorhandenen Bakterien vervielfältigt wird. Die Amplifikation liefert ein PCR-Produkt mit einer Größe von 270 Basenpaaren (bp), das anschließend in einem Agarosegel sichtbar gemacht wird. Die interne Kontrolle zeigt an, ob die Amplifikation erfolgreich war. Eine Positiv- und eine Negativkontrolle erleichtern die Interpretation des Ergebnisses. Absolut essenziell, besonders für den ungeübten PCR-Einsteiger, ist es, eine Nullprobe zu pipettieren, in der sich alle Lösungen befinden, außer des Kulturüberstands. Stattdessen wird das entsprechende Volumen mit Wasser aufgefüllt. Diese Probe verrät, wie sauber man gearbeitet hat. Sieht man auf dem Agarosegel in dieser Spur eine Bande, hat man selbst eine Kontamination eingeschleppt. Dabei handelt es sich meist um Amplifikate vorangegangener PCR-Reaktionen oder Mycoplasmen aus der Umgebung, z. B. aus dem Rachenraum des Anwenders. Zudem sollte man den Molekulargewichtsstandard nicht vergessen, da man sonst die Größe der amplifizierten DNA-Fragmente nicht abschätzen kann.

Für PCR-Einsteiger ist das Hauptproblem, ein „sauberes" Ergebnis zu bekommen. Da falsch-positive Ergebnisse bei Ungeübten häufig sind, profitieren von der PCR diejenigen am meisten, die regelmäßig mit dieser Technik arbeiten und außerdem keine Probleme haben, kleine Volumina (z. B. 1 µl) zu pipettieren. Für alle anderen gilt: Übung macht den Meister – oder eine andere Methode wählen.

Was man dafür braucht:

- PCR-Cycler, PCR-Mycoplasmen-Kit, zusätzlich Taq Polymerase, wenn sie nicht im Kit enthalten ist, sowie der zugehörige Reaktionspuffer;
- Mikroliter-Zentrifuge, Heizrührer;
- Elektrophorese-Equipment und Lösungen für Agarosegel-Elektrophorese;
- Ethidiumbromid-Färbebad (0,5–1µg/ml) oder SYBR Green I zur Beimischung in die Agarose (1 µl einer 10000-fach konzentrierten Lösung in 10 ml Agarosegel);
- bildgebendes Detektionssystem: Transilluminator mit UV-Anregung, Digitalkamera mit PC und Software oder alternativ ein Polaroid-System; letzteres ist für die eigene Dokumentation ausreichend, jedoch sind die Filme teuer.

Die beiden DNA-Farbstoffe Ethidiumbromid und SYBR Green sind mit Vorsicht zu genießen, da beide interkalierend sind. Ethidiumbromid ist außerdem schon in geringen Mengen sehr toxisch. Ersetzt wird es zunehmend durch SYBR Green, das zwar deutlich weniger toxisch, dafür aber viel teurer ist. Da hat man die Qual der Wahl und muss sich entscheiden, was einem wichtiger ist. Allerdings sollte man keine Kompromisse in punkto Sicherheit machen, denn nur Nitrilhandschuhe schützen beim Umgang mit Ethidiumbromid & Co. davor, dass diese Farbstoffe durch den Handschuh diffundieren und so auf die Hände gelangen. Normale Latexhandschuhe bieten nur geringen Schutz, da die Farbstoffe diese Barriere in wenigen Minuten überwunden haben.

Vorbereitung der zu testenden Zellkulturüberstände

In den meisten Labors werden – entgegen der Empfehlungen der Experten – die Kulturen ständig mit Antibiotika kultiviert, was die Nachweisgrenze negativ beeinflussen kann. Daher wird in vielen Protokollen zur Probenpräparation empfohlen, die zu testenden Kulturen für mindestens eine, besser zwei Passagen ohne Mycoplasma-wirksame Antibiotika im Medium zu züchten (siehe Textkasten unten). Ideal ist bei adhärenten Kulturen eine Konfluenz von bis zu 90 %. Sollen Suspensionskulturen getestet werden, sollte auch hier nur der Überstand verwendet werden, da andernfalls Zelltrümmer (Debris) die PCR stören. Bei Verwendung überalterter Kulturen besteht die Gefahr, dass sich Inhibitoren im Medium anhäufen, die dann die PCR-Reaktion stören. Das können z. B. Stoffwechselprodukte sein, daher sollte man nicht mit verbrauchten Kulturüberständen arbeiten, bei denen bereits ein Farbumschlag nach gelb erkennbar ist. Wer keine idealen Kulturüberstände hat, sollte lieber vor dem Test eine DNA-Extraktion durchführen und dann ein Aliquot der isolierten DNA in die PCR einsetzen. Die zu testenden Proben, egal ob Kulturüberstand oder DNA, müssen für fünf Minuten gekocht und danach zentrifugiert werden, um störende Zelltrümmer loszuwerden. Es wird mit dem Überstand weiter gearbeitet. In manchen Kits wird noch ein weiterer Schritt eingefügt, wobei durch Zugabe eines Harzes, wie z. B. Resin, in den Reaktionsansatz die Mycoplasma-DNA angereichert werden soll. In diesem Fall muss das Resin anschließend durch Zentrifugation pelletiert und der Überstand in ein neues Reaktionsgefäß gegeben werden.

Es setzt sich zunehmend die Meinung durch, dass Standardantibiotika wie Penicillin oder Streptomycin keinen Einfluss auf Mycoplasmen haben und nicht entfernt werden müssen. Penicillin wirkt auf die bakterielle Zellwand und hat auf die zellwandlosen Mycoplasmen keinerlei Wirkung. Streptomycin gehört zur Gruppe der Aminoglykoside und wirkt auf die Proteinbiosynthese. Bei den meisten Mycoplasmen liegt die Wirkkonzentration über 10 mg/l und damit über der üblicherweise verwendeten Mediumkonzentration. Viele Mycoplasmenarten sind resistent gegen Streptomycin (MIC >500 mg/l). Im Allgemeinen kommt es bei Mycoplasmen sehr schnell zur Ausbildung von Resistenzen, so z. B. bei *M. fermentans* schon jenseits von sieben Passagen. Das heißt, dass eine Mycoplasmakontamination unbeeindruckt durch Streptomycin im Medium vergleichsweise schnell heranwächst und mit einer sensitiven Methode detektierbar ist.

Das Pipettieren des Reaktionsansatzes

In der Regel sind alle benötigten Komponenten im Kit enthalten, jedoch wird bei manchen Kits keine Taq-Polymerase mitgeliefert. Dann sollte man beim Hersteller erfragen, welche Enzyme gut mit dem Kit harmonieren bzw. bereits ausgetestet wurden, sofern diese Angaben nicht schon in der Beschreibung des Kits zu finden sind. Muss eine Polymerase bestellt werden, ist der benötigte Reaktionspuffer für das Enzym dann im Lieferumfang enthalten.

Hier eine Auflistung der Komponenten die in den meisten Kits enthalten sind:

- steriles Wasser (PCR grade),
- Magnesiumchlorid,
- Mycoplasma-spezifischer Primermix,
- Oligonukleotide,
- internes Kontrolltemplate,
- Positivkontrolle (meist DNA von *M. orale* oder einer anderen häufigen Art),
- Negativkontrolle (entweder Wasser oder Puffer ohne Mycoplasmen-DNA oder negativer Kulturüberstand).

Überprüft man gleich eine ganze Reihe von Zelllinien, lohnt es sich, einen Mastermix mit allen nötigen Lösungen zu pipettieren. Er ist einfacher zu handhaben und verringert den Pipettierfehler. Wie man dabei am besten vorgeht, sollte man den Empfehlungen des jeweiligen Herstellers entnehmen. Beim Pipettieren des PCR-Ansatzes sollten am besten spezielle PCR-Pipettenspitzen zum Einsatz kommen, die mit Watte gestopft sind. Dadurch wird eine Kontamination der Pipetten mit DNA verhindert. Das Risiko einer Kreuzkontamination, die durch Verschleppung von einer Probe in die nächste zustande kommt, kann man dadurch verhindern, dass man für jede Probe eine neue Spitze nimmt. Außerdem sollte man immer nur mit einem ausschließlich für die PCR reservierten Pipettensatz arbeiten, damit keine fremden DNA-Templates amplifiziert werden, die dann das Ergebnis verfälschen. Aus dem gleichen Grund sollte die PCR nach Möglichkeit räumlich getrennt von anderen Laborarbeitsplätzen durchgeführt werden. Sind die Proben fertig für die Amplifikation im Cycler, muss das Programm eingegeben werden und dann kann es losgehen.

Die meisten auf dem Markt erhältlichen PCR-Geräte verfügen über rasante Aufheiz- und Abkühlzeiten, sodass man guten Gewissens das Kurzprogramm, d. h. die abgespeckte Programmvariante, wählen kann. Hier ein Beispiel für ein gängiges PCR-Programm zum Nachweis von Mycoplasmen:

- 1 Zyklus bei 94 °C für 2 min (vgl. Textkasten unten)
- 35 Zyklen bei 94 °C für 30 sec
- Annealing bei 55 °C für 30 sec
- Elongation bei 72 °C für 30 sec
- abkühlen bei 4–8 °C

In der Regel ist in der Bedienungsanleitung zum Kit auch ein längeres PCR-Programm angegeben. Wer dem Kurzprogramm nicht über den Weg traut, kann es mit der „Long-Version" versuchen.

Merke!
Die Dauer der Vorinkubation bei 94 °C hängt von der Art der eingesetzten Polymerase ab. Die Hot-Start-Polymerasen werden erst nach einer Vorinkubationszeit aktiviert und benötigen entsprechend verlängerte Aktivierungszeiten. Diese Details sind dem Informationsblatt über das Enzym zu entnehmen. Die größten Abweichungen von diesem PCR-Programm findet man meist in den Zeiten, die für die einzelnen Schritte angegeben werden.

Die Agarosegel-Elektrophorese mit anschließender Färbung

Meist wird empfohlen, ein 1,5–2-prozentiges Agarosegel zu gießen und einen Probenkamm von 5 mm Breite zu wählen. Für das Gel kann eine normale Vielzweck- oder Standardagarose für die Auftrennung von DNA verwendet werden. Das Gel sollte nicht dicker als 5 mm sein, damit die Banden scharf werden und die Interpretation des Ergebnisses nicht erschweren. Zudem wirkt sich ein dünnes Gel positiv auf die Sensitivität aus, da das Anregungslicht bei dickeren

Gelen stark absorbiert und die mit dem Fluoreszenzfarbstoff gefärbte DNA dadurch nicht ausreichend angeregt wird. Die Proben werden vor dem Lauf mit einem Probenpuffer versetzt, der den blauen Farbstoff Bromphenolblau und Glycerin enthält. Der Probenpuffer beschwert die Probe, die nach unten in die Probentasche, auch *slot* genannt, sinkt. Auf diese Weise wird verhindert, dass die Proben aus den Probentaschen in die Pufferkammer entschwinden. Anhand der blauen Lauffront des Probenpuffers kann man den Lauf verfolgen. Meist reicht eine Laufstrecke von etwa 2 cm aus, um eine Beurteilung des Ergebnisses vornehmen zu können. Je nach Größe der verwendeten Elektrophoresekammer dauert der Lauf bei einer Stromstärke von etwa 100 Volt zwischen 20 und 30 Minuten.

Nach der Elektrophorese schreitet man gewöhnlich zur Färbung. Das kann man nach dem Lauf für 15–30 Minuten oder länger in einem Färbebad machen. Nach einer verlängerten Färbezeit empfiehlt es sich, die DNA für einige Zeit mit Wasser wieder zu entfärben, damit der Hintergrund im Agarosegel nicht so stark wird. Alternativ dazu kann man den Farbstoff bereits vor dem Lauf in die Agarose und/oder den Laufpuffer geben. In diesem Fall finden Elektrophorese und Färbung gleichzeitig statt, was dem allzeit gehetzten Anwender eine gewisse Zeitersparnis bringt. Nach der Färbung wird das Gel zu Dokumentationszwecken auf einen Transilluminator gelegt und der Farbstoff mit einer UV-Lichtquelle von unten anregt. Je nach gewähltem Farbstoff leuchten die Banden dann orange bzw. gelbgrün. Anschließend wird mit einer Kamera entweder ein Polaroid oder aber ein digitales Bild von dem Agarosegel aufgenommen, um das Ergebnis der Prozedur zu dokumentieren.

Was man auf dem Agarosegel sieht – oder auch nicht

Erwartungsgemäß sollte die Positivkontrolle positiv und die Negativkontrolle negativ sein. Wenn man sauber gearbeitet hat, ist auch in der Nullprobe, die, je nachdem was sich in ihr befindet, mit der Negativkontrolle übereinstimmt, nichts zu sehen. Doch wie sieht es mit den getesteten Kulturüberständen aus? Welche sind positiv, welche negativ? Zur Erleichterung der Ergebnisinterpretation ist es an dieser Stelle eine gute Idee, einmal einen Blick auf ein typisches Gelbild zu werfen, dass man zum Vergleich heranziehen kann (Abb. 11-4).

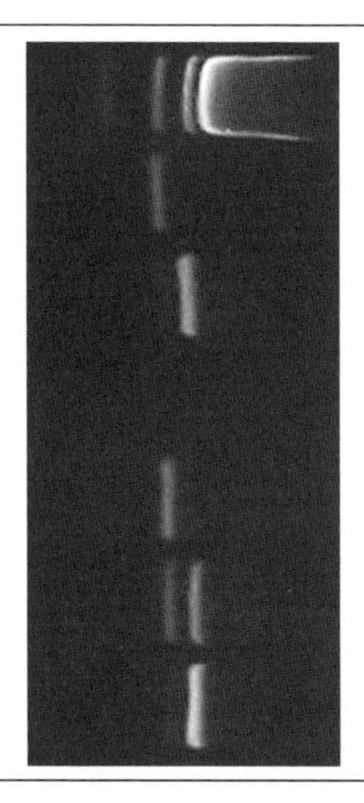

Ansätze von oben nach unten:

Spur 1: Molekulargewichtsmarker: 100 bp-Leiter
Spur 2: Negativkontrolle (nur interne Kontrolle sichtbar)
Spur 3: Positivkontrolle
Spur 4: inhibierte Probe
Spur 5: negative Probe (nur interne Kontrolle sichtbar)
Spur 6: positive Probe, schwache Kontamination (mit interner Kontrolle)
Spur 7: positive Probe, starke Kontamination (mit schwacher interner Kontrolle)

Abb. 11-4: Gelbild nach einer Mycoplasma-PCR, Färbung mit Ethidiumbromid. (Mit freundlicher Genehmigung von Minerva Biolabs)

In der Regel ist im PCR-Kit eine interne Kontrolle enthalten, die in den Mastermix gegeben wird und sich dann in jedem Probenansatz befindet. Ist die PCR erfolgreich verlaufen, erhält man ein PCR-Produkt von 191 bp oder 500 bp Größe, je nachdem, welchen Kit man verwendet hat. Die Bande der internen Kontrolle erscheint je nach Größe knapp unter- oder oberhalb der erwarteten Bande der getesteten Kulturüberstände, und zwar unabhängig davon, ob die Probe positiv oder negativ ist. Sie ist ein Indiz für eine erfolgreiche PCR. Die Bande der internen Kontrolle kann aber bei einer stark kontaminierten Probe entweder nur schwach erscheinen oder sogar ganz fehlen. Das liegt daran, dass ab einem Titer von mehr als 5×10^5 Mycoplasmen pro ml die Bildung des Mycoplasma-spezifischen Amplifikats sehr stark überwiegt. Findet man in einer Probe, die einen Kulturüberstand oder eine Kontrollprobe enthalten hatte, dagegen gar keine Bande, ist das ein sicheres Anzeichen dafür, dass etwas schief gelaufen ist. Das kann mehrere Gründe haben, angefangen bei einer nicht ausreichenden Aktivität der eingesetzten Polymerase (Herstellerangaben überprüfen), über Programmier- und Pipettierfehler bis hin zum Vergessen des Zentrifugationsschritts nach dem Rehydratisieren der Lösungen. Zur erleichterten Interpretation sind meist in der Beschreibung des Kits die möglichen Ergebnisse nach der Elektrophorese in tabellarischer Form aufgelistet und auch ein sogenanntes *trouble shooting* angegeben.

Trotzdem hier auf die Schnelle ein paar Tipps, was man beachten sollte: Unscharfe Banden kommen dadurch zustande, dass später bei der Färbung der Farbstoff durch das Gel hindurch zu den Proben diffundieren muss und sich dort an die DNA in den Probentaschen bindet. Für die Bandenschärfe ist es vorteilhaft, wenn sich die Proben nicht so weit von der Anregungsquelle entfernt befinden. Je mehr Agarose sich zwischen der Lichtquelle und der nachzuweisenden Proben-DNA befindet, desto verwaschener sind die Banden. Daher sollte man immer ein möglichst dünnes Agarosegel gießen. Andere Dinge wirken sich allerdings deutlich gravierender aus, als dieser „Schönheitsfehler“.

Von der Wahl der Polymerase z. B. ist abhängig, welche Enzymaktivitäten und welche Magnesiumchlorid-Konzentrationen für eine erfolgreiche PCR benötigt werden. Zu beachten ist, dass sich jede Volumenänderung unweigerlich auf das Pipettierschema auswirkt. Kommt eine Hot-Start-Polymerase zum Einsatz, muss auch das PCR-Programm entsprechend geändert werden. Am besten man geht Schritt für Schritt nach dem Ausschlussverfahren vor und führt eine systematische Fehlersuche durch.

Aus meiner eigenen Erfahrung kann ich dazu raten, sich für häufig wiederholende Methoden ein Protokollblatt zu erarbeiten, in das man alle Details einträgt. Das schafft viel Überblick und erleichtert die Fehlersuche. Für ein PCR-Protokollblatt reicht es aus, sich eine Tabelle zu erstellen, in die dann nur noch die eingesetzten Volumina eingetragen werden. Sinnvoll ist es auch, Platz für Bemerkungen zu lassen. Wenn, aus was für Gründen auch immer, vom gewohnten Schema abgewichen wurde, sollte das immer vermerkt werden. Solche Informationen gehen nämlich gern verloren. Bei der Fehlersuche steckt der Teufel oft genug genau in diesen winzigen Details, die dann leider nicht dokumentiert wurden. Zusätzlich sollte man natürlich ein Laborbuch führen. Erfahrungsgemäß wird meist in einem Laborbuch aber nicht so detailgetreu protokolliert, wie es im Falle eines misslungenen Experiments erforderlich wäre, um eine systematische Fehlersuche zu starten.

Andere Protokolle, Kits und Methoden zur Detektion von Mycoplasmen

Wie bereits angedeutet, führen viele Wege nach Rom und man kann sich auf ganz unterschiedliche Weise dem Nachweis von Mycoplasmen widmen. An dieser Stelle soll jedoch nur kurz auf alternative Möglichkeiten eingegangen werden, ohne zu sehr ins Detail zu gehen. Wer mag, kann sich auf die Literaturquellen am Ende des Kapitels stürzen und sich hingebungsvoll dieser Aufgabe widmen.

MycoAlert Detektionsassay. Das ist ein kommerziell erhältlicher Kit, der auf dem selektiven biochemischen Nachweis der Aktivität von Mycoplasma-spezifischen Enzymen beruht. Dazu werden 100 µl Zellkulturüberstand der zu testenden Probe eingesetzt und die lebenden Mycoplasmen lysiert. Dadurch werden Enzyme der Mycoplasmen freigesetzt. Diese Enzyme reagieren mit dem im Kit enthaltenen Substrat, wodurch die Umwandlung von ADP zu ATP katalysiert wird. Der Clou besteht darin, den ATP-Spiegel vor (Messung A) und nach der Substratzugabe (Messung B) zu messen. Entscheidend ist das Verhältnis von Signal zu Hintergrund, denn die Werte der beiden Messungen werden zueinander ins Verhältnis gesetzt (B/A-Quotient). Das resultierende Ratio entscheidet über das Ergebnis:

- 1,2 oder höher bedeutet positives Messergebnis,
- 1,0–1,2 bedeutet nicht eindeutiges oder fragliches Ergebnis,
- 0–0,9 bedeutet negatives Messergebnis.

Da der Test auf einer Lumineszenzreaktion beruht, wird ein Luminometer benötigt. Der Kit enthält alle benötigten Komponenten, es muss kein weiteres Agens zusätzlich gekauft werden. Vorteile dieser Methode sind:

- schnelles Ergebnis: 20 Minuten Zeitaufwand,
- einfaches Protokoll,
- Nachweis aller Mycoplasma- und Acholeplasmaspezies, die in Zellkulturen vorkommen,
- Nachweisgrenze < 50 cfu/ml (cfu engl. = *colony forming units*).

Nachteilig ist, dass ein Luminometer gebraucht wird, das in den Zellkulturlabors nicht immer standardmäßig vorhanden ist.

ELISA (engl. = Emzyme Linked Immuno Sorbent Assay). Bei diesem immunologischen Nachweisverfahren werden die Mycoplasmaspezies direkt oder indirekt durch einen Antikörper nachgewiesen. Bei einem direkten ELISA ist ein Enzym, z. B. Meerettich-Peroxidase, an den Antikörper gekoppelt und der Nachweis erfolgt über eine kalorimetrische Reaktion. Das Enzym setzt ein zugegebenes Substrat um, wodurch es zu einem Farbumschlag kommt. Die Menge des umgesetzten Substrats (Reaktionsprodukt) wird photometrisch in einem Lesegerät quantifiziert. Eine Variante ist der sogenannte „Sandwich-ELISA", der ein indirektes Nachweisverfahren darstellt. Hier kommt ein Zweitantikörper zum Einsatz, der den ersten erkennt und an diesen bindet. Der Unterschied zur ersten Variante ist der, dass nicht der Primärantikörper ein Enzym kovalent gebunden hat, sondern der Zweitantikörper. Die Sensitivität ist bei dieser Variante höher, da durch den Zweitantikörper eine Signalverstärkung möglich ist. Man braucht für die ELISA-Methode ein Lesegerät, den ELISA-Reader, und eine entsprechende Software für die Auswertung. Das Verfahren ist im Vergleich zum DAPI-Test relativ zeitintensiv und arbeitsaufwändig, da viele Waschschritte anfallen. Wer hat, kann die aber von einem Waschautomaten durchführen lassen. Verglichen mit der PCR ist ELISA jedoch einfacher und weniger zeitintensiv und je nach bereits vorhandener Laborausstattung auch weniger gerätelastig. Die Sensitivität des ELISA ist mittelprächtig und liegt mit einer Nachweisgrenze von etwa 10^6 Mycoplasmen pro ml im mittleren Bereich zwischen der Fluoreszenzfärbung mit DAPI oder Höchst 33258 und der PCR.

PCR-ELISA. Hier werden diese beiden Methoden miteinander kombiniert. Der Trick besteht darin, die Mycoplasmen-DNA mit einem Markerprotein, wie z. B. Digoxigenin, zu markieren. Das geschieht in einer einzelnen PCR-Reaktion, in der das Basenanalogon Digoxigenin-11-dUTP in die zu amplifizierende Mycoplasmen-DNA aus der verdächtigen Kultur eingebaut wird. Die derart markierte DNA wird denaturiert (einzelsträngig gemacht) und anschließend mit einer spezifischen Biotin-markierten Fängersonde (*capture probe*) hybridisiert. Diese Sonde ist komplementär zu einer Region innerhalb der Primerbindestellen des PCR-Produkts. Das nun entstandene Hybrid zwischen der markierten Mycoplasmen-DNA und der Fängersonde wird auf einer mit Streptavidin beschichteten Mikrotiterplatte immobilisiert. Schließlich erfolgt die eigentliche Detektion mittels enzymgekoppelter Antikörper, die gegen Digoxigenin gerichtet sind. Die Auswertung beruht auch hier wieder auf der Absorptionsmessung mit dem ELISA-Reader. Mit diesem Methoden-Mix konnten 20 verschiedene Spezies von Mycoplasmen, darunter auch eine Ureaplasma- und eine Acholeplasmaspezies nachgewiesen werden. Hinsichtlich der Sensitivität des Tests geben Wirth und Mitarbeiter (1995) an, dass sie je nach Spezies unterschiedlich ist und von 1 pg (= 10^{-12}) bis weniger als 1 fg (= 10^{-15}) rangiert, wobei 1 fg etwa einer bis drei Kopien des Mycoplasmagenoms entsprechen soll. Ob man mit dieser Methode tatsächlich die angegebene Sensitivität erreicht, mag man glauben oder nicht. Am besten man überprüft es selbst.

Zum Schluss noch ein Wort zur Wahl der Methode. Welche die beste und vielleicht auch die einfachste – weil praktischste – ist, muss der Experimentator selbst entscheiden. Dabei sind Kriterien wie bereits vorhandene Geräteausstattung und das Know how, die Erfahrung und die Routine des Laborpersonals mit den einzelnen Methoden ein wesentlicher Punkt. Ein Entscheidungskriterium wird immer sein, ob man einen ELISA oder eine PCR praktisch „nebenher" laufen lassen kann, weil Mehrkanalpipette, Waschautomat und ELISA-Reader bzw. PCR-Cycler und Elektrophoresekammern vorhanden sind. Ein Labor, in dem ohnehin routinemäßig PCRs bzw. ELISAs durchgeführt werden, wird kaum eine andere Methode etablieren, um den Mycoplasmennachweis zu führen. Unter diesen Gesichtspunkten hat jede Methode ihre Berechtigung. An einer Universität besteht meist die Möglichkeit eine Probe z. B. in der Mikrobiologie abzugeben und dort untersuchen zu lassen. Auch das ist eine Möglichkeit, Gewissheit zu bekommen.

11.1.2 Beseitigung von Mycoplasmen

Der Markt bietet eine breite Auswahl an Antibiotika, die für die Therapie von mit Mycoplasmen kontaminierten Zellkulturen geeignet sind. Von den Standardantibiotika sind z. B. Gentamycin, Kanamycin, Ciprofloxacin und Tetracyclin-HCl zu nennen. Der erfahrene Anwender weiß, dass er selbst eine der größten Kontaminationsquellen ist und diese Unholde im Bronchial- bzw. Urogenitaltrakt beherbergt. Außerdem ist damit zu rechnen, dass durch den vergleichsweise sorglosen Umgang der Humanmediziner bei der Verschreibung von Antibiotika, z. B. bei Erkrankungen der Bronchialwege, die anwendereigenen „Untermieter" bereits gegen Ciprofloxacin & Co. resistent geworden sind.

Viele halten es für die einzig vernünftige Maßnahme, die verseuchten Kulturen zu verwerfen. Hat man gute Gründe dafür, das nicht zu tun, und will seine Kulturen behandeln, muss beachtet werden, dass für eine effektive Antibiotikumtherapie neben einer ausreichend hohen Dosis auch die Dauer der Behandlung entscheidend ist. Die Therapie muss lang genug sein, um allen Mycos den Garaus zu machen. Sie sollte jedoch nicht so lange dauern, dass die Gefahr der Bildung von Resistenzen gegeben ist. Infolge einer nur scheinbar erfolgreichen Behandlung kann es zur Ausbildung unterschwelliger Kontaminationen mit Mycoplasmen kommen. Immer wiederkehrende Kontaminationswellen können sich zu einer wirklich unangenehmen und hartnäckigen Zellkulturplage auswachsen, die man nicht mehr in den Griff bekommt.

Ist man im Kampf gegen die Mycoplasmen an diesem Punkt angekommen, muss man anders an die Sache heran gehen. Wie könnte eine alternative Strategie aussehen? Wenn man mit der Standardbehandlung nicht weiter kommt, kann man auf die ebenfalls im Handel erhältlichen Fertiglösungen und Kits ausweichen. Die heißen z. B. Mycoplasma Removal Agent, Mynox, Myco-Kill oder haben ähnlich klangvolle und vielversprechende Namen. Was verbirgt sich dahinter? Diese Produkte sind in der Regel *ready-to-use*-Lösungen und enthalten meist entweder eine hochwirksame antibiotische Neuentwicklung oder aber Substanzen, die im Kampf gegen die Mycoplasmen auf alternative Wirkmechanismen setzen. An dieser Stelle kann nicht die komplette Bandbreite der Mycoplasma-wirksamen Mittelchen besprochen werden, schließlich kommen ständig neue hinzu. Daher werden hier nur exemplarisch einige ausgewählte Mycoplasma-Killer und deren Wirkungsweise vorgestellt.

Das **Mycoplasma Removal Agent** (MRA) besteht aus einem Antibiotikum mit dem komplizierten Namen 4-Oxo-Quinolin-3-Carboxylsäure. Dabei handelt es sich um ein synthetisches Chinon-Derivat. Die Wirkung gegen Mycoplasmen beruht auf der Hemmung der Vermehrung dieser unheilvollen Biester. Eine solche Wirkung bezeichnet man als bakteriostatisch bzw. mycostatisch. Behandelt man die verseuchten Kulturen für eine Woche mit 0,5 µg/ml MRA, sollen diese von den Plagegeistern befreit sein. In hartnäckigen Fällen wird eine Konzentration von 1 µg/ml empfohlen. Die Zelltoxizität ist gering und tritt bei Verwendung der empfohlenen Konzentration selten auf. Der Hersteller gibt an, dass man das MRA auch prophylaktisch zur Vermeidung einer Mycoplasmainfektion einsetzen kann. Lobenswert, dass gleichzeitig darauf hingewiesen wird, dass MRA kein Ersatz für eine gute Zellkulturpraxis ist.

Ein anderes Mittel, nämlich **Mynox**, setzt an einem ganz anderen Punkt an. Es bewirkt die Auflösung des Mycoplasmamembransystems und hat damit eine abtötende Wirkung auf die Mycoplasmen. Die eigentliche Wunderwaffe in Mynox heißt Surfactin und ist eine membranaktive Substanz, die aus *Bacillus subtilis* isoliert wurde. Der Wirkmechanismus beruht auf der selektiven Anlagerung von Surfactin an die cholesterinreiche Mycoplasmamembran. Surfactin bewirkt eine Durchlöcherung der Membran, wodurch das umgebende Medium in die Mycoplasmen eindringen kann. Dadurch schwellen sie so lange an, bis die Membran zerreißt und die Mikrobe komplett zerstört wird. Das hört sich zwar ein bisschen brutal an, hat dafür aber durchschlagenden Erfolg. Voraussetzung dafür ist allerdings, dass das Surfactin mit allen Mycoplasmen während der Behandlung in direkten Kontakt kommt.

Nanomycopulitine ist ein echter Allrounder. Der Name ist Programm und verrät gegen welche Teufelchen das Mittel wirken soll: Nanobakterien, Mycoplasmen und bakterielle L-Formen sollen effektiv abgetötet werden. Die wirksame Substanz hinter dem ausgefallenen Namen ist jedoch keine geheimnisvolle neue Antibiotikum-Kreation, sondern schlicht und ergreifend Ciprofloxacin-Hydrochlorid. Dieses Antibiotikum rückt den Mikroorganismen sowohl in der Wachstumsphase als auch in der stationären Phase des Lebenszyklus zu Leibe. Ciprofloxacin (Fluoroquinolon) gehört, wie auch das oben erwähnte 4-Oxo-Quinolin-3-Carboxylsäure oder z. B. auch Ofloxacin, zur Gruppe der Chinon-Antibiotika. Der Wirkmechanismus beruht auf der Hemmung der ATP-abhängigen und DNA-Gyrase-katalysierten Verschraubungsreaktion der bakteriellen DNA. Antibiotika mit diesem Wirkmechanismus nennt man auch Gyrasehemmer. Ciprofloxacin wirkt vor allem gegen gramnegative Bakterien (Enterobakterien) und Chlamydien. Das Produkt Nanomycopulitine wird als reine 20-fach konzentrierte Lösung, aber auch als fertige Therapielösung in verschiedenen Medien, wie z. B. RPMI 1640, angeboten. Es kann daher praktisch direkt als Behandlungsmedium anstelle des Standardmediums verwendet werden. Die kontaminierte Zellkultur wird dann für die empfohlene Zeitdauer darin gezüchtet und nach der Behandlung wieder in das normale Medium transferiert. Bleibt nur zu hoffen, dass die Mycos nicht bereits eine Resistenz gegen Ciprofloxacin ausgebildet haben.

Last but not least gibt es noch **MycoKill AB**. Dieses Produkt ist eine Neuentwicklung und soll besonders effektiv und bereits in geringen Konzentrationen gegen die ganze Sippschaft der

Mycoplasmen aktiv sein. Der Wirkungsmechanismus greift gleich an zwei Stellen ein. Eins der Ziele ist der Proteinbiosyntheseapparat, wobei die Translation durch die Bindung an die Ribosomen gehemmt wird. Gleichzeitig wirkt das Antibiotikum auch auf den Transkriptionsapparat der Mycoplasmen. Erhältlich ist MycoKill als 50-fach konzentrierte Stammlösung. Die Behandlung soll mit der einfachen Verdünnung für drei oder mehr Passagen erfolgen, wobei alle drei bis vier Tage das Medium erneuert werden muss. Eine wöchentliche Kontrolle bezüglich der Anwesenheit von Mycoplasmen wird empfohlen. Laut Herstellerangaben ist normalerweise nach zwei bis drei Zyklen der Mycoplasmenspuk vorbei.

Tipp:
Die beste Therapie gegen die Mycoplasmaplage nützt nichts, wenn nicht der Erfolg einige Zeit nach der Behandlung überprüft wird. Nur so kann man wirklich sicher sein, dass die Kulturen sauber sind. Darüber hinaus empfiehlt es sich ganz Allgemein, die Kulturen in regelmäßigen Abständen auf die Anwesenheit von Mycoplasmen zu testen. Die empfindlichste Methode ist die PCR, vor allem für die Kontrolle des Behandlungserfolgs. Noch sensitiver als die Standard-PCR ist eine quantitative PCR mit einem *light cycler*. Damit kann man sogar die Anzahl der Mycoplasmatranskripte bestimmen. Ein derart teures Gerät steht aber nicht in jedem Labor und ob dieses Wissen wirklich erforderlich ist, muss der Anwender selbst entscheiden.

Zum Schluss bleibt noch zu sagen, dass der Kampf gegen Mycoplasmen müßig ist. Wenn immer wieder Kontaminationen bei denselben Zellen auftreten, empfiehlt es sich, Tabula rasa zu machen und die Zellen zu verwerfen. In diesem Fall ist es besser, mit neu aufgetauten Zellen aus der Kryokonserve von vorne zu beginnen. Sind auch die nicht sauber, kann man es vielleicht mit einer Behandlung über wenige Tage versuchen, jedoch schwächen zu viele Antibiotika über einen langen Zeitraum die Zellen. Schlägt diese Kur nicht an und stehen keine mycoplasmenfreien Ersatzzellen zur Verfügung, bleibt nur der unbequeme Weg übrig: Die verseuchten Zellen gehören in Quarantäre, d. h. in einen separaten Brutschrank und müssen immer zuletzt oder an anderen Tagen passagiert werden.

11.2 Bakterien

11.2.1 Diagnose von Bakterien

Nicht alle Bakterien sind derart heimtückisch und lassen sich so schlecht diagnostizieren wie Mycoplasmen. Relativ leichtes Spiel hat man mit den ganz gewöhnlichen Bakterien, wenn sie in die Zellkultur gelangt sind. Da genügt meist schon ein Blick auf die Flasche und man findet seine Befürchtungen bestätigt. Eine bakterielle Infektion der Kultur führt in der Regel rasch zu einer Trübung des Mediums und zu einem Farbumschlag des pH-Indikators Phenolrot nach gelb. Der Farbumschlag nach gelb bedeutet eine Übersäuerung des Mediums und kann ein Hinweis auf die Gegenwart von Bakterien sein. Sie verbrauchen in Windeseile das Nährstoffangebot im Medium und geben ihre giftigen Stoffwechselprodukte (Toxine) in das Medium ab. Die Toxine häufen sich schon nach kurzer Zeit an, weil die Bedingungen in der Zellkultur für bakterielles Wachstum geradezu paradiesisch sind: Kuschelige 37 °C Umgebungstemperatur und ein Überangebot an Nährstoffen – was will die Mikrobe mehr? Diese Rahmenbedingungen führen zu einer geradezu explosionsartigen Vermehrung der Bakterien, die jede Hoffnung auf Rettung der betroffenen Kultur dahinschmelzen lässt.

Bakterielle Infektionen im Labor werden zunehmend durch Keime verursacht, die keinen Farbumschlag hervorrufen. Das bedeutet, dass Phenolrot in solchen Fällen als Indikator versagt und der erstaunte Zellkulturexperimentator an der Nase herum geführt wird. Auch ist gelbes Medium allein kein eindeutiger Hinweis auf eine Bakterieninfektion. Sehr alte Kulturen, bei denen lange keine Zellpassage oder ein Mediumwechsel durchgeführt wurde, zeigen ebenfalls die charakteristische Gelbfärbung. Das Gleiche gilt für sehr stoffwechselaktive Zellen, wie z. B. einige Tumorzellen. Auch sie lassen das Nährstoffangebot im Medium rasch in die Knie gehen, wodurch das Medium nach gelb umschlägt.

Ähnliches gilt für trübes Medium, denn das tritt auch bei hohen Zelldichten z. B. von Suspensionskulturen auf. Dagegen lassen sich adhärente Kulturen gut unter dem Inversmikroskop begutachten: Man kann sich ziemlich sicher sein, ungebetene Gäste zu haben, wenn man ein regelrechtes „Gewimmel" auf dem Zellrasen entdeckt. Dieser Eindruck entsteht durch bakterielle Bewegungen. Aber nicht alle Bakterien bewegen sich aktiv. Die Arten, die dazu fähig sind, flitzen zudem so schnell, dass man sie kaum erkennen kann. Worauf also beruht der Eindruck der Bewegung? Er entsteht dadurch, dass die Bakterien durch das Temperaturgefälle im beleuchteten Ausschnitt so genannte Brownsche Molekularbewegungen ausführen oder schlichtweg passiv im Medium dahindümpeln.

Dies sind die Diagnosemöglichkeiten, die man mit dem bloßen Auge hat. Will man mehr Informationen haben, muss man etwas mehr Aufwand betreiben und bei jeder Passage Sterilkontrollen ansetzen. Die einfachste Methode dazu ist die Kontrolle auf Bakterien entweder in flüssigem LB-Medium (hält sich lange und ist jederzeit einsatzbereit) oder alternativ auf LB-Agarplatten (Luria-Bertani-Platten: 5 g Hefeextrakt, 10 g Bactotrypton, 5 g NaCl und 15 g Bactoagar). Für den Test pipettiert man ein kleines Volumen aller benutzten Lösungen (Medium, PBS, Detachmentlösungen wie Trypsin usw.) auf je eine Petrischale mit LB-Agar bzw. direkt ins Medium. Nach der Inkubation bei 37 °C über Nacht kann man bereits das Resultat in Augenschein nehmen. Zwar ist der Nachweis von Bakterien in LB-Medium oder LB-Agar nur ein vergleichsweise unspezifisches Verfahren, da nicht alle Bakterien damit sensitiv nachgewiesen werden. Dennoch ist dieser einfache Steriltest eine praktikable Lösung für die Laborroutine. Sind auf bzw. in diesen Sterilkontrollen Bakterien gewachsen, muss die getestete Lösung sofort verworfen werden. Die Bakterienkolonien auf einer Petrischale können auch für die Keimbestimmung eingesetzt werden. Dafür ist allerdings die Expertise eines Mikrobiologen erforderlich, denn allein aufgrund der Form der Kolonien kann der Laie nicht bestimmen, welche Art von Bakterien die Kontamination ausgelöst hat.

Das Ansetzten von Sterilkontrollen sollte in einem Zellkulturlabor eigentlich zur Routine gehören. Zwar lassen sich bakterielle Kontaminationen dadurch nicht verhindern, aber die aufwändige Suche nach der Kontaminationsquelle kann dadurch eingegrenzt werden, womit man zumindest schon einmal einen Schritt weiter ist. Dennoch sind Maßnahmen, die der Sicherheit dienen, erfahrungsgemäß ziemlich unpopulär, weil sie Zeit und Geld kosten.

11.2.2 Beseitigung von Bakterien

Eine Kontamination mit Bakterien macht nicht nur das Medium, sondern auch den Experimentator sauer. Es gibt nämlich keine wirklich sinnvolle Therapiemaßnahme, um die kontaminierte Kultur zu retten. Angesichts der enorm schnellen Verdopplungszeit der Bakterien (vgl. Kap. 10) können alle Antibiotika dieser Welt nichts mehr ausrichten. Außerdem sind sehr viele Bakterien bereits gegen die übliche Antibiotikumkombination Penicillin/Streptomycin resistent. Die einzig vernünftige Maßnahme ist daher, die betroffene Kultur sofort zu vernichten und die Suche nach der Kontaminationsquelle zu starten. Die Erfahrung zeigt allerdings, dass diese Suche nicht selten der berühmten Suche nach der Nadel im Heuhaufen gleichkommt. Wie viel Zeit dafür verwendet werden sollte, daran scheiden sich die Geister: Die einen sagen, es lohnt nicht, allzu viel Energie in die Suche zu investieren, wenn der Grund nicht offensichtlich ist. Die anderen sagen, man muss immer nach der Kontaminationsquelle suchen, damit man aus den Fehlern lernen kann. Der häufigste Grund für mikrobielle Infektionen in der Zellkultur ist die Vernachlässigung der sterilen Arbeitstechnik. Seltener sind solche Infektionen auf Fehler bei der Sterilisation der benutzten Zellkulturartikel zurückzuführen.

Wenn man den Hergang analysiert und dabei herauskommt, dass Person A am Tag X die Zellen bearbeitet hat und anschließend alles kontaminiert war, ist das ein menschlicher Fehler, der passieren kann. Wichtig ist, dass Person A aufgrund des Malheurs die eigene Arbeitsweise überdenkt und die Konsequenz daraus zieht. Eine Konsequenz, von der das ganze Labor profitieren würde, wäre z. B. eine laborinterne Schulung über Steriltechnik. Damit hätte man die Kontaminationskatastrophe in eine Chance umgewandelt, es in Zukunft besser zu machen. Doch auch wenn die Ursache gefunden ist, bleibt dem frustrierten Experimentator leider nichts anderes übrig, als sich die gewünschte Zelllinie wiederzubeschaffen. Dazu gibt es verschiedene Möglichkeiten.

Die einfachste und zeitsparendste Variante ist, die Zellen aus einem Aliquot einer Reservekultur erneut auf die gewünschte Zellzahl zu züchten. Hat man jedoch keine Reserve zum Kulturerhalt zur Hand, muss man erst wieder die gewünschten Zellen aus dem Flüssigstickstoff auftauen, einen Vitalitätstest und, wenn man sich hinsichtlich der Zellen nicht sicher ist, auch einen Mycoplasmentest durchführen. Dabei verliert man eine Menge Zeit. Aus diesem Grund hält der vorausschauende und aus Erfahrung klug gewordene Anwender nach Möglichkeit eine Reserveflasche in der Kultur, damit man möglichst rasch wieder experimentieren kann. Das ist allerdings bei mangelndem Platzangebot im Brutschrank nicht immer umsetzbar. Ganz übel erwischt es die Experimentatoren, die weder Reserven in der Kultur noch im Flüssigstickstoff haben. Das bedeutet, dass man die Zelllinie wieder neu bestellen muss. Damit ist den Experimenten ein jähes Ende gesetzt und man muss sich gedulden, bis die Zellen wieder zur Verfügung stehen. Solche Ereignisse haben schon so manchen Diplomanden bzw. Doktoranden an den Rand der Verzweiflung gebracht. Katastrophen dieser Art passieren nämlich immer genau dann, wenn man sie am wenigsten gebrauchen kann, so z. B. beim letzten noch benötigten Experiment kurz vor dem Abschluss der experimentellen Arbeiten. In solchen Momenten schlägt das Gesetz von Murphy besonders unbarmherzig zu!

Was kann man gegen Bakterien in der Kultur tun? Der einzig sinnvolle Schutz gegen Bakterien in der Zellkultur liegt in der Prophylaxe. Wie die aussehen kann – das ist ein strittiger Punkt. In vielen Labors wird die dauerhafte Zugabe der Kombination Penicillin/Streptomycin zum Medium als Standardmaßnahme getroffen. Das funktioniert aber nur, solange es noch nicht zur Resistenzinduktion gegen diese Antibiotika gekommen ist. Außerdem birgt die prophylaktische Antibiotikumgabe auch ein anderes Risiko. Durch die permanente Verwendung von Antibiotika in der Zellkultur wird das Gefühl einer trügerischen Sicherheit geschaffen und unsauberes Arbeiten verschleiert. Es kommt nicht selten zu unterdrückten Kontaminationen, die zu sehr fragwürdigen Versuchsergebnissen führen. Die sinnvollste Maßnahme, um sich vor Bakterien in der Zellkultur zu schützen, ist daher eine **strenge Kontrolle der Steriltechnik**. Diese wird gerne über die Zeit vernachlässigt – man fühlt sich routiniert und sicher, deshalb achtet man nicht mehr so genau darauf, wie man arbeitet. Ein weiteres Problem ist eine hohe Fluktuation der Mitarbeiter im Zellkulturlabor. In manchen Labors geht es zu wie in einem Bienenstock und jeder hantiert unter der Sterilbank munter vor sich hin. Leider nimmt es aber nicht jeder Experimentator mit der sterilen Arbeitsweise so genau. Aus diesem Grund sind häufig gemeinsam benutzte Lösungen eine Quelle des Unheils. Will man überprüfen, ob die Arbeitsweise in Ordnung ist, sollte man seine **Zellen nach Möglichkeit ohne die Zugabe von Antibiotika** kultivieren. Das wirkt nicht selten wie ein heilsamer Schock und hat schon so manchen von seiner lässigen Einstellung in Sachen Steriltechnik kuriert.

Die zur Prophylaxe eingesetzten Antibiotika sind mit Vorsicht zu genießen und sollten, wenn sie schon dauerhaft zur Kultur gegeben werden, keinesfalls unterdosiert eingesetzt werden. Das birgt die Gefahr der Entstehung von bakteriellen L-Formen, auf die später noch eingegangen wird. Außerdem bieten unterdosiert eingesetzte Antibiotika ideale Bedingungen für die Induktion von Resistenzen gegen das entsprechende Antibiotikum. Antibiotika sind auch nicht unbegrenzt in der Kultur bei 37 °C stabil, sondern zerfallen nach etwa drei bis fünf Tagen, wodurch zunächst die Konzentration im Medium herabsetzt wird. Das ist aber nicht alles. Wenn z. B. bei einem Langzeitversuch über längere Zeit keine Passage oder ein Mediumwechsel durchgeführt wurde, gibt es keinen Schutz gegen bakterielle Infektionen mehr, weil den Zellen ohne frisches Medium kein intaktes Antibiotikum zur Verfügung steht.

Welches Antibiotikum oder welche Kombination von Antibiotika man einsetzen sollte, ist nicht nur situationsbedingt, sondern hängt von einer Vielzahl verschiedener Faktoren, wie z. B. den individuellen Kulturbedingungen, der zur Verfügung stehenden Zeit und schließlich auch von den Finanzmitteln ab. Will man Antibiotika prophylaktisch zum Schutz gegen bakterielle Kontaminationen in der Zellkultur einsetzen, empfiehlt es sich, eine Strategie gegen grampositive und gramnegative Bakterien zu wählen. Am häufigsten wird zu diesem Zweck eine Kombination von Penicillin und Streptomycin eingesetzt, daher bieten viele Firmen eine konzentrierte Fertiglösung an, von der ein Aliquot zum Medium gegeben werden muss, um die gewünschte Endkonzentration zu erhalten. Es gibt jedoch noch eine ganze Reihe anderer Antibiotika, die ebenfalls geeignet und im Vergleich kostengünstiger sind.

Bei der Auswahl lohnt es sich darauf zu achten, wie lange ein Antibiotikum bei 37 °C stabil ist und in welchen Konzentrationen es eingesetzt werden muss. Davon ist abhängig, welche Kosten für den Einsatz von Antibiotika in der Zellkultur entstehen. Man sollte auch darauf achten, inwieweit die Zellen durch das Antibiotikum geschädigt werden. Ist die Kombination Penicillin/Streptomycin meist kein Problem, müssen bei anderen Antibiotika oftmals Wartezeiten vor dem nächsten Versuch eingehalten werden. Das hängt damit zusammen, dass man beobachtet hat, dass Zellen unter Zugabe von Antibiotika, besonders solchen mit fungizider Wirkung, ein langsameres Wachstum zeigen. Auch können Wechselwirkungen zwischen Antibiotika und eventuell im Versuch eingesetzten Testsubstanzen nicht ausgeschlossen werden. Berichten von erfahrenen Experimentatoren zufolge sollen einige Tumorzelllinien unter Antibiotikagabe auch weniger membranständige Rezeptor-Tyrosinkinasen (z. B. epidermaler Wachstumsfaktor-Rezeptor, EGF-R und Wachstumsfaktor-Rezeptor der Blutplättchen PDGF-R) gebildet haben.

Antibiotika können nicht nur prophylaktisch, sondern im Einzelfall auch zur Therapie eingesetzt werden. Wenn man durch die Diagnose der Kultur herausgefunden hat, welche Plagegeister die Kontamination ausgelöst haben, kann man gezielt für eine begrenzte Zeit ein wirksames Antibiotikum zur Kultur geben und die Zellen damit kurieren. Das ist z. B. bei einer Infektion mit Mycoplasmen eine mögliche Strategie. Einen Überblick über die gebräuchlichsten Antibiotika bieten die Tabellen 8-3 und 8-4 in Kapitel 8.

11.3 Bakterielle L-Formen

11.3.1 Diagnose von L-Bakterien

Diese Form von Bakterien wird durch Serum eingeschleppt, können aber auch durch eine fehlerhafte Konzentration der für die Kultivierung eingesetzten Antibiotika zustande kommen. Ausschlaggebend dafür sind Grenzkonzentrationen der Betalactam-Antibiotika, die primär auf die bakterielle Zellwand wirken. Der bekannteste Vertreter ist das Penicillin, aber auch Cephalosporine gehören zu dieser Antibiotikagruppe. Man hat beobachtet, dass grampositive Bakterien beispielsweise durch eine gestörte Mureinbildung unter Einfluss von Penicillin vorübergehend ihre Zellwand verlieren können. Generell können Betalactam-Antibiotika an der Bildung zellwandloser L-Formen beteiligt sein, denn durch ihren Einfluss entstehen Schäden an der bakteriellen Zellwand, wodurch sich Stäbchenbakterien auch in Gegenwart des Antibiotikums teilen und dabei kleine Ausbuchtungen an den Teilungsstellen bilden. Bakterielle L-Formen sind als Schlier bzw. feines Netzwerk mikroskopisch erkennbar. Sie lassen sich in einem speziellen L-Medium für zellwandlose Mikroorganismen anzüchten. Die genaue Rezeptur kann in der Veröffentlichung von Buchanan (1982), die in der Literaturliste am Ende des Kapitels aufgeführt wird, nachgelesen werden.

11.3.2 Beseitigung von L-Bakterien

L-Bakterien befinden sich in etwa 90 % aller Seren, unabhängig vom Hersteller. Das heißt, dass bei der Verwendung von Serum in der Zellkultur die Wahrscheinlichkeit hoch ist, seine Kulturen damit zu infizieren. Die einzige Ausnahme und damit auch die einzige Alternative, vor L-Bakterien geschützt zu sein, ist die serumfreie Zellkultivierung. Ist eine Kultur befallen, sollte sie aus mehreren Gründen verworfen werden:

- L-Bakterien lassen sich nicht effektiv aus dem Serum herausfiltrieren. Die Serumhersteller haben die Wahl zwischen Filtern mit einer Porengröße von 0,04 und 0,07µm. Der 0,04-µm-Filter ist nahe an der Ultrafiltration und kann die Winzlinge im Filter zurückhalten. Gleichzeitig werden aber viele funktionelle Stoffe des Serums herausfiltriert, was dessen biologische Aktivität negativ beeinflusst. Deshalb wird das Serum mehrfach mit dem 0,07-µm-Filter filtriert. Diesen passieren allerdings doch einige L-Bakterien, sodass man davon ausgehen muss, dass im Serum genügend L-Bakterien enthalten sind, um die Zellkultur zu infizieren. Selbst eine Bestrahlung des Serums mit Gammastrahlen (25 KGy) kann diesen Bakterien nichts anhaben.
- In der Literatur wird zwar beschrieben, dass bakterielle L-Formen empfindlich gegenüber Veränderungen der Osmolarität ihres äußeren Milieus sind. Dennoch macht es keinen Sinn, auf dieser Basis eine Therapiemaßnahme einzuleiten, denn die Zellen in der betroffenen Kultur vertragen eine Veränderung der osmotischen Verhältnisse genauso wenig wie die L-Bakterien. Zudem schafft man damit künstlich einen Selektionsdruck, der ungeahnte Auswirkungen auf die Zellen haben kann.
- L-Bakterien sind sehr resistent gegen Antibiotika. Man kann nach deren Entstehung eine Kultur nicht durch zusätzliche Gabe eines beliebigen Antibiotikums kurieren. Jedoch soll die Wunderwaffe „Nanomycopulitine“ (Abschnitt 11.1.2) nicht nur Mycoplasmen und Nanobakterien, sondern auch den bakteriellen L-Formen den Garaus machen – das verspricht jedenfalls der Hersteller. Ob sich der Versuch lohnt, muss der geplagte Zellkulturexperimentator selbst entscheiden.

Wie schon bei den ganz normalen Bakterien liegt bei der künstlich entstandenen Form die einzig heilversprechende Maßnahme in der Prophylaxe. Um eine Kontamination seiner Kulturen mit L-Bakterien zu verhindern, muss man die Konzentration von Penicillin im Medium kontrollieren und die Kulturen in regelmäßigen Abständen testen. Fein raus ist ohnehin derjenige, der auf Antibiotika in der Zellkultur verzichtet.

11.4 Nanobakterien

11.4.1 Diagnose von Nanobakterien

Nanobakterien in der Zellkultur lassen sich mit verschiedenen Methoden nachweisen. Da das Serum die Eintrittspforte der Nanos in die Zellkulturen ist, kann man dort am ehesten fündig werden. Der Ausschluss von Nanobakterien in den kommerziell erhältlichen Seren ist eigentlich die Aufgabe der Serumhersteller. Die behaupten schließlich, ihre Seren seien steril und getestet und daher „sauber". Wenn dem wirklich so wäre, könnte man sie aber nicht aus dem Serum isolieren und durch Anzucht einer reinen Nanobakterienkultur nachweisen.

Anreicherung von Nanobakterien aus Serum

Olavi Kajanders Angaben zufolge kann man sein Serum auf die Anwesenheit von Nanos testen (Kajander1996). Dabei bleibt es dem Experimentator allerdings nicht erspart, die Anwesenheit anderer Bakterien auszuschließen. In Kajanders Protokoll wird gepooltes Testserum in einem Verhältnis 1:9 in DMEM kultiviert und mit 1 mmol/l Glutamin supplementiert. Die Bakterienkultur wird unter strikten aseptischen Bedingungen angelegt. Die Inkubation erfolgt bei 37 °C, 5 % CO_2-Gehalt und 95 % Luftfeuchte im Brutschrank. Die Verdopplungszeit beträgt unter diesen Bedingungen ein bis drei Tage. Für die Subkultur nimmt man ein kleines Inokulum, am besten eine alte Kultur 1:10 mit frischem Medium verdünnt. Dazu muss entweder 10% des alten Serums oder aber mit 30 kGy Gammastrahlen bestrahltes Serum gegeben werden.

Mikroskopischer Nachweis von Nanobakterien

Mit der oben beschriebenen Kultur kann man die Nanos anreichern. Doch wie macht man sie sichtbar? Das geht zwar nicht mit einem typischen Labormikroskop, dafür aber mit einem Scanning-Elektronenmikroskop (SEM) oder einem Transmissions-Elektronenmikroskop (TEM). Nimmt man sie dann in Augenschein, offenbaren die Nanos folgende Eigenschaften: Die Größe variiert von 0,2–0,3 µm, nach einem Monat Kulturdauer liegt sie bei etwa 0,5 µm; sie haben eine kokkoidale Form und erscheinen entweder einzeln, in kurzen Ketten oder überwiegend in Clustern.

Weitere Nachweismöglichkeiten für Nanobakterien

Wem die oben genannten Methoden nicht ausreichen, kann zusätzlich noch eine Absorptionsmessung bei 650 nm durchführen, sollte dies aber wirklich nur als Zusatzmethode wählen. Man kann den Nanobakterien auch mit Fluoreszenzmethoden zu Leibe rücken. Nanos lassen sich mit DNA-Farbstoffen nicht besonders gut anfärben. Allerdings hat der Nanobakterienexperte Kajander eine Färbung mit dem Höchstfarbstoff 33258 ausprobiert und bei einer Konzentration von 5 µg/ml gute Ergebnisse erzielt. Darüber hinaus gibt es die Möglichkeit der indirekten Immunfluoreszenz. Dazu braucht man aber Antikörper, die bestimmte Bindestellen (Epitope) auf den Nanos erkennen. Zwei davon hat Kajander bei seinen Versuchen eingesetzt, einer davon war gegen ein Porinprotein, der andere gegen ein bestimmtes Peptidoglykan gerichtet.

Wer richtig tief in die Materie einsteigen will, sollte ohnehin die Publikationen von Olavi Kajander nach weiteren nützlichen Hinweisen durchforsten und ihn bei Problemen oder für eine Anfrage nach den von ihm entwickelten Antikörpern am besten direkt kontaktieren. Kajanders Firma Nanobac vertreibt übrigens den **Nano-Capture-ELISA-Kit** für den Nachweis von Nanobakterien in der Zellkultur. Dieser Kit ist die komfortable Alternative für den leidenschaftlichen Nanobakterien-Detektiv (Kontaktadresse siehe Kap. 16).

11.4.2 Beseitigung von Nanobakterien

Nanobakterien lassen sich wirksam mit Antibiotika bekämpfen. Kajanders Arbeitsgruppe testete eine breite Palette von Antibiotika und stellte fest, dass die meisten getesteten Antibiotika „nanozid" sind, also die Nanobakterien wirksam abtöten. Am effektivsten im Kampf gegen Nanobakterien aus Serumisolaten war Tetracyclin-Hydrochlorid, es musste nur in einer Konzentration von 1,95 µg/ml zum Ansatz gegeben werden. Hierfür verantwortlich ist wahrscheinlich die Tatsache, dass sich Tetracycline in der Apatitschicht der Nanos ansammeln. Ampicillin dagegen wirkt nur nanostatisch, genauso wie Vancomycin und die Antibiotika der Aminoglycosid-Gruppe: Gentamycin, Kanamycin, Neomycin und Streptomycin. Eine Orientierungshilfe für einige ausgewählte von Kajander getesteten Antibiotika und deren Konzentration bietet Tabelle 11-1.

Tab. 11-1: Nanobakterizide Antibiotika.

Antibiotikum	Wirkmechanismus	minimale Hemmkonzentration (µg/ml)
Gentamycin	Hemmung der Proteinsynthese	250
Kanamycin	Hemmung der Proteinsynthese	250
Streptomycin	Hemmung der Proteinsynthese	> 500
Neomycin	Hemmung der Nukleinsäuresynthese	31,2
Tetracyclin-HCl	Hemmung der Proteinsynthese	1,95
Chloramphenicol	Hemmung der Proteinsynthese (Peptidyltransferase)	> 500
Ampicillin	Hemmung der Zellwandsynthese (Transpeptidierungsreaktion)	7,8
Penicillin	Hemmung der Zellwandsynthese (Transpeptidierungsreaktion)	> 500
Ciprofloxacin	Hemmung der DNA-Synthese (DNA-Gyrase)	> 500
Vancomycin	Hemmung der Mucopeptidsynthese der Zellwand (Proteoglykansynthese)	250
Polymyxin B	Störung der Permeabilität der Zellmembran (Phosphatidylethanol-amin)	> 500
Rifampicin	Initiation der Transkription (RNA-Synthese, DNA-abhängige RNA-Polymerase)	> 500

Merke!
Eine Antibiotikumtherapie wirkt nur dann, wenn die Nanobakterien nicht kalzifiziert sind, d. h. von keiner schützenden Apatitschicht aus Kalziumphosphat eingekapselt sind. Um das zu verhindern, kann EDTA eingesetzt werden, das zweiwertige Ionen wie Kalzium komplexiert und dadurch Nanobakterien empfindlich gegenüber Antibiotika macht. Glaubt man Kajanders Ergebnissen, sind außerdem Cytosin, Arabinosid und eine Gammabestrahlung wirksam.

11.5 Pilze, Hefepilze und Hefen

11.5.1 Diagnose von Pilzen, Hefepilzen und Hefen

Diese Plagegeister suchen den Experimentator bevorzugt in der warmen Jahreszeit heim. Eine **Pilzinfektion** kann in der Zellkultur, auf den Stellflächen im Brutschrank und den Wasserbädern zur Erwärmung der Medien auftreten. In der Zellkultur machen sie sich in Form von fädigen Strukturen, den Hyphen, bemerkbar. Die Gesamtheit der Hyphen bildet ein Myzel. Im schlimmsten Fall befindet sich bereits ein solches Myzel, dessen Aussehen mit dem eines Wattefussels vergleichbar ist, in der Kulturflasche. In der Regel reicht die Betrachtung mit dem bloßen Auge aus, um eine Pilzinfektion in der Zellkultur zu diagnostizieren. Wenn man sich dennoch nicht sicher ist, kann man das Unheil in seinem ganzen Ausmaß aber auch unter dem Mikroskop bestaunen. Eine Kontamination auf Flächen macht sich dagegen meist durch das bekannte Aussehen eines Schimmelpilzes bemerkbar. In Wasserbädern tritt die Plage meist in Form von Flocken im Wasser in Erscheinung. Dort befindet sich nach einiger Zeit eine wahre Brutstätte von Keimen, zu denen sich gerne auch Algen gesellen und den sogenannten Biofilm bilden, den jeder aus dem Abflussrohr kennt.

Ein anderes häufiges Problem in der Zellkultur sind **Hefekontaminationen**. Hefen gehören zur Gruppe der einzelligen Pilze (Fungi imperfecti). In der Zellkulturflasche kann man sie durch einfache optische Kontrolle seiner Kulturflaschen unter dem Inversmikroskop identifizieren. Sie treten meist in kleinen Gruppen von Hefezellen auf und sind rund, oval oder birnenförmig. Sie bilden bei der Vermehrung kleine Reihen aus, die wie eine Perlenkette aussehen. Dieser Umstand ist jedoch keineswegs als Hinweis auf eine besonders wertvolle Kultur zu deuten, ganz im Gegenteil: Eigentlich immer bedeutet dies den Verlust der betroffenen Kultur. Wenn man seine Zellkulturen gut kennt, kann man eine Hefekontamination rasch erkennen. Bei adhärenten Zellen ist das kein Problem, bei Suspensionskulturen ist es schon schwieriger, in dieser Suppe aus Zellen die Spreu vom Weizen zu trennen. Dennoch kann man als Unterscheidungskriterium den Größenunterschied heranziehen: Hefezellen sind etwa fünf- bis zehnmal kleiner als Säugerzellen.

11.5.2 Beseitigung von Pilzen, Hefepilzen und Hefen

Hat sich die Infektion im Brutschrank breit gemacht, hilft nur noch das mehrmalige gründliche Auswischen mit Aqua dest. (je öfter desto besser), gefolgt von einer großzügigen und flächendeckenden Desinfektion mit 70 % Alkohol (Prinzip der Verdünnung). Alternativ dazu bietet der Markt für den geneigten Schimmelpilzhasser eine ganze Palette von Desinfektionsmitteln, die ein Antimykotikum enthalten und damit den Pilzen den Garaus machen.

Eine Kontamination der Wasserbäder tritt meist im Sommer auf. Nicht selten sind die Fenster entgegen der Vorschriften geöffnet, wodurch die Keime in der Luft verwirbelt werden und Kontaminationen auslösen können. Wasserbäder sind eine bevorzugte Brutstätte, weil im Temperaturbereich von 20–60 °C Algen, Bakterien und Mikroorganismen vorzüglich gedeihen. Um die Reinhaltung der Wasserbäder auch ohne keimtötenden Zusatz zu gewährleisten, helfen folgende Maßnahmen am besten:

- regelmäßige optische Kontrolle der Wasserbäder,
- regelmäßige Erneuerung des Wassers,
- nur saubere Flaschen aus einem sauberen Kühlschrank ins Wasserbad stellen,
- Fenster und Türen geschlossen halten,
- Handschuhe tragen,
- Hände mit kaltem Wasser waschen.

Wer diesen Maßnahmen nicht traut, kann im Zweifelsfall immer noch einen keimtötenden Zusatz ins Wasser geben. Der Markt bietet dafür Produkte mit so klangvollen Namen wie „Aqua stabil" oder „Aquabator-Clean". Meist sind sie mit einem Indikator ausgestattet, auf dessen Farbveränderung geachtet werden muss. Verblasst er, ist es Zeit das Wasser auszutauschen.

Tipp:
Viel preisgünstiger als Mittelchen für die Reinhaltung von Wasserbädern, aber genauso wirksam, ist die Zugabe von Kupfersulfat ins Wasser. Für das Wasserbad reichen schon wenige Krümel aus. Die berühmte Spatelspitze sollte man auf keinen Fall nehmen, denn die Substanz ist schon in Spuren ein bekanntes Fischgift. Im Brutschrank hilft schon ein kleines Stück Kupferrohr (2–3 cm) im autoklavierten Aqua dest., da Kupfer bakterizide Eigenschaften hat (vergl. Abschnitt 3.2.2).

Generell kann man eine Infektion mit Pilzen und Hefen in der Zellkultur mit einem Antimykotikum bekämpfen, allerdings ist auch hier genauso Vorsicht geboten wie beim Gebrauch von Antibiotika. Für beide gilt, dass sie ab bestimmten Grenzkonzentrationen zelltoxische Wirkungen haben. Mehr über Antimykotika erfahren Sie in Kapitel 8.4., auch eine tabellarische Übersicht mit ausgewählten Antimykotika und deren Eigenschaften ist dort zu finden.

11.6 Viren

11.6.1 Diagnose von Viren

Eigentlich ist es nicht die Aufgabe des Experimentators, eine mögliche Kontamination der Zellkulturen mit Viren auszuschließen. Da die Viren meist durch das Serum in die Kultur gelangen, sind die Serumhersteller in der Pflicht. Sie testen ihre Seren, bevor sie in den Vertrieb gehen, nicht nur auf Mycoplasmen und bakterielle L-Formen, sondern auch auf die häufigsten Viren der Spendertiere. Fötales Kälberserum (FKS) und Serum von neugeborenen Kälbern wird durch mehrmalige Subkultur von primären Rinderzellen auf folgende Viren routinemäßig getestet: BVD-Virus, bovines Herpesvirus Typ 1 (BHV-1) und Parainfluenza-Virus Typ 3 (PI-3). FKS wird zusätzlich auf die Anwesenheit von Antikörpern gegen diese Viren durch einen Virus-Neutralisationstest überprüft. In der Regel werden außer den eigenen Kontrollen der Serumhersteller auch Serummuster an unabhängige Testlabors verschickt, die ebenfalls Prüfungen durchführen.

Es gäbe gar kein Virusproblem, wenn alle Tiere, die zur Serumherstellung verwendet werden, gesund wären. Das ist aber nicht der Fall. Wir leben nicht in einer sterilen Welt und auch Kälber bekommen einmal einen Schnupfen oder Durchfall. Serum ist ein Naturprodukt und mögliche Virusinfektionen z. B. mit dem BVD-Virus sind nur unter großem Aufwand vollkommen auszuschließen. Ähnliches gilt übrigens auch für andere in der Zellkultur verwendete Lösungen, wie z. B. beim Trypsin für das Risiko einer Kontamination mit dem Schweineparvovirus. Auch bei Wachstumsfaktoren, die aus dem Gehirn und dessen „Anhängen" wie Augen, Hirnanhangsdrüse usw. gewonnen werden, kann man sich nicht sicher sein. So sollte man etwa bei der Gewinnung des retinalen Wachstumsfaktors (engl. = *retinal derived growth factor*, R-DGF) aus der Retina von Rinderaugen wegen einer möglichen BSE-Infektion (engl. = *bovine spongiforme enzephalopathie*, „Rinderwahn") besondere Vorsicht walten lassen.

Die Kontamination der Zellkultur mit Viren ist nicht einfach zu beurteilen und verdient eine differenzierte Betrachtung. Ein ganz wesentlicher Aspekt ist das Wissen um die potenziellen Kontaminationsquellen. Dann kann man sich die Grundsatzfrage stellen, welchen Einfluss z. B. BVD-Viren im Serum für die eigenen Versuche haben. Wie die Frage beantwortet wird, hängt sehr stark von der jeweiligen Fragestellung des Experimentators ab. Wenn jemand über das Virus forscht, können schon geringe Mengen an Antikörper gegen das Virus im Serum bei den Experimenten sehr störend sein. Dagegen lässt das BVD-Virus den Zellkultur-Normalo, der an humanen Zellen und an einer völlig anderen Thematik arbeitet, womöglich völlig kalt. Dagegen ist im Bereich der medizinischen Biotechnologie eine Viruskontamination eine Kontamination, die unbedingt vermieden werden muss. Besonders heikel ist die Sache dann, wenn der Experimentator in der Impfstoffentwicklung tätig ist oder andere Produkte herstellt, die für die Anwendung am Menschen gedacht sind.

Da Viren weder filtrierbar, noch im herkömmlichen Sinne anzüchtbar sind (ausgenommen durch Anzucht in empfindlichen Wirten wie Tieren, Bakterien- oder Zellkultur), bleibt auf den ersten Blick nur noch die Möglichkeit, sie mit dem Elektronenmikroskop nachzuweisen. Der direkte Nachweis mittels Elektronenmikroskopie beruht auf der Identifizierung des Virus als physikalischer oder antigener Partikel. Nun gehört ein Elektronenmikroskop nicht gerade zur üblichen Standardausstattung, die in jedem Labor zu finden ist. Ein Mikroskop hingegen schon.

Bevor an dieser Stelle die Nachweisverfahren besprochen werden, muss erwähnt werden, dass bei einer Virusinfektion grundsätzlich alles auftreten kann: Das Spektrum reicht von gar nichts sehen bis zum Beobachten der vollständigen Lyse infizierter Zellen. Das macht die Beurteilung der Situation nicht gerade leicht. Dennoch kann man durch einen Blick ins Mikroskop eventuell erste Hinweise auf eine Virusinfektion erhalten. Viren lösen, genau wie Mycoplasmen, cytopathische Effekte aus. Während Einschlusskörperchen kein eindeutiges Kriterium darstellen, gibt es morphologische Veränderungen, wie etwa das Auftreten von Riesenzellen, die eindeutig auf einen Virusbefall hinweisen. Der klassische cytopathische Effekt (CPE), der durch Viren verursacht wird, lässt sich an adhärenten Zellen, z. B. an einer Epithel- oder Fibroblastenkultur, am besten beobachten, da diese Zellen in einschichtigen Zellverbänden (Monolayer) wachsen. Nach einem Virusbefall kugeln sie sich ab und lösen sich von ihren Nachbarzellen. Sie bilden sogenannte Plaques (Infektionsherde) aus infizierten Zellen, die sich auf dem Boden der Kulturflasche befinden. Je nach Virus kann es bis zur vollständigen Lyse der infizierten Zellen kommen. Diese Art des Zellschadens ist auf den Zusammenbruch des Zellstoffwechsels der Wirtszellen zurückzuführen. Die Zeit, die verstreicht, bis man im Mikroskop diesen CPE beobachten kann, ist virusabhängig und kann drei bis 14 Tage dauern. Die tatsächliche Zeitdauer ist dabei von der Virusmenge abhängig. Es führen auch nicht alle Viren zur Lyse der Wirtszellen, denn sonst bräuchte man die folgenden Methoden nicht.

Welche Möglichkeiten hat der sicherheitsbedürftige Anwender, der seine Kulturen bezüglich einer Viruskontamination überprüfen will? Ein Blick auf die virologische Diagnostik ist hilfreich, denn es gibt tatsächlich eine Vielzahl von Methoden, um Viren auf die Schliche zu kommen. Als direktes Nachweisverfahren ist z. B. die Plaque-Methode zu nennen. ELISA und RIA (engl. = *radio immuno assay*) sind immunologische Verfahren, wobei RIA den Umgang mit offenen radioaktiven Stoffen und die dazu notwendigen Strahlenschutzmaßnahmen erfordert. Schließlich gibt es noch die Serodiagnostik, die Methoden wie die Komplementbindungsreaktion, den Hämagglutinationstest und die Immunfluoreszenz umfasst.

Ein relativ einfaches Verfahren, wie man als zweifelgeplagter Zellkulturexperimentator verdächtige Proben z. B. aus Serum testen kann, ist die bereits erwähnte **Plaque-Methode**, die hier in Kürze besprochen werden soll. Für den Nachweis von Bakteriophagen beispielsweise braucht man eine Bakterienkultur, deren Konzentration bekannt sein muss. Die Bakterien werden auf einem Nährboden (Agar-Agar) ausplattiert und bilden einen Zellrasen. Von der zu testenden virusverdächtigen Probe wird eine Verdünnungsreihe hergestellt. Mit diesen Verdünnungen werden die Bakterien auf den Agarplatten überimpft. Je ein Bakteriophage infiziert eine Bakterienzelle. Das infizierte Bakterium setzt daraufhin Bakteriophagen frei, die dann ihrerseits Nachbarzellen infizieren. Die freie Verteilung der Bakteriophagen wird dabei durch den festen Nährboden verhindert. Durch die Infektion gehen die Bakterienzellen zugrunde und hinterlassen Plaques (Löcher) auf dem Bakterienrasen. Jeder Plaque ist gleichzusetzen mit der Infektion durch einen Bakteriophagen, daher wird er auch als plaquebildende Einheit (PBE) bezeichnet. Durch Auszählung der Plaques kann die Konzentration der Bakteriophagen in der getesteten Probe ermittelt werden.

Andere Viren dagegen benötigen ihre entsprechenden Wirtszellen, um sich unter normalen Zellkulturbedingungen zu vermehren. Für solche Viren, die sich in Säugerzellen vermehren, gibt es ebenfalls einen Plaque-Test. So wird z. B. das Polio-Virus auf Rhesusaffen-Nierenzellen getestet.

Ein anderes Verfahren benutzt anstelle des Elektronenmikroskops ein Fluoreszenzmikroskop für die Quantifizierung viraler Partikel. Diese Methode ist eine einfache Alternative zum Nachweis bestimmter Viren. Um die Viruslast in einer Bioprobe zu bestimmen, haben Manfred Wirth und seine Kollegin Christiane Beer ein quantitatives Nachweisverfahren mit dem Namen **Viro-Quant** entwickelt (Wirth und Beer 2004). Damit lässt sich auf rasche und unkomplizierte Weise die Gesamtpartikelzahl in Zellkulturüberständen erfassen. Allerdings funktioniert das Verfahren nicht bei unbehüllten Viren wie Polioviren, Adenoviren und Hepatitis A. Geeignet ist die Methode dagegen für umhüllte Viren, die für ihren Reifungsprozess auf zelluläre Membranen angewiesen sind und sich beim Austritt aus der Zelle mit Teilen der Plasmamembran umhüllen. Viren wie das Mausleukämievirus verlassen die Wirtszelle über spezielle Bereiche der Plasmamembran, die Rafts genannt werden und sich durch einen hohen Cholesteringehalt auszeichnen. Für den Test werden die zu quantifizierenden Viruspartikel auf einen Objektträger aus Glas fixiert und dann mit dem Fluoreszenzfarbstoff Filipin (ein Polyenmakrolid) behandelt. Der Nachweis beruht darauf, dass das Filipin im Verhältnis 1:1 spezifisch an das Cholesterin in den Rafts bindet. Nach einer Bestrahlung mit kurzwelligem Licht fluoresziert die Virushülle und damit das Virus blau und ist im Fluoreszenzmikroskop bei 1000-facher Vergrößerung sichtbar. Auf diese Weise können umhüllte Viren unterschiedlicher Virusfamilien (Retroviren, Rhabdoviren) mittels Fluoreszenzmikroskopie quantifiziert werden. Durch Beimischung einer definierten Zahl andersfarbig fluoreszierender Partikel als Referenzstandard kann die Partikelkonzentration im Kulturüberstand bestimmt werden.

11.6.2 Beseitigung von Viren

Da Viren zu den Kontaminationen gehören, die ihre Wirtszellen befallen, indem sie in diese eindringen, ist es aussichtslos, den Viren den Kampf anzusagen, ohne die Wirtszellen zu schädigen. Während gegen Mycoplasmen ein Kraut gewachsen ist, hat man gegen Viren im Prinzip keine reelle Chance. Bei Mensch oder Tier kommt eine antivirale Therapie z. B. mit Interferon oder anderen Cytokinen in Frage. Im Fall einer kontaminierten Zellkultur ist jedoch fraglich, ob der Aufwand, die betroffene Kultur zu behandeln, gerechtfertigt ist. Wahrscheinlich ist man besser beraten, die verdächtige Kultur zu vernichten und mit einer neuen weiter zu experimentieren. Alternativ kann man, wenn das Virus weder die Zellen noch den Experimentator wesentlich stört, fünf gerade sein lassen und einfach wie gewohnt weiter arbeiten.

Literatur

Mycoplasmen:

Hopert A et al. (1993) Specifity and sensitivity of polymerase chain reaction (PCR) in comparison with other methods for the detection of mycoplasma contaminations in cell lines. J Immunol Methods 164: 91–100

Nissen E et al. (2001) Application of Mynox for mycoplasma inactivation in virus stocks. Veröffentlichung der Minerva Biolabs GmbH

Uphoff CC, Drexler HG (2002) Comparative PCR analysis for detection of mycoplsma infections in continuous cell lines. In vitro Cell Dev Biol Animal 38: 79–85

Vollenbroich D et al. (2001) Antimycoplasma properties and application in cell culture of the biological reagent Mynox. Veröffentlichung der Minerva Biolabs GmbH

Wirth M et al. (1994) Detection of mycoplasma contaminations by the polymerase chain reaction. Cytotech 16: 67–77

Wirth M et al. (1995) Mycoplasma Detection by the Mycoplasma PCR ELISA. Biochemica 3: 33–35

Bakterien:

Spaepen M et al. (1992) Detection of bacterial and mycoplasma contamination in cell cultures by polymerase chain reaction. FEMS Microbiol Lett 99: 89–94

L-Formen:

Buchanan AM (1982) Atypical colony-like structures developing in control media and in clinical L-form cultures containing serum. Vet Microbiol 7: 1–18

Tedeshi GG, Santarelli I (1976) Electron microscopical evidence of the presence of unstable L forms of staphylococcus epidermis in human platelets. INSERM 65: 341–344

Nanobakterien:

Akerman, KK et al. (1993) Scanning electron microscopy of nanobacteria – novel biofilm producing organisms in blood. Scanning 15 (Suppl 3): 90–91

Cíftcíoglu N et al. (2002) Inhibition of nanobacteria by antimicrobila drugs as meassured by a modified microdilution method. Antimicrobiol Agents Chemother 46: 2077–2086

Kajander EO et al. (1996) Fatal (fetal) bovine serum: Discovery of nanobacteria. Mol Biol Cell Suppl 7: 517a

Viren:

Heinemeyer A et al. (1997) A sensitive method for the detection of murine C-type retroviruses. J Virol Methods 63: 155–165

Müller K & Wirth M (2002) Real-time RT-PCR detection of retroviral contaminations of cells and cell lines. Cytotechnology 38: 147–153

Wirth M & Beer C (2004) ViroQuant-Quantifizierung viraler Partikel mittels Fluoreszenzmikroskopie. BIOforum 4: 2–4

12 Kryokonservierung und Langzeitlagerung von Zellen

Sterben – schlafen,
Schlafen! Vielleicht auch träumen!
Aus: Hamlet

In einem Zellkulturlabor gibt es immer Zellen oder Zelllinien, die entweder gar nicht mehr oder nur eine Zeit lang, z. B. für die Dauer eines Projekts, oder nur für bestimmte experimentelle Zwecke benötigt werden. Diese Zellen auf Sparflamme in der Dauerkultur zu halten ist schon deshalb nicht sinnvoll, weil das Arbeitszeit und Geld kostet, zudem ist Platz im Brutschrank eine kostbare Rarität. Will man das Zellmaterial für spätere Einsätze aufbewahren, ist die Kryokonservierung eine sinnvolle Maßnahme. Ein kleiner Ausflug in die Welt der Kryobiologie schadet daher nicht, sondern hilft, sich für die Stolpersteine, die ohne Zweifel bei diesem Thema existieren, zu sensibilisieren.

12.1 Grundlagen des Tiefgefrierens

Was bedeutet Kryokonservierung eigentlich? *Kryos* stammt aus dem Griechischen und bedeutet Kälte. Im Allgemeinen versteht man unter Kryokonservierung das Einfrieren und Lagern von Zellen bei Temperaturen unter –130 °C unter Verwendung von Gefrierschutzsubstanzen. Ziel der Kryokonservierung ist die zeitlich unbefristete Lagerung von biologischem Zellmaterial, etwa von unverzichtbaren Zellen, Geweben, Zellklonen usw. Das gefrorene Material stellt eine Reserve dar, die zur späteren Verwendung zur Verfügung steht. Das trifft aber nur unter der Voraussetzung zu, dass nach dem Auftauprozess das gefrorene Material auch lebensfähig ist. Genau hier liegt der Hase im Pfeffer. Unter normalen Umständen lässt sich der Prozess des Tiefgefrierens nicht mit der Lebensfähigkeit von Zellen in Einklang bringen. Das liegt zum einen darin begründet, dass Zellen zum überwiegenden Teil aus Wasser bestehen und die Eisbildung aus zellulärer Sicht ein Problem darstellt. Zum anderen ist eine Lebendkonservierung biologischen Materials ohne Gefrierschutzmittel nicht möglich. Dazu an anderer Stelle mehr.

Gefrieren bedeutet das Überführen vom löslichen Aggregatzustand des Wassers in den festen, nämlich in Eiskristalle. Eiskristalle bilden sich bereits beim Kühlen von lebendem Material auf Temperaturen zwischen –2 und –15 °C, und zwar zunächst im extrazellulären Raum. Die meisten zellulären Reaktionen kommen jenseits von etwa –130 °C zur Ruhe, da unter diesen Bedingungen nicht mehr genügend Energie für metabolische Prozesse zur Verfügung steht. Werden Zellen unter –196 °C herunter gekühlt, kommt der Stoffwechsel vollständig zum Erliegen. Bei dieser Temperatur lassen sich aber sehr wohl die Ausgangseigenschaften des gefrorenen Materials, also auch dessen Lebensfähigkeit vollständig erhalten. Die Langzeitlagerung bei –196 °C ist daher eine geeignete Methode, Zellen offenbar ohne Einfluss auf ihre Vitalität zu bevorraten. Allein durch den Einsatz von Stickstoff, der unter Normaldruck bei etwa –196 °C vom gasförmigen in den flüssigen Aggregatzustand übergeht, ist eine solche Temperatur erreichbar. Flüssigstickstoff ist, wenn man die Sicherheitsvorschriften beachtet, gut zu handhaben. Aus diesen Gründen ist er in Zellkulturlabors, die ihre Zellen mittels Kryokonservierung für lange Zeit lagern, weit verbreitet.

Merke!
Beim Umgang mit Flüssigstickstoff ist Vorsicht geboten, denn er kann bei Kontakt mit der Haut (besonders beliebt sind die Hände des Experimentators) zu Erfrierungen führen. Nach dem Auftauen haben solche Wunden Ähnlichkeit mit Verbrennungen. Es sollten deshalb immer spezielle Schutzhandschuhe mit einem langen Schaft, eine Schutzbrille und ein Gesichtsschutz getragen werden. Bei der Handhabung mit Flüssigstickstoff kann es vorkommen, dass etwas davon verspritzt. Eine solche Situation kann nicht nur sprichwörtlich ins Auge gehen, sondern auch zu Verbrennungen im Gesicht und an anderen Körperteilen führen. Daher reicht das Tragen einer einfachen Schutzbrille nicht aus, um vor solchen Spritzern geschützt zu sein. Ein Helm mit einem Gesichtsschutz aus Plexiglas schirmt dagegen nicht nur die Augen, sondern das ganze Gesicht ab.

Beim Kühlen von Zellen und Geweben auf Temperaturen unter 0 °C treten drei Prozesse auf, die von Bedeutung sind: Die Bildung von Eiskristallen, die Dehydrierung der Zelle und der Konzentrationsanstieg der gelösten Stoffe. Im Verlauf des Kühlvorgangs geht immer mehr des extrazellulären Wassers in Eis über. Die Konzentration der gelösten Stoffe in der noch nicht gefrorenen extrazellulären Lösung steigt dabei stetig und nimmt sogar Werte von mehreren Mol an. Auf diese Art kommt ein starkes Konzentrationsgefälle zwischen den gelösten Stoffen im zunehmend kühleren Zellinnern und der steigenden Konzentration der Lösung außerhalb der Zelle zustande. Die Zelle kann auf verschiedene Weise auf diesen Konzentrationsgradienten reagieren, um ihn auszugleichen (Äquilibrierung). Zum einen kann Wasser aus der Zelle ausströmen und extrazellulär gefrieren. Die andere Möglichkeit besteht darin, dass das intrazelluläre Wasser gefriert und sich die extrazelluläre Lösung konzentriert. Welcher Prozess überwiegt, hängt von der Kühlrate ab. Bei einer niedrigen Kühlrate strömt das Wasser aus der Zelle heraus, was zur Dehydrierung der Zelle und zum extrazellulären Gefrieren des Wassers führt. Das beruht darauf, dass die Zellmembran eine höhere Durchlässigkeit (Permeabilität) für Wasser als für gelöste Stoffe besitzt. Die Anpassung an veränderte osmotische Verhältnisse zwischen Cytoplasma und dem Eis im Extrazellularraum geschieht vorwiegend über den Ausstrom von Wasser, wobei der Einfluss der extrazellulär gelösten Stoffe eher gering ist.

Bei einer hohen Kühlrate dagegen, dehydriert die Zelle deutlich weniger stark und gefriert intrazellulär. Ein entscheidender Unterschied zwischen der niedrigen und der hohen Kühlrate besteht in der Geschwindigkeit der Eiskristallbildung und dem Verhältnis von Größe zu Volumen der gebildeten Eiskristalle. Bei einer niedrigen Kühlrate werden weniger, dafür aber größere Kristalle gebildet. Bei einer hohen Kühlrate setzt die Kristallbildung rasch ein und es entstehen viele kleine Kristalle. Diese kleinen Kristalle sind aufgrund ihres ungünstigen Oberflächen-Volumen-Verhältnisses und ihrer großen Oberflächenenergie thermodynamisch instabil. Das Oberflächen-Volumen-Verhältnis und die Permeabilität der Membran für Wasser sind entscheidende Faktoren für die Höhe der Kühlrate, bei der es zur intrazellulären Bildung von Eis kommt. Je größer beide Einflussgrößen sind, desto größer ist auch die Kühlrate, die für die Eisbildung im Zellinneren benötigt wird. Die Art und Weise, wie Zellen während des Gefrierprozesses äquilibrieren – durch Dehydrierung oder durch intrazelluläres Gefrieren –, hängt entscheidend von der Permeabilität der Membran für Wasser ab. Als Faustregel gilt, dass Zellen mit einer hohen Permeabilität für Wasser und einem großen Oberflächen-Volumen-Verhältnis (z. B. Erythrozyten) mit viel höheren Kühlraten gekühlt werden müssen als Zellen mit einer deutlich niedrigeren Permeabilität für Wasser (z. B. Hefezellen).

Zur Erleichterung des Verständnisses hier die Phasen des Tiefgefrierens von Zellen im Überblick:

Phase 1: Vor dem Gefrierprozess befindet sich die Zelle im physiologischen Temperaturbereich zwischen 37 °C und Raumtemperatur (etwa 20 °C). Alle intra- und extrazellulären Prozesse der Signalweiterleitung laufen wohlgeordnet und störungsfrei ab.

Phase 2: Im Temperaturbereich zwischen +20 und –2 °C ist die Funktionsfähigkeit der Zelle bereits deutlich eingeschränkt. Stoffwechselphysiologische Prozesse verlangsamen sich stark oder werden von der Zelle ganz „abgeschaltet". Dieser Temperaturbereich ist aus zellulärer Sicht von großer Bedeutung, da die Zelle sich allmählich auf das Einfrieren vorbereitet.

Phase 3: Die extrazelluläre Eisbildung beginnt im Temperaturintervall zwischen –2 und –15 °C und setzt um einen sogenannten „Nucleationskeim" herum, der sich in der extrazellulären Lösung befindet, ein. Die Folgen sind osmotische Effekte, was die Dehydrierung der Zelle gefolgt von ihrem Schrumpfen nach sich zieht. Überschreitet der Wasserverlust eine kritische Grenze von 30 % des ursprünglichen Wassergehalts, kommt es zu irreversiblen Zellschäden. Dem kann durch die Wahl eines zelltypspezifischen Mediums und einer optimierten Kühlrate entgegengewirkt werden. Daraus ergeben sich die auf den jeweiligen Zelltyp abgestimmten Einfrierprotokolle.

Phase 4: Im Temperaturbereich zwischen –15 und –25 °C setzt die intrazelluläre Eisbildung ein. Dadurch kommt es zur Bildung von Eiskristallen, wodurch die cytoplasmatischen Komponenten nicht mehr durchmischt, sondern an ihrem jeweiligen Ort fixiert werden. Durch die Zugabe von Gefrierschutzmitteln kommt es zur Bildung vieler kleiner, anstatt weniger großer Eiskristalle. Das gebildete Eis beansprucht intrazellulären Raum, der um 1/11 größer ist, als das ursprüngliche Wasservolumen. Dieser Volumenzuwachs bedeutet für die Zelle enormen mechanischen Stress. Die erhöhte Ionenkonzentration an den Eisrändern führt zu erheblichen Elektrolytgradienten, wodurch ebenfalls Zellschäden auftreten können (Workman-Reynold-Effekt.)

Phase 5: Zwischen –25 und –130 °C kommt es zum sogenannten migratorischen Wachstum großer Eiskristalle. Diesen Prozess nennt man auch Rekristallisation. Damit ist gemeint, dass sich große, mobile Eiskristalle auf Kosten von kleinen Kristallen bilden. Dieser Vorgang läuft zwar mit stetig fallender Temperatur immer langsamer ab, jedoch können Wassermoleküle aufgrund von thermischen Stößen selbst bei diesen tiefen Temperaturen noch ihre Position verändern. Dadurch können sich regelrechte Eisdomänen bilden, die noch weiter wachsen. Das kann fatale Folgen für die Zellen haben, daher sollte dieser Temperaturbereich möglichst rasch durchlaufen werden.

Phase 6: Unterhalb von –130 °C kommen die beschriebenen Prozesse nahezu vollständig zum Erliegen. Die Langzeitlagerung von Bioproben jenseits von –150 °C erlaubt eine sichere Bevorratung für Jahrzehnte oder länger.

12.2 Gefrierschäden

Die bei der Kryokonservierung auftretenden Schäden an Zellen beruhen auf einer Vielzahl von Einflussgrößen, jedoch sind die Bildung von intrazellulärem Eis und die Lösungseffekte am bedeutsamsten. Mit Letzterem ist die Verweildauer der Zellen in konzentrierten Lösungen während des Gefrierprozesses gemeint. Zu hohe Kühlraten führen zu Schäden aufgrund von intrazellulärer Eisbildung, zu niedrige Kühlraten führen dagegen zu Schäden aufgrund von zu stark konzentrierten Elektrolyten.

Diese Zusammenhänge werfen die Frage auf, wie die optimale Kühlrate definiert ist. Die optimale Kühlrate liegt dort, wo die beiden oben erwähnten Effekte am geringsten sind. Das heißt, die Kühlrate muss langsam genug sein, um die Bildung intrazellulärer Eiskristalle zu verhindern, und sie muss schnell genug sein, um die Verweildauer in konzentrierten Lösungen so gering wie möglich zu halten. Bei rascher Kühlung verringert sich die zelluläre Dehydrierung, jedoch wird die Wahrscheinlichkeit für das intrazelluläre Gefrieren größer. Bei einer gegebenen Kühlrate spielt allerdings auch das Volumen der Zellen eine Rolle. Großvolumige Zellen geben während des Gefrierens weniger Wasser ab, werden stärker unterkühlt und neigen daher eher zum intrazellulären Gefrieren als kleinvolumige Zellen.

Gefrierschäden aufgrund von großvolumigen Eiskristallen beruhen auf der mechanischen Schädigung der Zellstrukturen. Untersuchungen haben gezeigt, dass das Ausmaß des Zellschadens mit der Eismenge pro Zelle korreliert. Besondere Bedeutung kommt dabei den osmotischen Kräften zu, die beim intra- und extrazellulären Schmelzen des Eises auftreten. Wer aber nun dazu verleitet wird zu denken, dass kleine Eiskristalle weniger gravierende Schäden verursachen, ist auf dem Holzweg. Ist der Aufwärmprozess beim Auftauen zu langsam, verbinden sich die kleinen Kristalle miteinander und es kommt zur sogenannten Rekristallisation während des Erwärmens. Dieser Prozess kann, genau wie das intrazelluläre Gefrieren, zum Zelltod führen.

Die Lösungseffekte beruhen, wie schon erwähnt, auf einer zu hohen Konzentration an Elektrolyten. Dadurch kommt es zu Schädigungen an der Membran, die letztlich die osmotische Lyse der Zellen während des Gefrierprozesses zur Folge haben. An Erythrozyten konnte gezeigt werden, dass Lipidveränderungen in der Membran die Ursache dafür sind, dass in die nun hypertonisch werdende Zelle Kationen einströmen, die beim Auftauen die osmotische Lyse verursachen. Solch hohe Elektrolytkonzentrationen schädigen laut Literaturangaben nicht nur die Membran, sondern auch intrazelluläre Faktoren wie etwa Proteine. Es wird diskutiert, ob die Schädigung solcher Makromoleküle den Untergang der Zelle ebenfalls begünstigt.

Angesichts dieser drastischen Auswirkungen des Tiefgefrierens auf die Zellen fragt man sich, warum Zellen diesen Vorgang überhaupt überleben können. Der Kryoexperte Peter Mazur sagt dazu, dass das wohl mehr vom Schutz der Zelloberfläche als von dem des Zellinneren abhängt, denn schließlich gibt es in der Zelle ausreichend hohe Konzentrationen an Makromolekülen, die eine Schutzfunktion haben. Anders kann man sich schließlich nicht erklären, warum nicht penetrierende Substanzen wie etwa Sucrose dennoch eine Schutzwirkung haben.

12.3 Gefrierschutzmittel

Wie am Anfang dieses Kapitels bereits erwähnt, ist eine Lebendkonservierung von Zellen ohne ein Gefrierschutzmittel nicht möglich. Solche Substanzen werden Kryoprotektiva genannt. Sie lassen sich in zwei Gruppen einteilen, in penetrierende und in nicht penetrierende Schutzmittel. Damit ist gemeint, dass die einen in das Zellinnere eindringen und die anderen ihre Schutzwirkung vor allem im extrazellulären Raum entfalten. Obwohl der zugrunde liegende Schutzmechanismus noch nicht hinreichend geklärt ist, werden verschiedene Mechanismen zur Erklärung herangezogen. Wahrscheinlich beruht der Schutz auf einer Erniedrigung der Temperatur, bei der es zum intrazellulären Gefrieren kommt. Außerdem verringern diese Substanzen die zellulären Schäden durch Lösungseffekte und intrazelluläres Gefrieren und leisten auf diese Weise einen Beitrag zum Schutz der Zellmembranen.

Vermutet wird, dass im Einfriermedium ohne Schutzsubstanz beim Gefrieren so lange Kristalle gebildet werden, bis die Zellzwischenräume fast nicht mehr existieren. Das führt dazu, dass die Zellen beim Auftauen sehr hohe Drucke aushalten müssen und der Auftauprozess für die Zelle oftmals ein ungewollt gewaltsames Ende nimmt. Nach Zusatz eines Kryoprotektivums zum Medium werden nicht nur bei niedrigen Temperaturen kleinere Kristalle gebildet, sondern es entstehen auch Räume und Kanäle, die den Zellen eine Art Schutzraum bieten. Dadurch kann das Auftauen in einen Prozess umgewandelt werden, der stufenlos ablaufen kann und mit der Lebensfähigkeit von Zellen und Geweben vereinbar ist.

Durch die Erhöhung des Anteils von Nicht-Elektrolyten im Einfriermedium, z. B. durch die Zugabe von Kryoprotektiva, wird die Elektrolytkonzentration herabgesetzt. Dieser Verdünnungseffekt beruht auf der hohen Wasserbindungsfähigkeit der Gefrierschutzmittel und führt dazu, dass die Zellen mit einer Verzögerung dehydrieren. Dies hat zur Folge, dass die Ionenkonzentration im Zellinnern wie auch im extrazellulären Raum erst bei niedrigen Temperaturen kritische Werte erreicht. Schädliche Effekte auf die Zellen finden daher mit einer Verzögerung statt. Im Vergleich mit Lösungen ohne Gefrierschutz reduzieren die Gefrierschutzmittel auch Veränderungen an den Zellmembranen. Darauf beruht ihre Schutzwirkung während des Tiefgefrierens. Eines allerdings können die Gefrierschutzmittel nicht: Sie bieten keinen Schutz vor der Bildung von intrazellulären Eiskristallen.

Merke!
Generell soll eine toxische Wirkung der Gefrierschutzmittel auf die Zellen möglichst vermieden werden. Daher ist der Temperaturanstieg beim Auftauen kritisch, denn die meisten Schutzsubstanzen sind bei wärmeren Temperaturen zelltoxisch. Deshalb müssen Gefrierschutzmittel nach dem Tiefgefrieren aus den Zellen entfernt werden. Das kann man entweder durch einen Waschritt unter Verwendung frischen Kulturmediums machen oder man verdünnt das Einfriermedium in einem entsprechend großen Volumen Kulturmedium und macht erst nach 24 Stunden einem kompletten Mediumwechsel. Für Glycerin gilt Ähnliches, wobei hier das Ausverdünnen mit einem nicht penetrierenden Gefrierschutzmittel empfohlen wird. Generell sollte die Vorgehensweise beim Auftauen von der Empfindlichkeit der Zellen abhängig gemacht werden.

12.3.1 Penetrierende Gefrierschutzmittel

Wie schon erwähnt, entfalten Kryoprotektiva ihre Schutzwirkung dadurch, dass sie aufgrund ihres geringen Molekulargewichts (60–90 g/Mol) die Zellmembran passieren und in die Zelle eindringen (penetrieren) können. Jedoch sind hohe intrazelluläre Konzentrationen nötig, um die Eisbildung im Zellinneren zu verhindern. Die Schutzwirkung beruht darauf, dass durch die hohe Konzentration des Gefrierschutzmittels die osmotische Dehydrierung der Zelle verhindert wird. Andernfalls käme es zu sehr hohen Elektrolytkonzentrationen im Zellinnern.

Was genau bewirkt ein penetrierendes Gefrierschutzmittel? Es erhöht die Osmolarität der extrazellulären Lösung, wodurch es zu einem Osmolaritätsunterschied zwischen intra- und extrazellulärer Lösung kommt. Infolgedessen kommt es zum Schrumpfen der Zelle durch den Ausstrom von Wasser und den Einstrom des Gefrierschutzmittels. Das geschieht so lange, bis sich wieder ein Gleichgewicht zwischen Wasserausstrom und Einstrom des Gefrierschutzmittels einstellt. Wie stark eine Zelle bei diesem Vorgang schrumpft, hängt von der Permeabilität der Membran gegenüber dem Gefrierschutzmittel ab. Je durchlässiger die Membran, desto geringer das Schrumpfen. Wie gut ein Kryoprotektivum in eine Zelle hineingelangt, hängt von mehreren Faktoren ab: der Beschaffenheit der Zelloberfläche, dem Permeabilitätskoeffizienten der Zelle für ein bestimmtes Gefrierschutzmittel, dem Konzentrationsgefälle der Schutzsubstanz zwischen Zellinnerem und extrazellulärem Raum und schließlich von der Temperatur. Die Äquilibrierung findet bei höheren Temperaturen schneller statt als bei niedrigen.

Glycerin

Glycerin ist ein dreiwertiger Alkohol mit zwei primären und einer sekundären OH-Gruppe (Propan-1,2,3-triol). Bei Raumtemperatur ist es eine farb- und geruchlose sowie ziemlich zähflüssige Substanz mit hygroskopischen Eigenschaften. Damit ist gemeint, dass Glycerin Feuchtigkeit (meist als Wasserdampf) aus der Umgebung aufnehmen kann (griech. *hygrós* = feucht, nass; *skopein* = anschauen). Dieser süßlich schmeckende Sirup ist tatsächlich ein sehr gebräuchliches Gefrierschutzmittel. Er wurde erstmals Ende der 1940er Jahre zum Tiefgefrieren von Geflügelsperma verwendet. Die Schutzwirkung des Glycerins beruht darauf, dass Eiskristalle, die in hohen Glycerinkonzentrationen wachsen, kleiner und aufgrund ihrer Form für die Zellen weniger kritisch sind, sodass die Cytoplasmastrukturen nicht zerstört werden. Ein weiterer Vorteil von Glycerin ist, dass es selbst bei sehr hohen intrazellulären Konzentrationen nicht toxisch wirkt. Das ist vor allem beim Tiefgefrieren von Embryonen verschiedener Tierspezies (Rind, Maus) von Bedeutung. Es konnte gezeigt werden, dass Glycerin in Konzentrationen von 1,3–1,4 Mol/l gegenüber DMSO (Dimethylsulfoxid), einem anderen penetrierenden Kryoprotektivum, überlegen ist. Glycerin besitzt eine hohe Viskosität, wodurch es bei Temperaturen unter dem Gefrierpunkt mit einer höheren Wahrscheinlichkeit zur Ausbildung eines „glasartigen" Zustands kommt. Diskutiert wird, dass dieser glasartige Zustand die Gefahr der Zellschädigung durch die Bildung von intrazellulären Eiskristallen minimiert.

Allen Zellkulturexperimentatoren, die weder Embryonen einfrieren wollen noch eine Samenbank betreiben, sei für die Verwendung von Glycerin beim konventionellen Tiefgefrieren eine Konzentration von 1–2 Mol/l empfohlen. Abschließend muss noch erwähnt werden, dass Glycerin nicht einfach aus den Zellen entfernt werden kann, sondern am besten mit einem nicht penetrierenden Gefrierschutzmittel (z. B. 1 Mol/l Sucrose) entweder in einem Schritt oder stufenweise ausverdünnt werden muss. Andernfalls käme es aufgrund des Einstroms von Wasser zum Anschwellen der Zelle.

DMSO

Dimethylsulfoxid ist ein farbloses und fast geruchloses organisches Lösungsmittel. Bei Raumtemperatur ist es allerdings zelltoxisch. Seine Wirkung als Gefrierschutzmittel beruht auf der vollständigen Penetration in die Zelle. Das ist die wichtigste Eigenschaft des DMSO, denn allein im extrazellulären Raum kann es seine kryoprotektive Wirkung nicht entfalten. Es dringt schneller als Glycerin in die Zelle ein, jedoch sollte DMSO in einer Konzentration von mindestens 1,5 Mol/l eingesetzt werden. Bei geringeren Konzentrationen ist die Schutzwirkung nicht ausreichend. Im Gegensatz zum Glycerin verursacht DMSO einen höheren osmotischen Stress für die Zellen und auch größere pH-Veränderungen. Dadurch wirkt DMSO schneller toxisch auf die Zellen als Glycerin. Wie dieses, besitzt auch DMSO die Fähigkeit zur „Glasbildung". Aus diesem Grund wird DMSO häufig bei der sogenannten **Vitrifikation** (Kälteverglasung), einem alternativen Verfahren zur konventionellen Kryokonservierung, eingesetzt. Dabei werden die Proben direkt, ohne vorherigen Anpassungsprozess an tiefe Temperaturen, in den Flüssigstickstoff gegeben. Das Besondere bei diesem Verfahren ist, dass die Kristallbildung ausbleibt. Flüssigkeiten in und außerhalb der Zelle erstarren als Kälteglas. Dieses Konzept ist keineswegs eine Erfindung des Menschen, sondern von der Natur abgekupfert: Man weiß, dass einige Pflanzen in der nördlichen Hemisphäre diesen Mechanismus benutzen.

Neben den beiden am häufigsten verwendeten penetrierenden Gefrierschutzmitteln Glycerin und DMSO gibt es noch einige andere wie etwa Propandiol und Ethylenglykol.

12.3.2 Nicht penetrierende Gefrierschutzmittel

Im Gegensatz zu den penetrierenden Gefrierschutzmitteln dringen nicht penetrierende Schutzsubstanzen nicht in die Zelle ein, sondern entfalten ihren Schutz im Extrazellularraum. Sie bewirken, dass gelöste Stoffe auch unter osmotischem Stress die Zellmembranen reversibel passieren können. Ihnen wird aber auch eine Wirkung bereits vor der Kühlung zugeschrieben. So soll es nach einer Zugabe von Sucrose in Konzentrationen zwischen 0,2–0,3 Mol/l zu einer Vordehydrierung kommen, die es erlaubt, die Zellen schon bei höheren Temperaturen in den Flüssigstickstoff zu geben. Das hängt damit zusammen, dass während des langsamen Kühlens eine geringere Dehydrierung der Zelle erforderlich ist. Wo liegt der Vorteil der nicht penetrierenden Gefrierschutzmittel? Sie werden besonders bei hohen Kühlraten eingesetzt, bei denen eine schnelle Dehydrierung erforderlich ist. Außerdem sind sie nicht so toxisch, weil sie in geringeren Konzentrationen eingesetzt werden. So kommen sie z. B. während der Äquilibrierung zum Einsatz, denn sie unterstützen die Dehydrierung der Zelle. Auch in der Ausverdünnungsphase sind sie von Nutzen, da sie das Anschwellen der Zelle verhindern. Beispiele für weitere nicht penetrierende Gefrierschutzmittel sind die Zuckerverbindungen Ficoll und Trehalose. Auch PVA (Polyvinylalkohol) und PVP (Polyvinylpyrrolidon) gehören zu den nicht penetrierenden Schutzsubstanzen.

12.4 Einfrieren von Zellen

Das Einfrieren von Zellen ist eigentlich keine große Sache, sollte man meinen. Trotz des vergleichsweise einfachen Protokolls kann man aber einiges falsch machen. Ob alles glatt gegangen ist, stellt sich leider erst heraus, wenn die Zellen wieder aufgetaut werden sollen. Dabei kann selbst der erfahrene Zellkulturexperimentator so manch unangenehme Überraschung erleben. Nach mehreren missglückten Versuchen kommt man meist zu der Erkenntnis, dass die Sache mit dem Einfrieren eine Wissenschaft für sich ist. Kontaminationsfrei und vital sollten die Zellen nach dem Auftauen sein – allzu oft sind sie es aber nicht. Wenn adhärente Zellen einen Tag nach dem Auftauen ihren Freischwimmer im Kulturüberstand machen, ist die betroffene Kultur definitiv eingegangen.

Schlechte Voraussetzungen für das Einfrieren von Zellen sind gegeben, wenn Zellen eingefroren werden, die schon eine Weile im Brutschrank stehen und womöglich sogar „vergessen" wurden. Irgendwann fällt das einem Kollegen auf und es folgt der naheliegende Gedanke: „Die Kulturen könnte man ja einfrieren." Der Haken daran ist, dass sich Zellen, die schon einige Zeit unmotiviert im Brutschrank herumgelungert haben, für das Einfrieren nicht eignen. Es macht keinen Sinn, solche überalterten Kulturen einzufrieren, da sich die Zellen praktisch mehr oder weniger im Ruhezustand (G_0-Phase des Zellzyklus) befinden. Ganz und gar kann man sich die Arbeit sparen, wenn die Zellen bereits verdächtige cytopathische Effekte aufweisen.

Ideal sind dagegen Zellen, die sich in der exponentiellen Wachstumsphase und damit im Zellzyklus befinden, außerdem frei von Kontaminationen und natürlich vital sind. Der Prozess des Tiefgefrierens bedeutet selbst für vitale Zellen Stress, für schwächelnde Zellen ist es oft das Ende. Bevor man Zellen einfriert, sollte deshalb immer die folgende Checkliste überprüft werden:

1. Macht die einzufrierende Kultur einen vitalen Eindruck?
2. Kann eine Kontamination der Zellen vor dem Einfrieren ausgeschlossen werden? Wann wurde das zuletzt überprüft?
3. Welche Zellzahl wird für das Einfrieren empfohlen? An diese Empfehlung sollte man sich halten.

Sind diese Punkte geklärt, kann es losgehen. Wichtig ist, dass man das Ganze gut vorbereitet, damit nicht etwas fehlt und in der Hektik oder unter Zeitdruck improvisiert werden muss.

12.4.1 Vorbereitende Arbeiten

Die Zellen müssen gezählt und die entsprechende Zellzahl in einem vorgekühlten Röhrchen bereitgestellt werden. Meist wird eine Zellzahl im Bereich von 1×10^6 bis 1×10^7 pro Milliliter empfohlen. Angegeben sind meist die Mindestzahlen.

Was man zum Einfrieren braucht:

- 1. Eisbox, Eis oder Kühlschrank;
- 2. vorgekühlte 2-ml-Kryoröhrchen, am besten schon vorbeschriftet;
- 3. gekühltes Kulturmedium mit Serumsupplement und Einfriermedium;
- Zentrifuge und Zentrifugenröhrchen;
- sterile Pipetten und Pipettenspitzen;
- Sicherheitsequipment für den Umgang mit Flüssigstickstoff (Schutzhandschuhe, Schutzbrille und Gesichtsschutz).

Für das Einfriermedium findet man in der Literatur verschiedene Vorschriften. Eine doppeltkonzentrierte Lösung wird angesetzt, wenn im Einfrierprotokoll vorgesehen ist, das Kulturmedium im Verhältnis 1:1 mit dem Einfriermedium zu mischen. Eine andere Variante besteht darin, die Zellen zu zentrifugieren, das Kulturmedium im Überstand zu verwerfen, um das Zellpellet in einfachkonzentriertem Einfriermedium aufzunehmen, und darin zu resuspendieren. Es haben sich jedoch viele Varianten dieser Prozedur in den Zellkulturlabors etabliert. Insofern ist die genaue Vorgehensweise schon fast eine Art laboreigene Philosophie.

12.4.2 Einfriermedium

Das Einfriermedium setzt sich aus den Komponenten Kulturmedium, Serum und Gefrierschutzmittel zusammen. Dabei handelt es sich meist entweder um Glycerin oder DMSO. Die DMSO- bzw. Glycerin-Komponente des Einfriermediums bleibt in der Regel konstant, sie beträgt meist 10 % (v/v). Der Serumanteil (FKS) kann zwischen 15 und 20 % schwanken, danach richtet sich dann der verbleibende Anteil des Kulturmediums. Das Serum hat beim Einfrieren eine Schutzfunktion, die auf den hohen Proteingehalt (Makromoleküle) zurückzuführen ist. Wie viel Serum das Einfriermedium enthalten sollte, richtet sich daher nach der Empfindlichkeit der einzufrierenden Zellen.

Auf eine Formel gebracht sieht das Rezept für Einfriermedien so aus:

- 75–80 % Kulturmedium mit Serumsupplement,
- 15–20 % FKS,
- 10 % DMSO oder Glycerin.

Beim Vorgehen richtet man sich nach dem folgenden Schema:

1. Adhärente Zellen müssen zuvor trypsiniert werden.
2. Bei Suspensionszellen ist darauf zu achten, dass sie gut resuspendiert werden, damit keine Zellaggregate (Klümpchen) vorliegen, die das Eindringen des Gefrierschutzmittels erschweren.
3. Die gewünschte Zellzahl (Endvolumen im Kryoröhrchen berücksichtigen) muss eingestellt werden.
4. Die Kryoröhrchen entweder für 15 Minuten auf Eis lagern oder in den Kühlschrank stellen.

Ein 2-ml-Kryoröhrchen wird maximal bis zum Eichstrich (etwa 1,8 ml) mit der Zellsuspension befüllt. An diese Empfehlung sollte man sich unbedingt halten, denn hier lauert schon ein Stolperstein, über den man sich meist keine Gedanken macht. Je nach Befüllungsgrad des Röhrchens ist die Neigung des Flüssigstickstoffs, in das Röhrchen einzudringen, stark oder schwach. Ist weniger Lösung darin, dringt mehr Stickstoff beim Einfrieren in das Röhrchen. Ist dagegen zu viel Zellsuspension im Röhrchen, dringt zwar weniger Stickstoff ein, dafür hat man sich ein geradezu explosives Problem eingehandelt. Der beim Einfrieren eingedrungene Stickstoff hat beim Auftauen nämlich die umgekehrte Neigung, aufgrund des Druckunterschieds möglichst schnell aus dem Kryoröhrchen zu entweichen.

Merke!
Beim Befüllen der Kryoröhrchen ist darauf zu achten, dass die Zellsuspension nur bis zum Eichstrich eingefüllt wird. Ein zu großes Volumen im Röhrchen kann beim Auftauen dazu führen, dass der eingedrungene Stickstoff zu rasch entweicht und das Röhrchen aufgrund des Druckunterschieds explodiert. So mancher durch explodierende Kryoröhrchen traumatisierte Kollege hat nach einer solchen Erfahrung eine Phobie im Umgang mit Kryoproben entwickelt!

Die mit der gekühlten Zellsuspension befüllten Kryoröhrchen werden nun in einem mehrstufigen Prozess eingefroren. Das konventionelle Verfahren besteht in einer stufenweisen, mit festgelegten Kühlraten durchgeführten Anpassung der Proben an den nächsten Kältegrad. Optimale Kühlraten helfen, Schäden durch intrazelluläres Gefrieren und Lösungseffekte zu vermeiden. Idealerweise kommen bei diesem Vorgang programmierbare Gefriergeräte zum Einsatz, bei denen die gewünschten Kühlraten eingegeben werden können. Wer so ein Gerät nicht im Fundus seines Labors hat, kann das Ganze auch manuell durchführen. Eine Richtgröße für das Einfrieren von Säugerzellen ist eine Kühlgeschwindigkeit von –1 °C pro Minute.

Was das stufenweise Einfrieren anbelangt, gibt es eine Unzahl von Vorschriften, die jeweils für die einzufrierenden Zellen optimiert sind. In einigen Labors ist es üblich, die Proben nach dem Eindringen der Schutzsubstanz bei 4 °C zunächst für ein bis zwei Stunden bei –20 °C zu lagern, dann über Nacht bei –70 °C, um sie am nächsten Tag schließlich in den Flüssigstickstoff zu überführen. Abweichungen von diesem Schema gibt es jedoch viele. So bevorzugen einige Experimentatoren die Lagerung über Nacht bei –150 °C in der Gasphase des Stickstoffs. In manchen Labors wird sogar völlig auf die Langzeitlagerung im Flüssigstickstoff verzichtet und die Zellen werden stattdessen in der Gasphase gelagert. Was für die jeweiligen Zellen das Optimale ist, muss in der Praxis erprobt werden.

12.5 Lagerung von eingefrorenen Zellen

Die ideale Temperatur, die für die Langzeitlagerung eingefrorenen Zellmaterials benötigt wird, löst selbst unter Fachleuten immer wieder Diskussionen aus. Früher war die Lagerung in der Flüssigphase des Stickstoffs bei –196 °C ein Dogma. Allenfalls die dauerhafte Lagerung in der Gasphase bei immerhin noch ca. –150 °C wurde als praktikabel angesehen. Doch der technische Fortschritt schreitet voran und so wurden Ultratiefkühltruhen entwickelt, die eine Temperatur von –152 °C erreichen und daher eine sichere und komfortable Alternative zur konventionellen Kryokonservierung in Flüssigstickstoff darstellen (mehr dazu in Abschnitt 12.7).

Wie sieht es im temperaturtechnischen Mittelfeld aus? Unbestritten ist, dass man Zellen nicht über längere Zeit bei –80 °C im Gefrierschrank lagern sollte. Selbst eine nur kurzzeitige Erwärmung über –80 °C hinaus, was beim Öffnen des Gefrierschranks schnell eintritt, kann fatale Auswirkungen auf die Lebensfähigkeit des eingefrorenen Materials haben. Jeder, der einmal vergessen hat, seine Zellen aus dem –80-°C-Gefrierschrank in den Flüssigstickstoff zu überführen, hat beim Versuch, diese Zellen aufzutauen und in Kultur zu nehmen, bestimmt schon sein blaues Wunder erlebt. Von Vitalität der Zellen kann in einem solchen Fall keine Rede mehr sein. Woran das liegt? Wie bereits in Abschnitt 12.1 erläutert, ist der Prozess der Rekristallisation Schuld daran.

Merke!
Eingefrorenes Zellmaterial sollte niemals längere Zeit bei –80 °C gelagert werden, denn der Temperaturbereich zwischen –25 und –130 °C ist aufgrund der Rekristallisation von Eiskristallen äußerst kritisch. Der Prozess des migratorischen Wachstums großer Eiskristalle kann zu einer starken mechanischen Schädigung der Zellen führen. Aus diesem Grund muss dieser Temperaturbereich so rasch wie möglich durchlaufen werden. Aufgrund der physikalischen Abläufe während des Tiefgefrierens kann eine Langzeitlagerung im Temperaturbereich von –80 °C sogar zum Verlust der Kryoprobe führen.

12.6 Auftauen von Zellen

Sollte das Einfrieren möglichst schonend und mit optimalen Kühlraten geschehen, ist beim Auftauen Schnelligkeit gefragt. Das hängt mit der toxischen Wirkung der Gefrierschutzmittel zusammen. Die Schutzsubstanzen sollten so rasch wie möglich aus den Zellen entfernt bzw. ausverdünnt werden, ohne die Zellen dabei zu stark zu erwärmen.

Was man zum Auftauen braucht:

- eingefrorenes Zellmaterial im Kryoröhrchen,
- Wasserbad (37 °C),
- auf 37 °C vorgewärmtes Kulturmedium mit allen benötigten Supplementen,
- neue sterile Kulturgefäße,
- Zentrifuge und Zentrifugenröhrchen,
- sterile Pipetten und Pipettenspitzen,
- Sicherheitsequipment für den Umgang mit Flüssigstickstoff.

Man geht folgendermaßen vor:

1. Die aufzutauenden Zellen im Kryoröhrchen am besten mit einem Schwimmer im Wasserbad erwärmen, bis alle Eiskristalle aufgelöst sind.

2. Den Inhalt der Röhrchen unter der Sterilbank in ein Zentrifugenröhrchen überführen, in das vorgewärmtes Medium vorgelegt wurde.
3. Die Zellen bei 500 g für zehn Minuten zentrifugieren.
4. Den Überstand verwerfen und das Zellpellet in einem geringen Volumen frischen Mediums resuspendieren.
5. Davon ein Aliquot für den Vitalitätstest bzw. die Vitalfärbung abnehmen.
6. Zellzahl bestimmen und die Zellen in der empfohlenen Zelldichte in neue Kulturgefäße einsähen.
7. Bei adhärenten Zellen kann man durch eine optische Kontrolle nach etwa zehn bis zwölf Stunden kontrollieren, ob sie sich erwartungsgemäß anheften.

Gefrierschutzmittel müssen aufgrund ihrer toxischen Eigenschaften nach dem Tiefgefrieren aus den Zellen entfernt werden. Das kann man entweder wie oben beschrieben durch einen Waschritt unter Verwendung frischen Kulturmediums machen oder man verdünnt das Einfriermedium in einem entsprechend großen Volumen Kulturmediums und macht erst nach 24 Stunden einem kompletten Mediumwechsel. Welches Vorgehen man wählt, sollte man von der Empfindlichkeit der Zellen abhängig machen.

Nach dem Auftauen sollte mit dem zuvor abgenommenen Aliquot entweder eine Trypanblaufärbung oder ein Vitalitätstest durchgeführt werden (Kap. 13). Es empfiehlt sich außerdem, nach einiger Zeit die aufgetauten Zellen auf Kontaminationen zu untersuchen. Nicht selten war eine Infektion z. B. mit Mycoplasmen bereits vor dem Einfrieren vorhanden, die jedoch nicht bemerkt wurde.

12.7 Geräte für die Kryokonservierung

Für die Kryokonservierung wird einiges an Gerätschaften benötigt. Im Allgemeinen sind Geräte wie ein Kühlschrank und ein Gefrierschrank oder eine Gefriertruhe bis –20 °C sowie ein Wasserbad in jedem Labor vorhanden. Wer jedoch Zellen über lange Zeit tiefgefroren bevorraten will, braucht dazu mehr als das laborübliche Standardequipment. Bisher ist die gängige Praxis, die Proben in einem Lagerbehälter für Flüssigstickstoff aufzubewahren. Solche Behälter gibt es in verschiedenen Größen und Ausführungen. Sehr häufig findet man in den Labors so genannte Dewargefäße (Vakuummantelgefäße), die sich sowohl für den Transport als auch für die Lagerung von Kühlmedien wie Flüssigstickstoff, Trockeneis usw. eignen. Diese Gefäße gibt es in verschiedenen Ausführungen (Abb. 12-1).

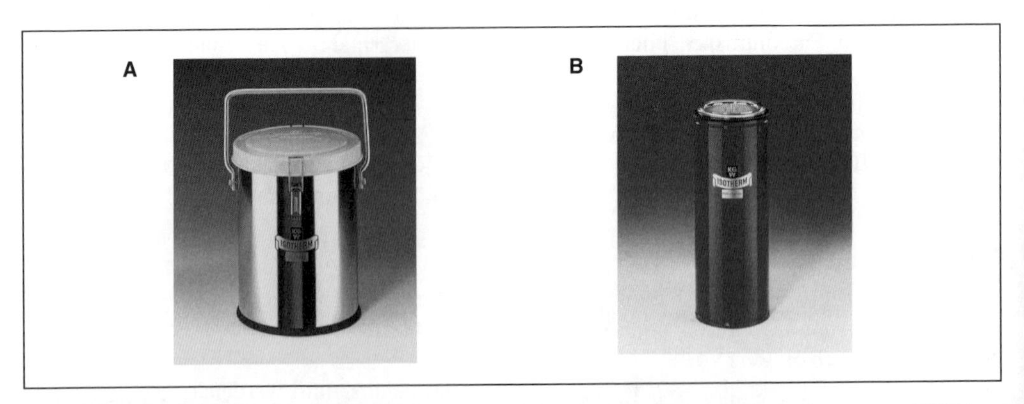

Abb. 12-1: Dewargefäße. A Mit Tragebügel. **B** Mit Griff. (Mit freundlicher Genehmigung von KGW Isotherm)

Ein kleines Dewargefäß für den Transport von Flüssigstickstoff einzusetzen, ist nicht ungeschickt, schließlich hat nicht jeder eine Leitung für den Nachschub von Flüssigstickstoff in unmittelbarer Nähe zu Verfügung. Das Gleiche gilt für einen Einfrierautomaten. Sicher kann man die Einfrierprozedur auch manuell durchführen, jedoch ist es bedeutend komfortabler, dies mit einem solchen Automaten zu tun.

Für den mittleren Temperaturbereich empfiehlt sich die Anschaffung eines –80-°C-Gefrierschranks. Den braucht man nicht nur zum Einfrieren von Zellen, sondern auch für die Langzeitlagerung empfindlicher Laborchemikalien, was ein zusätzliches Kaufargument ist. Mittlerweile sind Gefriertruhen auf dem Markt, die –152 °C erreichen und sich damit für die Langzeitlagerung eingefrorenen Zellmaterials eignen. Ein solches Exemplar ist in Abbildung 12-2 dargestellt.

Abb. 12-2: Die –152-°C-Gefriertruhe. Alternative zur Lagerung von Kryoproben in Flüssigstickstoff. (Mit freundlicher Genehmigung von Ewald Innovationstechnik)

Nach neuesten Erkenntnissen liegt der Rekristallisationspunkt in Anwesenheit von Gefrierschutzmitteln wie DMSO bei etwa –115 °C. Durch die Lagerung von Zellen bei einer konstanten Temperatur von –152 °C wird einer weiteren intra- und extrazellulären Kristallbildung vorgebeugt, da diese Temperatur viel tiefer liegt als der Rekristallisationspunkt. Eine Langzeitlagerung von Bioproben ohne Beteiligung von Flüssigstickstoff hat durchaus Vorteile:

- kein Kontaminationsrisiko durch Mycoplasmen;
- die Kontrolle des Flüssigstickstoffspiegels entfällt, das Nachfüllen von Flüssigstickstoff ist nicht erforderlich;
- kein Verletzungsrisiko durch explodierende Kryoröhrchen;
- keine Verbrennungen durch Kontakt mit Flüssigstickstoff;
- geringe Betriebskosten;
- Proben können direkt von –80 °C in die –152-°C-Truhe überführt werden.

Es lohnt sich also gerade bei einer bevorstehenden Neuanschaffung, darüber nachzudenken, wie man seine Kryoproben auf lange Sicht lagern möchte. Wer sich für die –152-°C-Truhe interessiert, findet die Anbieter in Kapitel 16.

Außer den bereits genannten Großgeräten braucht man folgende Kleinutensilien:

- Kryoröhrchen, erhältlich in verschiedenen Volumina und mit Innen- oder Außengewinde;
- Schrumpfschlauch, der sich bei Erwärmung zusammenzieht und in den Kryoröhrchen einzeln eingeschweißt werden können;
- Schienen, auf denen die Kryoröhrchen platziert werden; die Schienen werden schließlich in kleine Röhren aus Plastik oder Aluminium gesteckt, damit nicht einzelne Kryogefäße verloren gehen.

12.8 Kontaminationsrisiko

Zum Schluss möchte ich noch kurz auf das Kontaminationsrisiko durch Mycoplasmen eingehen. Viele Experimentatoren haben die Beobachtung gemacht, dass vermeintlich saubere Zellen einige Zeit nach dem Auftauen die für eine Mycoplasmeninfektion typischen Effekte zeigen (Kap. 10). Das kann zwei Gründe haben: Zum einen kann sich dahinter eine latente Mycoplasmeninfektion verbergen, die vor dem Einfrieren unentdeckt geblieben ist. Zum anderen diskutieren Experten darüber, ob durch den Einfrierprozess selbst die Mycoplasmen in das Kryoröhrchen gelangen können. Wie muss man sich das vorstellen? Beim Einfrierprozess dringt gewöhnlich Flüssigstickstoff in das Kryoröhrchen ein. Die Kryoröhrchen haben zwar Dichtungen, jedoch sind sie eben nicht vollkommen dicht, sonst könnte ja auch kein Flüssigstickstoff hinein gelangen. Wurden zudem Kulturen eingefroren, die mit Mycoplasmen kontaminiert waren, so kann nicht ausgeschlossen werden, dass etwas von der Zellsuspension in den Flüssigstickstoff des Lagerbehälters gelangt ist. Auch die in vielen Labors gängige Praxis, die Kryoröhrchen zusätzlich in einen Schrumpfschlauch einzuschweißen, bringt im Hinblick auf den Schutz vor Kontaminationen wenig. Der Schlauch stellt allenfalls eine mechanische Barriere dar. Beim nächsten Einfrierprozess kann durch die nicht vollkommen dichten Kryoröhrchen der kontaminierte Flüssigstickstoff aus dem Lagerbehälter in die neuen Kryoproben eindringen. Das Ganze ist ein Teufelskreis, den man nur durch folgende Maßnahmen durchbrechen kann: Erstens muss ausgeschlossen werden, dass der Flüssigstickstoff im Lagerbehälter bereits kontaminiert ist, und zweitens muss ausgeschlossen werden, dass die einzufrierenden Kryoproben kontaminiert sind. Nur wenn das gegeben ist, kann man dem ganzen Kontaminationsproblem beim Einfrieren gelassen begegnen. Am besten ist man jedoch bedient, wenn man gar nicht mehr mit Flüssigstickstoff arbeitet, sondern auf die Alternative der –152-°C-Truhe umsteigt. Damit kann jeder Zellkulturexperimentator wieder ruhig schlafen, vielleicht auch träumen …

Literatur:

Bank H &. Mazur P (1973) Visualization of freezing damage, J. Cell Biol. 57, 720–74
Bank H (1973) Visualization of freezing damage II. Structural alterations during warming.
Biochimica et Biophysica Acta 10, 414–426
Cryobiology 10, 157–170
Diller KR et al. (1972) Intracellular freezing in biomaterials, Cryobiology 9, 429–440
Farrant J et al. (1977) Use of two-step cooling procedures to examine factors influencing cell survival following freezing and thawing, Cryobiology 14, 273–286
Kryobankbroschüre des Fraunhofer-Instituts für Biomedizinische Technik (download über www.ibmt.fraunhofer.de)
Leibo SP & Mazur P (1971) The role of cooling rates in low-temperature preservation, Cryobiology 8, 447 – 452
Levin RL & Cravalho EG (1976) A membrane model describing the effect of temperature on the water conductivity of erythrocyte membranes at subzero temperatures, Cryobiology 13, 415–429
Lovelock JE & Bishop MWH (1959) Prevention of freezing damage to living cells by dimethyl sulfoxide, Nature 183, 1394–1395
Lovelock JE (1953) The haemolysis of human red blood-cells by freezing and thawing.
Mazur P (1965) Causes of injury in frozen and thawed cells, Fed. Proc. Fed. Amer. Soc Exp Biol 24, 175 – 182, Suppl. 15
Mazur P (1966) Theoretical and experimental effects of cooling and warming velocity on the survival of frozen and thawed cells, Cryobiology, 2, 181–192
Mazur P (1970) Cryobiology: The freezing of biological systems, Science 168, 939–949
Mazur P et al. (1972) A two-factor hypothesis of freezing injury, Exp. Cell Res 71, 345 – 355
Meryman HT (1956) Mechanism of freezing in living cells and tissues, Science 124, 515–521
Meryman HT (1971) Cryoprotective agents, Cryobiology 8, 173–183
Meryman HT (1977) Freezing injury from „solution effects" and its prevention by natural or artificial cryoprotection, Cryobiology 14, 287–302
Rall WF & Polge C (1984) Effect of warming rate on mouse embryos frozen and thawed in glycerol, J Reprod Fertil 70, 285–292
Smith AU et al. (1951) Microscopic observation of living cells during freezing and thawing., J R Microsc Soc 71(2), 186–195

13 Zellbiologische und Routinemethoden

Niemand steh' für diese Tat als wir, die Täter.
Aus: Julius Cäsar

Bei der Arbeit mit Zellkulturen muss der Experimentator eine gewisse Bandbreite von Techniken sicher beherrschen, die er nahezu täglich anwenden muss. Neben den Routinetechniken wie Zellzählung und Vitaltest kommen auch spezielle zellbiologische Methoden zum Einsatz. Welche das im Einzelnen sind, hängt sehr stark vom Forschungsschwerpunkt des Zellkulturexperimentators ab. Dieses Kapitel soll dem Zellkultureinsteiger einen Überblick über die am häufigsten vorkommenden Techniken bieten. Methoden gibt es allerdings wie Sand am Meer und noch mehr methodische Modifikationen, die sich in den verschiedenen Labors etabliert haben. Der Schwerpunkt liegt daher auf den Methoden, die jeder Einsteiger am Anfang braucht. Werden speziellere Techniken benötigt, empfiehlt sich die Anschaffung eines Methodenbuchs für die Zellkultur, in dem diese Methoden ausführlich beschrieben sind. Einige Buchempfehlungen findet der Interessierte am Ende dieses Kapitels.

13.1 Zellzählung

Die Zellzählung ist eine Routinemethode, die entweder bei jeder Passage, oder aber nur anfänglich durchgeführt wird und zwar so lange, bis man das Wachstumsverhalten seiner Zelllinie(n) kennengelernt hat. Wenn man genau weiß, nach wie vielen Tagen die Zellkultur von der ursprünglich eingesetzten Zellzahl auf das Doppelte oder Dreifache heran gewachsen ist, kann man mit einem über den Daumen gepeilten Erfahrungswert arbeiten. Dieser sollte sich bei gleichbleibenden Wachstumsbedingungen nicht wesentlich verändern. Dieses Vorgehen erspart einem die Zellzählung, was sich gerade bei größeren Versuchsanordnungen in Form einer nicht unerheblichen Zeitersparnis positiv bemerkbar macht. Braucht man jedoch die exakte Zellzahl, so kommt man um die Zellzählung nicht herum. Die Bestimmung der Zellzahl kann entweder „zu Fuß" im Hämocytometer oder automatisiert mit einem Zellzählgerät durchgeführt werden.

13.1.1 Kombinierte Zellzählung und Vitaltest mit Trypanblau im Hämocytometer

Die Trypanblau-Färbung ist der Klassiker unter den Methoden zur Zellzahlbestimmung und ein einfacher und schnell durchführbarer Routinetest, der auch für die Überprüfung der Vitalität eingesetzt wird. Bei dem sauren Farbstoff Trypanblau (syn. Benzaminblau) handelt es sich um einen Vertreter aus der Gruppe der Azofarbstoffe, dessen Anion an Zellproteine bindet. Aus diesem Grund wird er im Rahmen von Polychrom-Färbungen auch zur Darstellung von kollagenem Bindegewebe benutzt, wobei große Kollagenfasern rot und kleine Fasern blau gefärbt werden. Die Trypanblau-Färbung ist eine Ausschlussfärbung, denn der Farbstoff dringt selektiv nur in tote Zellen ein. Deren Membran ist durchlässig geworden, sodass der Farbstoff in das Cytoplasma gelangen kann. Trypanblau wird von lebenden Zellen nicht aufgenommen, da er aufgrund seiner Größe (M = 960,8 g/mol) die intakte Membran lebender Zellen nicht passieren kann.

Bei der Färbung werden tote Zellen tiefblau angefärbt, während lebende Zellen im Mikroskop leuchtend hell erscheinen. An dieser Stelle muss allerdings darauf hingewiesen werden, dass der Farbtest nicht so trivial ist, wie mancher jetzt denken mag. Es gibt nämlich einen Pferdefuss. Trypanblau wirkt bei zu langer Einwirkzeit cytotoxisch, daher müssen bei der Durchführung der Färbung die angegebenen Zeiten unbedingt eingehalten werden. Ist die Einwirkdauer zu lang, steigt die Anzahl toter Zellen aufgrund dieses unerwünschten Nebeneffekts. Darüber hinaus muss berücksichtigt werden, dass eine hohe Serum-/Proteinkonzentration die Auswertung des Tests erschwert. Das beruht auf der Bindung des Farbstoffs an Proteine. Man kann das Problem jedoch dadurch umgehen, dass man die zu zählende Zellsuspension in PBS ohne Kalzium und Magnesium verdünnt.

Merke!
Beim Umgang mit Trypanblau ist Vorsicht geboten, denn der Farbstoff ist gesundheitsschädigend. Er gehört zur Gruppe der Azofarbstoffe, die im Verdacht stehen, Krebs zu erregen. Beim Einatmen kann es zu Schleimhautreizungen, Husten und Atemnot kommen. Bei der Arbeit ist daher das Tragen geeigneter Schutzkleidung dringend zu empfehlen.

Ausgezählt werden die Zellen schließlich im Hämocytometer. Das ist eine flache Glaskammer von definierter Tiefe und mit einer graduierten Unterteilung der Bodenfläche, dem Zählnetz. Es dient zur mikroskopischen Auszählung der partikulären Bestandteile in einer flüssigen Probe. Häufig wird es zur Bestimmung von Blutkörperchen eingesetzt, worauf der Name beruht. Es kann aber auch ganz allgemein zur Zellzählung verwendet werden. Die ermittelte Zahl erlaubt, unter Bezug auf das bekannte Kammervolumen und den Verdünnungsfaktor der Probe, die Bestimmung der Zellzahl pro Volumeneinheit (ml). Es gibt viele verschiedene Modelle, die bekanntesten sind Thoma-Zeiss-, Bürker- und Neubauerkammer.

Was man für die Trypanblau-Färbung braucht

- Zu testende Zellsuspension,
- Trypanblau-Stammlösung),
- Mikroliterpipette,
- Hämocytometer (z. B. Neubauer Zählkammer) mit Deckglas, Alkohol zum Reinigen,
- Inversmikroskop mit Phasenkontrast.

Protokoll für die Trypanblau-Färbung

1. Ein Aliquot (z. B. 20 µl) der Zellsuspension (mindestens 2×10^5, maximal 4×10^7 Zellen/ml) und 80 µl einer 0,5%igen Trypanblau-Lösung werden vorsichtig mit einer Pipette vermischt (Verdünnungsfaktor 5) und für zwei Minuten (maximal 5 Minuten) bei 37 °C inkubiert.
2. Vor dem Gebrauch wird das Hämocytometer (Zählkammer) und auch das Deckglas mit 70%igem Alkohol gereinigt. Dann wird die Zählkammer durch Anhauchen befeuchtet und das Deckglas mit leichtem Druck darauf angebracht. Nur wenn die sogenannten Newtonschen Ringe erscheinen, sitzt das Deckglas korrekt und ist „dicht“.
3. Die gefärbte Zellsuspension wird unmittelbar vor der Zählung nochmals gut durchmischt. Mit Hilfe einer Mikroliterpipette wird das Zählnetz der Kammer mit der Suspension so befüllt, dass die Kammer vollständig mit Flüssigkeit angefüllt ist, ohne dass sie überfüllt wird. In der Regel wird die Zellsuspension durch Kapillarkräfte passiv hineingesaugt.

4. Kurze Zeit warten damit die Zellen sedimentieren können. Sobald sie nicht mehr umher schwimmen, wird sofort mit der Zählung begonnen.
5. Zur Auswertung wird ein Mikroskop mit einem 40er und einem 100er Objektiv benötigt. Das 40er-Objektiv erleichtert die Orientierung und die Suche nach dem Zählnetz, das man in die Mitte des sichtbaren Ausschnitts einstellt. Für die eigentliche Zellzählung arbeitet man mit dem 100er Objektiv, denn damit wird ein großes Quadrat optimal dargestellt.
6. Es wird sowohl die Gesamtzahl der Zellen (Zellzahlbestimmung) als auch der Anteil der blau gefärbten Zellen gezählt. Auch schwach blau gefärbte Zellen werden als tote Zellen gezählt. Die ungefärbten Zellen entsprechen dem Anteil der vitalen Zellen (Vitaltest). Zur Bestimmung der Zellzahl werden 4×16 kleine Quadrate (16 kleine Quadrate entsprechen einem großen Quadrat) mäanderförmig ausgezählt und daraus das arithmetische Mittel für ein großes Quadrat bestimmt. Die Zellzahl wird mit Hilfe der folgenden Formel berechnet:

$Z \times 5 \times V \times 10^4$ = Gesamtzahl der Zellen/ml

Z = Mittelwert der gezählten Zellen aus vier großen Quadraten

Faktor 5 = Verdünnungsfaktor (siehe oben), der auf der Verdünnung der Zellsuspension mit der Trypanblau-Lösung beruht.

V = Volumen, in dem die zu zählende Zellsuspension resuspendiert wurde. Wenn die Zellen z. B. in 5 ml Volumen aufgenommen wurden, muss der Faktor 5 einbezogen werden, um die Gesamtzellzahl pro Milliliter in der Probe zu erhalten.

10^4 = Kammerfaktor z. B. der Neubauer Zählkammer. Er ergibt sich aus der Auswertung einer Fläche von 1 mm^2 (Fläche eines großen Quadrates). Bei einer Tiefe der Kammer von 0,1 mm ergibt sich ein Volumen von 0,1 µl. Durch Einbeziehen dieses Faktors kann die ermittelte Zellzahl auf einen Milliliter bezogen werden. Der Kammerfaktor ist abhängig von der verwendeten Kammer, daher muss bei der Verwendung eines anderen Systems mit dem auf der verwendeten Zählkammer angegebenen Kammerfaktor multipliziert werden.

Zur Auswertung mit der Zählkammer ist noch hinzuzufügen, dass man das doppelte Zählen von Zellen, die auf den Linien des Zählnetzes liegen vermeidet, indem man zwei Ränder diskriminiert. Dafür überlegt man sich vorher, welche Ränder man von der Zählung ausschließen will. Das können z. B. die oberen und linken Ränder sein oder die Kombinationen unten und rechts. Wichtig ist nur, dass man sich daran hält und nicht mitten in der Zählung plötzlich von dieser Vorgabe abweicht.

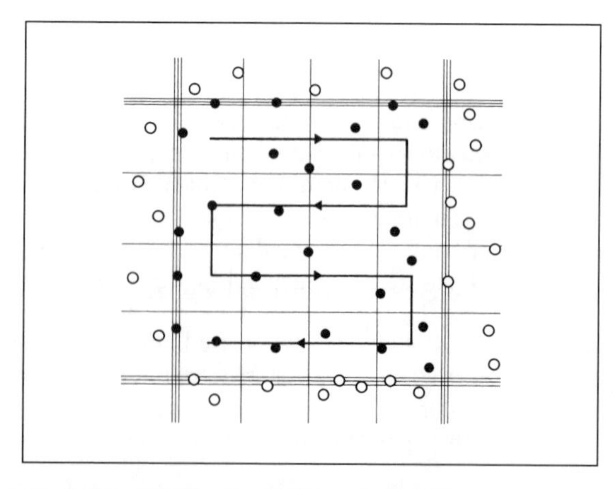

Abb. 13-1: Auszählen der Zellen mithilfe eines Hämocytometers.

Zellzählung

Soll nur die Zellzahl bestimmt werden, ohne den Vitaltest gleichzeitig durchzuführen, kann auf die vorherige Trypanblau-Färbung verzichtet werden. Die Zellsuspension wird in Puffer verdünnt und nach dem Resuspendieren sofort in die Zählkammer pipettiert. Das oben aufgeführte Protokoll kann in entsprechend modifizierter Form ab dem Schritt 2 für die Zellzählung herangezogen werden. Die Formel für die Berechnung der Zellzahl lautet in diesem Fall:

$Z \times V \times 10^4$ = Gesamtzahl der Zellen/ml

Vitaltest

Wie bestimmt man den Anteil der vitalen Zellen in der Zellsuspension? Dazu wird mit der folgenden Formel gerechnet:

$$\% \text{ lebende (ungefärbte) Zellen} = \frac{\text{ungefärbte Zellen}}{(\text{gefärbte + ungefärbte Zellen})} \times 100$$

Als Stammlösung eignet sich eine 0,5%ige Trypanblau-Lösung in einer 0,9%igen NaCl-Lösung (0,5 g Trypanblau + 0,9 g NaCl ad 100 ml Aqua dest.). Die Endkonzentration sollte immer 0,18% sein. Die Lösung muss vor dem Gebrauch sterilfiltriert werden und ist bei Raumtemperatur mehrere Monate haltbar. Mit der Zeit bilden sich jedoch Aggregate in der Stammlösung, wodurch sich die Farbstoffkonzentration verringert. Dann sollte die Lösung auf keinen Fall weiterverwendet werden. Es besteht außerdem die Gefahr, dass die Lösung unsteril wird, daher empfiehlt sich das aliquotieren kleinerer Mengen.

13.1.2 Automatisierte Zellzählung mit einem Zellzählgerät

Die Zellzählung mit dem Hämocytometer sollte jeder Zellkulturexperimentator beherrschen. Allerdings ist die ganze Prozedur, gerade wenn man viele Kulturen zählen muss, eine zeitraubende Angelegenheit. Aus diesem Grund befindet sich in fast jedem Zellkulturlabor ein elektronisches Zellzählgerät. Da es zahlreiche Systeme zur Zellzählung gibt, soll hier die automatische Zellzählung exemplarisch unter Verwendung des Casy TTC der Firma Schärfe System erläutet werden. Bei diesem System beruht die Zählung auf einer Widerstandsmessung. Wie muss man sich das vorstellen?

Die Zellen werden in 10 ml einer isotonischen Elektrolytlösung resuspendiert. Durch das Gerät wird ein Aliqout davon automatisch durch eine Messkapillare gesaugt, an die eine Spannung angelegt ist. Jedes mal, wenn eine Zelle durch die Messpore der Kapillare tritt, kommt es zur Auslösung eines elektrischen Pulses (Änderung des Widerstands). Die Anzahl der gemessenen Pulse entspricht dabei 1:1 der Anzahl der Zellen.

Was man für die elektronische Bestimmung der Zellzahl braucht

- Zellzählgerät, z. B. Casy TTC, Messkapillare mit einem Durchmesser von 150 µm,
- isotonische Elektrolytlösung (je nach Gerätetyp, z. B. Casyton oder Isoton),
- Reinigungslösung, z. B. Casyclean,
- Probengefäß,
- zu messende Zellsuspension.

Protokoll für die elektronische Zellzählung

1. Vor der Inbetriebnahme des Geräts müssen bestimmte Vorbereitungen getroffen werden. So sollte z. B. sichergestellt werden, dass der Vorratsbehälter, aus dem die Casytonlösung angesaugt wird, voll ist. Das Gegenteil sollte für den Abfallbehälter zutreffen, denn wenn der voll ist und überläuft, hat man nichts als Ärger. Beim Einschalten des Geräts führt dieses zunächst einen Selbsttest aus und lädt dabei die unter „Setup" gespeicherten Daten für die Kalibrierung und die Geräteeinstellungen. Details zum Abspeichern des Setup-Programms sind dem Bedienungshandbuch des jeweiligen Gerätetyps zu entnehmen.
2. Vor den eigentlichen Messungen muss das Gerät mehrere Reinigungszyklen durchlaufen, damit Verschmutzungen und Luftblasen sowie eventuelle Verstopfungen der Messkapillare aus dem System entfernt werden. Für die Reinigung wird ein mit isotonischer Lösung gefülltes Probengefäß unter die Messkapillare gestellt und durch Drücken des „Clean"-Knopfes der Reinigungszyklus ausgelöst. Durch den ersten Reinigungszyklus wird das gesamte System mit Casyton-Lösung gefüllt. Die Reinigung wird noch zweimal wiederholt und durch eine anschließende Leermessung kontrolliert. Dazu wird erneut ein Probengefäß mit Elektrolytlösung gefüllt und diesmal durch Drücken des „Start"-Knopfes eine Messung ausgelöst. Nur wenn der Messwert der Leermessung nahe bei Null liegt, ist alles in Ordnung und man kann fortfahren.
3. Für die Zellzählung wird das Probengefäß mit 10 ml der Elektrolytlösung gefüllt und 100 µl der zu messenden Zellsuspension hineinpipettiert (Verdünnung 1:100). Anschließendes mehrmaliges Schwenken des Probengefäßes sorgt für die nötige Durchmischung der Probe. Diese wird wieder unter die Messkapillare gestellt und die Messung gestartet. Die Messung wird mit 400 µl Volumen aus dem Probengefäß durchgeführt. Pro zu messender Zellsuspension wird eine Dreifachbestimmung durchgeführt (das kann individuell eingestellt werden). Der Mittelwert erscheint auf dem Display. Nach dem Abschluss der Messungen wird das Gerät stets durch mehrere Reinigungszyklen mit der Elektrolytlösung gereinigt.
4. Die Systemreinigung erfolgt in regelmäßigen Abständen mit einem Systemreiniger, z. B. Casyclean, über Nacht. Es empfiehlt sich, die Systempflege einmal wöchentlich durchzuführen.

Zu guter Letzt muss noch erwähnt werden, dass die unter dem Setup-Programm abgespeicherten Grundeinstellungen des Geräts individuell für den Anwender eingestellt werden können. So kann z. B. das Volumen und die Häufigkeit der Messungen pro Probe von der Grundeinstellung (1 × 200 µl) auf eine Dreifachbestimmung mit größerem Volumen (z. B. 3 × 400 µl) verändert werden. Das Gleiche gilt für den Verdünnungsfaktor. Hier ist die Grundeinstellung 1:1000, meist wird jedoch je nach Zelllinie eine Verdünnung von 1:100 oder 1:200 eingesetzt. Auch die Einstellung der X-Achse ist variabel (0–50 µm) und damit für den Anwender individuell regelbar. Dagegen wird die Einstellung der Y-Achse meist nicht verändert.

Meist verfügen elektronische Zellzählgeräte über weitere Funktionen, die äußerst praktisch und anwenderfreundlich sind. So ein „Extra" ist z. B. die Signalauswertung über die Pulsflächenanalyse. Geräte mit dieser Option zeigen auf einem Display auch die Größenverteilung der Zellen an. Da bei diesem Verfahren die Pulsfläche proportional zum Zellvolumen ist, kann man neben der Zellzählung weitere Informationen über die gemessenen Zellen erhalten.

Die Pulsflächenanalyse erstreckt sich über einen weiten Messbereich, daher werden Zelltrümmer (Debris), tote wie lebende Zellen und auch Zellaggregate, die sich in der Probe befinden, mit erfasst. Auf diese Weise bekommt man einen Eindruck davon, wie vital die gemessenen Zellen sind. Geschädigte Zellen mit einer defekten Zellmembran werden nämlich kleiner, nur mit der Größe ihres Zellkerns, dargestellt. In dem angezeigten Kurvenprofil erscheinen die Fraktionen gemäß ihrer Größenverteilung wie folgt: Ganz vorn zu Beginn des Profils befinden sich die Zelltrümmer, dann kommen tote Zellen, danach lebende Zellen und zum Schluss Zellaggregate.

Verfügt man über ein elektronisches Zellzählgerät mit Pulsflächenanalyse, kann man sich die Trypanblau-Färbung sparen, denn aufgrund des Kurvenprofils lässt sich gut abschätzen, wie fit die Zellen sind. Wird ein deutlicher „Peak" bei den Zelltrümmern bzw. den toten Zellen angezeigt, der den der lebenden Zellen übersteigt, muss man die Vitalität der gemessenen Kultur infrage stellen. Das kann viele Gründe haben und sollte in jedem Fall untersucht werden.

13.2 Zellvitalität und Cytotoxizität von Testsubstanzen

Es gibt eine Vielzahl verschiedener Verfahren für die Messung der Zellvitalität, die im Laufe der Zeit entwickelt und weiter optimiert wurden. An dieser Stelle werden die am häufigsten verwendeten Verfahren vorgestellt. Die beiden Methoden beruhen zum einen auf der Messung der Plasmamembranpermeabilität (LDH-Test) und zum anderen auf der Bestimmung der metabolischen Aktivität der Zellen (XTT-Test). Diese Vitalitätstests sind allerdings ungeeignet, will man zwischen verschiedenen Formen des Zelltods unterscheiden. Für die Unterscheidung von Apoptose und Nekrose gibt es eigene Verfahren.

13.2.1 LDH-Test

Die Laktatdehydrogenase (LDH) ist ein intrazelluläres Enzym, das den letzten Schritt der anaeroben Glykolyse katalysiert und praktisch in allen Geweben vorkommt. In vitalen Zellen befindet es sich im Cytoplasma. Der LDH-Nachweis beruht darauf, dass bei einer Schädigung der Zellen die Integrität der Zellmembran verloren geht. Infolgedessen wird sie für große Moleküle permeabel und LDH wird extrazellulär freigesetzt. Eine geringe Hintergrundaktivität befindet sich jedoch auch stets in den Kulturüberständen von intakten Zellen.

Die Messung der LDH wird nicht nur zur Überprüfung der Vitalität von Zellen eingesetzt, sondern gilt ebenfalls als ein etablierter Endpunkt für die Bestimmung der Cytotoxizität von Testsubstanzen. Die LDH-Freisetzung wird durch diverse Noxen induziert, zu denen unter anderem auch pharmakologisch wirksame Substanzen und Umweltgifte, wie z. B. Phenolderivate, gehören. Deren toxische Wirkung auf die Zellen führt zu einer Akkumulierung von LDH im Medium.

LDH ist ein hochmolekulares, tetrameres Enzym mit einem Molekulargewicht von etwa 140 kDa. Das bedeutet, dass die Membran sehr stark geschädigt sein muss, bevor das Enzym außerhalb der Zelle gemessen werden kann. Der Nachweis der LDH-Aktivität kann auf verschiedene Weise erfolgen. Eine sehr einfache Variante ist die photometrische Bestimmung der Konzentrationsabnahme von Nikotinadenindinukleotid (NADH). Die Reaktion beruht auf der enzymatischen Umsetzung von Pyruvat und NADH + H^+ zu Lactat und NAD^+ nach folgender Gleichung:

$$\text{Pyruvat} + \text{NADH} + H^+ \xleftrightarrow{\text{LDH}} \text{Lactat} + \text{NAD}^+$$

Das Reaktionsgleichgewicht liegt auf der Bildung von Lactat.

Wenn man viele zu testende Proben hat empfiehlt es sich, den Test auf einer Mikrotiterplatte durchzuführen.

Was man für die LDH-Messung braucht

- Zu testende Kulturüberstände von behandelten Proben und Kontrollen,
- Mikrotiterplatte, Mehrkanalpipette, Mikroliterpipette,
- Eisbehältnis,
- Reaktionsmix, Puffer und Substratlösung,
- spektrophotometrisches Lesegerät für Mikrotiterplatten (ELISA-Reader).

Protokoll für den LDH-Aktivitätstest

1. 50 µl des zu testenden Überstands der Kontrollen und der behandelten Proben werden in die Vertiefungen (Wells) einer unsterilen Mikrotiterplatte auf Eis überführt.
2. Als Referenz werden in die Leerproben (Blanks) 50 µl Tris-HCl-Puffer (50 mM) gefüllt.
3. Zu allen Proben werden 250 µl eines auf 25 ± 3 °C temperierten Reaktionsmixes (60 mM Tris-HCl-Puffer, pH 7,4 und 0,2 mM NADH) zugegeben. Falls Luftblasen vorhanden sind, diese z. B. mit einer Kanüle entfernen.
4. Starten der Reaktion durch rasche Zugabe von 25 µl Na-Pyruvat (10 mM) als Substrat.
5. Die Abnahme der Extinktion wird bei 340 nm mit einem Spektrophotometer (ELISA-Reader) über drei Minuten gemessen.

Die Laktatdehydrogenase-Aktivität der jeweiligen Proben in den einzelnen Wells wird nach folgender Gleichung berechnet:

$$U/l = \frac{\Delta E \times V_{Gesamt} \times 1000}{\varepsilon \times d \times \Delta t \times V_{Probe}} \ [\text{mmol} \times \text{min}^{-1} \times \text{l}^{-1}]$$

ΔE = Extinktionsänderung
V_{Gesamt} = Gesamtvolumen in ml
ε = mikromolarer Extinktionskoeffizient, NADH = 0,63 ml × mmol^{-1} × cm^{-1}
d = Schichtdicke in cm
Δt = Dauer der Messung in Minuten
V_{Probe} = Probenvolumen in ml

Der Median der Aktivität aus verschiedenen Messungen wird in Prozent der LDH-Aktivität der unbehandelten Kontrollzellen angegeben.

Merke!
Die SI-Einheit der Enzymaktivität ist das Katal (kat). Sie ist definiert als Umsatz von 1 mol Substrat pro Sekunde oder als Bildung von 1 mol Produkt pro Sekunde unter Standardbedingungen (1 kat = 1 mol/s = 60 × 10^6 U). Zwar ersetzt das Katal die vorher verwendete Enzymeinheit U (engl. *unit* = Einheit), allerdings ist das Katal in Deutschland keine gesetzliche Einheit im Messwesen. Aus dem Grund ist die Verwendung der alten Einheit U im Labor viel gebräuchlicher und auch besser geeignet. Sie ist definiert als Umsatz von 1 µmol Substrat pro Minute. Zur besseren Vergleichbarkeit wird sie in IU/l (engl. *international unit* = internationale Einheit) pro Liter angegeben.

Wer solche Messungen nicht nach der herkömmlichen Methode durchführen will, kann auf die inzwischen auf dem Markt befindlichen kommerziellen Kits für die Messung der LDH-Freisetzung zurückgreifen.

13.2.2 XTT-Test

Der hier vorgestellte XTT-Test dient der Bestimmung der metabolischen Aktivität von Zellen und ist eine Weiterentwicklung des schon lange bekannten MTT-Tests. Das Prinzip des Tests beruht auf der enzymatischen Aktivität metabolisch aktiver Zellen. Nur in lebenden vitalen Zellen können die im Mitochondrium lokalisierten Dehydogenasen Tetrazolium-Salze reduzieren, wodurch als Reaktionsprodukt ein farbiges Formazan gebildet wird. Der kalorimetrische Nachweis des Formazans erfolgt spektrophotometrisch, wobei die Intensität des Farbstoffs proportional zur Anzahl metabolisch aktiver Zellen ist.

Die Weiterentwicklung des Tests besteht darin, dass im Vergleich zu MTT (3-(4,5-Dimethylthiazol-2-yl)-2,5-diphenyltetrazoliumbromid) bei der Verwendung von XTT ein lösliches Endprodukt entsteht. XTT (Natrium-3,3'-(1-phenylaminocarbonyl)-3,4-tetrazolium-bis-(4-methoxy-6-nitro)benzensulphonsäure) wird in Anwesenheit des Elektronenüberträgers PMS (N-Methyldibenzopyrazinmethylsulfat) in ein orangefarbenes lösliches Formazan umgewandelt. Dagegen entsteht beim MTT-Test ein dunkelblaues unlösliches Formazan, welches erst mit Alkohol wieder in Lösung gebracht werden muss, um die Messung durchführen zu können. Der XTT-Test wird nicht nur zur Bestimmung der Zellvitalität herangezogen, sondern auch für die Messung der Cytotoxizität von Testsubstanzen eingesetzt.

Merke!
Die Substanzen XTT und PMS können gesundheitsgefährdend sein, wenn sie verschluckt, eingeatmet oder über die Haut aufgenommen werden. Da beide auch im Verdacht stehen, mutagen zu sein, sollte man beim Umgang damit sehr vorsichtig sein und entsprechende Schutzausrüstung tragen.

Was man für den XTT-Test braucht

- Zu testende Zellsuspensionen, unbehandelte Kontrollproben,
- Reagenzien: XTT, Aktivierungsreagenz PMS,
- Wasserbad (37 °C), Vortexer,
- Mikrotiterplatte, Mehrkanalpipette, Mikroliterpipette,
- spektrophotometrisches Lesegerät für Mikrotiterplatten (ELISA-Reader).

Protokoll für den XTT-Test

1. Generell erzielt man die besten Resultate, wenn sich die zu testenden Zellen in der exponentiellen Wachstumsphase befinden. Wird der Test in einer normalen Zellkulturflasche durchgeführt, zeigt die Erfahrung, dass eine Zellzahl von 10^6 Zellen pro cm^2 nicht überschritten werden sollte. In diesem Fall muss das XTT in einer Menge zugegeben werden, die 20% des Volumens des Kulturmediums entspricht. Hat man jedoch viele Kulturen zu testen, ist es viel eleganter, die zu testenden Zellen in einer 96-Well-Mikrotiterplatte mit flachem Boden auszusähen. Da der Test sehr empfindlich ist, reicht bei dieser Variante eine Zellzahl von 500 meist bereits aus. Die Zellen werden in einem Volumen von 100 µl Wachstumsmedium bei

37 °C im Brutschrank kultiviert. In Anhängigkeit vom Zellwachstum kann innerhalb von 24–96 Stunden nach der Einsaat mit dem Test begonnen werden.

2. Die XTT-Lösung und das PMS-Aktivierungsreagenz werden unmittelbar vor dem Gebrauch im 37-°C-Wasserbad erwärmt. Die Reagenzien können vorsichtig gevortext werden, bis die Lösungen klar sind.
3. Die Reaktionslösung (für eine 96-Well-Mikrotiterplatte) wird durch Zugabe von 100 µl PMS-Lösung zu 5 ml XTT-Lösung immer frisch hergestellt.
4. Je 50 µl der Reaktionslösung werden in die Wells der Mikrotiterplatte pipettiert. Jeder Test sollte mindestens eine Blank-Probe enthalten, in der zwar Medium (ohne Serum und Phenolrot, da dies den Hintergrund erhöht und die Sensitivität negativ beeinflussen kann), aber keine Zellen enthalten sind. Der ganze Ansatz wird für zwei bis 24 Stunden im Brutschrank inkubiert. Meist sind zwei bis fünf Stunden schon ausreichend.
5. Vor dem Auslesen der Mikrotiterplatte sollte diese auf einem Schüttelgerät mit entsprechendem Aufsatz für Mikrotiterplatten vorsichtig geschüttelt werden, um den Farbstoff gleichmäßig in den Wells zu verteilen.
6. Die Messung der Absorption erfolgt im Spektrophotometer (ELISA-Reader) bei einer Wellenlänge von 450–500 nm. Die Referenzwellenlänge zur Messung unspezifischer Reaktionen liegt bei 630–690 nm. Die bei dieser Wellenlänge erhaltenen Messwerte müssen dann von den 450-nm-Messwerten subtrahiert werden.

Nützliche Hinweise

Generell sollte der XTT-Test nur mit Zellen durchgeführt werden, bei denen eine mikrobielle Kontamination sicher ausgeschlossen werden kann. Bakterien und Mycoplasmen sind nämlich ebenfalls in der Lage, den Tetrazoliumring zu spalten, und tragen dadurch zur Bildung des XTT-Formazans bei, was zu fehlerhaften Resultaten führt.

Die XTT-Stammlösung (1mg/ml in Aqua bidest.) muss sterilfiltriert und auf jeden Fall in Aliquots eingefroren gelagert werden. Eine Lagerung bei 4 °C empfiehlt sich nicht, da die Lösung degradieren kann und dann im Test fehlerhafte Ergebnisse liefert. Da XTT lichtempfindlich ist, sollte es vor Licht geschützt aufbewahrt werden. Die Stammlösung ist eine gesättigte Lösung, wobei zu beachten ist, dass das Auftauen oder eine verlängerte Verwendung bei Raumtemperatur zu einer unvollständigen Löslichkeit führen kann. Hat sich Sediment in der Lösung abgesetzt, kann man sie auf 37 °C (maximal 56 °C) erwärmen und vorsichtig vortexen, bis die Lösung wieder klar ist. Das Gleiche gilt auch für das PMS-Aktivierungsreagenz (1%ig in Aqua bidest.), mit dem analog verfahren werden sollte.

Da der Test sehr empfindlich ist, reichen je nach Zelltyp schon geringe Zellzahlen (etwa 500 Zellen pro Well) aus. Bei Zelltypen mit schwacher metabolischer Aktivität, wie z. B. Lymphocyten und Melanocyten, sollte die Konzentration der Zellen jedoch auf $2{,}5 \times 10^5$ Zellen pro Well erhöht werden, damit man innerhalb eines angemessenen Zeitraums eine Farbreaktion erhält.

Die benötigte Inkubationszeit für die Farbreaktion hängt sehr stark vom Zelltyp ab. Daher empfiehlt es sich, vor dem eigentlichen Test eine Zeitkinetik mit der gleichen Mikrotiterplatte (z. B. 4, 6, 8 und 12 Stunden nach Zugabe der Reaktionslösung) durchzuführen und dadurch den besten Zeitpunkt für die Messung herauszufinden. Sollte es nötig sein, aus was für Gründen auch immer, das eingesetzte Mediumvolumen von 100 µl auf z. B. 200 µl zu erhöhen, muss das Volumen der Reaktionslösung entsprechend angepasst werden. Das Verhältnis von Medium zu Reaktionsreagenz muss immer 2:1 sein.

Natürlich gibt es auch für diesen Test bereits diverse Kit-Varianten auf dem Markt, die ebenfalls auf dem gleichen bzw. einem ähnlichen Prinzip basieren. Metabolisch aktive Zellen setzen

Tetrazolium-Salze wie z. B. den blauen Redoxfarbstoff Resazurin um, wodurch ein fluoreszierendes Endprodukt (z. B. das pinkfarbene Resorufin) gebildet wird. Nicht vitale Zellen verlieren rasch ihre metabolische Aktivität und erzeugen daher kein Fluoreszenzsignal. Bezüglich der Auswertung entspricht das Fluoreszenzsignal der Menge gebildeten Resorufins und ist direkt proportional zur Anzahl lebender Zellen. Solche Kits gibt es nicht nur für Säugerzellen, sondern auch für Hefen und Bakterien.

Ein genereller Vorteil der auf Tetrazolium-Salzen basierenden Tests ist, dass sie nicht zelltoxisch sind und daher im Anschluss noch weitere zellbasierte Assays mit denselben Zellen durchgeführt werden können.

13.3 Populationsverdopplungszeit

Die Populationsverdopplungszeit ist nicht gleichbedeutend mit der Zellgenerationszeit. Mit letzterem ist das Intervall zwischen aufeinanderfolgende Zellteilungen gemeint. Die Generationszeit bezieht sich daher auf die zelluläre Ebene und meint die Zeitspanne, in der eine Zelle durch Teilung zwei Tochterzellen hervorbringt und dadurch die nächste Zellgeneration erzeugt wird.

Die Populationsverdopplungszeit dagegen bezieht sich auf die gesamte Zellpopulation und gibt das Zeitintervall an, in dem sich in der logarithmischen Wachstumsphase z. B. 1×10^6 Zellen auf 2×10^6 Zellen vermehren, d. h. die ursprüngliche Zellzahl verdoppelt wird. Um die Populationsverdopplungszeit zu bestimmen, muss man zunächst eine Wachstumskurve für die zu testenden Zellen erstellen. Das bedeutet, dass man über einen längeren Zeitraum in bestimmten Zeitintervallen die Zellzahl ermitteln muss, am besten in einer Dreifachbestimmung. Wie lange die Messungen durchgeführt werden müssen, hängt entscheidend von der Wachstumsgeschwindigkeit der untersuchten Zellen ab. In jedem Fall so lange, bis man das Eintreten der Zellen in die Plateauphase beobachten kann. Dies ist meist nach etwa nach zehn bis zwölf Tagen der Fall.

Um eine Materialschlacht zu vermeiden, kann man Multiwellplatten verwenden, die es erlauben, viele Proben gleichzeitig zu bearbeiten, dafür aber weniger Zellen pro Probe einsetzen zu müssen. Da solche Messungen immer mit gewissen Schwankungen verbunden sind, empfiehlt es sich, immer eine Mehrfachbestimmung durchzuführen, daraus den Mittelwert zu bestimmen und das Resultat auf Logarithmuspapier gegen die Zeit aufzutragen. Aus der Mitte der exponentiellen Wachstumshase wird dann die Populationsverdopplungszeit bestimmt.

Was man für die Bestimmung der Populationsverdopplungszeit adhärenter Zellen braucht

- Zwei Multiwellplatten mit je 24 Wells,
- Wachstumsmedium, Trypsin oder eine andere Detachment-Lösung,
- Absaugvorrichtung mit sterilen Pasteurpipetten,
- Mikroliterpipette, sterile Pipettenspitzen,
- Hämocytometer.

Protokoll für die Bestimmung der Populationsverdopplungszeit

1. Die zu bestimmende Zelllinie auf eine definierte Zelldichte verdünnen (z. B. 2×10^5/ml) und jeweils 1 ml in die Wells der Mikrotiterplatte(n) pipettieren. Dabei ist darauf zu achten, dass sich keine Zellen in der Vertiefung ansammeln (kreisende Bewegungen der Platte vermeiden).

2. Die bestückten Platten 24 Stunden bei 37 °C unter Standardbedingungen inkubieren.
3. Die Zellen aus jeweils drei Wells werden gezählt (Dreifachbestimmung). Dazu wird bei adhärenten Zellen das Medium vorsichtig abgesaugt und 100 µl Trypsinlösung auf den Zellrasen pipettiert. Zum Detachment wird die Platte wieder in den Brutschrank gestellt und so lange inkubiert, bis sich die Zellen ablösen (Kontrolle unter dem Mikroskop). Danach wird die Zellsuspension resuspendiert, um die Zellen zu vereinzeln, und direkt in die Zählkammer gegeben.
4. Dieses Vorgehen wird täglich zur gleichen Zeit wiederholt und die Zellzahlen protokolliert.
5. Ein Mediumwechsel sollte, in Abhängigkeit vom Zelltyp, alle zwei bis drei Tage durchgeführt werden.
6. Die Zellzählung wird so lange durchgeführt, bis die Zellzahl nicht mehr weiter ansteigt und die Zellen in die Plateauphase eintreten.
7. Die ermittelten Zellzahlen werden auf Logarithmuspapier gegen die Zeit aufgetragen.
8. Aus der Mitte der exponentiellen Wachstumsphase wird die Populationsverdopplungszeit bestimmt.

13.4 Darstellung und Anfärbung von Chromosomen

Zur Charakterisierung der Zellen, mit denen man arbeitet, gehören auch Informationen über die Zahl der Chromosomen. Der Begriff Chromosom stammt aus dem Griechischen (*chroma* = Farbe, *soma* = Körper) und könnte sinngemäß mit „anfärbbares Körperchen" übersetzt werden. Auf den Chromosomen befinden sich die Gene, welche die Träger der Erbinformation sind. Das Material aus dem die Chromosomen bestehen, das Chromatin, setzt sich aus der DNA und verschiedenen Proteinen zusammen. Letztere umgeben die DNA ähnlich wie Verpackungsmaterial. Die Summe der Chromosomen einer Spezies wird Karyotyp genannt. Innerhalb einer Spezies haben alle Individuen des gleichen Geschlechts auch den gleichen Karyotyp. Die Bestimmung des Karyotyps kann z. B. Aufschluss darüber geben, ob ein Zelle normal oder etwa tumorartig verändert ist. Ein weiterer Punkt ist die Erfassung von chromosomalen Veränderungen, die sich unter den herrschenden Selektionsbedingungen in der Dauerkultur ergeben können und daher regelmäßig kontrolliert werden sollten.

Voraussetzung für die Ermittlung des konstitutionellen (angeborenen) Karyotyps ist die Darstellung der Chromosomen. Der Karyotyp charakterisiert die Chromosomen durch ihre Zahl und Form. Beide Parameter können artspezifisch sehr unterschiedlich sein. Ungebänderte menschliche Chromosomen werden nach ihrer Größe in verschiedene Gruppen (A-G) und nach Lage des Zentromers in metazentrisch (z. B. Chromosomen 1, 2, 3, 16, 19 und 20), submetazentrisch (z. B. Chromosomen 4, 5, 17 und 18) und akrozentrisch (Chromosomen 13, 14, 15, 21, 22 und Y) unterteilt. Mauschromosomen dagegen sind alle akrozentrisch. Zur genauen Zuordnung der Chromosomen sind Färbetechniken erforderlich, die für jedes Chromosom ein spezifisches Bandenmuster ergeben. Bandenmuster haben sich allerdings erst im Laufe der Evolution entwickelt, deshalb kommen sie z. B. bei Amphibien nicht vor. Einen Überblick über die Anzahl der Chromosomen verschiedener Spezies ist in Tabelle 13.1 wiedergegeben.

Die Spezies Mensch ist ein diploider Organismus, bei dem in jeder Körperzelle der mütterliche und väterliche Chromosomensatz enthalten ist (2n). Die Keimzellen (Ei- und Samenzellen) dagegen enthalten jeweils nur den haploiden Chromosomensatz (1n). Erst durch die Verschmelzung der mütterlichen und väterlichen Keimzellen bei der geschlechtlichen Vermehrung entsteht ein diploider Organismus. Es gibt aber auch Organismen, wie z. B. die Hefe, die sowohl haploid als auch diploid vorkommen können. Der besseren Vergleichbarkeit wegen sind alle Chromosomensätze in der Tabelle als einfacher (haploider) Satz angegeben.

Tab. 13-1: Zahl der Chromosomen verschiedener gängiger Spezies.

Spezies	Chromosomenzahl (1n)
Haushuhn *(Gallus domesticus)*	39
Schimpanse *(Pan troglodytes)*	24
Mensch (*Homo sapiens*)	23
Ratte (*Rattus norvegicus*)	21
Maus (*Mus musculus*)	20
Krallenfrosch (*Xenopus laevis*)	18
Hefe (*Saccharomyces cerevisiae*)	16
Schmalwand (*Arabidopsis thaliana*)	5
Fruchtfliege (*Drosophila melanogaster*)	4
Fadenwurm (*Caenorhabditis elegans*)	4

13.4.1 Historisches zur Entdeckung der Chromosomen und zur Entwicklung der Präparationstechnik

Carl Wilhelm von Nägeli, ein Schweizer Botaniker, entdeckte 1843 die von ihm als „transitorische Cytoblasten" bezeichneten Strukturen, die später als Chromosomen, identifiziert wurden. 1879 entdeckte Julius Arnold erstmals Teilungsfiguren in bösartigen Zellen. Walter Flemming fand 1881 eine anfärbbare Substanz im Zellkern und beobachtete die Längsteilung der Zelle während der Zellteilung. Im Jahr 1888 prägte Wilhem Waldeyer schließlich den Begriff „Chromosom". 1890 berichtete der deutsche Pathologe David von Hansemann über pathologische Mitosen in epithelialen Tumoren und ein Jahr später beschrieb er in einer Publikation die erste Darstellung von menschlichen Chromosomen. In der „Chromosomentheorie der Vererbung" postulierten 1903/1904 Walter Sutton und Theodor Boveri, dass die Chromosomen die Träger der Erbanlagen sind. Joe Hin Tjio und Albert Levan veröffentlichten schließlich die genaue Zahl des diploiden menschlichen Chromosomensatzes (2n = 46) im Jahr1956.

Dass man die Chromosomen darstellen kann, beruht auf methodischen Fortschritten, aufgrund derer die Verbreitung der Technik in der Routinediagnostik Einzug hielt. Eine wesentliche Verbesserung der Präparationstechnik wurde durch die Zugabe eines Giftes, das die mitotischen Spindeln zerstört, erreicht. Dabei handelt es sich um Colcemid®, ein synthetisches Analogon zu Colchizin, dem Gift der Herbstzeitlosen *Colchicum autumnale*. Der Einsatz von Colcemid führt zu einer Anreicherung von Mitosen während der Einwirkzeit. Dadurch wird die Ausbeute an mitotischen Zellen gesteigert und man bekommt mehr analysierbare Metaphaseplatten.

Dass die Zellen tatsächlich während der Mitose angereichert werden, kann man gerade bei nicht synchronisierten Zellen gut beobachten. Sie treten zu verschiedenen Zeiten in die Mitose ein, weshalb die Chromosomen einen unterschiedlichen Kondensationsgrad aufweisen. Darüber hinaus führt die Anwendung eines hypotonen Schocks vor dem Fixieren der Zellen zur besseren Ausbreitung (Spreitung) der Chromosomen auf dem Objektträger, was die genaue Bestimmung der Chromosomenzahl erst ermöglicht.

Ein weiterer Fortschritt bei der Chromosomenanalyse beim Menschen war die Entwicklung der Kultur Phytohämagglutinin-stimulierter Lymphocyten durch Moorhead und Hungerford im Jahr 1960. Lymphocyten haben den Vorteil dass sie rasch durch venöse Punktion gewonnen werden können und leicht zu kultivieren sind.

Merke!
Die Kultivierung von peripherem Blut wird in der Cytogenetik als Lymphocytenkultur bezeichnet. Der Begriff Blutkultur dagegen stammt aus der Mikrobiologie. Hierzu werden Blutproben in speziellen Blutkulturflaschen auf aerobe/anaerobe Keime untersucht.

Welches Material eignet sich für die Chromosomenpräparation? Grundsätzlich kann jede Zellkultur dafür verwendet werden und natürlich, je nach Fragestellung, primäres Material, beispielsweise:

- Lymphocyten aus venösem oder Kapillarblut. Da sich die Zellen in der G_0-Phase des Zellzyklus befinden, müssen sie erst durch die Zugabe von Phytohämagglutinin (PHA), einem pflanzlichen Lektin, zur Teilung angeregt werden. Gewöhnlich wird die Lymphocytenkultur nach 72 Stunden Inkubation aufgearbeitet.
- Knochenmarkzellen sind sehr proliferationsfreudig und können sogar ohne vorherige Kultur für die Chromosomenpräparation aufgearbeitet werden. Meist wird dennoch eine 24-Stunden-Kultur angelegt (z. B. Diagnose von Leukämien).
- Fruchtwasserzellen, gewonnen durch die Punktion der Fruchtblase (Amniozentese), werden nach einer Kurzzeitkultur für die Diagnose von Chromosomenanomalien in der Pränataldiagnostik verwendet. Das Gleiche gilt für Chorionzotten der frühen Plazenta, wodurch eine sehr frühe Diagnosestellung möglich ist.
- Nabelschnurblut wird durch Punktion der Nabelschnurgefäße (Cordozentese) zur Analyse der darin enthaltenen kindlichen Zellen gewonnen. Bei Verdacht auf eine Chromosomenanomalie, z.B. in der Pränataldiagnostik, wird meist eine 48-Stunden-Lymphocytenkultur angelegt.
- Bindegewebszellen (Fibroblasten) können sogar noch drei Tage nach dem Tod des Spenderorganismus entnommen und dann über einen längeren Zeitraum kultiviert werden.

13.4.2 Das Prinzip der Methode

Die nun folgende Beschreibung der Methode bezieht sich hauptsächlich auf die Kultur menschlicher Zellen. Die Chromosomenpräparation verlangt nicht nur Fingerspitzengefühl vom Experimentator, sondern auch Hintergrundwissen. Bevor man loslegt, sollte man sich mit den Prinzipien, die hinter den einzelnen methodischen Schritten stecken, vertraut machen. Nur so kann man bei Bedarf eine Fehlersuche durchführen bzw. die Methodik optimieren, falls das Resultat verbesserungsbedürftig ist, was zumindest am Anfang häufig der Fall ist.

Das Prinzip der Methode beruht darauf, dass Chromosomen normalerweise nur im kontrahierten Zustand sichtbar sind. In der Interphase sind sie nicht durch konventionelle Färbetechniken erkennbar (Ausnahme beim Mensch: Barr-body = X-Chromatid und F-body = Y-Chromatid), da das Chromatin dann nicht kontrahiert ist und eng gepackt im Zellkern vorliegt. Die Darstellung von Metaphasechromosomen gelingt daher nur in teilungsaktivem Gewebe.

Das Spindelgift Colcemid verhindert die Bildung der Spindelfasern während der Mitose, wodurch das Auseinanderweichen der Schwester-Chromatiden verhindert wird. Dieser Schritt wird im Laborjargon auch „Stoppen des Wachstums“ bzw. „Unterbrechen“ genannt. Wirkt Colcemid längere Zeit auf das Chromatin ein, tritt ein Kondensationseffekt auf. Der Effekt tritt verstärkt bei rasch proliferierenden Zellen, wie z.B. bei peripherem Blut, Knochenmark und Chorionzotten, auf. Dagegen tolerieren langsam wachsende Zellen, Amnionzellkulturen und solide Tumoren längere Einwirkzeiten von Colcemid.

Werden gleichzeitig Wirkstoffe wie Ethidiumbromid oder Bromdesoxyuridin (BrdU) eingesetzt, kann die Konzentration von Colcemid sogar erhöht werden. Das beruht darauf, dass diese Substanzen den Kondensationseffekt mildern, eine langsamere Spreitung bewirken und eine Verkürzung der Chromosomen verhindern.

Was bewirkt die hypotone Lösung?

Die Salzkonzentration der Kaliumchloridlösung außerhalb der Zellen ist niedriger (hypoton) als im Zellinnern. Die hypotone Lösung erhöht das Zellvolumen durch den eintretenden osmotischen Effekt. Dabei dringt Wasser durch die Zellmembran in die Zelle hinein, um den unterschiedlichen Salzgehalt von Zelle und Umgebung auszugleichen. Ein größeres Zellvolumen bietet den Chromosomen mehr Platz, um sich besser ausbreiten können. Zudem quillt auch das Chromatin und wird dadurch besser sichtbar. Die Verwendung einer vorgewärmten hypotonen Lösung und die Inkubation der Kultur bei 37 °C verstärken diesen Effekt durch den beschleunigten Wassertransport durch die Zellmembran. Außerdem wird zusätzlich die Zellmembran aufgeweicht.

Wirkt die hypotone Lösung jedoch zu lange ein, kann der Anstieg des inneren osmotischen Drucks sogar zum Platzen der Zellen führen, was den Verlust einzelner Chromosomen zur Folge hat. Solche Chromosomenverluste sind dann rein methodisch-technisch bedingt. Wird zur Präparation Vollblut verwendet, platzen die kernlosen Erythrocyten während der Behandlung und werden dadurch beseitigt. Da die Kulturbedingungen für Granulocyten nicht gerade ideal sind, gehen sie meist während der Kultivierung unter. Einige wenige findet man in den Interphasen.

Lymphocyten sind weniger empfindlich, die meisten von ihnen schwellen an, platzen aber erst beim Auftropfen, was auch so gewünscht ist. Bei der Kultur unter Verwendung des pflanzlichen Lektins PHA werden nur die T-Lymphocyten zur Teilung angeregt. B-Lymphocyten sind zwar vorhanden, jedoch im Prinzip von untransformierten (unstimulierten) T-Lymphocyten nicht unterscheidbar.

Verschiedene Salztypen können die Größe und Länge der Chromatiden beeinflussen. Mit Natriumcitrat werden meist längere Chromatiden erreicht als mit Kaliumchlorid.

Viele Zelltypen reagieren empfindlich auf die hypotone Behandlung, vor allem solide Tumoren und Zellen der ALL (akute lymphatische Leukämie). Überbehandlung kann zur Zerstörung der Zellen führen und sollte daher vermieden werden. Gute Resultate dagegen erhält man bei einer kurzen hypotonen Behandlung, die im Idealfall nicht länger als zehn bis 20 Minuten dauert. Welches Salz in welcher Konzentration für welche Zellen geeignet ist, ist in Tabelle 13.2 zusammengefasst.

Tabelle 13-2: Geeignete Salze für die hypotone Behandlung.

Zelltyp	Salz	Konzentration
alle Zelltypen	Kaliumchlorid	0,075 mol/l
neoplastische Zellen	Kaliumchlorid	0,4%
alle Zelltypen außer Amnionzellen	Natriumcitrat	0,7%
Amnionzellen	Natriumcitrat	1,0%

Was bewirkt die Fixierung?

Die Fixierung dient der Konservierung der Gewebestruktur und hat die Aufgabe, den Verlust von Nukleinsäuren zu verhindern. Dabei senkt das Fixativ den pH-Wert der Zelle und denaturiert sie, wobei die Zellmembran elastisch fixiert wird. Zudem wird durch die Denaturierung die Aktivität endogener Nukleasen und anderer gewebeabbauender Enzyme gering gehalten. Anschließend wird die Zelle dehydriert, das Wasser im Zellinneren entfernt und durch Methanol ersetzt.

Die Zellmembran und das Chromatin werden gehärtet und die Chromosomen für eine eventuell nachfolgende Bänderung (engl. = *banding*) präpariert. Dieses Nachfolgeverfahren erlaubt die differenzierte Analyse der Chromosomen gemäß ihres Bandenmusters, was allerdings viel Erfahrung erfordert und daher für den Zellkultureinsteiger ungeeignet ist. Eine solche Beurteilung dient der Untersuchung von Chromosomenaberrationen und sollte routinierten Cytogenetikern überlassen bleiben. Sind die Zellen erst einmal fixiert, kann man sie für eine Langzeitlagerung bei –20 oder –80 °C aufheben.

Für die Fixierung der Zellen wird ein Methanol-Essigsäure-Gemisch im Verhältnis 3:1 verwendet. Methanol degradiert die Proteine, ohne deren Vernetzung zu bewirken. Zudem ist Methanol ein Zellhärtungswirkstoff, die Essigsäure dagegen fungiert als Weichmacher. Je nach Mischungsverhältnis kann die Zellmembran gehärtet oder aufgeweicht und damit die Spreitung der Chromosomen beeinflusst werden.

Das Fixativ verändert die Chromatinstruktur nur wenig, kaltes (–20 °C) Fixativ schützt die Chromosomenmorphologie. Zusätzlich hat das Gemisch einen lysierenden Effekt auf Erythrocyten und Debris. Das aus den Erythrocyten freigesetzte Hämoglobin denaturiert, was am Farbumschlag von rot nach braun gut zu erkennen ist. Werden die Zellen über Nacht in fixiertem Zustand im Kühlschrank aufbewahrt, wird die Zellmembran noch weiter gehärtet, wodurch empfindliche Zellen dem Auftropfen auf einen Objektträger besser standhalten.

Was man für die Chromosomenpräparation braucht

- Aufzuarbeitende Zellkulturen, z. B. primäre Lymphocyten,
- Komplettmedium für die Lymphocytenkultur (z. B. Chromosomenmedium B von Biochrom oder ähnliche Komplettmedien),
- sterile Zellkulturgefäße, Zentrifugenröhrchen (10 ml),
- serologische 1-ml-Pipetten, 100-µl-Pipette, sterile Pipettenspitzen,
- Colcemid-Lösung (10 µg/ml),
- hyptone Lösung, z. B. 0,075 M KCl,
- Fixativ (Methanol/Essigsäure 3:1),
- fettfreie Objektträger, Pasteurpipetten,
- halbautomatisches Absaugsystem,
- Brutschrank, Wasserbad.

Standardprotokoll für die Chromosomenpräparation aus einer primären Lymphocytenkultur

Die Protokolle für die Aufarbeitung unterscheiden sich in einigen Punkten, je nachdem, welches Material für die Kultur verwendet wird. Auf einige wichtige Unterschiede wird weiter unten noch eingegangen. An dieser Stelle ist ein Standardprotokoll für die Aufarbeitung einer Lymphocytenkultur (Suspensionskultur) wiedergegeben. Generell muss die Optimierung der Methodik für jeden Zelltyp und laborintern separat durchgeführt werden. Sollen adhärente Zelltypen für eine Chromosomenpräparation aufgearbeitet werden, muss vor der Zellernte das Detachment (vgl. Kap. 6 und 9) durchgeführt werden.

1. Zur Blutentnahme eignet sich am besten eine 10-ml-Monovette mit heparinisierten Kügelchen. Diese verhindern, dass das Blut kurz nach der Entnahme gerinnt.
2. Zur Kulturnahme des Materials wird je 0,4 ml venöses Vollblut in sterile Zellkulturgefäße pipettiert, in die 10 ml Medium vorgelegt wurde.
3. Die Kulturen werden entweder für 48 Stunden oder gängiger für 72 Stunden (je nach Ausgangsmaterial) bei 37 °C und 95% Luftfeuchte kultiviert. Eine Begasung mit 5% CO_2 ist nicht zwingend erforderlich. Geht man von der Annahme aus, dass ein Zellzyklus 24 Stunden dauert, benötigt die Lymphocytenkultur eine Transformationszeit von 24 Stunden, um von der G_0-Phase wieder in den Zellzyklus einzutreten. Nach 48 Stunden haben die Zellen den ersten Zellzyklus, nach 72 Stunden den zweiten Zellzyklus durchlaufen.
4. Zwei bis maximal vier Stunden vor der Aufarbeitung wird jeder Kultur Colcemid-Lösung (20 µl Stocklösung/ml Kulturmedium) zugegeben und dann weiter bei 37 °C kultiviert.
5. Sobald die ideale Wachstumsdauer erreicht ist, wird das Wachstum gestoppt. Dazu werden die Kulturen „geerntet" und in ein Zentrifugenröhrchen überführt.
6. Die Proben werden für 150–170 × g für 10 Minuten zentrifugiert.
7. Der Überstand wird abgesaugt und langsam 10 ml einer vorgewärmten hypotonen Kaliumchloridlösung zugegeben. Das Pellet wird vorsichtig mit einer Pasteurpipette resuspendiert, um die Zellen zu vereinzeln.
8. Die Proben werden für 15–20 Minuten bei 37 °C inkubiert.
9. Die Proben werden für 150–170 × g für zehn Minuten zentrifugiert.
10. Der Überstand wird abgesaugt. Dabei ist darauf zu achten, dass das Pellet nicht aufgewirbelt wird.
11. Wenigen Tropfen des Fixativs werden vorsichtig zugegeben, wobei die Probe sanft auf einem Vortexer durchmischt wird. Das restliche Fixativ wird bis zu einem Gesamtvolumen von 10 ml tropfenweise zugegeben. Befinden sich noch Zellaggregate und Klümpchen in der Probe, kann man sie vorsichtig mit einer Pasteurpipette resuspendieren, bis die Zellsuspension homogen ist.
12. Die Proben werden für 150–170 × g für zehn Minuten zentrifugiert.
13. Der Überstand wird bis auf 1 ml abgesaugt und das Pellet darin resuspendiert. Dann wird frisches Fixativ bis auf ein Gesamtvolumen von 10 ml zugegeben. Proben für mindestens 30 Minuten bei 4 °C im Kühlschrank inkubieren.
14. Wiederholung der Fixierungs- und Zentrifugationsschritte, bis der Überstand klar und das Pellet milchig weiß ist.
15. Nach dem letzten Waschschritt soviel Überstand wie möglich entfernen, ohne das Pellet aufzuwirbeln. Das Pellet in soviel Fixativ aufnehmen wie benötigt wird, um Tropfpräparate herzustellen. Eventuell muss die beste Verdünnung empirisch ermittelt werden.
16. Die fixierte Zellsuspension auf fettfreie, vorgekühlte Objektträger (mindestens für 20 Minuten in Methanol entfetten) auftropfen und an der Luft trocknen lassen.
17. Mikroskopische Beurteilung der Tropfpräparate mit dem 10er Phasenkontrastobjektiv. Präparate mit gut gespreiteten Metaphasechromosomen sind für die Giemsa-Färbung gut geeignet.
18. Die so hergestellten Präparate sollten staubfrei und trocken gelagert werden. Bei einer Temperatur von –20 °C sind die Präparate über mehrere Monate lagerfähig.

Merke!
EDTA ist als Gerinnungshemmer für die Chromosomenpräparation ungeeignet, weil es ein Chelatbildner ist und mit zweiwertigen Metallkationen wie Kalzium in bestimmten pH-Bereichen stabile Komplexe bildet. Dadurch wird der Energiestoffwechsel der Zellen lahmgelegt und energieverbrauchende Prozesse wie die Zellteilung finden nicht mehr statt. Die Präsenz mitotischer Zellen ist jedoch Voraussetzung für die Chromosomenpräparation.

Nützliche Hinweise

Colcemid ist lichtempfindlich und verliert auch im Kühlschrank seine Wirksamkeit, daher empfiehlt es sich, das Reagenzfläschchen in Alufolie einzupacken.

Beim Austausch von hypotoner Lösung gegen das Fixativ entstehen Turbulenzen, die ein Zerbrechen der Metaphasezellen bewirken können. Daher sollte das Fixativ zunächst sanft zugesetzt werden. Sobald die Zellen gehärtet sind, kann der Fixativwechsel rascher erfolgen. Das verwendete Fixativ sollte immer frisch hergestellt werden. Mit der Zeit bilden sich im Gemisch als Reaktion zwischen den beiden Reagenzien Acetate, die den pH-Wert senken.

Sowohl Methanol als auch Essigsäure sind hygroskopisch, d. h. sie absorbieren Feuchtigkeit aus der Luft. „Verwässertes“ Fixativ verschlechtert sowohl die Spreitung der Chromosomen als auch deren Qualität. Das Fixativ kann zudem durch feuchte Reagenzgefäße kontaminiert werden, aber auch durch hohe Luftfeuchtigkeit.

Kunststoffgefäße, in denen das Fixativ gemischt wird bzw. in denen die Suspensionen erstellt werden, sollten „Fixativ-tauglich“, d.h. säurefest sein - am besten ist Polypropylen (PP) geeignet.

13.4.3 Giemsa-Färbung

1. Objektträger für 15–20 Minuten in einem Färbetrog (z. B. Hellendahl- oder Koplin-Gefäß) mit Giemsa-Lösung (Giemsa-Stammlösung 1:10 z. B. in Weise-Puffer (pH 6,8–7,2) oder einem anderem geeigneten Phosphatpuffer) bei Raumtemperatur inkubieren.
2. Nach der Färbung die Objektträger gründlich mit Aqua dest. spülen und trocknen lassen.
3. Beurteilung der Präparate am Mikroskop mit dem 40er (ohne Öl) bzw. mit dem 100er Ölimmersionsobjektiv.

Ist mit den untersuchten Zellen alles in Ordnung, sollte man den für die jeweilige Spezies typischen Chromosomensatz finden (vgl. Tab. 13-1). In der Zellkultur werden aber häufig Tumorzellen verwendet. Diese haben meist Chromosomenveränderungen, die bereits von der Bezugsquelle (in der Regel eine Zellkulturbank) analysiert und beschrieben wurden. Diese Beschreibung des Karoytyps sollte man zum Vergleich heranziehen und regelmäßig überprüfen, ob sich durch die Dauerkultur weitere Veränderungen ergeben.

In einer Lymphocytenkultur aus normalem Spenderblut können jedoch ebenfalls Chromosomenaberrationen gefunden werden. Dazu zählen z. B. strukturelle Veränderungen wie etwa Gaps, Chromosomenbrüche oder Isochromosomen (Duplikation eines Chromosomenteils). Numerische Aberrationen betreffen Veränderungen des kompletten Chromosomensatzes, wie z. B. Tetraploidie (Vervierfachung des Chromosomensatzes). Außerdem können auch altersbedingte Gonosomenaberrationen, d. h. Aberrationen der Geschlechtschromosomen, vorkommen.

13.4.4 Bestimmung des mitotischen Index

Wenn man die Chromosomenpräparation und die anschließende Giemsa-Färbung gemacht hat, kann man neben der Bestimmung des Karyotyps zusätzlich Informationen darüber bekommen, wie hoch der mitotische Index (Zellteilungsindex) der untersuchten Zellkultur ist. Damit ist der Teil einer Zellpopulation gemeint, der sich zum Zeitpunkt der Untersuchung in der Mitose befindet. Dazu zählt man 1000 Zellen und bestimmt durch einfaches Auszählen die Gesamtzahl und den Anteil der Zellen, die sich gerade in der Mitose befinden. Dabei werden alle Zellen gezählt, die sichtbare Chromosomen aufweisen. Der mitotische Index berechnet sich aus dem Verhältnis der mitotischen Zellen zur Gesamtzellzahl (hier 1000 Zellen).

Mitotischer Index (MI) = Anzahl der mitotischen Zellen / Gesamtzahl der Zellen

Der normale Teilungsindex der meisten Körpergewebe ist heute bekannt. Liegt der ermittelte Mitoseindex darunter, kann das ein Hinweis auf mangelhafte Kulturbedingungen oder auch auf eine Kontamination sein. Liegt er deutlich darüber, kann das auf eine tumorartige Veränderung der Kultur hinweisen.

Literatur

Decker T & Lohmann-Matthes ML (1988) A quick and simple method for the quantitation of lactate dehydrogenase release in measurements of cellular cytotoxicity and tumor necrosis factor (TNF) activity. J Imm Methods 15: 61–69

Evans H J (1977) Some facts and fancies relating to chromosome structure in man. Advan Hum Genet 8: 347–438

Field DH et al. (1984) Nucleolar silver-staining patterns related to cell cycle phase and cell generation of PHA-stimulated human lymphocytes, Cytobios 41(161): 23–33

Freshney R (2005) Culture of Animal Cells, 5. Aufl. Wiley-Liss, New York

Gerlier D, Thomasset N (1986) Use of MTT colorimetric assay to measure cell activation. J Immun Methods 94: 57–63

Harper PS (2006) The discorey of the human chromosome number in Lund, 1955–1956. Hum Gent 119 (1–2): 226–232

Hsu TS (1954) Cytological studies on HeLA, a strain of human cervical carcinoma, I. Observation on mitosis and chromosomes. Tex Rep Biol Med 12(4): 833–843

Legrand C et al. (1992) Lactate dehydrogenase (LDH) activity of the number of dead cells in the medium of cultured eukaryotic cells as marker. J Biotechn 25: 231–243

Lindl T (2002) Zell- und Gewebekultur, 5. Aufl. Elsevier/Spektrum Akademischer Verlag, Heidelberg

Mitchell DB et al. (1980) Evaluation of cytotoxicity in cultured cells by enzyme leakage. J Tissue Cult Meth 6(3–4): 113–116

Moorhead PS et al. (1960) Chromosome preparations of leukocytes cultured from human peripheral blood. Exp Cell Res 20: 613–16

Mosmann T (1983) Rapid colorimeric assay for cellular growth and survival: Application to proliferation and cytotoxicity assays. J Immun Methods 65: 55–63

Nowell PC (1960) Phytohemagglutinin: an initiator of mitosis in cultures of normal human leukocytes. Cancer Res 20: 462–466

Roehm NW et al. (1991) An improved colorimetric assay for cell proliferation and viability utilizing the tetrazolium salt XTT. J Immun Methods 142: 257–265

Rothfels KH, Siminovitch L (1958) An air-drying technique for flattening chromosomes in mammalian cells grown in vitro. Stain Technol 33: 73–77

Scidiero DA et al. (1988) Evaluation of a soluble Tetrazolium/Formazan Assay for cell growth and drug sensitivity in culture using human and other tumor cell lines. Cancer Res 48: 4827–4833

Sperling K (1980) Zellzyklus und Chromosomenzyklus. Biologie in unserer Zeit 4: 111–116

Tjio JH, Levan A (1956) The chromosome number of man. Hereditas 42: 1–6

Weishaar D et al. (1975) Normbereiche von alpha-HBDH, LDH, AP und LAP bei Messung mit substratoptimierten Testansätzen. Med Welt 26: 387–390

14 Moderne Techniken in der angewandten Zellkultur

Die Zeit ist neuigkeitenschwanger,
Stündlich gebiert sie eine.
Aus: Antonius und Cleopatra

Dieses Kapitel entstand unter maßgeblicher Mitarbeit von Simone Mörtl, Institut für Strahlenbiologie, GSF.

Von der Entwicklung neuer Techniken profitiert nicht nur die Trendforschung, sondern auch die gute alte Zellkultur. Welche experimentellen Möglichkeiten sich daraus für den Zellkulturanwender ergeben, soll in diesem Kapitel anhand eines Beispiels erläutert werden. Allerdings sei dazu erwähnt, dass die hier vorgestellte Technik vergleichsweise anspruchsvoll und daher für den Einsteiger eher ungeeignet ist. Man sollte zumindest die Grundlagen der Zellkulturtechnik sicher beherrschen und auch etwas Erfahrung mitbringen. Selbst für den Routinier ist die folgende Methode mit Tüftelarbeit verbunden, für den Anfänger stellt sie eine echte Herausforderung dar. Erst nach intensiver Auseinandersetzung mit der Methodik und nachfolgenden Optimierungsschritten kann die Technik in die Routine übernommen werden.

14.1 Downregulation von Genen durch RNA-Interferenz (RNAi)

Es ist eigentlich paradox: Will man die Funktion eines Gens erforschen, muss man das Gen erst „ausschalten", damit man etwas über seine Rolle im Netzwerk der Regulationsmechanismen erfährt. Bis vor kurzem war die Technik der Wahl für die funktionelle Analyse von Genen die Verwendung von Tiermodellen, in denen das zu analysierende Gen „ausgeknockt" (ausgeschaltet) wurde. Solche *knockout*-Tiere waren das Ergebnis einer gentechnischen Keimbahnmanipulation, die bei essenziellen Genen nicht selten zu hohen Verlusten bei der Erzeugung dieser Tiere geführt hat. In der Regel mussten *knockout*-Tiere mit einem extrem hohen methodischen Aufwand generiert und anschließend unter anspruchsvollen Bedingungen gehalten werden. Inzwischen wurden verschiedene andere Ansätze zur sequenzspezifischen Ausschaltung von Genen entwickelt:

- Antisense-Oligonucleotide
- DNAzyme
- trans-schneidende Ribozyme
- RNA-Interferenz (RNAi).

Obwohl alle genannten Methoden auf hohe Effizienz und Spezifität ausgerichtet sind, konnte nur mit der RNAi-Technik eine wirklich breite Anwendung erreicht werden.

14.2 Die Entdeckung von RNAi

RNAi hat sich in den letzten zehn Jahren zu einer der vielversprechendsten und spannendsten Methoden der funktionellen Genanalyse gemausert. Der RNAi-Mechanismus wurde 1990 zunächst in Petunien, später auch in verschiedenen Wirbellosen und in der Maus entdeckt. Allerdings dauerte es noch eine Weile, bis man 1998 bei Untersuchungen am Fadenwurm *Caenorhabditis elegans* herausfand, dass doppelsträngige RNA der Auslöser für die RNA-Interferenz (RNAi) ist. Mit Interferenz (lat. *inter* = zwischen; *ferre* = tragen, bringen) sind in diesem Zusammenhang Überlagerungseffekte gemeint. Was überlagert was? Auf zellulärer Ebene bedeutet das, dass eine in die Zelle eingeschleuste RNA-Sequenz die Konzentration der zelleigenen komplementären mRNA so stark reduzieren kann, dass das betroffene Gen „stummgeschaltet" wird, obwohl es noch transkribiert wird. Dieser Prozess wurde als Gene-*silencing*, Co-Suppresssion oder auch als postranskriptionelles Gene-*silencing* (PTGS) bekannt. Erst die Entdeckung des Mechanismus in *C. elegans* führte zur heute gängigen Bezeichnung RNAi. Inzwischen wurde auf diesem Gebiet fleißig weitergeforscht und man fand heraus, dass RNAi ein universeller, evolutionär konservierter Mechanismus ist, der einerseits der Abwehr von eindringender Fremd-DNA (z. B. bei einer Virusinfektion) dient, und andererseits eine Methode zur Genregulation darstellt.

14.3 Wie funktioniert der RNAi-Mechanismus?

Es handelt sich dabei um einen Prozess, bei dem doppelsträngige RNA (dsRNA) dazu eingesetzt wird, die sequenzspezifische Expression von komplementären Genen herunterzuregulieren (Downregulation). Voraussetzung dafür ist, dass die eingesetzte dsRNA homolog zu einer spezifischen Ziel-mRNA in der Zelle ist. Die Ziel-mRNAs können dabei auch fremde Komponenten wie etwa Transkripte von Viren, parasitäre Transposons (mobile DNA-Elemente) sowie repetitive Elemente innerhalb des Wirtsgenoms beinhalten. Aufgrund von biochemischen Untersuchungen an der Fruchtfliege *Drosophila melanogaster* konnten kleine RNA-Doppelstränge von 21–23 Nucleotiden, die sogenannten siRNAs („short interfering" oder „small interfering"), als Auslöser für die RNA-abhängige Genabschaltung identifiziert werden.

Woher kommen die siRNAs und wie kommen sie in die Zielzellen? Dazu gibt es im Labor verschiedene Möglichkeiten, jedoch sollen hier nur zwei vorgestellt werden. Die eine Variante besteht darin, die siRNA mittels eines Expressionsvektors in die Kerne der Zielzellen einzuschleusen. Der Expressionsvektor enthält die DNA-Sequenz, die für die doppelsträngige haarnadelförmige RNA-Sequenzen (*short hairpin* bzw. shRNA) kodiert. Die shRNAs werden in das Cytoplasma transportiert und dort weiter prozessiert. Damit ist gemeint, dass sie von einem Enzymkomplex namens Dicer in die richtige Länge, d. h. in Fragmente von etwa 21–23 Nucleotiden, geschnitten werden. Dicer besteht aus einer ATP-abhängigen Ribonuclease, die aus Untereinheiten von RNase III und Helikase aufgebaut ist. Nachdem Dicer sein Werk verrichtet hat, haben die resultierenden doppelsträngigen Fragmente die oben erwähnte Länge und einen 3'-Überhang von zwei bis drei Nucleotiden auf jedem Strang.

Die andere Variante besteht darin, synthetische siRNAs einzusetzen. Diese kann man auf dem mittlerweile stark expandierenden siRNA-Markt käuflich erwerben, denn sie werden von vielen Firmen für eine breite Palette von Zielgenen angeboten. Die synthetischen siRNAs müssen vom Experimentator in die Zielzellen eingeschleust werden (Transfektion). Das verbreitetste Verfahren hierzu ist die lipidvermittelte Transfektion der Zellen mit der siRNA. Weitere mögliche Verfahren sind die Mikroinjektion der siRNAs direkt in den Zellkern hinein oder die Elektroporation. Synthetische siRNAs greifen zu einem späteren Zeitpunkt in das Geschehen der Downregulation ein als die shRNAs bei der vektorvermittelten Methode. Das liegt daran, dass die siRNAs das bereits durch Dicer prozessierte siRNA-Produkt darstellen.

Unabhängig von der Herkunft der siRNAs haben sie ab diesem Schritt ein gemeinsames Schicksal. Denn sowohl synthetische siRNAs als auch die mittels Expressionsvektor eingeschleusten shRNAs verbinden sich mit Dicer und zellulären Proteinen zu einem Multienzymkomplex, der RISC (*RNA-induced silencing complex*) genannt wird. Der RISC-Komplex wird erst durch die Entwindung der doppelsträngigen siRNA aktiviert. Innerhalb des Komplexes wird die doppelsträngige siRNA getrennt und in Einzelstränge überführt. Der zur Ziel-mRNA komplementäre siRNA-Einzelstrang vermittelt die Erkennung der zellulären mRNA-Sequenz durch komplementäre Paarung. Der zweite Einzelstrang spielt dagegen für die Downreglation keine Rolle, weil es für diesen Strang keine komplementäre Ziel-RNA gibt. Durch die Nucleaseaktivität des RISC-Komplexes kommt es dann zur Degradierung der Ziel-RNA. Auf diese Weise wird die Expression des Gens, für welches die Ziel-RNA die proteinkodierende Information enthält, inhibiert. Da aber die Transkription des entsprechenden Gens durch RNAi nicht gehemmt wird, handelt es sich um einen posttranskriptionellen Weg der Genregulation. Das Ergebnis ist eine effektive Hemmung der Proteinsynthese. Einen Überblick über die Vorgänge bei der RNAi-induzierten Downregulation bietet die Abbildung 14-1.

In Säugerzellen ist die Downregulation von Zielgenen nicht ganz so einfach, was die Sache für den Zellkulturexperimentator zu einer Herausforderung macht. Was ist in Säugern anders? Dort führt die exogene Aufnahme von doppelsträngiger RNA mit mehr als 30 Nucleotiden zu einem ganz anderen Resultat, nämlich zur sogenannten „Interferon-Antwort". Es wird vermutet, dass diese unspezifische zelluläre Antwort als Abwehrmechanismus gegen Viren, die dsRNA enthalten, entwickelt wurde. Wird die Interferon-Antwort getriggert, kommt es zum enzymati-

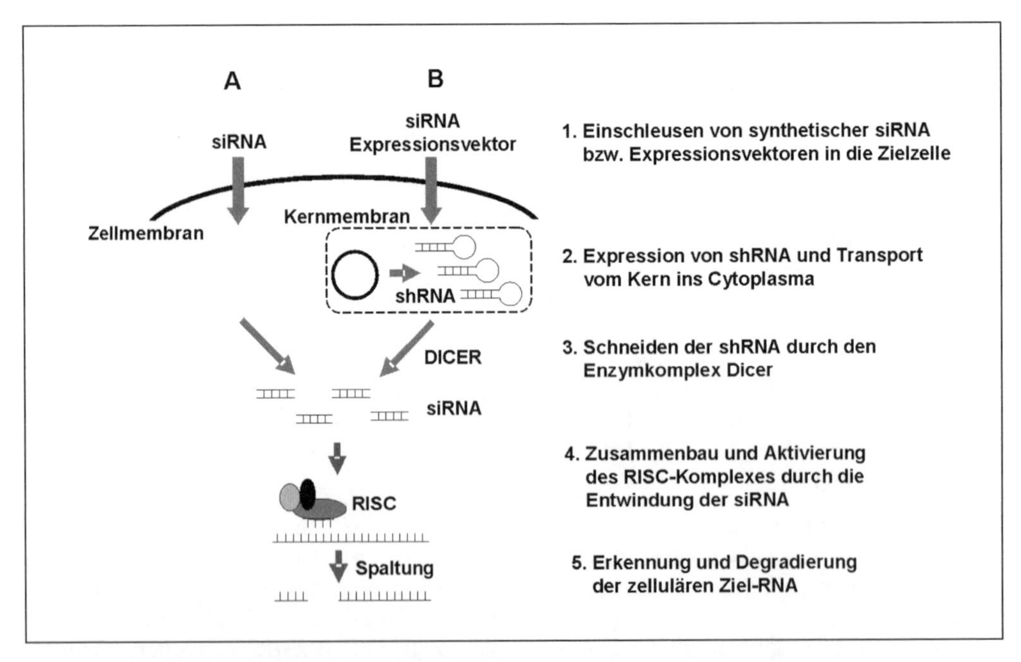

Abb.14-1: RNAi-vermittelte Genregulation in Säugerzellen. RNAi wird entweder durch das direkte Einbringen von (A) synthetisch hergestellten kurzen RNA-Oligonucleotiden (siRNA) oder (B) durch die Expression von kurzen Haarnadel-RNAs (*short hairpin*, shRNA) eingeleitet. Die Expression von shRNAs erfolgt durch Expressionsvektoren im Zellkern. Nach deren Transport in das Cytoplasma werden sie von der Nuclease Dicer in siRNAs mit 21–23 Nucleotiden geschnitten. Die siRNAs werden entwunden und an den Multienzymkomplex RISC gebunden. Die siRNA vermittelt dann die sequenzspezifische Bindung des RISC-Komplexes an die Ziel-RNA und die Degradierung findet statt.

schen Angriff auf alle mRNAs und damit zum vollständigen Stopp der Proteinsynthese. Dieses unerwünschte Ergebnis kann jedoch durch das Einschleusen oder die Expression von siRNAs mit weniger als 30 Nucleotiden umgangen werden.

14.4 Durchführung eines RNAi-Experiments

Um nicht nur auf der theoretischen Ebene zu bleiben folgt nun ein Beispiel für den Ablauf eines RNAi-Experiments, wie es von der Arbeitsgruppe für DNA-Reparatur am Institut für Strahlenbiologie des Forschungszentrums für Umwelt und Gesundheit (GSF) durchgeführt wurde. Diese Arbeitsgruppe befasst sich mit der Analyse von DNA-Schäden und den an der Reparatur beteiligten Genen. Da nicht jeder Experimentator mit dieser Materie vertraut ist, soll das RNAi-Experiment losgelöst von der Fragestellung betrachtet und die wesentlichen Schritte der Versuchsdurchführung vorgestellt werden.

Als Ausgangsmaterial hat die Arbeitsgruppe eine gut transfizierbare, durch hTERT[1] immortalisierte Zelllinie mit diploidem stabilem Chromosomensatz eingesetzt. Für diese Zelllinie waren zuvor bereits eine ganze Reihe molekularer und cytogenetischer Assays zur Beantwortung der übergeordneten Fragestellung etabliert worden. Mittels der RNAi-Technik sollten nun gezielt bestimmte Gene in der Zelllinie ausgeschaltet bzw. herunterreguliert werden.

Was man für ein RNAi-Experiment braucht, sind:

- eine dsRNA, die komplementär zur zellulären Ziel-mRNA ist, damit der RNAi-Prozess mit hoher Stringenz ausgelöst werden kann;
- ein effizientes System zur Einschleusung von dsRNA in die Zielzellen;
- Kontrollversuche zum Nachweis des RNAi-Effekts;
- Zuverlässige experimentelle Kontrollen. Als Positivkontrollen eignen sich beispielsweise siRNAs gegen bekannte Haushaltsgene wie etwa Lamin, β-Aktin, Tubulin oder GADPH (Glycerinaldehyd-3-Phosphat-Dehydrogenase). Negativkontrollen gibt es als siRNA-Cocktails die sogenannten *scrambled* siRNAs, die an keine mRNA der Zelle binden. Der Vorteil der kommerziell erhältlichen Kontrollen ist, dass sie validiert, d. h. bereits getestet sind.

Der Anwender hat die Möglichkeit, sich zwischen zwei Vorgehensweisen zu entscheiden: Durch die Verwendung von synthetischen siRNAs kann man nur eine zeitlich limitierte Downregulation von etwa drei bis maximal sieben Tagen herbeiführen, da synthetische siRNAs bei jedem Experiment neu in die Zelle eingeschleust werden müssen und nur einmal eingesetzt werden können. Das macht diese Variante der RNAi-Methode kostspielig. Beim Einsatz synthetischer siRNAs ist zudem die Transfektionseffizienz der entscheidende Faktor für ein erfolgreiches RNAi-Experiment. Damit ist die Effizienz gemeint, mit der die Zielzellen mit der siRNA transfiziert werden. Die Alternative besteht darin, einen Expressionsvektor in die Zellen einzuschleusen. Durch die vektorvermittelte Variante kann ein dauerhafter (konstitutiver)

---

1 h-TERT steht für ***h**uman **T**elomerase **R**everse **T**ranscriptase*. Gemeint ist damit die katalytische Untereinheit des Enzyms Telomerase, einer RNA-abhängigen DNA-Polymerase. Sie besteht aus einer essenziellen RNA-Komponente, der katalytischen Enzymuntereinheit und anderen Telomerase-assoziierten Proteinen. Die natürlichen Enden der Chromosomen, die Telomere, haben ein Endreplikationsproblem, was dazu führt, dass bei jeder Replikationsrunde der Zellen die Telomere DNA-Verluste erleiden und dadurch kürzer werden. Die Telomerase kompensiert diese Verluste, indem sie evolutionär konservierte Telomersequenzen wie (TTAGG)n an die Chromosomenenden anhängt. Zellen können durch die Transfektion mit TERT, dem katalytisch aktiven Teil der Telomerase, immortalisert werden. Das beruht darauf, dass Zellen, die den ständig aktiven Teil des Enzyms exprimieren, keine Seneszenz zeigen, keinen Zellzyklusarrest machen und auch keine Apoptose einleiten. Sie sind dadurch praktisch unsterblich geworden.

knockdown des Zielgens erreicht werden. Der Expressionsvektor exprimiert haarnadelförmige RNAs und stellt damit einen regenerativen Pool für siRNAs dar.

Bevor man loslegt, muss man die siRNA für das geplante Experiment aussuchen. Bei der Auswahl der siRNA-Sequenz, die homolog zur zellulären Sequenz des Zielgens ist, wird der Zellkulturexperimentator nicht allein gelassen, sondern er kann auf zahlreiche Hilfen zurückgreifen. So ist z. B. die Internetseite www.rockefeller/edu/labheads/tuschl/sirna.html, hinter der sich ein siRNA-*user-guide* versteckt, der bei der Auswahl von siRNA-Sequenzen gegen die mRNA-Sequenz des Zielgens behilflich ist, von großem Nutzen.

Grundsätzlich gilt:

- Die Zielsequenz sollte frühestens 50–100 Nucleotide nach dem Startcodon beginnen.
- Der Guanin-Cytosin-Gehalt der Zielsequenz sollte etwa 50 % betragen.
- Man sucht nach einer 23 Nucleotide langen Sequenz mit dem Motiv $AA(N_{19})$. Kommt diese nicht vor, kann man auf folgende Alternativen ausweichen: $NA(N_{21})$ oder $NAR(N_{17})YNN$ (R = Purin; Y = Pyrimidin, N = A,T,G oder C).

Kommt man an dieser Stelle ins Schwimmen, kann man dank Internet auf dort allgemein zugängliche *online*-Programme zurückgreifen: Die Rettung naht unter www.invitrogen.com, www.ambion.com oder www.dharmacon.com. Hat man dann endlich die richtige siRNA-Sequenz gefunden, bleibt es einem nicht erspart, deren Spezifität für die zelluläre Ziel-mRNA zu überprüfen. Ist die Spezifität nicht gegeben, werden wahrscheinlich mehrere Gene als nur das Zielgen herunterreguliert.

Mithilfe der Software BLAST (engl. = *basic local alignment search tool*), die man im Internet unter www.ncbi.nlm.nih.gov/BLAST findet, sucht man nach einem lokalen Sequenzabgleich zwischen der Abfragesequenz (in diesem Fall die siRNA-Sequenz) und einer Zieldatenbank, die aus Nucleotidsequenzen besteht. Die Hauptanwendung von BLAST ist die Suche nach paralogen[2] und orthologen[3] Genen und Proteinen innerhalb eines oder mehrerer Organismen. Als oben erwähnte Zieldatenbank bietet sich eine EST-Bibliothek an. EST steht für *expressed sequenced tags*. ESTs sind kleine cDNA-Schnipsel, die das Produkt einer reversen PCR sind. Bei dieser PCR-Variante wird mittels eines Enzyms, der Reversen Transkriptase (RT), die in diesem Fall als Matrize dienende mRNA in die komplementäre DNA umgeschrieben (daher cDNA = *complementary DNA*). Die BLAST-Suche nach der siRNA-Sequenz in einer EST-Bibliothek ist nötig, weil man sonst nicht sicher sein kann, dass die ausgesuchte siRNA-Sequenz wirklich spezifisch für das Zielgen ist.

Der Trick bei den EST-Schnipseln besteht darin, dass durch deren Sequenzierung rasch ein großer Teil der Gene eines Genoms sequenziert werden kann. Die Methode, die von dem Amerikaner Craig Venter (Human Genome Project) entwickelt wurde, erlaubt eine zwar schnelle, aber nur ungenaue Entschlüsselung der exprimierten Gene eines Lebewesens. Die Methoden und Konzepte jedoch, die aus dem EST-Verfahren zur Entdeckung von Genen hervorgegangen sind, waren wichtige Schritte auf dem Weg zur Entschlüsselung des menschlichen Genoms. Für diese Leistung wurde Venter im Jahr 2002 der Paul-Ehrlich- und der Ludwig-Darmstaedter-Preis verliehen.

Alternativ dazu kann man, wie bereits erwähnt, mit kommerziellen, validierten siRNAs arbeiten. Die haben allerdings einen Nachteil: Die Anbieter geben die genaue Sequenz der bereits

---

2 Paraloge sind Gene, die durch Genduplikation innerhalb eines Genoms entstanden sind. Sie entwickeln neue Funktionen, sogar wenn sie mit dem Ursprungsgen verwandt sind.

3 Orthologe sind Gene in verschiedenen Spezies, die sich von einem gemeinsamen Vorfahrengen ausgehend entwickelt haben. Normalerweise behalten sie die gleiche Funktion im Verlauf der Entwicklung. Die Identifizierung orthologer Gene ist für die zuverlässige Vorhersage der Genfunktion in neu sequenzierten Genomen von Bedeutung.

getesteten siRNAs nicht preis. Zwar ist dem Experimentator die mRNA-Sequenz des Zielgens bekannt, jedoch erhält er beim Einsatz kommerzieller, validierter siRNAs keine Information darüber, wie die siRNA-Sequenz lautet, die die Downregulation des Zielgens vermittelt. Damit besteht für den Experimentator keine Möglichkeit mehr, die Sequenz in einem vektorvermittelten *knockdown* einzusetzen. In der GSF-Arbeitsgruppe hat es sich bewährt, synthetische siRNAs selbst zu entwerfen, um die geeignetste Sequenz herauszufinden. Später wurde diese Sequenz erfolgreich für einen Langzeit-*knockdown* mittels vektorvermittelter Downregulation des Zielgens eingesetzt.

Wie stellt man siRNA her?

Es gibt zahlreiche Möglichkeiten, siRNA herzustellen. Dazu gehören:

- Expressionsvektor-basierte siRNA;
- siRNA durch *in-vitro*-Transkription;
- RNase-III-Verdau von dsRNA; hierbei werden durch *in-vitro*-Transkription längere dsRNAs (200–1000 Nucleotide) komplementär zur Ziel-mRNA erzeugt. Durch den Verdau mit RNase-III erhält man einen ganzen Cocktail von siRNAs gegen das Zielgen;
- Verwendung einer PCR-Expressionskassette, die alle zur Expression einer siRNA nötigen Signalsequenzen enthält; sie wird ohne vorherige Klonierung in die Zellen transfiziert und die siRNA wird exprimiert.

Für den experimentellen Einstieg ist der Einsatz von synthetischen siRNAs oder vektoriell exprimierten siRNAs zu empfehlen. Deren Vor- und Nachteile sind vergleichend in Tabelle 14-1 gegenübergestellt.

Im Folgenden sollen die einzelnen Schritte in einem RNAi-Experiment erläutert werden.

Auswahl der siRNA: Die Downregulation eines Zielgens sollte grundsätzlich mit mehreren verschiedenen siRNAs in unabhängigen Versuchen durchgeführt werden. Dadurch schlägt man

Tab. 14-1: Vergleich der synthetischen und der vektoriell exprimierten siRNA.

synthetische siRNA		vektoriell exprimierte siRNA	
Vorteile	**Nachteile**	**Vorteile**	**Nachteile**
• effiziente Genausschaltung	• eingeschränkte Zeit der Gensuppression	• Langzeitregulation	• hoher Zeitaufwand
• minimale unspezifische Effekte • Markierung der siRNA möglich	• Probleme mit schwer transfizierbaren Zellen • hohe Kosten	• Induzierbarkeit der siRNA-Expression durch regulierbare Promotoren	
• geringer Zeitaufwand		• Einsatz in schwer transfizierbaren Zellen mit viralenVektoren* • Antibiotikaselektion **	

* Oft scheitert ein *knockdown* mit synthetischen siRNAs an der eingeschränkten Transfizierbarkeit der Zellen. Dies ist bei primären Zellen und auch bei vielen Suspensionszelllinien ein Problem. Dieses Problem kann grundsätzlich durch die Verwendung von Vektoren, die shRNAs exprimieren, verringert werden.

** Nach der Transfektion kann man zum einen Zellen auf zusätzliche vektorvermittelte Antibiotikaresistenz selektieren und damit die transfizierten Zellen anreichern, zum anderen gelingt es durch virale Vektoren (besonders Lentivirales System) oftmals auch in schwer zu transfizierenden Zellen eine gute Effizienz zu erzielen.

zwei Fliegen mit einer Klappe, denn man kann sowohl die siRNA mit der besten Suppression des Zielgens identifizieren als auch unspezifische Effekte ausschließen. Als Kontrolle dienen siRNAs, die nicht an zelluläre mRNA binden. Zu diesem Zweck sind siRNA-Cocktails (*scrambled* siRNA) auf dem Markt. Zusätzlich ist die Verwendung einer Positivkontrolle sehr zu empfehlen, denn damit kann man den Erfolg der Methode überprüfen. Sowohl Positiv- als auch Negativkontrollen sind kommerziell (z. B. bei Qiagen, Ambion, Dharmacon oder anderen Anbietern) erhältlich.

Optimierung der Transfektionseffizienz: Hierbei ist der Einsatz von kommerziellen Fluorochrom-markierten siRNAs oder bei der vektorvermittelten Variante die Co-Expression von fluoreszierenden Proteinen zum Nachweis der Transfektionseffizienz sehr hilfreich (Abb. 14-2).

Nachweis der Gensuppression: Die Quantifizierung der mRNA des Zielgens kann am besten mittels quantitativer RT-PCR-Reaktion durchgeführt werden. Dafür gibt es kommerzielle Primerpaare die den Vorteil haben, dass sie validiert und für das gesamte Genom von Mensch, Ratte und Maus erhältlich sind. Die Alternative besteht darin, die Primer selbst auszuwählen. Dabei muss berücksichtigt werden, dass das Primerpaar mindestens ein Intron flankiert. Durch diese Vorsichtsmaßnahme wird verhindert, dass auch genomische DNA, die oft als Verunreinigung in cDNA-Präparationen vorliegt, als Template in der quantitativen PCR eingesetzt wird[4].

Zudem haben einige Proteine lange Halbwertszeiten. Dadurch kann es zu zeitlichen Verzögerungen bei der Kontrolle der optimalen Suppression kommen. Damit ist gemeint, dass das Zielgen auf der mRNA-Ebene bereits supprimiert ist, jedoch der Erfolg der Suppression auf der Proteinebene erst nach einer Latenzzeit sichtbar wird. Um das überschauen zu können, ist es ratsam, die Proteinmenge in einer Zeitkinetik über Western Blot zu quantifizieren.

Optimierung der Downregulation: Nach den ersten Versuchen mit der Gensuppression und der Proteinquantifizierung sind meist Optimierungsschritte notwendig. Dazu gehört z. B. eine Dosis-Effekt-Kurve, wobei der RNAi-Effekt ins Verhältnis zur eingesetzten siRNA-Konzentration gesetzt wird. Hatte man sich am Anfang für die vektorvermittelte Variante entschieden, können beispielsweise Vektoren mit verschiedenen Promotoren untersucht werden. Für siRNA geeignet sind z. B. die Promotoren U6 und H1, da sie besonders zur Expression von größeren Mengen an kurzen RNAs geeignet sind. Die Promotorsequenz ist kurz und liegt komplett *upstream* von der kodierenden Sequenz. Das Zusammenspiel dieser Faktoren ermöglicht eine einfache Klonierung. Jedoch müssen beide Promotoren ausgetestet werden, da die Expression zelltypspezifisch ist. Die RNAi-Reaktion lässt sich durch eine zusätzliche Antibiotikaselektion optimieren, wodurch eine konstitutive Downregulation des Zielgens erreicht werden kann.

Hat man synthetische siRNA eingesetzt, so muss der zeitliche Verlauf der Gensuppression untersucht werden. Ein signifikanter *knockdown* kann meist etwa 24–96 Stunden nach der Transfektion der Zellen beobachtet werden. Ein vektorvermittelter, stabiler *knockdown* liegt prinzipiell permanent und damit unendlich in der Zelle vor. Einschränkungen gibt es hier nur durch die supprimierten Gene, die möglicherweise das Überleben der Zellen beeinträchtigen können.

---

4 Ein PCR-Produkt aus genomischer DNA ist durch die Intron-Sequenzen erheblich länger als ein Amplifikat aus cDNA, das mit denselben Primern in der PCR amplifiziert wurde. Ist ein PCR-Fragment mit Intron z. B. 4000 Basenpaare (bp) lang, ist das entsprechende Fragment ohne Intron von reiner cDNA amplifiziert dagegen nur noch 200 bp lang. Will man nun ein PCR-Produkt ausschließlich vom cDNA-Template erhalten, kann man durch folgende Vorgehensweise sicherstellen, dass keine genomische DNA mit amplifiziert wird: Durch die Wahl einer kurzen Extensionszeit von etwa 20 Sekunden kann aufgrund der Prozessivität der Polymerase, die ca. 1000 bp/min Extensionszeit beträgt, eine Amplifikation des großen Fragments verhindert werden. Diese kurze Extensionszeit macht es nahezu unmöglich, dass ein derart großes Fragment in dieser Zeit amplifiziert wird.
Eine weitere Möglichkeit ist, bei der RNA-Isolierung einfach einen DNase-Verdau durchzuführen. Dadurch wird die DNA verdaut, während die RNA übrig bleibt, die dann als reines Template in der RT-PCR eingesetzt wird.

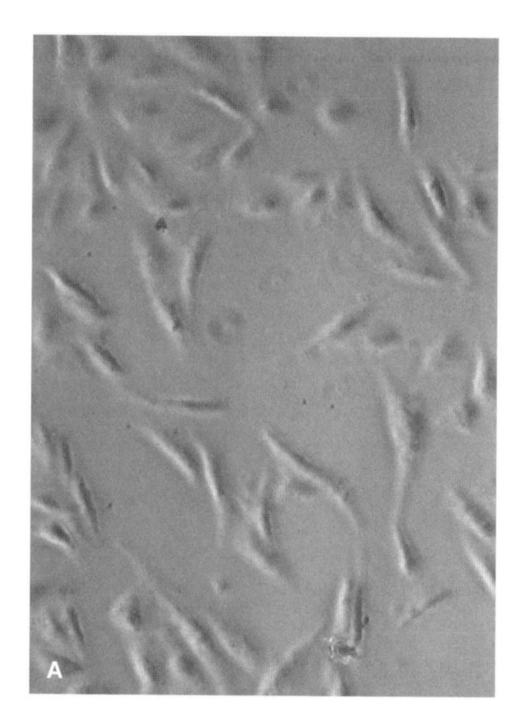

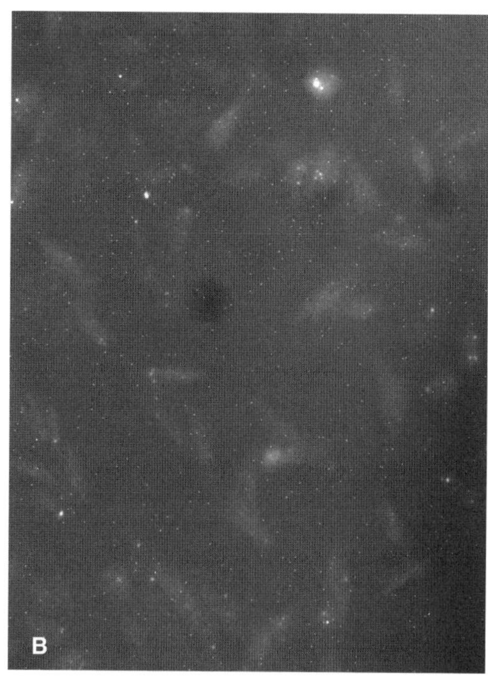

Abb. 14.2: Kontrolle der Transfektionseffizienz durch Verwendung von Fluorochrom-markierter siRNA. Mit FITC-markierter siRNA transfizierte RPE-hTERT-Zellen: Der Vergleich von Durchlicht (A) und Fluoreszenzlichtaufnahme (B) bei 20-facher Vergrößerung zeigt beinahe 100 % Transfektionseffizienz. Das mit FITC (Fluoresceinisothiocyanat) markierte Präparat wurde im Wellenlängenbereich zwischen 450 und 490 nm angeregt.

Wird für den *knockdown* aus experimentellen Gründen ein längerer Zeitraum benötigt, gibt es verschiedene Möglichkeiten: Man kann chemisch modifizierte siRNAs die länger stabil sind einsetzen (z. B. Stealth siRNA von Invitrogen). Diese siRNAs tragen im *sense*-Strang, der für den *knockdown* nicht benötigt wird, eine chemische Modifikation. Diese Modifikation erhöht die Stabilität der siRNA im Cytoplasma und erschwert den Einbau des modifizierten Strangs in den RISC-Komplex, was sich auf die Spezifität des *knockdown* positiv auswirkt. Eine weitere Möglichkeit zur zeitlichen Verlängerung der Gensuppression ist, die Zellen ein zweites Mal mit siRNA zu transfizieren. Diese Methode kann aber durch den wiederholten Stress der Transfektion zu einem deutlich verringerten Überleben der Zellen führen.

Nachweis veränderter Phänotypen: Um den *knockdown* nach quantitativer RT-PCR und Western Blot noch mit einer weiteren Methode zu verifizieren, kann man versuchen, eine bereits bekannte phänotypische Veränderung, die durch Mutationen im untersuchten Gen hervorgerufen wird, zu bestätigen. Damit lässt sich auch überprüfen, ob die Verringerung der Zielproteinmenge mittels RNAi ausreicht, um funktionelle Veränderungen hervorzurufen.

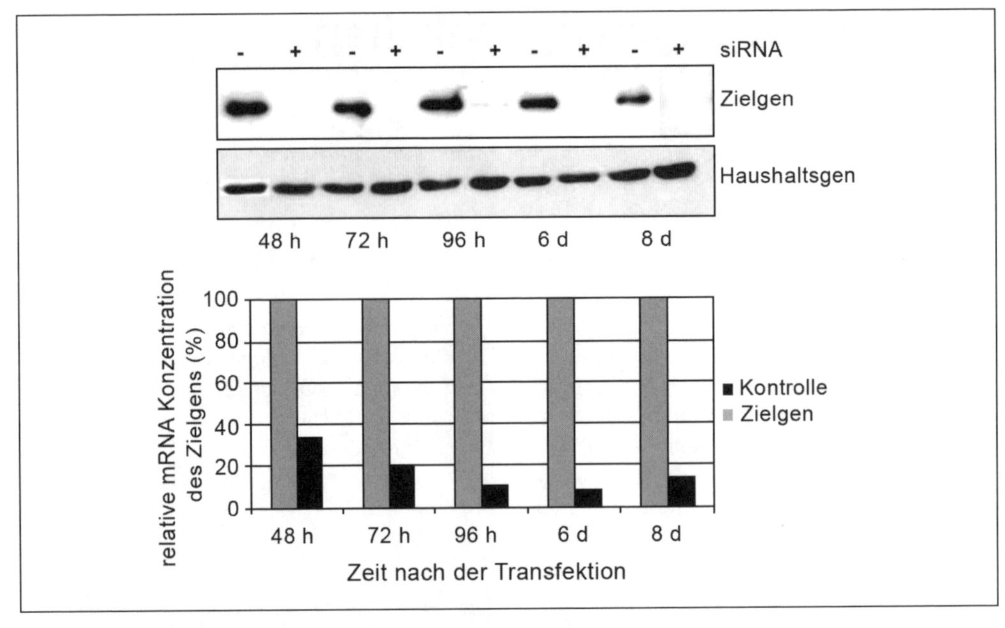

Abb. 14-3: RNAi vermittelter *knockdown* des Zielgens mit synthetischer siRNA. Effizienz und zeitlicher Verlauf der Suppression des Zielgens im Vergleich zu einem konstitutiv exprimierten Haushaltsgen (z. B. Tubulin), quantifiziert durch Western Blot (oben) und RT-PCR (unten).

14.5 Schlussbemerkungen

Zu guter Letzt muss noch erwähnt werden, dass mit der RNAi-Technik keine 100 %ige Ausschaltung des Zielgens erreicht werden kann. In der Regel bleiben 5–10 % Restprotein übrig. Für die Arbeitsgruppe DNA-Reparatur am GSF war eine 90–95 %ige Downregulation des untersuchten Zielgens für eine funktionelle Analyse jedoch ausreichend. Als experimenteller Knackpunkt stellte sich stets die Transfektionseffizienz heraus. War diese nicht hoch genug, konnte keine effektive Downregulation des Zielgens erreicht werden.

Literatur

Elbashir SM et al. (2001) Duplexes of 21-nucleotide RNAs mediate RNA interference in cultured mammalian cells. Nature 411: 494–498

Fire A et al. (1998) Potent and specific genetic interference by double-stranded RNA in Caenorhabditis elegans. Nature 391: 806–811

Guo S & Kemphues KJ (1995) par-1, a gene required for establishing polarity in C. elegans embryos, encodes a putative Ser/Thr kinase that is asymmetrically distributed. Cell 81: 611–620

Kawasaki H, Taira K (2004) Induction of DNA methylation and gene silencing by short interfering RNAs in human cells. Nature 431: 211–217

Li et al. (2002) Induction and suppression of RNA silencing by an animal virus. Science 296: 1319–1321

Morris KV et al. (2004) Small interfering RNA-induced transcriptional gene silencing in human cells. Science 305: 1289–1292

Napoli C et al. (1990) Introduction of chimeric chalcone synthase gene into petunia results in reversible co-suppression of homologous genes *in trans*. The Plant Cell 2: 279–289

Romano N & Macino G (1992) Quelling: Transient inactivation of gene expression in *Neurospora crassa* by transformation with homologous sequences. Mol Microbiol 6(22): 3343–3353

Scherrer LJ, Ross JJ (2003) Approaches for the sequence-specific knockdown of mRNA. Nat Biotechnol 21(12): 1457–1465

Zamore P et al. (2000) RNAi: Double-stranded RNA directs the ATP-dependent cleavage of mRNA at 21 to 23 nucleotide intervals. Cell 101: 25–33

15 Fortbildungsmöglichkeiten

Es gibt mehr Ding' im Himmel und auf Erden,
Als Eure Schulweisheit sich träumt, Horatio.
Aus: Hamlet

Es ist gang und gäbe, dass Neulinge in der Zellkultur die Praxis von einem Labormitarbeiter lernen, der schon viel Erfahrung und Routine auf dem Gebiet besitzt. Solche alten Hasen als Multiplikatoren einzusetzen ist eine preisgünstige und, vom Zeitaufwand betrachtet, effektive Methode, das Zellkulturwissen im Labor zu vermehren. Besonders aber, wenn es Schwierigkeiten mit der Zellkultur gibt, kann es von Vorteil sein, sich in die Geheimnisse der Zellkultur von einem Profi einführen zu lassen. Auf diese Weise lässt sich vermeiden, dass individuelle Modifikationen weitergegeben werden und Standardbedingungen entweder nicht existieren oder beliebig ausgelegt werden. Zumindest innerhalb einer Arbeitsgruppe sollten die Ergebnisse auf der Basis von Zellkulturexperimenten vergleichbar sein. Außerdem kann es nicht schaden, etwas über die Standards der *good cell culture practice* zu erfahren.

Als Teilnehmer eines Zellkulturkurses kann man jede Menge Fragen stellen und hat einen kompetenten Ansprechpartner selbst für seltene oder ungewöhnliche Fragen an der Hand. Die Dozenten kennen aufgrund ihrer Erfahrung bestimmt noch den ein oder anderen Trick, den man in der Praxis ausprobieren kann. Hat man sich dazu entschlossen, an einem Zellkulturkurs teilzunehmen, beginnt die Recherche nach den Anbietern. Da die Kurse meist mehrtägig sind, sollte man neben den Kursgebühren auch die Kosten für Übernachtung und Verpflegung einkalkulieren. Die sind, wenn nicht anders angegeben, in den Kursgebühren nicht enthalten. In der Regel bestehen die Kurse aus einem Theorie- und einem Praxisteil. Die Dozenten sind meist Naturwissenschaftler von Universitäten und anderen Forschungseinrichtungen und kennen die Materie aus eigener praktischer Erfahrung. Je nach inhaltlichem Schwerpunkt des Kurses werden verschiedene Voraussetzungen von den Teilnehmern verlangt. Da der Zellkulturanfänger primär an den Grundtechniken interessiert sein wird, soll dieses Kapitel dem Interessierten einen Überblick über die Anbieter, die Kosten (Stand Sommer 2006) und die Inhalte von Zellkulturkursen vermitteln.

15.1 Institut für Biologie und Medizin (IFBM)

Grundkurs Zell- und Gewebekulturtechnik

Im Rahmen des praktischen Kursteils geht es um folgende Inhalte:

- Ansetzen einer Primärkultur,
- Züchtung der Zellen (Medien, Medienzusätze, Medienwechsel),
- Subkultivierung (Passagieren/Trypsinieren),
- Abbrechen einer Langzeitkultur zur Herstellung von Zellpräparaten,
- Mikroskopische Bestimmung der Zellteilungsaktivität und -vitalität,
- Wachstumsverhalten,
- Bestimmung der Zellzahl und des Mitoseindex.

Alle Arbeitsschritte werden unter Anleitung selbstständig durchgeführt. Die Bedingungen für steriles Arbeiten werden erlernt.

Zielgruppe: Technische und wissenschaftliche Mitarbeiter aus biologischen oder medizinischen Bereichen

Dauer: 3 Tage

Kosten: 950,– € zzgl. MwSt.

Zahl der Teilnehmer: 6 pro Kurs

Kontaktadresse

IFBM Institut für Biologie und Medizin, Bereich Weiterbildung, Vogelsanger Straße 295, 50825 Köln, Tel. 02 21/28 22 84 0, Fax 02 21/95 48 92 5. doering@rbz-koeln.de. www.rbz-koeln.de

Weitere Informationen

Auf Wunsch werden Spezialkurse, *inhouse*-Kurse und Auffrischungskurse angeboten. Im Programm sind Kurse zu anderen Themengebieten wie Molekularbiologie und Genetik. Außerdem gibt es Vorbereitungskurse für die Studiengänge Medizin, Biologie, Pharmazie und Chemie.

15.2 Institut für angewandte Zellkultur (IAZ)

Grundkurs Zellkultur

Seit über 15 Jahren findet zweimal pro Jahr ein Zellkultur-Grundkurs statt. In diesem Kurs werden viele grundsätzliche Voraussetzungen vermittelt, um ein Labor zur Züchtung von Zellkulturen einzurichten und zu betreiben. Im Allgemeinen sind folgende Themen Schwerpunkte des Kurses:

- räumliche und apparative Voraussetzungen eines Zellkulturlabors,
- Sicherheitsvorschriften,
- Zellkulturmedien und Seren: allgemeine Grundlagen und Zusammensetzung,
- Methoden und Techniken in der Zellkultur,
- Grundlagen der Zellbiologie und -physiologie, Primärkulturen,
- Immunologie und Massenzellkultur,
- Praktische Anwendung erworbener Kenntnisse durch zahlreiche Übungen.

Zielgruppe: offen

Dauer: 4 Tage

Kosten: 1 150,– € zzgl. MwSt.

Zahl der Teilnehmer: 6 pro Kurs

Kontaktadresse

Dr. Toni Lindl GmbH, Balanstr. 6, 81669 München, Tel. 089/48 77-74, Fax 089/48 77-72, info@i-a-z-zellkultur.de, www.i-a-z-zellkultur.de

Weitere Informationen

Eigene Zellen können mitgebracht werden. Es gibt keine weiteren Kurse im Angebot. Der Kurs kann mit einem SET-Stipendium zumindest zum Teil finanziert werden (SET = Stiftung zur Förderung der Erforschung von Ersatz- und Ergänzungsmethoden zur Einschränkung von Tierversuchen).

15.3 *in vitro* – Institut für Molekularbiologie

Einsteigerkurs Gewebekultur

Der Kurs beinhaltet folgende Themen:

- Einrichtung eines Zellkulturlabors,
- Zellbiologische Grundlagen der *in-vitro*-Technik,
- Geräte: Einstellung, Wartung, Pflege,
- Maßnahmen zum Erhalt der Sterilität,
- Vermeidung, Detektion und Reaktion bei Kontaminationen,
- Kulturbedingungen: Kulturgefäße, Medium, Zelldichte usw.,
- Kriterien für die Beurteilung der Zelle *in vitro,*
- Passagieren mit und ohne Enzyme,
- Methoden zur Zellzahlbestimmung,
- Vitalitätsmessungen,
- Zellbanken, Langzeitlagerung,
- Einfrieren und Auftauen,
- Versand von Zellkulturen,
- Dokumentation in der Zellkultur,
- Sicherheitsaspekte (S1/S2).

Zielgruppe: Das Seminar richtet sich an Einsteiger der *in-vitro*-Kultivierung, z. B. an BTAs/MTAs, Diplomanden oder Doktoranden, die diese Technik korrekt und praxisnah erlernen möchten, sowie an Instituts- oder Laborleiter, die vor der Frage stehen, Zellkulturtechniken in ihr Analysenportfolio aufzunehmen. Der Intensivkurs ist darüber hinaus auch für Personen konzipiert, die einen Einblick in die Grundlagen der *in-vitro*-Kultivierung bekommen möchten, z. B. Lehrer, Juristen im Bereich Patentwesen oder Journalisten im Bereich Biowissenschaften.

Dauer: 2,5 Tage

Kosten: 500,– € zzgl. MwSt. (inkl. 2 Mittag- und 1 Abendessen, Kursunterlagen, Protokolle)

Zahl der Teilnehmer: 9 pro Kurs

Kontaktadresse

in vitro –Institut für Molekularbiologie, Prof. Dr. Gerhard Unteregger, Biomedizinisches Zentrum, Kardinal-Wendel-Str. 20, 66424 Bad Homburg/Saar, Tel. 0 68 41/17 61-11, Fax 0 68 47/ 17 61-13, info@invitro.de, www.invitro.de

Weitere Informationen

Es werden Kurse zu verschiedenen Spezialthemen wie Transfektion und Apoptose angeboten. Je nach Thema variiert die Anzahl der Teilnehmer zwischen acht und zwölf.

15.4 PromoCell Academy

Grundkurs Zellkultur

Dieser Kurs vermittelt und erweitert das Grundwissen, damit die tägliche Arbeit mit Zellkulturen sicherer und effizienter gestaltet werden kann. Praxiswissen hat bei diesem Kurs absolute Priorität. Es werden folgende Themen behandelt:

- steriles Arbeiten,
- Herstellung von Zellkulturmedien,
- Subkultivierung von Zellen,
- Zellzahlbestimmung,
- Kryokonservierung von Zellen.

Im Praxisteil wird zum einen mit Zelllinien gearbeitet, zum anderen mit humanen Primärzellen. Im Theorieteil des Grundkurses wird vermittelt, wie ein Zellkulturlabor streng nach Sicherheits- und Hygieneaspekten eingerichtet wird. Des Weiteren werden die Grundlagen einer wissenschaftlichen Dokumentation in der Zellkultur vorgestellt, die eine hohe Reproduzierbarkeit und schnelle Fehleranalyse erlauben.

Zielgruppe: Technische und wissenschaftliche Mitarbeiterinnen und Mitarbeiter ohne Vorkenntnisse oder mit Grundkenntnissen.

Dauer: 4 Tage

Kosten: 1 095,– € zzgl. MwSt.

Zahl der Teilnehmer: 8 pro Kurs

Kontaktadresse

PromoCell GmbH, Sickingenstr. 63/65, 69126 Heidelberg, Tel. 0 62 21/6 49 34-46, Fax 0 62 21/ 6 49 34-47, info@promocell-academy.com, www.promocell-academy.com

Weitere Informationen

Es werden Kurse mit Spezialthemen (*trouble shooting*, Kontaminationssicherheit) und auch Kurse für spezifische Zelltypen (Endothelzellen, Stammzellen, Tumorzellen) angeboten.

15.5 IBA Akademie

Basiskurs Zellkultur

In diesem Kurs wird besonderes Gewicht auf das praktische Arbeiten in Hinblick auf Überprüfung, Optimierung und Standardisierung der Arbeitsmethoden gelegt. Das in der Theorie gewonnene Hintergrundwissen kann direkt in den Laboralltag umgesetzt werden. Die Kursinhalte in Theorie und Praxis:

- räumliche und apparative Voraussetzungen eines Zellkulturlabors,
- Medien und Kulturgefäße,
- Routinemethoden in der Zellkultur,
- sterile Arbeitstechnik und Sterilisationsmethoden,

- Kontaminationen mit Schwerpunkt Mycoplasmen,
- *trouble shooting*

Zielgruppe: Technische und wissenschaftliche Mitarbeiter und Mitarbeiterinnen ohne Vorkenntnisse

Dauer: 3,5 Tage

Kosten: 1 095,– € zzgl. MWST.

Zahl der Teilnehmer: 8 pro Kurs, 2 Betreuer

Kontaktadresse

IBA Akademie, Hans-Böckler-Straße 2, 37079 Göttingen, Tel. 05 51/50 530-19, Fax 05 51/ 50 530-64, seminar@iba-akademie.de, www.iba-akademie.de

Weitere Informationen

Es werden Kurse zu unterschiedlichen Themen der Zellkultur (Stammzellen, Kontaminationen, Apoptose usw.) angeboten.

15.6 Klinkner & Partner

Klinkner & Partner ist ein unabhängiges Beratungsunternehmen, das Dienstleistungen für den Laborbereich anbietet. Seine Kernaufgabe sieht das Unternehmen darin, die Effizienz und die Qualität im Labor des Kunden zu verbessern. Die Branchenschwerpunkte sind mannigfaltig:

- Chemie, Pharma,
- Biotechnologie/Life Sciences,
- Diagnostik/Medizin,
- Agrar, Umwelt,
- Lebensmittel,
- Kosmetik,
- Kriminaltechnik.

Kompaktseminar Standardisierung und Qualitätssicherung in der Zellkultur

Das Seminar wird seit 2005 angeboten und beinhaltet folgende Themenschwerpunkte:

- richtige Ausstattung eines Zellkulturlabors,
- biologische Grundlagen der Zellkultur,
- Parameter der Zell- und Gewebekultur,
- Qualitätskontrolle: Identifizierung von Zellen,
- Standardisierung der Zellkultivierung,
- *tissue engineering*,
- Zertifikationsanforderungen im Zellkulturlabor.

Zielgruppe: Laborleiter, Fachkräfte und Entscheidungsträger aus dem Forschungs-, Entwicklungs- und Prüfbereich, die die *in-vitro*-Techniken aufbauen oder ausbauen möchten. Der Kurs ist ebenfalls für Einkäufer, Controller, Juristen, Fachjournalisten und Personalverantwortliche geeignet, die ihre Kenntnisse im Bereich Zell- und Gewebekultur erweitern und aktualisieren möchten.

Dauer: 2 Tage

Kosten: 635,– € zzgl. MwSt. (inkl. Verpflegung, Seminarunterlagen und Teilnahmebestätigung)

Zahl der Teilnehmer: keine Begrenzung angegeben, 1 Dozent

Kontaktadresse

Dr. Klinkner & Partner GmbH, Wilhelm-Heinrich-Straße 16, 66117 Saarbrücken, Tel. 06 81/98 210-0, Fax 06 81/98 210-25, stefanie.schank@klinkner.de, www.klinkner.de/seminar.html

Weitere Informationen

Klinkner bietet neben den Seminaren in Saarbrücken auch Seminare im „Haus der Technik“ in Essen und Berlin an. Zudem besteht die Möglichkeit für ein breites Themenspektrum *inhouse*-Schulungen durchführen zu lassen. Der Inhalt der Schulung wird individuell mit dem Kunden abgestimmt und man ist in der Wahl des Termins und der Dauer des Seminars flexibel.

16 Nützliche Adressen und Informationen

Besser ein weiser Tor, als ein törichter Weiser.
Aus: Was ihr wollt

Das folgende Kapitel ist eine Sammlung von Ressourcen, Adressen und Datenbanken, die bei der Arbeit mit Zellkulturen durchaus nützlich sein können. Das gilt nicht nur für den Fall, dass man eine neue Zelllinie beschaffen möchte. Gerade wenn man z. B. ein Problem mit einer lästigen Mycoplasmenkontamination hat, ist es gut zu wissen, welches Dienstleistungsunternehmen die Zellen von den Plagegeistern wieder befreit. Auch die zeitraubende Adaption von Zellen auf serumfreie Kulturbedingungen kann man sehr wohl von einem Profi durchführen lassen. Da sich das Marktsegment für Service- und Dienstleistungsangebote ständig verändert, erhebt diese Sammlung keinen Anspruch auf Vollständigkeit. Dennoch ist das folgende Kapitel ein Fundus bei dem jeder, der auf der Suche nach Informationen ist, garantiert fündig wird.

16.1 Ressourcenzentren für die Beschaffung von Zellen

Zellen kann man sich aus den unterschiedlichsten Quellen besorgen. Eine sehr populäre Variante ist die Weitergabe von Labor zu Labor. Diese Praxis ist zwar kostengünstig, jedoch mit Vorsicht zu genießen. Man kann nämlich nie genau wissen, was für Zellen man denn da in Händen hält. Oft ist weder bekannt, wie die originäre Morphologie der Zelllinie, noch wie der Karyotyp aussieht und wahrscheinlich weiß man erst recht nicht, in welcher Passage sich die Zellen befinden. Mehr Sicherheit bietet dagegen die Bestellung von Zellen bei einem Anbieter, der neben den gewünschten Zellen auch Informationen zu Herkunft und Eigenschaften der Zellen liefert. Vor der Abwicklung sind einige Formalitäten zu erledigen. So muss vor dem Versand in der Regel ein *material transfer agreement* unterschrieben werden.

16.1.1 American Type Culture Collection (ATCC)

ATCC ist ein *nonprofit*-Bioresource-Zentrum, das biologische Produkte, technische Unterstützung und Ausbildungsprogramme anbietet. Bakterien- und Bakteriophagenkulturen, Zelllinien, Pilzkulturen, Gewebekulturen, Viruskulturen sowie Antisera können bezogen werden.

Kontaktadresse

Vertrieb in Deutschland über LGC Promochem GmbH, Mercatorstraße 51, 46485 Wesel, Tel. 02 81/98 87 23-0, Fax 02 81/98 87 23-9, www.atcc.org, www.lgcpromochem.com und www.lgcpromochem.com/atcc

16.1.2 Deutsche Sammlung von Mikroorganismen und Zellkulturen (DSMZ)

Die Deutsche Sammlung von Mikroorganismen und Zellkulturen (DSMZ) wurde 1969 in Göttingen gegründet und ist eine unabhängige *nonprofit*-Organisation, die sich dem Erwerb, der Charakterisierung und Züchtung sowie dem Vertrieb von Bakterien-, Zell-, Pilz-, Phagen- und Plasmidkulturen widmet. Das DSMZ ist eine unabhängige Abteilung innerhalb der Gesellschaft für Biotechnologische Forschung (GBF).

Kontaktadresse

DSMZ Deutsche Sammlung von Mikroorganismen und Zellkulturen GmbH, Mascheroder Weg 1b, 38124 Braunschweig, Tel. 05 31/26 16-0, Fax 05 31/26 16-418, www.dsmz.de

16.1.3 European Collection of Cell Cultures (ECACC)

Die ECACC wurde 1984 in England gegründet und ist ein Anbieter hochqualitativer Zellkulturen. Seit etwa zehn Jahren werden Trainingskurse für Anfänger und Fortgeschrittene auf dem Gebiet der Zellkultivierung durchgeführt.

Kontaktadresse

Vertrieb in Deutschland über Sigma-Aldrich Chemie GmbH, Eschenstr. 5, 82024 Taufkirchen, Tel. 0 800/51 55 00 0, Fax 0 800/64 90 00 0, www.sigma-aldrich.com oder www.ecacc.org.uk

16.1.4 Humane Brustkrebszelllinien der Universität von Michigan (SUM-LINES)

Die Universität von Michigan bietet elf Brustkrebszelllinien an, die von Dr. Stephen Ethier isoliert wurden und als SUM-LINES bekannt sind. Jede Zelllinie stammt von jeweils einem einzelnen Patienten und repräsentiert einen unterschiedlichen Subtyp von Brustkrebs. Diese Zelllinien erlauben die Untersuchung aller Aspekte der Tumorbiologie, angefangen von der Identifizierung neuer Ziele für therapeutische Konzepte über zelluläre Signalkaskaden bis zur Wirkung neuer Medikamente auf die Zellproliferation.

Kontaktadresse

Dr. Stephen P. Ethier, University of Michigan, Medical School and Breast Oncology Program, Department of Radiation Oncology und Dr. Ann Arbor, The University of Michigan, Comprehensive Cancer Center, 1500 E Medical Center, MI 48109-0984, Michigan, USA, www.cancer.med.umich.edu/breast_cell/Production/index.html

Vertrieb der Zelllinien über Asterand Inc., Apurvi Desai (Customer Service Manager), Tech One Suite 501, 440 Burroughs, Detroit, MI 48202-3420, USA, Tel. (+1) 313/263 0960 oder 1 8866 3Tissue (gebührenfrei), Fax (+1) 313/263 0961

Vertrieb in Europa über Asterand Inc., PO Box 1105, Sudburry, CO10 8YX, Großbritannien, Tel. (+44) 17 87 279 223, Fax (+44) 17 87 297 234, advantage@asterand.com, www.asterand.com/services/

16.1.5 Interlab Cell Line Collection (ICLC)

Die Interlab Cell Line Collection des National Institute for Cancer Research in Genua wurde 1994 gegründet und bietet die Lagerung, Qualitätskontrolle und den Vertrieb von zertifizierten menschlichen und tierischen Zelllinien an. Es gibt auch einen Servicebereich mit folgenden Dienstleistungen:

- Sicherheitslagerung von Zellen,
- Speziesbestätigung durch Isoenzymanalyse und PCR,
- Mycoplasmendetektion mit Fluoreszenzanalyse, Enzymassay und PCR,
- Eliminierung von Mycoplasmen,
- Produktion von EBV-Zelllinien (EBV = Ebstein Barr Virus).

Kontaktadresse

ICLC Interlab Cell Line Collection, Instituto Nazionale per la Ricerca sul Cancro, c/o Centro Biotecnologie Avanzate, Largo Rosanna Benzi 10, 16132 Genova, Italien, Tel. (+39) 010-57 37-474 oder -428, Fax (+39) 010-57 37-293, iclc@ist.unige.it, www.sql.iclc.it/indexe/html und wwwsql.iclc.it/test/iclc (online-Katalog)

16.1.6 Coriell Cell Repositories

Die Coriell Cell Repositories bieten Zellkulturen und DNA von Zellkulturen an. Die Sammlung wird vom National Institutes of Health (NIH) und anderen Institutionen gefördert und steht weltweit jedem Forscher zur Verfügung.

Kontaktadresse

Coriell Cell Repositories, 403 Haddon Avenue, Camden, New Jersey, NJ 08103, USA, Tel. 800 752 38 05 (innerhalb der USA) und (+1) 856/757 48 48 (aus anderen Ländern), Fax (+1) 856/757 97 37, ccr@coriell.org, www.ccr.corriell.org

16.1.7 Japanese Collection of Research Bioressources (JCRB)

Die JCRB-Zellbank ist Teil des National Institute of Health Sciences des japanischen Gesundheitsministeriums. Gegen Gebühr werden Zellen und Gene auch an Kunden in Übersee verschickt. Man kann dort Zellen humanen Ursprungs sowie anderer Säugerspezies wie etwa von Tiermodellen (Ratte, Maus) erhalten. Im Angebot sind normale Zellen und auch solche, die von kranken Individuen gewonnen wurden.

Kontaktadresse

Vertrieb über HSRRB Human Science Research Resources Bank,
http://cellbank.nibio.go.jp/cellbank_e.html

16.1.8 National Laboratory for the Genetics of Israeli Populations

Dieses israelische Labor wurde 1994 gegründet und ist eine nationale Ressource für menschliche Zelllinien, die den genetischen Hintergrund der israelischen Bevölkerung mit all seinen ethnischen Variationen wiederspiegelt. Besonders interessant ist eine Sammlung von Zelllinien, die von Individuen aus Familien mit genetischen Defekten, die nur in der israelischen Population vorkommen, stammen. Die Zelllinien und DNA-Proben stehen ausschließlich für Forschungszwecke zur Verfügung. Das Labor orientiert sich an den Standards des Humangenom-Projekts.

Kontaktadresse

National Laboratory for the Genetics of Israeli Populations, Sackler Faculty of Medicine, Tel Aviv University, Tel Aviv 69978, Israel, Tel. (+972) 36 40 76 11, Fax (+972) 36 40 76 11, gurwitz@post.tau.ac.il, www.tau.ac.il/medicine/NLGIP/nlgip.htm

16.1.9 Common Access to Biological Resources and Information (CABRI)

CABRI hat Partnerschaften mit vielen anderen Ressourcen für Zelllinien und führt 28 Kataloge mit mehr als 100000 Stichwörtern. Die Sammlung beruht auf einem EU-Projekt, das von 1999 bis 2004 dauerte. Seit dem Abschluss des Projekts wird die Ressource von den ehemaligen Projektpartnern weitergeführt. Die Sammlung enthält:

- tierische und humane Zelllinien,
- Bakterien und Archaebakterien,
- Pilze und Hefen,
- Plasmide,
- Phagen,
- DNA-Proben,
- Pflanzenzellen und -viren.

Kontaktadresse

Eine Postadresse wird nicht angeben. Der Ansprechpartner im Sekretariat ist Bill Hominick (hominicks@ntlworld.com). Den Vorsitz für die technische Betreuung der Sammlung führt Dagmar Fritze vom DSMZ (dfr@dsmz.de). Man findet CABRI im Internet unter www.cabri.org.

16.1.10 Culture Collection University of Göteborg (CCUG)

CCUG ist ein Exot unter den Ressourcen, denn die Sammlung beinhaltet ausschließlich Bakterien. Ausgerechnet diese Zappelhansel sind doch in der Säugerzellkultur eine Kontamination, mag sich jetzt der Eine oder Andere denken. Dennoch oder gerade deswegen soll diese Sammlung ihren Platz hier haben. Schließlich sind nicht nur die Stämme von Mikroorganismen hier zu bekommen, sondern auch 16-s-rRNA-Sequenzen, die zur taxonomischen Einordnung von Bakterien benutzt werden. 16-s-rRNA-Sequenzen haben schließlich schon bei der PCR zum Nachweis von Mycoplasmen gute Dienste geleistet.

Kontaktadresse

CCUG, Department of Clinical Bacteriology, University of Göteborg, Mikrobiologen, Guldhedsgatan 10, SE-413 46 Göteborg, Schweden, Tel. (+46) 31/342 46 96, Fax (+46) 31/772 96 61, erbmoore@ccug.se (edward Moore, derzeitiger Kurator) oder ccug@ccug.se (Enevold Falsen, früherer Kurator), www.ccug.gu.se

16.2 Dienstleistungen rund um die Zellkultur

16.2.1 Institut für angewandte Zellkultur (IAZ)

Toni Lindls Institut wurde 1981 in München mit dem Ziel gegründet, um Zellkulturmodelle zu entwickeln, die Tierversuche ersetzen oder wenigstens ergänzen können. Solche Prüfsysteme werden der forschenden Industrie angeboten. Das Institut führt zudem zweimal im Jahr Zellkulturkurse zu allgemeinen und speziellen Themen durch.

Kontaktadresse

Dr. Toni Lindl GmbH, Balanstr. 6, 81669 München, Tel. 089/48 77-74, Fax 089/48 77-72, info@i-a-z-zellkultur.de, www.i-a-z-zellkultur.de

16.2.2 Cell Culture Service (CCS)

CCS bietet ein sehr umfangreiches Paket von Dienstleistungen an und hat zudem verschiedene zellbasierte Assays und Zellkulturprodukte im Programm. Ein besonderer Schwerpunkt liegt auf der Produktion von stabil transfizierten Zelllinien, die auf das Projekt des Kunden maßgeschneidert sind. Außerdem bietet CCS die Zellproduktion für zellbasierte Screeningverfahren und Assays für das Wirkstoffscreening und die Targetvalidierung in der Pharmaforschung an. Dieses Rundumsorglos-Angebot lässt nicht nur das Herz jeden Zellkulturanwenders höher schlagen, sondern es lässt wirklich keine Wünsche mehr offen. Die Schwerpunkte des Dienstleistungsunternehmens im Überblick:

- Konstruktion eukaryotischer Expressionsvektoren,
- Entwicklung stabil transfizierter Zelllinien für funktionelle Assays,
- Produktion von Zellen für zellbasierte Screenings,
- Herstellung rekombinanter Produktionszelllinien,
- Adaptation an serumfreie Medien,
- Rekombinante Proteine aus Säuger- und Insektenzellen.

Kontaktadresse

CCS Cell Culture Service GmbH, Falkenried 88, 20251 Hamburg, Tel. 040/47 19 65-60, Fax 040/47 19 65-66, ccs@cellcultureservice.com oder info@cellcultureservice.com, www.cellcultureservice.com.

Vertrieb der Zellkulturprodukte von CCS in Deutschland über Biomol GmbH, Waidmannstr. 3, 22769 Hamburg, Tel. 040/85 32 60-0, Fax 040/85 32 60-22, info@biomol.de, www.biomol.de

16.2.3 Minerva Biolabs

Dieses Unternehmen ist eine gute Adresse für alle, die ihre Mycoplasmen-verseuchten Zellen nicht selbst kurieren wollen. Der Firmengründer Dirk Vollenbroich kennt sich mit Mycoplasmen aus wie kein anderer, hat er doch unfreiwillig in seiner eigenen Doktorarbeit Bekanntschaft mit ihnen gemacht. Später entwickelte er daraus ein Geschäftskonzept. Im Dienstleistungssektor des Unternehmens sind folgende Leistungen enthalten:

- Nachweis und Eliminierung von Mycoplasmen,
- Nachweis von Bakterien,
- Nachweis von Pestiviren,
- Legionellenanalyse von Wasserproben,
- Mycoplasmenanalyse im Blut.

Neben dem Servicebereich gibt es eine große Bandbreite von diagnostischen Produkten für die Bereiche Labor, Klinik, Veterinärdiagnostik und Wasserdiagnostik. Für den kontaminationsgeplagten Zellkulturanwender sind zwei PCR-Kits (Standard- und *real time* PCR) zum Mycoplasmennachweis, das Eliminierungsprodukt Mynox und der Eliminierungsservice für diese Plagegeister wahrscheinlich von größtem Interesse.

Kontaktadresse

Minerva Biolabs GmbH, Köpenicker Straße 325, 12555 Berlin, Tel. 030/657628-30, Fax 030/6576 28-31, info@minerva-biolabs.com, minerva-biolabs.com

16.2.4 Fraunhofer-Institut für Biomedizinische Technik (IBMT)

Das Institut bietet im Bereich Biokompatibilität Dienstleistungen an und prüft Biomaterialien bzw. Medizinprodukte auf ihre Cytotoxizität bzw. Biokompatibilität nach ISO Norm 10 993 bzw. EN 30 993. Außerdem sind folgende Leistungen im Angebot:

- verschiedene *in-vitro*-Cytotoxizitätstests unter Einsatz verschiedener Zelllinien und Referenzmaterialien (die Testabläufe sind über Datenbanksysteme automatisiert),
- Schulungen (z. B. Biohybride Systeme; Tissue Engineering und Gewebesensorik) mit individueller und intensiver Betreuung in Theorie und Praxis,
- wissenschaftlich-technische Studien, d. h. Informationsvermittlung und Machbarkeitsstudien im *life-science*-Bereich,
- Datenbanksysteme für Laborautomatisierungsprozesse.

Kontaktadresse

Fraunhofer-Institut für Biomedizinische Technik IBMT, Ensheimer Straße 48, 66386 St. Ingbert, Sascha Lars Wien (Resourecenleiter Biokompatibilität), Tel. 06 89 4/980-278, Fax 06 89 4/980-400, sascha.wien@ibmt.fraunhofer.de

Ansprechpartnerin für allgemeine Anfragen: Dipl.-Phys. Annette Eva Maurer (Marketingleitung, Presse und Öffentlichkeitsarbeit, Assistentin der Institutsleitung), Tel. 06 89 4/980-102, Fax 06 89 4/980-400, info@ibmt.fraunhofer.de, www.ibmt.fraunhofer.de

16.2.5 Fraunhofer-Institut für Toxikologie und Experimentelle Medizin (ITEM)

Das ITEM hat sich die Forschung für die Gesundheit des Menschen auf die Fahne geschrieben. Da das ein vielseitiges und umfangreiches Unterfangen ist, hat das Fraunhofer-Institut auf dem Forschungs- und Dienstleistungssektor einiges zu bieten. Das Spektrum reicht von präklinischer und klinischer Pharmaforschung und Entwicklung über Umwelttoxikologie und Verbraucherschutz bis hin zur Prüfung und Registrierung von Chemikalien, Bioziden und Pflanzenschutzmitteln. Das ITEM führt Auftragsanalysen durch und bietet seine Dienstleistungen der chemisch-pharmazeutischen Industrie und Behörden an. Das Angebot ist derart breit angelegt, dass der Interessierte sich am besten selbst ein Bild davon macht. Hier nur ein paar ausgewählte Themen:

- klinische Allergie-, Asthma- und Inhalationsforschung,
- Austesten von Methoden zur Feinstaubmessung,
- Aersolforschung.

Kontaktadresse

Fraunhofer-Institut für Toxikologie und Experimentelle Medizin, Nikolai-Fuchs-Strasse 1, 30625 Hannover, Tel. 05 11/53 50-0, Fax 05 11/53 50-155, www.item.fraunhofer.de

16.3 Datenbanken

Datenbanken sind eine Wissensplattform die sich ständig vergrößert und daher in der Welt der Wissenschaft ein unverzichtbares Werkzeug zur Informationsbeschaffung darstellt. Nicht selten sind Datenbanken mit Ressourcenzentren assoziiert, die verschiedene Dienstleistungen anbieten. Die folgenden Datenbanken beinhalten nicht nur Zellen, sondern auch Genbibliotheken, Klone usw. und sind daher nicht nur für Zellkulturexperimentatoren interessant.

16.3.1 Cell Line Database (CLDB)

Cell Line Database enthält ausführliche Informationen in einer typologischen Faktendatenbank über ca. 3400 humane Zelllinien, 1500 tierische Zelllinien aus 63 Spezies, 1700 Tumorzelllinien, 1500 normale Zelllinien sowie knapp 400 transformierte Zelllinien. Die Datenbank basiert auf dem italienischen Interlab Projekt (vgl. Abschnitt 16.1.5).

Kontaktadresse

Instituto Nazionale per la Ricerca sul Cancro, Largo Rosanna Benzi 10, 16132 Genova, Italien, Tel. (+39) 010/57 37-288, Fax (+39) 010/57 37-295, paolo.romano@istge.it, www.biotech.ist.unige.it/interlab/cldb.html

16.3.2 European Searchable Tumor Line Database (ESTDAB)

Diese Datenbank existiert seit 2001 und wird als EU-Projekt von der Europäischen Kommission im Rahmen des fünften Rahmenprogramms (Infrastrukturprogramm) gefördert. Der Suchende findet immunologisch charakterisierte Melanomzelllinien. Nach folgenden Parametern kann in der Datenbank gesucht werden:

- HLA-Typisierung,
- Expression von Tumor-Antigenen,
- Antigen-prozessierende Eigenschaften,
- Produktion und Reaktion auf Cytokine und Chemokine,
- Apoptoseregulation,
- Expression von Adhäsionsmolekülen.

Kontaktadresse

Projektkoordinator ist Graham Pawelec, Zentrum für Medizinische Forschung, Sektion für Transplantationsimmunologie und Immunhämatologie, Waldhörnlestr. 22, 72072 Tübingen, Tel. 07 07 1/29 82 80 5, Fax:07 071/29 46 77, graham.pawelec@uni-tuebingen.de, www.ebi.ac.uk/ipd/estdab/index/html

16.3.3 Deutsches Ressourcenzentrum für Genomforschung (RZPD)

Europas größtes Servicezentrum für die Genomforschung ist an zwei Orten beheimatet, nämlich im Deutschen Krebsforschungszentrum in Heidelberg und im Max-Dellbrück-Centrum für Molekulare Medizin (MDC) in Berlin. Die weltweit größte öffentliche Klonsammlung mit 35 Millionen Klonen aus 1200 Genbibliotheken bildet die beeindruckende Basis für die Entwicklung von Ressourcen entsprechend des wissenschaftlichen Fortschritts. Die vorliegenden experimentellen Daten zu bekannten Genen werden in der RZPD-Datenbank gesammelt und miteinander verknüpft. Die Klonsammlung im Überblick:

- genomische und cDNA-Klone und Pools,
- *full-open-reading-frame*-Expressionsklone,
- genomweite siRNA-Ressourcen für Mensch, Ratte und Maus,
- Kolonie-, DNA-, und Proteinarrays,
- genomische und cDNA-Pools,
- nichtredundante cDNA-Sammlungen des Menschen und der wichtigsten Modellorganismen,
- Microarrays.

Da das RZPD ein Servicezentrum ist, dürfen die angebotenen Dienstleistungen an dieser Stelle natürlich nicht fehlen:

- Affymetrix-Service,
- Expressionsprofile auf Expressionsebene,
- Hochdurchsatz-PCR,
- Erstellung von cDNA-Bibliotheken,
- SNP-Genotypisierung,
- Immunhistochemie mit Gewebearrays.

Kontaktadresse

Deutsches Ressourcenzentrum für Genomforschung GmbH, Heubner Weg 6, 14059 Berlin, Tel. 030/3 26 39-0, Fax 030/3 26 39-262

Deutsches Ressourcenzentrum für Genomforschung GmbH, Im Neuenheimer Feld 515, 69120 Heidelberg, Tel. 06 22 1/42 47-00, Fax 06 221/42 47-04, www.rzpd.de

16.4 Gebrauchte Laborgeräte

Flossen früher die Drittmittel noch reichlich, ist heute der Geldsegen für die Forschung sehr viel spärlicher. In Zeiten knapper Budgets ist es daher durchaus eine gute Idee, nicht jedes benötigte Gerät neu anzuschaffen. Das ist erst recht sinnvoll, wenn das Gerät nur für ein Projekt von kurzer Laufzeit benötigt wird oder die entsprechende Methode nicht so oft durchgeführt werden muss. Außerdem kann man seinen Schnäppchenjagdtrieb bei der Suche nach dem besten Gebrauchtgerät ungeniert ausleben. Aber was muss man beim Kauf von gebrauchten Laborgeräten beachten, um nicht etwa ein gebrauchtes, aber leider unbrauchbares Gerät zu erwischen? Im Folgenden ein paar Punkte, die man berücksichtigen sollte, wenn man vorhat, sein Labor mit gebrauchten Gerätschaften zu ergänzen.

Der Lieferant

Zunächst muss der Lieferant auf Herz und Nieren geprüft werden. Dazu kann sich die folgende Checkliste als nützlich erweisen:

- Bietet er kompetente Beratung?
- Liegen entsprechende Kenntnisse über das gesuchte Gerät vor?
- Wie sind die Lieferkonditionen?
- Wie sind die Garantieleistungen?
- Sind Ersatzteile verfügbar?

Kann man all diese Punkte im positiven Sinn beantworten, muss man nicht befürchten, einem unseriösen Anbieter aufgesessen zu sein.

Kundendienst

Über den Dienst am Kunden scheiden sich oftmals die Geister. Ein Händler von Gebrauchtgeräten kann seinen Kunden in der Regel keine Leistungen anbieten, wie sie beim Neukauf von Geräten gang und gäbe sind. Damit ist gemeint, dass der Anbieter seine Kunden nicht mit den sonst üblichen Leistungen des Herstellers unterstützen kann. Das kann sich gerade bei komplexen Systemen wie Chromatographie-Anlagen oder ähnlichem negativ auswirken. Bei einem Neukauf stellt der Hersteller das Gerät auf, nimmt es in Betrieb und führt eine Einweisung durch. Das kann der Kunde eines gebrauchten Geräts nicht erwarten. Häufig sind bei älteren Geräten weder Ersatzteile noch Zubehör erhältlich. Gerade bei diesen Punkten zeigt sich dann, was der Kundendienst des Händlers wert ist. Hat der Kunde Interesse an diesen Punkten, übernimmt ein seriöser Anbieter die Recherche und versorgt den Käufer mit den gewünschten Informationen.

Zustand und Vollständigkeit des Geräts

Werden in der Beschreibung des Geräts Begriffe wie leichte Kratz- oder Gebrauchsspuren oder Lagerflecken genannt, ist Vorsicht geboten. Solche Begriffe sind subjektiv und können sehr stark von den eigenen Vorstellungen über den Gerätezustand abweichen. Gerätebeschreibungen sind nämlich Auslegungssache: Was für den einen ein geringfügiger Schaden ist, ist für den anderen schon ein großes Manko. Das Instrument sollte in jedem Fall als betriebsbereit und funktionstüchtig beschrieben sein. Zwar sollte man sich nicht nur auf den äußeren Zustand verlassen, denn es kommt schließlich auf den Inhalt an. Dennoch will man kein Gerät erwerben, dass schon vom Erscheinungsbild her eher an Schrott als an ein funktionierendes System erinnert. Das führt gleich zum nächsten Punkt: Da keiner gerne die Katze im Sack kauft, ist es durchaus üblich, ein Bild von dem Gerät zu verlangen. Damit kann man sich selbst einen Eindruck vom Kaufobjekt machen.

Das Alter des Geräts hat einscheidenden Einfluss auf den Kaufpreis und auf eventuell noch nutzbare Garantieleistungen. Dabei ist zu beachten, dass ein nicht benutztes, originalverpacktes Gerät, dass älter als acht Jahre ist, nicht unbedingt ein echtes Schnäppchen sein muss. Es mag zwar nicht gebraucht sein, ist aber vom technischen Stand veraltet und eine Garantie gibt es mit Sicherheit nicht mehr. Zudem sollte man darauf achten, dass das Instrument vollständig ist. Fehlen benötigtes Zubehör oder gar wichtige Bauteile, muss geklärt werden, ob sie vom Hersteller noch beschafft werden können. Ist das nicht der Fall, ist das Gerät reif fürs Museum.

Preis und Gewährleistung

In der Regel gibt es nur für fast neuwertige Gebrauchtgeräte eine Garantie, die meist sechs Monate beträgt. Solche Geräte sind echte Schnäppchen. Geräte, die älter als fünf Jahre sind, wurden in der Regel bereits abgeschrieben und haben nur noch den sogenannten Restwert. Je nach geplantem Einsatz des Geräts kann es sich dennoch lohnen, ein solches Gerät anzuschaffen. Aufpassen sollte man aber beim Preis, denn für die Beschaffung, Prüfung und Auslieferung sowie gegebenenfalls für die Entsorgung des Instruments entstehen den Händlern gebrauchter Geräte Kosten, die sich im Verkaufspreis niederschlagen.

Im Folgenden werden einige Anbieter von gebrauchten Laborgeräten in alphabetischer Reihenfolge vorgestellt.

16.4.1 AnaKat Institut für Biotechnologie

Seit der Firmengründung 1986 liegt die Kernkompetenz des Unternehmens in der Verfahrenstechnik, Mikrosystemtechnik und Medizintechnik. Eines der Anwendungsfelder befasst sich mit den Geräten und Verfahren für die Medizinische Forschung, speziell der Radiologie. Das lässt vermuten, dass man bei diesem Anbieter Erfahrung speziell mit radiologischen Geräten erwarten kann.

Kontaktadresse

AnaKat Institut für Biotechnologie GmbH, Dr. Ulrich Bernhardt, Oudenarder Str. 16–20, 13347 Berlin, Tel. 030/455 80 80, Fax 030/456 49 46, bernhardt@anakat.de, www.anakat.de

16.4.2 Laborgerätebörse

Die Laborgerätebörse verfügt über einen wahrhaft reichen Fundus an gebrauchten und neuen Laborgeräten mit Garantie und bietet diese in insgesamt 87 Produktgruppen an.

Kontaktadresse

Laborgerätebörse GmbH, Bruckstr. 58, 72393 Burladingen, Tel. 07 47 5/95 14-0, Fax 07 475/ 95 14-44, info@labexchange.de, www.labexchange.de

16.4.3 Simec

Die Simec AG versteht sich seit über 30 Jahren als Problemlöser für den Laborbereich. Das Angebot reicht von Dienstleistungen im Sinne von Beratungen und Analysen bis zum Vertrieb gebrauchter Laborgeräte.

Kontaktadresse

Simec AG, Areal Bleiche West, Postfach 413, 4800 Zofingen, Schweiz, Tel. (+41) 62/752 83 08, Fax (+41) 62/752 83 09, info@simec.ch, www.simec.ch/index.php

16.4.4 TECHLAB

Hier gibt es Produkte für Wissenschaft und Technik und ein umfangreiches Angebot für gebrauchte Laborgeräte für Analytik, Chemie, Biotechnologie und Biologie.

Kontaktadresse

TECHLAB GmbH, Asseblick 4, 38173 Erkerode, Tel. 05 30 5/93 02-03, Fax 05 30 5/93 02-08, post@techlab.de, www.techlab.de

16.5 Weitere nützliche Adressen

16.5.1 Relevante Regelwerke für die Arbeit mit Zellkulturen

Eine ganze Reihe von Regelwerken, die für die Arbeit im Zellkulturlabor wichtig sind, kann man im Internet herunterladen, so z. B. das **Chemikaliengesetz** (ChemG), dass offiziell „Gesetz zum Schutz vor gefährlichen Stoffen" heißt. Eine Bestellung kann man über die Internetplattform umwelt-online.de abwickeln. Dort findet man auch andere Vorschriften und Regelwerke. Die Sammlung reicht von Abfall über Gefahrenabwehr und Strahlenschutz bis hin zum Umweltmanagement. Der Fundus enthält auch die **Technischen Regeln für Biologische Arbeitsstoffe**, kurz TRBA genannt. Von diesen Regeln sind die TRBA 100 (Schutzmaßnahmen für gezielte und nichtgezielte Tätigkeiten mit biologischen Arbeitsstoffen in Laboratorien) und die TRBA 500 (Allgemeine Hygienemaßnahmen: Mindestanforderungen) für die Arbeit im Zellkulturlabor von besonderer Bedeutung. Die **Biostoffverordnung** (BioStoffV), die sich mit der Sicherheit und dem Gesundheitsschutz bei Tätigkeiten mit Biologischen Arbeitsstoffen befasst, ist bei umwelt-online.de ebenfalls zu finden (www.umwelt-online.de/regelwerk).

Alles rund um die **GLP-Grundsätze** (GLP = Gute Laborpraxis) inklusive der EU- und OECD-Dokumente sowie alle Aktualisierungen zum Thema bekommt man als Schriftgut oder Download:

Bundesinstitut für Risikobewertung, Pressestelle, Thielallee 88–92, 14195 Berlin, Tel. 030/ 84 12-4300, Fax 030/84 12-4970, pressestelle@bfr.bund.de, www.bfr.bund.de

Das Konsensusdokument der OECD-Schriftenreihe über die GLP-Grundsätze kann man kostenlos online abrufen (www.oecd.org/ehs/). Es besteht auch die Möglichkeit, die Dokumente anzufordern:

OECD Environment Directorate, Environment, Health and Safety Division, 2 rue André-Pascal, 75775 Paris Cedex 16, Frankreich, Fax (+33) 1/45 24 16 75, ehscont@oecd.org

16.5.2 Der Experte für Nanobakterien in Europa

Der Finne Olavi Kajander ist nicht nur der führende Experte für Nanobakterien in Europa, sondern auch der richtige Ansprechpartner für alle Zellkulturexperimentatoren, die sich für den Nano-Capture-ELISA-Kit interessieren. Den kann man über Kajanders Firma Nanobac beziehen:

Nanobac OY, Neulaniementie 2L 14, 70210 Kupio, Finnland, Tel. (+358) 17/265 89-00 (Büro) oder (+358) 17/265 89-26 (Labor), Fax (+358) 17/265 89-33, nanobac@nanobac.com

Olavi Kajander lässt den Nano-Begeisterten auch bei speziellen Fragen zum Thema nicht im Regen stehen:

Dr. Olavi Kajander (MD), Tel. (+358) 50 367 00 74 (mobil), Fax (+358) 17/265 89-33, olavi.kajander@uku.fi

16.5.3 Anbieter für Ultra-Tiefkühltruhen

EWALD Innovationstechnik GmbH, Exklusivvertretung der SANYO Biomedical Produkte, Rotrehre 26, 31542 Bad Nenndorf, Tel.: 05723-7496-0, Fax: 05723-7496-10, eMail: info@sanyo-biomedical.de

Nunc GmbH & Co. KG, Rheingaustraße 32, D-65201 Wiesbaden, Tel.: +49 (0) 611 18674-0, Fax: +49 (0) 611 18674-74, Internet: www.nunc.de, eMail: nunc@nunc.de

Geräte für die Zellkultur

(Abdruck mit freundlicher Genehmigung von Winni Köppelle, Laborjournal)

Hersteller/ Anbieter	Art des Geräts	Name des Produkts	Einsatzbereich/ Anwendungsmöglichkeiten	herausragendes Unterscheidungsmerkmal (Herstellerangaben)	weitere Angaben
Accelab, Kusterdingen Martin Winter Tel. 0 70 71/36 69 90 info@accelab.de	Laborroboter zur Herstellung und Abfüllung von Nährmedien	accelab MediaPrep	Auflösen und Kochen von Nährmedien von 5–45 l Ansatzgröße, Abfüllen in Flaschen und Reagenzgläser in hohem Durchsatz	vollautomatische Medienherstellung und -abfüllung im Labormaßstab	kompakter Aufbau, Abfüllgenauigkeit bis zu +/- 1 %, hohe Durchsatzleistung (bis zu 2 l/min), hohe Wirtschaftlichkeit
Agilent Technologies, Waldbronn www.agilent.com/ chem/labonachip	2100 Bioanalyzer: auf Microfluidic basierendes Instrument zur Analyse von biologischen Proben	Flow Cytometry Set	Protein Expression mittels Antikörper-färbung an Zelloberflächen, Kontrolle der Transfektionseffizienz bei Optimierung der siRNA-Transfektion, Zelllysat-Analyse	schnelle Analyse, einfache Bedienung, kleinste Probenvolumina	herausragende Genauigkeit und Reproduzierbarkeit der Daten, Analysenzeit im Minutenbereich, Vielseitigkeit durch Verwendung verschiedenster Assays auf einem Gerät (Zellen, RNA, DNA, Protein), Minimierung gesundheitsschädlicher Stoffe (z. B. Polyacrylamid, Ethidiumbromid)
Aviso Trade GmbH, Gera www.aviso-ms.com Tel. 03 65/55 51 91 42 info@aviso-trade.de	multifunktionales Robotersystem zur automatischen Selektion und Ernte von Zellkolonien und Einzelzellen	CellCelector	Selektion, Ernte und Detektion von adhärenten Zellkulturen, Zellen kultiviert in Methylzellulose-Medien, Zellkolonien von Agar und Einzelzellen	schonende Separationstechnologie, breites Applikationsspektrum mit nur einem Gerät	Selektion auf der Basis von morphologischen und/oder Fluoreszenzeigenschaften, schonende Separationstechnologie, Erhöhung der Qualität und Quantität
	Robotsystem zum automatischen Liquid-Handling	THEONYX	breite Anwendungsmöglichkeiten in Zellbiologie, Proteomics, Genomics und Analytik	Vakuumsystem und/oder Bead-Technologie	hochflexibel, modular aufgebaut, breiter Volumenbereich von 1–2000 µl, Integrationsmöglichkeit externer Module (z. B. Thermocycler, Platereader, Platewasher, Platesealer, Zentrifuge)
	Robotsystem zum automatischen Liquid-Handling	LabFriend	Cell maintenance, Plattieren, Medien verteilen	kompaktes und preisgünstiges Pipettiersystem für die Laborbank	einfachste Bedienung, intuitive Software, in verschiedenen Ausführungen erhältlich

Fortsetzung

Hersteller/ Anbieter	Art des Geräts	Name des Produkts	Einsatzbereich/ Anwendungsmöglichkeiten	herausragendes Unterscheidungs-merkmal (Herstellerangaben)	weitere Angaben
Beckman Coulter, Krefeld www.beckmancoulter.com Markus Kaymer Tel. 0 21 51/33 37 29 mkaymer@beckman.com	Durchflusscytometer	Cytomics FC500 MPL	Forschung und Entwicklung, Produktion, Qualitäts-kontrolle, Bead Array, Apoptose, Vitalität, DNA-Zellzyklus, Aktivierung und Funktionalität von Zellen (auch Bakterien und Hefen)	Multi-Plate-Loader für verschiedene Plattenformate	hoch standardisierbares, und trotzdem extrem flexibles 5-Farb-Durchflusszytometer; 21 CFR Part 11 „Compliance“; 20-bit Datenformat für Listmode Compensation; applikationsbezogenes Autosetup zur Standardisierung von komplexen Assays; 5 Fluoreszenzen mit 1 oder 2 Laser.
	Durchflusscytometer	Cytomics FC500	Forschung und Entwicklung; Produktion, Qualitäts-kontrolle; Apoptose, Vitalität, DNA-Zellzyklus, Immunstatus Stammzellen; Aktivierung und Funktionalität von Zellen (auch Bakterien und Hefen)	Multi-Carousel-Loader für 32 Probenröhrchen.	wie oben
Beckman Coulter, Krefeld Michael Braun Tel. 0 21 51/33 37 11 mbraun@beckman.com	Fluoreszenz-Zell-Analysator	Cell Lab Quanta SC	Forschung, und Entwicklung; Produktion und Qualitäts-kontrolle; Funktionalität an Zellkulturen (Bakterien und Hefen); Apoptose, Vitalität, Bead-Array, DNA-Zellzyklus	Kombination: Zell-größe, Absolut-Zell-zahl, Side-Scatter und 3 Fluoreszenzen	Exakte Bestimmung der Zellzahl und Zellgröße, Mehrwellenanregung mittels Hg-Bogen-Lampe und 488 nm Laser.
	Fluoreszenz-Zell-Analysator	Cell Lab Quanta SC/MPL	Forschung und Entwicklung; Produktion, Qualitäts-kontrolle; Funktionalität an Zellkulturen (Bakterien und Hefen); Apoptose, Vitalität, Bead-Array, DNA-Zellzyklus		

Fortsetzung

Hersteller/ Anbieter	Art des Geräts	Name des Produkts	Einsatzbereich/ Anwendungsmöglichkeiten	herausragendes Unterscheidungsmerkmal (Herstellerangaben)	weitere Angaben
Beckman Coulter, Krefeld Jörg Stucki Tel. 02 15 1/33 37 89 jstucki@beckman.com	Zellzahl- und Zellvitalitätsbestimmung mittels digitaler Bildanalyse	Vi-CELL Series	Forschung und Entwicklung; Produktion und Qualitäts kontrolle; Zellkultur; Hefen, Säugerzellen, Bioreaktoren	bildanalytische Auswertung, Trypan-Blau-Methode, Clusterauswertung	2–70 µm, Zahl, Konzentration, Vitalität, bis zu 100 Bilder, Autosampler, komplett automatisiert, 21 CFR Part 11 kompatibel
	Zellzahl- und Zellgrößenanalysator (nach ASTM F2149-01)	Multisizer 3	Forschung und Entwicklung; Produktion und Qualitätskontrolle; Zellkultur; Hefen, Säugerzellen, Bakterien, Bioreaktoren	direkte digitale Pulsauswertung (DPP), spezielle Bakterienanalytik	0,4–1200 µm, Zahl, Konzentration, entsprechend ASTM F2149-01, bis zu 100 Bilder, 21 CFR Part 11 kompatibel
Binder, Tuttlingen www.binder-world.com Daniela Maurer Tel. 0 74 62/20 05–662 Daniela.Maurer@binder-world.com	Zell und Gewebekulturinkubator	CB 150	Life Sciences, klinische Medizin, Veterinärmedizin, Toxikologie, Grundlagenforschung in Biologie und vorklinischer Medizin, Lebensmittelindustrie	maximale Temperierpräzision und Dynamik	driftfreies Infrarot-CO_2-Sensorsystem; nahtlos tiefgezogener Innenkessel; HEPA-Filter-freier Kulturraum; ventilatorfreier Innenraum; FDA 21 CFR 11 konforme Datenaufzeichnungssoftware
	Zell und Gewebekulturinkubator	CB 210	wie oben	wie oben	wie oben
Biohit Deutschland, Rosbach wwbihoit.de Matthias Bothe Tel. 06003/8282-22 Mathias.bothe@biohit.com	Pipettierhilfe	Midi Plus	Zellkultur, Serologie	bequemer ausklappbarer Ständer integriert	für alle serologischen Pipetten
	Pipettierhilfe, elektronisch programmierbar	ProLINE XL	Zellkultur, Serologie, HT-Screening	kalibrierbar, Reproduzierbarkeit durch elektronische Steuerung	einfach programmierbares dilutieren; keine visuelle Kontrolle nötig, Bedienung wie elektronische Standardpipette mit serologischer Pipette als „Pipettenspitze“; Volumenbereich 0,1–25 ml

Fortsetzung

Hersteller/ Anbieter	Art des Geräts	Name des Produkts	Einsatzbereich/ Anwendungsmöglichkeiten	herausragendes Unterscheidungs-merkmal (Herstellerangaben)	weitere Angaben
Biostep, Jahnsdorf www.biostep.de www.techne.de Ilona Marzian Tel. 0 37 21/27 18 88 i.marzian@biostep.de	Techne-Zellkultur-Rührsysteme	Rührgeräte MCS-101L, MCS-102L, MCS-104S, MCS-104L, MCS-104XL	Kultivierung adhärenter Zellen im Flüssigmedium	keine Scherkräfte durch exakte Pendelbewegung.	kontaktloses Magnetrührpendel; exakt definierte Umwälzung des Mediums zur Sauerstoffversorgung der Zellen; schonender Rührbeginn durch Softstart; Intervallmodus oder Dauerbetrieb möglich; keine Wärme-abgabe in die Flüssigkultur
BioTek Instruments, Bad Friedrichshall www.biotek.de Marina Lovrinovic Tel. 0 71 36/968–0 info@biotek.de	Pipettor	Precision	Reagenzzugabe, serielle Verdünnungen, Platten-replikation und Reforma-tierung, Zellassays, EIA/ELISA, Hit-Picking	hohe Pipettier-geschwindigkeit, geringe Stellfläche, Schnelldispensier-modus	4 verschiedene Dispens-/Pipettier-modi, autoklavierbarer Dispenser, verschiedene Röhrchen- und Plattenformate, graphisches Simulationsprogramm, optionaler Stacker
	Dispenser	µFill	Dispension von Lösungen, Kulturmedien und Zell-suspensionen, serielle Verdünnungen, Zellassays	Dispenser zur schnellen Flüssig-keitsverteilung in Mikroplatten	Volumenbereich von 5–6'000 µl, Volumeneinstellung in 1-µl-Schritten, verschiedene Plattenformate (u. a. 24-384, PCR-Platten, Test-röhrchen), autoklavierbar, lösungs-mittelkompatibel, roboterfähig
CellGenix Technologie Transfer, Freiburg www. cellgenix.com Silke Bolte Tel. 07 61/88 889–330 info@cellgenix.com	geschlossenes Zellkultur-Kit-System	CellGro DC-Kit	Generierung von dendritischen Zellen	geschlossenes System, unter GMP hergestellt.	Bestandteile: DC-Medium (500-ml-Beutel), VueLife-Zell-kulturbeutel in wählbarer Größe; zusätzlich CellGro-Zytokine
	geschlossenes Zellkultur-Kit-System	CellGro HPC-Kit	Kultivierung von hämatopoetischen Progenitorzellen, T-Zellen oder NK-Zellen	wie oben	Bestandteile: Stem Cell Growth Medium (500-ml-Beutel); VueLife-Zellkulturbeutel in wählbarer Größe; zusätzlich CellGro-Zytokine

Fortsetzung

Hersteller/ Anbieter	Art des Geräts	Name des Produkts	Einsatzbereich/ Anwendungsmöglichkeiten	herausragendes Unterscheidungsmerkmal (Herstellerangaben)	weitere Angaben
CyBio, Jena www.cybio-ag.com Tel. 0 36 41/35 10 productinfo@cybio-ag.com	automatisches Pipettiersystem	CyBi-SmartWell	automatischer Mediumwechsel in 96-Well-Zellkulturplatten	kompakt, für jede Sterilbank geeignet	96 Kanäle, Bibliothek mit fertigen Anwenderprogrammen, keine Programmierung nötig, einfachste Handhabung
	automatisches Pipettiersystem	CyBi-Well	automatische Zellaussaat und Mediumwechsel in 96- und 384-Well-Zellkulturplatten	passt in die meisten Sterilbänke	96 oder 384 Kanäle, Zellmixstation, flexible Software, modular erweiterbar, 1536-well-fähig
	automatischer Dispenser	CyBi-Drop 3D	automatische Zellaussaat in 96-, 384- und 1536-Well-Platten		Zellzirkulation, geeignet für höchste Durchsätze
GeSiM, Großerkmannsdorf www.gesim.de Frank-Ulrich Gast Tel. 03 51/26 95–322 info@gesim.de	Mikroperfusionszelle für Invers- und Auflichtmikroskope	MiCell	Fluoreszenzanalyse von Zellen und Zellsuspensionen, Zelldiagnose durch optisches Strecken, Mikroreaktionskammern z. B. für Zell-Ligand-Interaktionsstudien, Messung elektrischer Aktionspotenziale	Mikrofluidik-Plattform für die Mikroskopie mit Mikrooptik, Sensorik und Mikroelektroden-Interface	PDMS-Abformstation für selbständiges Abformen der Durchflusszellen, Fluidprozessor mit integrierten Spritzenpumpe(n), Selektorventil(en) und Hydrogel-Mikroventil(en), Programmierung im Rahmen der Windows-Software
Greiner Bio-One GmbH, Frickenhausen www.gbo.com/ bioscience	Bioreaktor	miniPERM	Produktion von monoklonalen Antikörpern und rekombinanten Proteinen, Hochdichtezellkultur, Biomasseproduktion	dialysemembranbasiertes Zweikompartimentensystem bestehend aus Produktions- und Versorgungsmodul	hohe Zelldichte, hohe Produktkonzentration, mehrfache Ernten möglich, Kultivierung von Suspensions- und adhärenten Zellen, wiederverwendbare Versorgungsmodule erhältlich
	Flaschendrehvorichtung	Universaldrehvorichtung	Rotation des miniPERM Bioreaktors, Rollerflaschen etc. während der Kultivierung	sehr geringe bis hohe Umdrehungsgeschwindigkeiten	digitale Regulierung der Drehgeschwindigkeit von 0,1–40 UpM

Fortsetzung

Hersteller/ Anbieter	Art des Geräts	Name des Produkts	Einsatzbereich/ Anwendungsmöglichkeiten	herausragendes Unterscheidungs-merkmal (Herstellerangaben)	weitere Angaben
Hamilton Life Science Robotics, Martinsried www.hamiltonrobotics.com Dr. Jörg Katzenberger Tel. 0 89/55 26 49–0 jkatzenberger@hamiltonrobotics.com	Automationslösung zur Automatisation aller wesentlichen Schritte in der Kultivierung von Zellen	Cellhost System basierend auf einem MICROLAB STAR Pipettier-roboter	automatisierte Kultivierung von Primärzellen, Zelllinien und embryonalen Stamm-zellen, inkl. autonomes Ausplattieren, Medien-wechsel und Zellernte	schlauchfreies System eliminiert Kontamination weitgehend	bedienerfreundliche Software, die es ermöglicht, verschiedene Prozesse zellspezifisch für mehrere Wochen zu programmieren, enthält Datenbank für lückenlose Dokumentation, System mit embryonalen Stamm-zellen getestet
Ibidi, München www.ibidi.de Ulf Rädler Tel. 0 89/21 80–64 18 info@ibidi.de	Zellimpedanz-messgerät	ECIS (Electric Cell Substrate Impedance Sensing System)	Messungen der Impedanz eines Zellrasens; Toxikologie, Pharmakologie, Pharmakokinetik	8- und 96-Well-Formate, Fluss-kammern, Echtzeit-messungen	ermöglicht Messungen der Zell-anheftung, des Zellspreading und der Zellmigration; inklusive Anfangsset, Zellchips, Computer und Software
Integra Biosciences, Fernwald www.integra-biosciences.de Tel. 0 64 04/809–0	Pipettierhilfe	Pipetboy accu	arbeitet mit allen gängigen serologischen Pipetten aus Glas oder Plastik	leicht, leise, schnell, zuverlässig, bunt	netzunabhängig, regelbare Geschwindigkeit, auslaufen und ausblasen, neuer, langlebiger Akku
	Pipettierhilfe	Pipetboy comfort	wie oben	leicht, leise, schnell, zuverlässig, modern	netzunabhängig, regelbare Geschwindigkeit, kabellose Ladeschale, neuer, langlebiger Akku
	Bunsenbrenner	Fireboy plus / eco	automatischer mobiler Sicherheitsbunsenbrenner für den Labortisch oder die Sicherheitswerkbank	Akkubetrieb, berührungsloser IR-Sensor, Fußschalter	Gaskartuschenadapter, UV-beständig
	mobiler Hand-bunsenbrenner	Flameboy	automatische Abflammpistole	mit Piezzo-Zündung und Gaskartuschen-adapter	UV-beständig und mobil
	Absaugsystem	Vacusafe comfort	sicheres Absaugen auch von kontaminierten Lösungen und Zellkulturüberständen	kompakt, sehr leise, unabhängig, automatisches Abschalten	variables Vakuum einstellbar, Sicherheitsfilter eingebaut, universelles Handstück mit verschiedenen Adaptern

Fortsetzung

Hersteller/ Anbieter	Art des Geräts	Name des Produkts	Einsatzbereich/ Anwendungsmöglichkeiten	herausragendes Unterscheidungsmerkmal (Herstellerangaben)	weitere Angaben
	Mini Bioreaktor	Celline	Kultivieren von Zellen und Produzieren von Zellprodukten (z. B. Antikörper)	sehr hohe Ausbeuten, ökonomisch, klein, einfach	optimale Nährstoffversorgung, Membrantechnologie, hohe Ernte, auch für adhärente Zellen, Einsparen von Medium
	automatisches Rollersystem	Cellroll	Kultivierungssystem für Rollerflaschen	elektronisch, programmierbar, brutschranktauglich, variabel, Baukastensystem	abnehmbare Steuereinheit mit Cellspin kombinierbar, keine Wärmeabgabe der Inkubationseinheit
	automatisches Spinnerflaschensystem	Cellspinn	Kultivierungssystem für Spinnerflaschen	wie oben	abnehmbare Steuereinheit mit Cellroll kombinierbar, keine Wärmeabgabe der Inkubationseinheit
	CO_2-Inkubator	5'000er-Serie	Zellkulturbrutschrank	temperierbarer CO_2-Brutschrank für alle Zellkulturen	Reinraumtechnik, Luftmantel, Sterilisationsprogramme (95 und 145 °C), 188 l Beladevolumen
	CO_2-Inkubator	4'000er-Serie	Zellkulturbrutschrank	temperierbar, Option O_2 und rH	Reinraumtechnik, Wassermantel, automatische Luftfeuchtigkeit, 188 l Beladevolumen
	Zellkultursicherheitswerkbank	437er-Serie	mikrobiologische Sicherheitswerkbank	HEPEX System, gefalteter Innenraum, ergonomisch, aus Edelstahl	als Klasse I, II und III verfügbar, steriles Arbeiten mit Zellkulturen, Personen- und Produktschutz

Fortsetzung

Hersteller/ Anbieter	Art des Geräts	Name des Produkts	Einsatzbereich/ Anwendungsmöglichkeiten	herausragendes Unterscheidungsmerkmal (Herstellerangaben)	weitere Angaben
Ewald Innovationstechnik, Bad Nenndorf (Exklusivvertretung der SANYO Biomedical Produkte) Tel. 0 57 23/91 44 91 info@sany-biomedical.de KMF Laborchemie, Lohmar Tel. 0 22 46/92 45–0 verkauf@kmfl.de	CO_2-Inkubator	MCO-20AIC	Kontaminationsbekämpfung	Kupfer-Edelstahl-Kammer, zellschonendes UV-Sterilisationsystem	direkt beheiztes Luftmantelsystem, geräumige Innenkammer (195 l), Infrarot-CO_2-Sensor
Labotect, Göttingen www.Labotect.com Tel. 05 51/5 050 01–0 sales@labotect.com	CO_2-Inkubator	C 42	Zellkultur	Medizinprodukt	16 l Volumen, Zweistrahl-Infrarotmessverfahren, kurze Erholzeiten, optional O_2-Kontrolle
	CO_2-Inkubator	C 60	Zellkultur	Medizinprodukt	aktive Sterilbefeuchtung, Zweistrahl-Infrarotmessverfahren, Direktheizsystem, optional O_2-Kontrolle
	CO_2-Inkubator	C 200	Zellkultur	Medizinprodukt	aktive Sterilbefeuchtung, Zweistrahl-Infrarotmessverfahren, Direktheizsystem, optional O_2-Kontrolle, 6-fach geteilte Tür
	CO_2-/Temperaturhandmessgerät	InControl 1050	Überwachung der Parameter CO_2 und Temperatur	mobile Messung von CO_2 und Temperatur	Intervallmessungen möglich, Auswertungsmöglichkeit aller Parameter
	Klasse-II-Sicherheitswerkbank	Baker SG 403/603	Personen-, Umgebungs- und Produktschutz beim Arbeiten mit biologischen Agenzien	Unterdruckumspülung des Innenraumes	hohe Filterstandzeiten, geringer Geräuschpegel, automatische Anpassung der Drehzahl des Gebläsemotors am Filterwiderstand

Fortsetzung

Hersteller/ Anbieter	Art des Geräts	Name des Produkts	Einsatzbereich/ Anwendungsmöglichkeiten	herausragendes Unterscheidungs-merkmal (Herstellerangaben)	weitere Angaben
	Kryolagersystem	CBS Isothermal	Langzeit-Kryolagerung	minimiertes Kontaminationsrisiko	kein Kontakt der Proben mit flüssigem Stickstoff, geringe Temperaturgradienten im Innenraum, verbesserte Sichtverhältnisse
MoBiTec, Göttingen www.mobitec.de Tel. 05 51/70 722–0 info@mobitec.de	Mini-Zellkammer	MiniCeM	konventionelle und Fluoreszenzmikroskopie, sterile Mikromanipulation, ermöglicht mikroskopische Langzeitstudien an Einzelzellen	steriler und einfacher Transfer in oder aus der Zellkammer	steril und gebrauchsfertig, autoklavierbar; auch als Grid-Version; für aufrechte und inverse Mikroskope geeignet; einfache Integration von pH- und Temperaturmesssonden
New Brunswick Scientific, Nürtingen www.nbsc.com Frau Mayer Tel. 0 70 22/93 249–0 sales@nbsgmbh.de	CO_2-Inkubator	Innova CO 48	Nutzrauminhalt 48 l, Zellkultur, Hyperoxieversuche	Direktheizung, ventilatorlos	72 Stunden Aufzeichnung von Temperatur, CO_2, Türöffnung; Dekontaminationsroutine, Diagnoseprogramm, Infrarotsensor
	CO_2-Inkubator	Innova CO 150	Nutzrauminhalt 150 l, Zellkultur	wie oben	Infrarotsensor
	CO_2-Inkubator	Innova CO 170	Nutzrauminhalt: 48 l, Zellkultur, Hyperoxieversuche	wie oben	72 Stunden Aufzeichnung von Temperatur, CO_2, Türöffnung; Dekontaminationsroutine, Diagnoseprogramm, Infrarotsensor
	CO_2-Inkubator	Innova CO 14	Nutzrauminhalt 14 l, Zellkultur	wie oben	Infrarotsensor
	Bioreaktor	BioFlo 110	autoklavierbarer Bioreaktor für Suspensions- und adhärente Kulturen, Arbeitsvolumina von 0,4–10 l	modular, Magnetantrieb, mehrere Reaktoren simultan	Batch, Fed-Batch, Perfusionskulturen; Spinfilter, Gasmixer, Merfachfermenter
	Einweg-Bioreaktor zum Einstellen in CO_2-Inkubator	FibraStage	Einweg-Zellkulturreaktor für sezernierte Proteine, für adhärente und Suspensionskulturen	steriles Einwegsystem, 500-ml-Kulturflasche	Zelldichten von bis zu 6 × 109 Zellen pro 500-ml- Kulturflasche; Alternative zu Spinnerflaschen und Rollerkulturen

Fortsetzung

Hersteller/ Anbieter	Art des Geräts	Name des Produkts	Einsatzbereich/ Anwendungsmöglichkeiten	herausragendes Unterscheidungsmerkmal (Herstellerangaben)	weitere Angaben
	autoklavierbarer Festbett-Zellkulturreaktor	CelliGen Plus	Zellkulturreaktor speziell für sezernierte Proteine, für adhärente und Suspensionskulturen	Arbeitsvolumina 1,4, 3,5, 5 und 10 l	einfacher Perfusionsbetrieb, kein Zellrückhaltesystem notwendig, extrem hohe Ausbeuten
Nunc, Wiesbaden www.nunc.de Hans-Peter Wiegmann Tel. 06 11/18 674–30 h.p.wiegmann@nunc.de	CO_2-Inkubatoren	NunCO_2bator Galaxy R+, NunCO_2bator Galaxy S+, NunCO_2bator Galaxy B+	Zellkultur	Infrarotsensor, vibrationsarm (ohne Ventilator), keine Ecken und Kanten im Innenraum, 120-°C-Dekontamination, Modell R: Messwertspeicher mit graphischem Display	O_2-Regelung, Kühlsystem, Datensoftware inkl. RS232, bis zu 8 Innentüren, vollautomatisches, programmierbares Auto-Zero
	CO_2-Mini-Inkubatoren	NunCO_2bator MiniGalaxy A, NunCO_2bator MiniGalaxy E, NunCO_2bator MicroGalaxy	Zellkultur	Infrarotsensor, vibrationsarm (ohne Ventilator), keine Ecken und Kanten im Innenraum, MiniGalaxy A: Messwertspeicher mit graphischem Display, 120-°C-Dekontamination	O_2-Regelung, vollautomatisches, programmierbares Auto-Zero, Alarmkontakte, Datensoftware inkl. RS232, 14 oder 48 l Volumen
	Tiefkühlschrank (–86 °C)	NuncFrost Basic	Lagerung von Zellen und Gewebe	zuverlässiges Zweikompressorkühlsystem mit Alarmkontakten	5 Innentüren, beheizte Dichtungen und Druckausgleichsventil, Alarmsystem, 379–691 l Volumen
	Tiefkühlschrank (–40 bis –86 °C)	NuncFrost DF	wie oben	wie oben	4 Innentüren, beheizte Dichtungen und Druckausgleichsventil, Überprüfung von Netzspannung, Alarmakku und Kompressorüberhitzung,

Fortsetzung

Hersteller/ Anbieter	Art des Geräts	Name des Produkts	Einsatzbereich/ Anwendungsmöglichkeiten	herausragendes Unterscheidungs-merkmal (Herstellerangaben)	weitere Angaben
	Tiefkühlschrank (–40 bis –86 °C)	NuncFrost Advantage	wie oben	wie oben	5 Innentüren, beheizte Dichtungen und Druckausgleichsventil, Überprüfung von Netzspannung, Alarmakku und Kompressorüberhitzung, 379–691 l Volumen
	Tiefkühltruhe (–86 °C)	NuncFrost Basic	wie oben	wie oben	doppeltes Deckeldichtungssystem, zusätzliche Innendeckel, Alarmsystem, Laufrollen, 90–580 l Volumen
	Tiefkühltruhe (–40 bis –86 °C)	NuncFrost DF	wie oben	wie oben	Überprüfung von Netzspannung, Alarmakku und Kompressorüberhitzung, doppeltes Deckeldichtungssystem mit zusätzlichen Innendeckeln, 191–592 l Volumen
	Tiefkühltruhe (–40 bis –86 °C)	NuncFrost Advantage	wie oben	wie oben	Überprüfung von Netzspannung, Alarmakku und Kompressorüberhitzung, doppeltes Deckeldichtungssystem mit zusätzlichen Innendeckeln, 90–580 l Volumen
	Tiefkühlschrank (–35 °C)	NuncFrost Slimline LDF700	Kurzzeitlagerung von Zellen und Gewebe	zuverlässiges Einkompressorkühlsystem mit umfangreichen Alarmfunktionen	610 l Volumen, automatische Abtauung, Luftumwälzung, Durchführungen, Innensteckdosen
	Tiefstkühltruhe (–135 / –145 °C)	NuncFrost QC	Langzeitlagerung von Zellen und Gewebe	zuverlässiges Einkompressorkühlsystem mit umfangreichen Alarmfunktionen	Überprüfung von Netzspannung, Alarmakku und Kompressorüberhitzung, für bis zu 19'800 Kryoröhrchen, Alternative zu Flüssigstickstoff, keine explodierenden Röhrchen, Standardlagersysteme

Fortsetzung

Hersteller/ Anbieter	Art des Geräts	Name des Produkts	Einsatzbereich/ Anwendungsmöglichkeiten	herausragendes Unterscheidungsmerkmal (Herstellerangaben)	weitere Angaben
	Sicherheitswerkbank Klasse II nach DIN EN 12469	NuncFlow Modelle Safeflow 1.2 und Safeflow 1.8	Zellkultur, Immunologie, Virologie	ergonomisches Frontscheibendesign, Frontscheibe motorgetrieben verschiebbar, programmierbares UV-Licht, Gashahn und Vakuumanschluss als Standard, günstige Wartungsverträge	zusätzliche Sicherheitsabsaugung im Frontscheibenbereich; Frontscheibe schließt gasdicht, Anzeige von Filterstandzeit und Gesamtbetriebszeit, Anzeige der UV-Licht-Betriebsstunden, Raum unter der Arbeitsfläche aus Edelstahl
	Sicherheitswerkbank Klasse II nach DIN EN 12469	NuncFlow Modelle TopSafe 1.2 und TopSafe 1.5	Zellkultur, Immunologie, Virologie	ergonomisches Frontscheibendesign, Anzeigen im Sichtbereich, Steckdose, Gashahn und Vakuumanschluss als Standard, günstige Wartungsverträge	Arbeitsfläche 3-teilig; einzigartiges Luftgeschwindigkeitsmesssystem, nicht alternd und nicht temperaturabhängig; UV-Licht mit Timer; Versorgungsanschlüsse platzsparend oben auf der Werkbank; Abnahmemessungen nach DIN EN 12469 im Preis enthalten
	Produktschutzwerkbänke mit Vertikalstrom	NuncFlow Aura Vertical, NuncFlow Aura Min	Zellkulturen mit nichtpathogenen Mikroorganismen, andere Arbeiten unter sterilen Bedingungen	Alarmsystem, Aura Vertical mit verschiebbarer Frontscheibe, Aura Mini mit aufklappbarer Frontscheibe	Luftstrom in das Gerät gerichtet, Edelstahlarbeitsfläche, Filter mit 99,995 % Effektivität, Aura Mini 0,8 m Innenbreite, Aura Vertical 1,2 m Innenbreite
	Produktschutzwerkbänke mit Horizontalstrom	NuncFlow Aura HZ	wie oben	Edelstahlarbeitsfläche, Luftstrom horizontal	Filter mit 99,995 % Effektivität, 1,2 m oder 1,8 m Breite, Nachtabdeckung mit UV-Licht, Alarmsystem, Steckdosen

Fortsetzung

Hersteller/ Anbieter	Art des Geräts	Name des Produkts	Einsatzbereich/ Anwendungsmöglichkeiten	herausragendes Unterscheidungs-merkmal (Herstellerangaben)	weitere Angaben
	Flüssigstickstoff-Lagerbehälter	NuncFrost Locator, SC, XC, Lab	Langzeitlagerung empfindlicher Zellen	Locator Modelle mit Füllstandsalarm, auch Modelle für den Transport im Flugzeug	Modelle für 150–6'000 Kryoröhrchen, Lagerung in Aluhaltern oder Kryoboxen, Vorratsbehälter bis 230 l, spezielle Versandbehälter für Zellen
	Orbitalschüttler	NuncMove MaxQ	Zellkultur, Hybridisation, Bakteriensuspensionen, diagnostische Tests	Antriebssystem mit Langzeitgarantie	Unterschiedliche Plattengrößen bis 915 × 610 mm, Flaschenklammern von 10–6'000 ml, Halterungen für Röhrchen, 15–500 rpm
	Horizontalschüttler	NuncMove, Multi-Wrist		ersetzt manuelles Schütteln	für 8 oder 16 Erlenmeyerkolben bis 500 ml an Seitenarmen befestigt; auch für Röhrchen geeignet, 30–750 rpm, Schüttlerplatte als Option, mechanischer Timer (1–60 min)
	Kippschüttler	NuncMove Vari-Mix, Speci-Mix u.a.	Hybridisation, Blotten	Modelle für Schalen, Flaschen, Röhrchen	bis 20 rpm, Kippwinkel bis 48 Grad, für bis zu 16 Röhrchen
	Überkopfschüttler	NuncMove Labquake	Mischen von Blutproben, Herstellung von Dispensionen	für bis zu 46 Röhrchen	bis zu 8 rpm, auch als Kippschüttler lieferbar
	Reinstwasser-systeme	NuncWater EASYpure II	Zellkultur, Analytik, PCR	TOC bis 1 ppb	18,2 MegOhm Wasser, Endotoxine unter 0,001 Eu/ml, UV-Oxidation, Ultrafilter, auch für Direktanschluss an die Wasserleitung
	Reinstwasser-systeme	NuncWater NANOpure Diamond	wie oben	wie oben	18,2 MegOhm Wasser, Endotoxine unter 0,001 Eu/ml, UV-Oxidation, Ultrafilter, TOC-Anzeige

Fortsetzung

Hersteller/ Anbieter	Art des Geräts	Name des Produkts	Einsatzbereich/ Anwendungsmöglichkeiten	herausragendes Unterscheidungsmerkmal (Herstellerangaben)	weitere Angaben
	Inkubatorschüttler	NuncMove MaxQ	Zellkultur	Kühlung bis 15 °C unter Raumtemperatur	Schüttlerplatten bis 762 × 457 mm, 15–500 rpm, Temperatur bis 80 °C, für Flaschen von 10–6'000 ml
	Wasserbadschüttler	NuncMove MaxQ 7000	Zellkultur, Hybridisation, Bakteriensuspensionen, diagnostische Tests	für Flaschen bis 6 l	Temperatur von 5 °C über Umgebungstemperatur bis 65 °C, 15–500 rpm, Schüttlerplatte 279 × 330 mm, mit RS232 zur Datenübermittlung
Partec, Münster www.partec.com Arno Matthias Steinberg Tel. 0 25 34/80 08–0 science@partec.de	Durchflusscytometer zur Zellzählung und Zellcharakterisierung	CyFlow Counter	Zellzählung	absolutes volumetrisches Zählverfahren	Streulichtmessung an Zellen in Suspension
	Durchflusscytometer zur Zellzählung und Zellcharakterisierung	CyFlow SL	Zellzählung, immunologische Differenzierung von Zellpopulationen	absolutes volumetrisches Zählverfahren; immunologische Markierungen	Zelltypendifferenzierung durch Antikörper, Vitalitätstests, Zellzyklus
	wie oben	Cell Counter Analyser (CCA)	Zellzählung, Messung der Zellproliferation	absolutes volumetrisches Zählverfahren; DNA-Markierung	Detektion vitaler Zellen und Zellzyklusanalyse
Perbio Science Deutschland, Bonn www.perbio.com www.hyclone.com euromarketing@perbio.com	Einweg-Bioreaktor	Single-Use Bioreactor (S.U.B.)	Zellkulturfermentation (50 l, 250 l und 1'000 l)	klassisches Rührverfahren; HyQ CX5-14 medical grade film	cGMP and ISO 9001, Einmalverwendung, keine Reinigung und Reinigungsvalidierung notwendig, vorhandene Steuerung und Sonden einsetzbar
	Einwegbehälter (Polyethylen-Kontaktschicht)	Single-Use Bioprocess Container (BPC)	Lagerung und Handling, Versand biopharmazeutischer Lösungen	HyQ CX5-14 medical grade film; 50 ml–1'500 l	cGMP and ISO 9001, Einmalverwendung, Container und Versandbehälter verfügbar

Fortsetzung

Hersteller/ Anbieter	Art des Geräts	Name des Produkts	Einsatzbereich/ Anwendungsmöglichkeiten	herausragendes Unterscheidungsmerkmal (Herstellerangaben)	weitere Angaben
	Einwegmischsystem	Mixtainer	Mischung von Flüssigkeiten und Lösen von Feststoffen (50, 100 und 200 l)	Rührverfahren (Magnetantrieb), HyQ CX5-14 medical grade film	cGMP and ISO 9001, Einmalverwendung, hohe Beständigkeit auch gegenüber aggressiven Lösungen (Polyethylen Kontaktschicht)
Sartorius BBI Systems, Melsungen www.sartorius-bbi-systems.com Tel. 0 56 61/71 34 00 info@sartorius-bbi-systems.com	autoklavierbarer Bioreaktor im Labormaßstab, (Einstiegsfermenter für Lehre und Ausbildung)	BIOSTATer	Fermentation und Zellkultur: Batch, Fed-Batch, Perfusion	festkonfigurierte Pakete für mikrobielle Kulturen und Zellkultur, minimaler Platzbedarf	Kulturgefäße mit 1, 2 oder 5 l Arbeitsvolumen, Softwarepaket zur Datenspeicherung- und Visualisierung enthalten, umfangreiches Zubehör
	autoklavierbarer Bioreaktor für den Labormaßstab	BIOSTAT B plus	wie oben	Touchpanel-Bedienung, minimaler Platzbedarf, Single-, Twin-Version, umfangreiche Serienausstattung	Kulturgefäße mit 1–10 l Arbeitsvolumen, umfangreiches Zubehör, Validierungssupport
	wie oben	BIOSTAT B-DCU	wie oben	Touchpanelbedienung; Single-, Twin-, Triple- und Quad -Version, konfigurierbar für kundenspezifische Anwendungen	Kulturgefäße mit 1–10 l Arbeitsvolumen, umfangreiches Zubehör, Softwaremodule für die Validierung
	in-situ-sterilisierbarer Bioreaktor für den Labor- und Pilotmaßstab	BIOSTAT C plus	wie oben	Touchpanelbedienung; kompakte Bauweise, umfangreiche Serienausstattung	Kulturgefäße mit 5–30 l Arbeitsvolumen, umfangreiches Zubehör, Validierungssupport

Fortsetzung

Hersteller/ Anbieter	Art des Geräts	Name des Produkts	Einsatzbereich/ Anwendungsmöglichkeiten	herausragendes Unterscheidungs-merkmal (Herstellerangaben)	weitere Angaben
	wie oben	BIOSTAT C-DCU	wie oben	Touchpanel-bedienung; konfigurierbar für kundenspezifische Anwendungen	Kulturgefäße mit 5–30 l Arbeits-volumen, umfangreiches Zubehör für Mikroorganismen/Zellkultur, Softwaremodule für die Validierung
	autoklavierbarer bzw. *in-situ*-sterilisierbarer Bioreaktor	BIOSTAT PBR	Kultivierung von phototrophen Zellen	Touchpanel-bedienung; scale-up-fähig	Kultivierung von phototrophen Zellen unter sterilen Bedingungen, automatische Prozesskontrolle, Lichtintensität regulierbar
	Gasmischstation	GASMIX	verschiedene Begasungs-strategien in der Zellkultur-technik	modularer Aufbau für prozessabhängige Regelungsstrategie mit bis zu 4 Gasen	max. 6 Massflow Controller integrierbar; für blasenfreie Begasung und Blasenbegasung (Microsparger) und Kopfraumbegasung
	Perfusionssystem	Spinfilter	Zellrückhaltung im Perfusionsbetrieb	Perfusionssystem; für Suspensions- und adhärente Zellen	verschiedene Siebmaterialien; a) interne, b) externe Ausführung jeweils auch disposable Materialien
Schärfe System, Reutlingen www.CASY-Technology.com Bernd Glauner Tel. 0 71 21/38 78 60 b.glauner@CASY-Technology.com	Cell Counter + Analyse-System – TQC-Standard für die Qualitätskontrolle von Zellkulturen	CASY Model TTC	Bestimmung von: Zellzahl, Zellvitalität, Zellvolumen, Zellaggregation, Zelldebris in Industrie und Forschung	Stromausschluss-verfahren zur Vitalitätsbestimmung, volumenbasierte Aggregations-korrektur	werkseitig zertifizierte Kalibrierung, langzeitstabil; FDA-Regeln 21 CFR 11 kompatibel; Messzeit Einzelmessung unter 10 sec; Verbrauchskosten unter 15 Cent/ Messung; automatische Qualitäts-sicherungsfunktionen; lüfterfreies, reinraumgeeignetes System
Steinbrenner Laborsysteme, Wiesenbach www.steinbrenner-laborsysteme.de Tel. 0 62 23/86 12 47	96-Kanal-Pipettiergerät	Liquidator 96	Zugabe oder Abpipettieren von Medium bei Mikrotiter-platten, Replikation von Mikrotiterplatten	weltweit einziges rein manuelles 96-Kanal-Pipettier-gerät	schnell, einfach zu bienen, kompakt, passt unter die Cleanbench, präzise

Fortsetzung

Hersteller/ Anbieter	Art des Geräts	Name des Produkts	Einsatzbereich/ Anwendungsmöglichkeiten	herausragendes Unterscheidungsmerkmal (Herstellerangaben)	weitere Angaben
Süd-Laborbedarf, Gauting www.suedlabor.de Tel. 0 89/850 65 27 info@suedlabor.de	Pipettierhilfe	Pipet-Aid XP (Original Drummond)	Serienpipettieren	sicheres Pipettieren, für alle Pipetten von 1–100 ml	ohne Kabel und Schläuche, Doppelsterilfilter im Nozzle; 1 Akkuladung reicht für 1 Arbeitstag; Ansaugen in 3 Geschwindigkeiten; durch Fingerdruck fein variabel regulierbar; integrierter Ständer
	Pipettierhilfe	Pipet-Aid XP Gravity (Original Drummond)	wie oben	wie oben	wie oben, mit Zusatzfunktion „Auslaufen lassen“
	Pipettierhilfe	Pipet-Aid Elite (Original Drummond)	programmierbares Serienpipettieren	einzige elektronische Pipettierhilfe	Serienpipettieren exakt und genau durch Programmierung des Abgabevolumens, einstellbar auf Pipettengröße und -fabrikat, höchste Präzision, einfache Bedienung
Tecan Deutschland, Crailsheim www.tecan.com Jürgen Fetzer Tel. 0 79 51/94 170 info.de@tecan.com	vollautomatische Zellkultur	Cellerity	vollautomatische Lösung zur Produktion, Passage und Ernten von Zellen sowie zur Generierung von Testplatten	vollautomatisch, variable Inkubatorgröße, mehrere Zelllinien, Platten und Flaschen	Komponenten basieren auf MTP-Format, variable und aufrüstbare Konfiguration, viele Zelllinien, mit individuellen Protokollen, Plattenformate von 96–1’536 Wells, Inkubatorgröße für 40–1’000 Platten und Zellkulturflaschen
Wave Biotech, Tagelswangen (Schweiz) www.wavebiotech.net info@wavebiotech.net Christine Lettenbauer Tel: +41-52/35 46–36 clettenbauer@ wavebiotech.net	Bioreaktor, Fermenter	BioWave mit BW-Controller, BW-Flow, BW-sens und Loadcell-Controller Wave Bag	für tierische, menschliche, pflanzliche und Insektenzellkulturen, Pilze, Bakterien, Hefen; für Batch, Fed-Batch und Perfusionsmodi	skalierbar, validierbar, optisch-chemische Einwegsensoren	scherstressarm, ohne Verrohrung, keine Kreuzkontaminationen, keine Reinigung und Sterilisation, kostengünstig, 50 ml bis 250 l Arbeitsvolumen

Fortsetzung

Hersteller/ Anbieter	Art des Geräts	Name des Produkts	Einsatzbereich/ Anwendungsmöglichkeiten	herausragendes Unterscheidungs-merkmal (Herstellerangaben)	weitere Angaben
	Schlauch-schweißgerät	ReeWelder	zum sterilen Verbinden von thermoplastischen Schläuchen mit Außen-durchmessern bis 19,1 mm (3/4")	wieder trennbar, validierbar, thermisch, tragbar, Einwegsystem	austauschbare Holdergrößen von 6,4– 19,1 mm Außendurchmesser, verschiedene Schlauchqualitäten, kalibrierbar durch den Anwender, wartungsfrei, reproduzierbare Schweißungen
	Schlauch-abschweißgerät	ReeSealer	zum sterilen Abschweißen von thermoplastischen Schläuchen mit Außen-durchmessern bis 19,1 mm (3/4")	validierbar, thermisch, tragbar, Einwegsystem	Benchtop und Handheld-Unit, wartungsfrei, verschiedene Schlauch-qualitäten, Schlauchdurchmesser von 6,4–19,1 mm abschweißbar (Außendurchmesser)

Index